Mme CLÉMENCE ROYER

ORIGINE DE L'HOMME ET DES SOCIÉTÉS

γνῶθι σεαυτὸν

PARIS

VICTOR MASSON ET FILS
PLACE DE L'ÉCOLE-DE-MÉDECINE

GUILLAUMIN ET Cie
14, RUE RICHELIEU

MDCCCLXX

ORIGINE
DE L'HOMME
ET DES SOCIÉTÉS

OUVRAGES DE Mme CLÉMENCE ROYER.

Introduction à la Philosophie. Leçon d'ouverture d'un cours fait à Lausanne. Lausanne, 1860. Brochure in-12. Prix........................ 1 fr.

Théorie de l'impôt ou la dîme sociale. 2 vol. in-8. Guillaumin. Paris, 1861. Prix.. 10 fr.

Ce que doit être une église nationale dans une république. Brochure in-12. Lausanne, 1861. Prix.................................... 50 c.

Fondation d'un collége international rationaliste. Brochure in-8. Genève. 1863.

Les jumeaux d'Hellas. Roman philosophique. 2 vol. in-18. Librairie internationale. Bruxelles et Paris. 1862. Prix........................ 8 fr.

Avvenire di Torino, sua trasformazione in città industriale. Brochure in-12. *Typografia nazionale.* Turin, 1864. Prix.................... 75 c.

L'origine des Espèces, par Ch. Darwin. Traduction française avec notes et préfaces. 3e édition. 1 vol. in-8. Prix........................ 7 fr. 50

SAINT-DENIS. — TYPOGRAPHIE DE A. MOULIN.

PRÉFACE

Plus d'un siècle déjà s'est écoulé depuis que J.-J. Rousseau est venu jeter, comme un défi étrange, au monde étonné de la hardiesse de ses paradoxes, son *Discours sur l'influence du progrès des lettres et des arts*, qui fut l'origine de sa célébrité, en même temps qu'il renfermait le principe de toute sa doctrine. Puisque tout progrès accompli par l'homme était un mal, une déviation de son état de nature, initial et idéal, il fallait déterminer cet état de nature, afin d'y revenir ou du moins de s'en rapprocher. C'est ce qu'a tenté Rousseau dans son *Discours sur l'origine des inégalités parmi les hommes*, qui n'est qu'un petit traité d'anthropologie incomplet et mal fait, plus incomplet et plus mal fait qu'il n'aurait dû l'être, si l'on tient compte de l'état des sciences au moment où il apparut, c'est-à-dire quand se produisait ce puissant mouvement d'idées d'où devait bientôt sortir l'Encyclopédie. Si cette grande synthèse intellectuelle, à laquelle participa toute la phalange des bons esprits du XVIIIe siècle, vint heureusement contre-balancer à quelques égards l'influence de cette œuvre d'une incontestable éloquence, elle la subit sous quelques autres et en a gardé des traces profondes et regrettables dans les contradictions qu'elle renferme.

Depuis cette époque, les opinions de Rousseau, combattues par les défenseurs de doctrines plus fausses encore ou trop aveuglément acceptées par des disciples trop enthousiastes, ont inspiré l'esprit public des nations contemporaines. Peu à peu elles tendent à passer en faits, en lois, en institutions, qu'on s'étonne de trouver souvent contraires aux vrais intérêts et aux progrès de nos sociétés humaines. Si c'est d'elles, il faut bien le reconnaître, qu'est sortie, en partie, par une sorte de végétation logique, la révolution qui est venue, à la fin du siècle dernier, transformer la face du monde moderne ; ce sont aussi certaines tendances des écrits de Rousseau, et surtout de son *Discours sur l'origine des inégalités*, qui peut-être ont causé ses défaites en la jetant dans une fausse voie.

Après cent années révolues, aussi pleines de laborieuses expériences sociales que de découvertes scientifiques importantes, il est urgent d'entreprendre la révision de ces pages, qui ont laissé après elles un si long et si éclatant retentissement, et d'examiner si les erreurs nombreuses qu'elles renferment, mêlées à des assertions qui, alors douteuses, sont devenues aujourd'hui des évidences, n'ont pas eu pour conséquences la plupart de nos errements législatifs, les égarements d'une foule de bons esprits, le soulèvement aveugle ou inopportun des passions populaires et, par contre-coup, l'avortement de nos réformes, nos secousses politiques inutiles, nos soubresauts sociaux, notre malaise moral et économique, enfin le désarroi de nos consciences, de nos mœurs et de nos institutions. Le problème vaut certainement la peine qu'on le soulève et qu'on le discute.

Ce que Rousseau semble avoir senti, deviné le premier, c'est qu'en effet l'anthropologie, la science de l'homme, de sa nature, de ses origines et de ses développements, est le fondement de toutes nos sciences morales et sociales et que les lois que suit ou se fait l'humanité, dépendent toujours étroitement de l'opinion qu'elle a d'elle-même. C'est peut-être uniquement pour nous être trompés sur nous-mêmes, c'est pour avoir trop longtemps méconnu la vraie place de l'homme dans la nature que nous avons erré jusqu'ici à la recherche de notre véritable loi spécifique et que nous avons si souvent reculé lorsque nous croyions avancer. « Parce que nous avons voulu faire l'ange nous avons fait la bête, » disait Pascal ; Rousseau en a conclu à tort qu'en restant bêtes nous eussions été anges. Plus que Pascal, il s'est trompé sur la nature de l'homme et sur la loi de ses destinées.

Force nous est donc de revenir à cet adage fondamental de la sagesse antique : *Connais-toi toi-même.* Le moment est venu où il faut avant tout nous savoir, non-seulement comme individu, mais comme espèce. De l'étude de ce que nous avons été, de ce que nous sommes, sortira la science de ce que nous pouvons être.

Mais il faut reconnaître que, de toutes les sciences, la plus difficile à acquérir pour l'homme, c'est la science de l'homme, celle de sa propre nature, de sa propre loi, parce que c'est la seule où le sujet pensant, se confondant avec l'objet pensé, est aveuglé dans ses recherches par ses prédispositions intellectuelles et morales, par l'ensemble des croyances que la tradition lui a transmises, par ses préjugés acquis, par ses sentiments innés, intimes, au travers desquels il voit tout et dont il ne peut jamais complétement se séparer, par ses passions héréditaires ou individuelles, qui sont les excitants de sa faculté de connaître elle-même, enfin par ses instincts spécifiques qui l'entraînent à son insu à des jugements contradictoires. Pour bien étudier l'humanité, il faudrait cesser de lui appartenir.

De plus, l'homme, sommet de la création terrestre, cime dernière et supérieure de l'arbre immensément touffu de la vie, summum de l'organisation et peut-être dernier mot de la nature, du moins, dans son effort créateur sur ce globe terrestre, arrivé en lui et par lui à l'apogée de son développement, ne peut se savoir complétement qu'à l'aide de la synthèse complète de toutes les sciences qui ont pour objet la nature morte ou vivante et de toutes les lois, si nombreuses et si complexes, qui la régissent. Sciences physiques et sciences morales, l'anthropologie comprend tout, renferme tout, domine tout et ne peut arriver à l'achèvement de ses formules, tant qu'une des sciences subalternes qui doivent l'éclairer, présente encore des lacunes, des doutes, des points obscurs ou s'appuie sur des hypothèses contestées ou contestables, grosses encore de mille erreurs jusqu'à ce jour inaperçues. De là cette nécessité de refaire à chaque siècle la science de l'homme et de réviser ce qu'en ont dit les penseurs et les moralistes qui nous ont précédés. De là aussi, nos tâtonnements à la recherche des vrais principes législatifs qui doivent régir nos sociétés, nos coutumes ; de là l'incertitude de notre morale elle-même, réduite à chercher ses formules dans nos instincts, si souvent aveugles, ou dans un empirisme incomplet, qui n'aboutit qu'à des contradictions ou à des hésitations.

Rousseau, sous les influences mélangées de la tradition chrétienne et d'une philosophie vacillante, encore tout empreinte de nos vieux instincts de race, s'est fait sur la nature de l'homme un certain ensemble d'idées, répondant à l'état le plus général des intelligences de son époque. Il en a tiré, pour la pratique sociale, des conséquences très-logiques. Mais, si les faits qui lui ont servi de prémisses sont faux, si l'homme est autre qu'il ne l'a cru, toutes ses conséquences sont erronées et, toutes les fois que nous nous en inspirons, comme d'autant de principes recteurs, nous nous égarons à sa suite.

L'apparition des doctrines de Rousseau dans le monde n'est pas un fait isolé. C'est un germe fécond qui devait se développer. Ces théories ont eu leur filiation généalogique : sorties du christianisme protestant, comme une hérésie, entée sur une hérésie antérieure, elles remontent à travers les siècles jusqu'aux premières évolutions de la pensée humaine et ont continué depuis la succession de leurs phases. Les fils de Rousseau s'appellent, à la première génération, Robespierre, Babeuf, Hébert et Chaumette ; et à la seconde, Fourrier, Saint-Simon, Pierre Leroux, Cabet, Proudhon surtout. Si le monde n'a pas été conquis par eux, c'est grâce à cette autre race d'esprits, éclose, avec le bon sens et la science, à la lumière du génie grec et qui, après avoir produit Aristote et Epicure, nous a donné Montaigne et Descartes, Voltaire et Diderot, les Encyclopédistes et toute la phalange pressée de savants qu'a vus grandir, mourir et renaître notre siècle si fécond.

L'axiome qui se retrouve au fond de toutes les œuvres de Rousseau, le fondement de toute sa philosophie, c'est que tout est bien entre les mains de la nature, que tout dégénère entre les mains de l'homme[1]; que l'homme lui-même est sorti parfait du sein de cette nature créatrice; qu'il naît bon individuellement comme spécifiquement, et que l'éducation, la civilisation, la science, l'état social, tout ce que nous regardons comme autant de conquêtes, le font dégénérer comme individu et comme race; qu'enfin il y a pour lui un certain état de nature, fixe et défini, dont il a eu tort de s'éloigner et auquel il doit revenir pour retrouver son état primitif de bonheur et d'harmonie. En un mot, tous nos progrès ne sont qu'une décadence; toutes nos luttes pour nous affranchir des forces ennemies de la nature et pour nous les soumettre sont de folles tentatives. Au contraire, laissons faire la nature et croisons-nous les bras en attendant qu'elle mûrisse pour nous des fruits ou multiplie des troupeaux. Renversons nos villes, brûlons nos bibliothèques, décapitons nos savants: l'idéal social c'est l'égalité spécifique de l'animal; et la liberté est un ennemi qu'il faut combattre, si elle tend à la détruire.

Ce sont toutes ces propositions qu'il s'agit d'examiner à la lumière de la science moderne, après un siècle de découvertes, que nous persistons à croire autant de progrès, dans toutes les branches des sciences physiques

[1] Voyez *Émile*, *Contrat social*, *Discours sur le progrès des sciences et des arts*, *Discours sur l'origine des inégalités*, *Lettre sur les spectacles*.

et physiologiques, et après une série également longue de douloureuses épreuves sociales. En un mot, nous avons à réconstruire l'histoire des temps primitifs de l'humanité, à renouer le fil rompu de ses traditions, à formuler la loi de ses développements, à rechercher son origine, à découvrir ses liens avec le reste de la nature vivante et à déduire son avenir de son passé.

Pour conduire à fin cette œuvre, nous avons heureusement aujourd'hui des faits, des documents, des témoignages qui ont manqué jusqu'ici à nos penseurs, à nos philosophes, à nos moralistes, et que nos théologiens surtout ont longtemps fait rejeter comme contraires aux dogmes révélés, ou plutôt rêvés, par les fondateurs antiques de leurs doctrines. Heureusement, la science de nos origines ne repose plus sur des dires, des affirmations, des croyances, des systèmes préconçus, bâtis en un accès de subjectivisme sur les nuées du possible, mais sur des faits réels, visibles, palpables, vérifiables pour tous et qui, sur chaque question principale, conduisent aux mêmes solutions tout esprit logique, libre de préjugés.

Ces témoignages, ces documents, ces faits, je ne puis les invoquer, les reproduire, les décrire tous. Ils sont en si grand nombre que, dès aujourd'hui, une mémoire d'homme ne saurait plus suffire à les contenir, une vie entière à les étudier, à les décrire. J'essaie ici d'en donner la synthèse rapide, le résumé succinct; je citerai peu afin d'abréger. J'enchaînerai les inductions à leurs conséquences logiques, sans donner toute la série des arguments dans lesquels elles se fondent. Si l'on me fait le reproche qu'un Allemand faisait à Voltaire de ne pas indiquer ses sources, je répondrai comme lui : Quand j'ai eu achevé mon édifice, j'ai retiré l'échafaudage [1].

[1] Ceux que les pièces de cet échafaudage peuvent intéresser, savent généralement où les trouver. Pour ceux qui sentiraient le besoin d'être renseignés à ce sujet, j'ai dressé un *Index bibliographique* des ouvrages où sont narrés, décrits, expliqués et commentés les faits qui servent de bases logiques ou expérimentales aux divers chapitres de ce livre. Tous peuvent, en outre, aller visiter les galeries anthropologiques et archéologiques du Muséum, celles du château de Saint-Germain-en-Laye, les documents, bien autrement importants quelquefois, qui sont rassemblés dans les laboratoires spéciaux de nos savants et leurs collections particulières que, tous, sans exception, s'empressent de livrer aux investigations des sincères curieux de la science de l'homme.

Cette liste, encore très-incomplète, ne renferme que les ouvrages nécessaires pour donner une idée générale de l'état des questions, de leur marche et des arguments pour et contre chacune des solutions possibles. Ceux qui voudraient n'en consulter qu'un moindre nombre, feront bien de suivre, dans leur choix, un ordre chronologique rétrogressif.

Les grands ouvrages synthétiques les plus importants sont marqués d'un astérisque.

Je ne prétends point dire que les conclusions de ce livre soient celles de tous les savants dont je cite ici les noms, mais celles qui résultent, pour tout esprit logique et indépendant, de l'ensemble des faits et des arguments qu'on y trouve. La logique de l'esprit, son indépendance ne suffisent pas même toujours à un homme pour qu'il ose trancher un problème scientifique longtemps débattu, il lui faut encore cette énergie de tempérament qui est aussi nécessaire pour affirmer une idée que pour poser un acte. L'indécision a parfois du charme et toujours moins de danger.

INDEX BIBLIOGRAPHIQUE.

Généralités.

Aristote. Histoire des Animaux.
* Lucrèce. *De natura.*
* Buffon. Œuvres.
* Bonnet. Œuvres, 1779-1783.
* Lamarck. Œuvres. Lamarck, sa vie, ses doctrines, par Clémence Royer. *Revue de philosophie positive*, 1868-69.
* Virey. Phil. de l'hist. nat. 1835.
* Blainville. Histoire des sciences de l'organisation et de leurs progrès, comme base de la philosophie. Paris, 1845.
* Oken. Philosophie de la nature.

Et. Geoffroy Saint-Hilaire. Philosophie anatomique, des organes respiratoires. 1 vol. in-8°. Paris. 1818.
— Philosophie anatomique des monstruosités humaines. 1 vol. in-8°. Paris, 1822.
— Cours d'histoire naturelle des mammifères. Histoire des singes, des makis, des chauves-souris et de la taupe. 1 vol. in-8°. Paris, 1829.
— Principes de philosophie zoologique, discutés en 1830 au sein de l'acad. roy. des sc. 1 vol. in-8°. Paris. 1830.
— Notions synthétiques, historiques et physiologiques de philosophie naturelle. 1 vol. in-8°. Paris, 1838.
— Etudes progressives d'un naturaliste. 1834-35.
— Discours sur cette question : Alors qu'il n'existe qu'un seul système d'organisation, faudra-t-il toujours admettre plusieurs systèmes d'anatomie? Journal, comp. sc. méd., XIV. man. de la Société linéenne de Paris, II.
— Discours sur le principe d'unité de composition organique. In-8°. Paris. 1828.
— Lettre sur quelques points du mémoire ayant pour titre : De la conformité organique dans l'échelle animale, gazette médic. de Paris, II, 1831.
— De la théorie des analogues. *Comp. rend. hebd., séances Acad. sc.* IV. 1837.
— Les êtres antédiluviens sont-ils ou non, la souche des formes vivantes. *Comp. rend. Acad. Sc.* Paris, 1836.
— Fragments sur la nature. 1 vol. in-8°. Paris, 1829.
— Dissertation sur l'histoire naturelle générale considérée comme appelée à donner un jour la révélation de la première philosophie. *Compt. rend. Acad. sc.* III, 1839.
— De la nécessité d'embrasser dans une pensée unitaire la psychologie et la physiologie. *Compt. rend. Acad. sc.* IV, 1837.
— De la composition de la tête osseuse chez l'homme et les animaux. *Ann. des sc. nat.*, 1824.
* Isid. Geoffroy Saint-Hilaire. His-

toire naturelle générale des règnes organiques. Paris, 1860.
— Histoire générale et particulière des anomalies de l'organisation. 3 vol. in-8°, 1832-37.
* Humboldt. Cosmos.
* H. Milne Edwars. Leçons sur la physiologie comparée de l'homme et des animaux. Paris, 1859-60.
— Introduction à la zoologie générale, 1851.
— * Rapport sur les progrès récents des sciences zoologiques. 1867.
— (H. et Alph.). Recherches pour servir à l'hist. nat. des mammifères. 1868.
Bernard (Claude). Leçons de physiologie expér., faites au Collége de France, 1854-58. 1 vol. in-8°, 1855.
— Leçons sur la physiologie et la pathologie du système nerveux. Collége de France. 2 vol. in-8°. Paris, 1858.
— * Rapport sur les progrès et la marche de la physiologie générale. Paris, 1867.
* Molescott. Le circulus de la vie, 1863, trad. en franç., Masson, 1865.
Durand de Gros. Philosophie physiologique. Paris, 1868.
Doherty. *Organic philosophy or man's true place in nature. London*, 1864-66.
* Herbert Spencer. *Essays*, 1858.
* Secchi. De l'unité des forces physiques. Trad. en français, 1869.
Aitken Meigs. *Correlation of the physical and vital forces.* Philadelphie, 1868.
Baden Powell. Essai sur l'unité des mondes. 1855.
* Tuttle. *History of man*, 1864.
* Anonyme. *Vestiges of creation.*
* Simonin. Histoire de la terre. 1867.
* Maury. La terre et l'homme.
* Lehon. L'homme fossile.

De l'instinct et de l'intelligence.

Aristote. Histoire des animaux.
Plutarque. Que les bêtes usent de la raison.
— De l'amour naturelle des pères et mères envers leurs enfants.
— Les opinions des philosophes.
Montaigne. Essais, liv. II, ch. II.
Leibnitz. Nouveaux essais sur l'entendement humain.
Bonnet. Essai analytique sur l'âme. 1760.
— Hypothèse sur l'âme des bêtes et leur industrie.
— Observations sur les insectes, 1780.
Buffon. Discours sur la nature des animaux, t. IV.
Reimarus. Observations physiques et morales sur l'instinct des animaux, leur industrie et leurs mœurs. Trad. en français par Reneaume de la Tache.
* Eg. Leroy. Lettres philosophiques sur l'intelligence et la perfectibilité des animaux. Paris, 1802.
Réaumur. Mémoire pour servir à l'histoire des insectes.
Condillac. Traité des animaux.
— Traité des sensations.
— Préambule de l'extrait raisonné.
Dupont de Nemours. Quelques mémoires sur différents sujets d'histoire naturelle.
Frédéric Cuvier. Les animaux domestiques.
— Histoire naturelle des mammifères.
Virey. Recherches sur la nature et les facultés de l'homme, 1817.
— Des différences physiologiques entre l'habitude et l'instinct, 1820.
— Des causes physiol. de la sociabilité chez l'homme et les animaux. Pl. acad. R. med. 1841.
— Histoire de l'instinct et des coutumes des animaux, 1822.
* Flourens. De l'instinct et de l'intelligence des animaux. Paris, 1845.
* Toussenel. Le monde des oiseaux. Ornithologie passionnelle. Paris, 1855.
— L'esprit des bêtes. Zoologie passionnelle. Paris, 1858.
Menault. Intelligence des animaux. 1868.
Merit. De l'intelligence des animaux.
Nott. *Instinct of races.* 1866.
* Darwin. De l'origine des espèces, ch. VI, VII et XIV.
Janet. Le cerveau et la pensée. Paris, 1865.
— Le matérialisme contemporain. Paris, 1864.

Origine des êtres vivants.

BUFFON. Édit. orig. 1749. T. II, IV, etc.
* BONNET. Palingénésie 1769.
— Considérations sur les corps organisés, 1762.
— Contemplation de la nature, 1764.
DEMAILLET. Telliamed. 1748.
ROBINET. De la nature. 1766.
— Considérations philosophiques sur la gradation naturelle des formes de l'être, ou les essais de la nature qui apprend à faire connaître l'homme. 1768.
ERASME DARWIN. Zoonomie.
GOETHE. De la métamorphose des plantes. Œuvres d'hist. nat., trad. par Martins, 1 vol. Paris, 1837.
*LAMARCK. Philosophie zoologique. 1809.
— Introd. à l'histoire des animaux sans vertèbres. 1815.
PALLAS. Mémoire sur la variation des animaux.
* VIREY. Essai physiologique sur l'origine des formes organiques.
*ET. GEOFFROY SAINT-HILAIRE. Mémoire sur les rapports de structure et de parenté qui existent entre les animaux vivants et les espèces perdues. 1828. Mém. du Muséum.
— Mémoire sur l'influence modificatrice du monde ambiant sur les espèces animales. 1833, *Mém. Acad. des sc.* Paris.
* Is. GEOFFROY SAINT-HILAIRE. Hist. gén. des règnes organiques, liv. II, de l'espèce.
D'OMALIUS D'HALLOY. Discours sur l'espèce. *Bull. de l'Acad. roy. de Bruxelles*, 1846, t. XIII. London, 1844.
— Sur la succession des êtres vivants.
* OWEN. *Nature of limbs*. 1849.
— Sur le plan de développement des animaux. *Acad. des scienc. nat.* 1844.
— *On Metamorphosis and metagenesis*, Proced of Roy. Instit. London, 1851. Edimb. Philos. Journal, 1851.
— *On Parthenogenesis*. London, 1849.
*SERRES (Et.). Des lois d'embryogénie. *Compt. rend. Acad. sc.*, Paris, 1849.
— Des lois d'embryogénie ou des règles de formation des animaux et de l'homme. *Arch. du Muséum*, 1844.
— Propositions sur l'embryogénie comparée. *L'Institut*, XIX, 1851.
— Observations sur le parallèle de l'embryogénie comparée des vertébrés et non-vertébrés. *Comp. rend. Acad. sc.* Paris, 1844.
* SERRES (Marcel de). Du perfectionnement graduel des êtres organisés, Bordeaux, 1851.
* COSTE. Histoire naturelle et particulière du développement des êtres organisés, 1843-47.
POUCHET. Hétérogénie. Paris, 1859.
— Nouvelles recherches sur la génération spontanée.
BARTHÉLEMY. Études sur la parthénogénèse. *Ann. des sc. nat.* 1859.
ROBIN. Appropriation des parties organiques. *Revue positive*, 1869.
— *Journal d'anatomie et de physiologie.*
BROCA. Recherches sur l'hybridité. 1858.
— Étude sur les animaux ressuscitants. Paris, 1860.
* PROSPER LUCAS. Traité de l'hérédité.
* CH. DARWIN. De l'origine des espèces. 1860.
— De la variation des animaux et des plantes sous l'action de la domestication. 1868.
*HUXLEY. *On the commun plan of animal forms*. Proceed. roy. Inst. Lond. 1854.
— *On the identity of structure of plants and animals*. Proceed roy. Inst. Lond. 1854.
— *On the phenomenon of gemmation.* Ann. of nat. hist. 1858.
— *On Species and races*, 1860.
— *Upon animal individuality*. Proceed. r. Inst. Lond., 1854. Edimb. new Phil. Journal 1852.
— *On the progressive développement of animal life in time*. Proceed. r. Inst. Lond. 1855.
— *Natural history rewiew*. London, 1861.
— *Scientific memoirs upon natural history*. London, 1853.
— *Lectures on general natural history*. Med. Times and Gazette, 1850.
HOOKER. *On the origination and distribution of species*. Sillim. Amer. journal, 1860.

* AGASSIZ. De la succession et du développement des êtres organisés, 1841.
— De l'espèce. 1869.
— *On the origin of species*. Ann. of nat. hist. 1860.
PENNETIER. De la mutabilité des formes organiques. Paris, 1866. *Gazette hebdomadaire de médecine et de chirurgie.*
GEGENBAUER. Sur la torsion de l'humérus. 1868.
SAMSON. La notion de l'espèce. *Revue de phil. posit.* 1868.
CH. LETOURNEAU. Variabilité des êtres organisés. *Ibid.*
DE QUATREFAGES. Histoire naturelle générale. *Revue des Deux-Mondes,* 1868-69.
* LOUIS BUCHNER. Conférences sur la théorie darwinienne. Paris, 1869.
* HŒCKEL. Morphologie générale des organismes, 2 vol.
MAURICE WAGNER. La théorie darwinienne et la loi de migration des organismes.
LARTET. De quelques cas de progression organique. 1866.
GAUDRY. Animaux fossiles et géologie de l'Attique.
HUNT (James). *On the application of the principle of natural selection to anthropology.*
WALLACE. *The origin of human races and the antiquity of man, deduced from the theory of natural selection.* Anthropological rewiew. may 1864.
DALLY. L'ordre des primates et le transformisme.

Paléontologie.

CUVIER. Discours sur les révolutions du globe.
*PICTET Cours de paléontologie. Paris, 1853-56.
* D'ORBIGNY. Cours de paléontologie. 1849
— Prodrome de paléontologie. 1850.
* OWEN. *Paleontology*. Edimb. 1860.
D'OMALIUS D'HALLOY. Abrégé de géologie. 1862.
* D'ARCHIAC. Histoire de la géologie.
AGASSIZ. Etude sur les glaciers, 1840. 1 vol. in-8°.
— Théorie des glaciers. In-8°, broch. 1842.
— Système glaciaire ou recherches sur les glaciers; leur ancienne extension et le rôle qu'ils ont joué dans l'histoire de la vie. 1 vol. in-8°, 1847.

Histoire naturelle des Primates.

DUVERNOY. Des caractères anatomiques des grands singes pseudo-anthropomorphes. 3 mémoires, *Arch. du Muséum*, t. VIII, 1855.
— Deuxième communication sur l'anatomie du gorille. *Comptes rendus Acad. sc.* Paris, 1853.
— Mémoire sur les caractères anatomiques que présentent les squelettes du TROGLODYTE TSCHEGO et du GORILLA GINA. *Comptes rendus Acad. sc.* Paris, 1853.
AUBRY. Note sur les mœurs du gorille (*simia gorilla*) et du chimpanzé. *Ann. sc. nat.* 1854.
DUREAU DE LA MALLE. Mémoire sur le grand gorille du Gabon (*troglodytegorilla*). *Ann. sc. natur.* 1851.
FORD. *On the troglodytes gorilla.* Proceed. Acad. nat. sc. Philadelphie, 1852.
GEOFFROY SAINT-HILAIRE (Et.). et CUVIER (G.). Histoire naturelle des orangs-outangs. 1795.
— Tableau des quadrumanes. *Ann. du Mus.*, XIX.
— Considérations sur les singes les plus voisins de l'homme. *Compt. rend. Acad. sc.*, 1836.
— Mémoire sur les orangs-outangs. *Journal de physiol.* 1795.
— Etudes sur l'orang-outang vivant à la Ménagerie *Comptes rendus Acad. sc.* Paris, 1836, t. II et III. *L'Institut*, IV, 1836. *Ann. sc. nat.* 1836.
Is.-GEOFFROY SAINT-HILAIRE. Notes sur le gorille. *Ann. sc. nat.* 1851.

—Sur le gorille. *Comptes rendus Acad. sc.* Paris, 1852.
— Sur les rapports naturels du gorille. *Comptes rendus Acad. sc.* Paris, 1853.
OWEN. *On the anthropoïd apes in report Brit. assoc. adv. sc.* 1854. L'Institut XXII.
— *On the anthropoïd apes and their relations to man. Proceed. R. Instit. London,* vol. 2, 1855.
— *On a new species of chimpanze.* Proceed. zool. soc. London, 1848. Ann. of nat. hist. 1849.
— *Supplementary note on the great chimpanze* (troglodytes - gorilla). Proceed. zool. soc. London, 1848. Ann. of nat. hist. 1849.
— Recherches sur le gorille. *Ann. sc. nat.* 1851.
— Sur l'ostéologie du troglodyte-gorilla. *Compte rendu Acad. sc.* Paris, 1853.
— Nouvelle observation sur l'ostéologie du troglodyte-gorilla. *Ann. sc. nat.* 1853.
— *On the gorilla.* Ann. of nat. hist 1859.
— *On the anatomy of the orang-outang.* SIMIA SATYRUS. Proceed. of the zool. soc. London, 1830.
— *On a new orang* (SIMIA MORIO). Proceed. zool. soc. London, IV, 1836.
— Sur deux crânes d'orang. *L'Institut,* V, 1837.
— Sur le crâne d'un SIMIA WURMBII *L'Institut,* VI, 1839.
— Note sur les différences entre le SIMIA MORIO d'Owen et le SIMIA WURMBII dans la période d'adolescence. *Comptes rendus Acad. sc.* Paris, 1839. *Ann. sc. nat.* 1839.
— *Note on the dissection of a female orang-outang.* Proceed. zool. soc. London, 1843.
— *On the osteology of the chimpanze and orang-outang.* Transact. zool. soc. London, 1835. *L'Institut,* III, 1835.
— *Osteological contributions to the natural history of the orang-utang.* Transact zool. soc. London, 1841.
— *On the cranium of* SIMIA WURMBII. Proceed. zool. soc. 1837.
— *Osteological contributions to the natural history of the chimpanze* (TROGLODYTE-G.) *including the description of the skull of a large species* (T. GORILLA *Sav.*). Transact. zool. soc. London, 1849.
— *Osteological contributions to the natural history of the chimpanzee and orangs. Description of the cranium of an adult male gorilla from the river Danger.* Id. 1853.
SAVAGE. *A description of the characters and habits of troglodyte-gorilla,* Sillim amer. Journ. 1849.
— *Notice of the external characters and habits of troglodyte-gorilla, a new species of orang from the Gaboon River.* Boston, journal *of nat. hist.* 1847.
— Mémoires sur les caractères extérieurs et les mœurs du gorille. *Ann. sc. nat.* 1851.
— *Observations on the external characters and habits of the* TROGLODYTE NIGER. Boston journ. nat. his. 1849.
WYMAN. *On the troglodytes-gorilla.* Proceed Boston, soc. nat. hist. 1847.
— *On the skull of troglodytes-gorilla.* Proceed. Boston, soc. nat. hist. 1850.
ABEL CLARKE. *Some account of an orang-outang* (SIMIA SATYRUS) *of remarkable height. Asias* research. 1825. Edimb. Journ. of sc. 1826.
ALESSANDRINI. *Brevi note illustrative di uno scheletro di grovine orang-outang.* Nuovi ann. delle sc. nat. Bologna, 1854.
BLAINVILLE. Sur quelques singes confondus sous le nom d'orang-outang. *Comptes rendus Acad. sc.* Paris. 1836.
— *Uber den Chimpanzee* (SIMIA TROGLODYTUS). Fror. sc. nat. 1837.
BLYTH. *Remarks on the different species of orang-outang.* Calcutta, 1853.
CAMPER. *Account of the organs of speech of the orang-outang.* Philos. transact. 1779.
— Description de l'orang-outang et autres singes, du rhinocéros bicorne et du renard. 1 vol. in-4°, 1782.
— Lettre sur l'orang-outang, 1770, in-8°.
CUVIER (F.). Description d'un orang-outang et observations sur ses facultés intellectuelles. *Ann. du Muséum.* 1811.
DUMORTIER. Observations sur les chan-

gements de forme que subit la tête chez l'orang-outang. *Comptes rendus Acad. sc.* Paris, 1838. *L'Institut*, 1838. *Ann. sc. nat.* 1839.

GRANT. *Account of the structure, manners and habits of an orang-outang from Bornéo.* Edimb. Journ. of sc. 1858.

— *Uber den mannlichen und weiblichen orang-utang.* Fror. nat. 1830. Edimb. Journ. of sc. 1831.

— *Post mortem examination of a female orang-outang.* Zool. journ. 1824, 1830.

HARWOOD. *An account of a pair of hinder hands of an orang-outang.* Transact. soc. London, 1827.

JIFFRIES. *Some account of the dissection of a* SIMIA SATYRUS. Philos. Magaz. 1826.

— *Observation of the habit and general structure of the orang-outang.* Edimb. Journ. of sc. 1826.

PROCÉ (Marion de). Sur un jeune orang apporté de Sumatra. *Comptes rendus Acad. sc.* Paris, 1836. *L'Institut*, IV, 1836.

WALLACE. *Some account of an infant, orang-outang.* Ann. of nat. hist. 1856.

WARWICK. *The habits and manners of the female Borneo* SIMIA SATYRUS *and the male* SIMIA TROGLODYTUS. London, S. magaz. nat. hist. 1832.

WROLIK. *Researches on the comparative anatomy of the chimpanzee.* Edimb. New phil. journ. 1843.

WYMAN. *Notes on the dissection of a* TROGLODYTES NIGER, Proceed. Boston nat. hist. 1856.

BISCHOFF. *Uber die verschiedenheit in den schaedelbildung des gorilla, chimpanzee und orang.* Munchen, 1867.

GRATIOLET et ALIX. Recherches sur l'anatomie du chimpanzé.

— Note sur l'encéphale du gorille. *Comptes rendus Acad. sc.* Paris, 1860.

— Anatomie du Troglodyte Aubryi.

Anthropologie.

Mémoires de la Société d'anthropologie de Paris, 1859-69.

Mémoires et actes de la Société d'ethnographie, 1850-69.

Mémoires de la Société ethnologique, 1841-45.

Transactions of the american ethnological society, 1850-53.

Journal of the anthropological society of London.

Memoirs read before the same.

Comptes rendus du congrès d'archéologie préhistorique, 1866.

Matériaux pour servir à l'histoire de l'homme, par G. de Mortillet, 1864, 1869.

BUFFON. De l'homme.

LACÉPÈDE. Histoire naturelle de l'homme.

VIREY. Histoire naturelle du genre humain, 1824.

BLUMENBACH. *Ueber Menschenracen.* Voigt's magaz. 1789.

CAMPER. Matériaux pour servir à l'histoire naturelle de l'homme. 1806.

— De l'unité du genre humain, 1806.

— OEuvres d'hist. nat., physiologie et anatomie comparée. 3 vol. in-8°. Paris, 1803.

— Recueil complet des opuscules qui ont rapport à la médecine, la chirurgie et l'histoire naturelle, 1784-88. Leipzig, 3 vol. in-8°.

— Dissertation sur les différences que présentent les traits du visage. 1 vol. in-4°. Utrecht, 1791.

BORY SAINT-VINCENT. Essai zoologique sur le genre humain. 1827.

— Conformité de la race juive et de la race chaldéenne. *Compt. rend. Acad. sc.* Paris, 1839.

— Migrations des peuples. *Compt. rend. Acad. sc.* Paris, 1855.

— Article *Homme* du Dict. class. d'hist. nat.

DUREAU DE LA MALLE. Vues générales sur la configuration du globe et les anciennes migrations des peuples. *Compte rendu Acad. sc.* Paris. 1837.

GEOFFROY SAINT-HILAIRE. Mémoire sur les variations de la taille chez les mammifères et en particulier chez les races humaines. *Ann. sc. nat.* 1832.

— De la possibilité d'éclairer l'histoire naturelle de l'homme par l'étude des

animaux domestiques. *Compte rendu Acad. sc.* Paris, 1837.
BEKE. *Views in ethnography, the classification of languages, the progress of civilisation and the natural history of man.* Edimb. New phil. journal, 1835.
BARTLETT. *The progress of ethnology; an account of recent archæological, philological and geographical researches on the physical history of man.* New-York, 1847.
AGASSIZ. *The diversity of origin of human races.* Boston, in-8° (extrait du *Christian examiner an religions miscellany.* July 1850).
— *Zoological evidence for the diversity of the races.* Proceed. Amer. assoc. adv. sc. 1851.
BACHMAN. *The doctrine of the origin of human race, examined on the principle of science.* Charleston, 1850, in-8°.
— *A notice on the « types of mankind.»* 1854, in-8°.
— *An examination of prof. Agassiz's sketchs of the natural provinces of the animal world and their relation to the different types of man.* 1855.
RICHARD. *Researches into the physical history of mankind.* London, 1847.
LATHAM. *The natural history of the varieties of man.* London, 1850
KNOW. *The races of man.* 1850. London.
HOLLARD. De l'homme et des races humaines, 1853.
D'OMALIUS D'HALLOY. Des races humaines, 1859.
— Sur la classification des races humaines. *Bull. Acad. sc.*, 1839-44-48-56-57.
QUATREFAGES. Histoire naturelle de l'homme. Du croisement des races humaines (*Rev. des Deux-Mondes.* Mars, 1857.
— Unité de l'espèce humaine. 1 vol. in-18. Paris, 1861.
— Métamorphose de l'homme et des animaux. 1 vol. in-18. Paris, 1862.
— Rapport sur les progrès de l'anthropologie. Paris, 1867. 1 vol. in-8°.
POUCHET (G.). De la pluralité des races humaines. 1859.
— Des études anthropologiques. 1863.
— Précis d'histologie humaine. 1864.
— Décoloration de l'épiderme. 1864.
PRUNER-BEY. De la chevelure humaine. 1863.
FLOURENS. Recherches anatomiques sur la peau chez les charruas, les nègres et les mulâtres. *Acad. sc. nat.* 1837.
GRATIOLET. Observations sur le poids et la forme du cerveau. 1861.
MORTON. *Remarcks on the diversities of human species.* Philad. 1842.
— *Catalogue of skulls of man and the inferior animals.* Philad. 1849.
— *On the size of brain of various races of man.* Proceed. Acad. nat. sc. Philad. 1849.
— *Crania americana.* Philad. 1839.
— *Crania Ægyptiana,* trans. Amér., Phil., soc. 1849.
— *Form of the head of the ancient Egyptians.* Proceed amer. Phil. soc. 1842.
AITKEN MEIGS. *On the catalogue of skulls in the collection of the late S. G. Morton.* Proceed. Acad. nat. sc. Philad. 1855.
— *Catalogue of human crania in the collection of the Academia of Philadelphia.* Philad. 1857.
— *Hints to craniographers.*
RUTIMEYER. *Crania helvetica.*
RETZIUS. *On the ethnographical distribution of round and elongated crania.* Report. brit. ass. adv. sc. 1846.
— Des formes de la tête dans les diverses races humaines. Trad. 1860.
— Crânes des Avares et des Slaves. 1844.
— Crânes des Slaves et des Turcs. 1847.
PRICHARD. *Crania of the Laplanders and Finlanders.* Proceed. zool. of London, 1844.
BROCA. Crânes basques.
— Crânes parisiens.
RATHKE. *Über die macrocephali bei kertsel.* Dorpat. Jahr b. Bb. 1834.
VOGT. Sur les microcéphales.

L'homme fossile.

AYMARD. Découverte de fossiles humains à Denise. *Bull. soc. géol. France*, 1845.

BOUÉ. *Erlauterungen über die von mir in Loess des rheinthal im jahre* 1823, *aufgefundenen Menschen knochen Wiener Sitzungsber d. math. naturw*, 1852.

CUVIER. Remarque sur les prétendus fossiles humains. 1824.

KOING. *On a fossil skeleton from Guadaloupe*. Phil. transact. 1814.

TOURNAL et CHRISTOL. Recherches dans les cavernes du midi de la France, 1832. *Ann. des sc. nat.* 1828; *Ann. de chim. et de phys.* 1833.

SCHMERLING. Recherches sur les ossements fossiles découverts dans la province de Liége, 1833-34. Liége.

GEOFFROY SAINT-HILAIRE. Sur les ossements humains provenant des cavernes de Liége. *Compte rendu Acad. sc.* Paris, 1838.

MACKENSIE. *Fossile menschen reste bei Tours*. Bull. soc. géol. France, 1839.

LUND. *On the occurence of fossil human bones in south America.* Sillin. Amer. journ. 1844.

MANTELL. *On the remains of man and works of art unbedded in rachs and strata.* Edimb. New phil. journ. 1851.

MAURY (Alfred). Des ossements humains et des ouvrages de main d'homme enfouis dans les roches et couches de la terre. Paris, 1852. *Mémoires de la soc. des antiq. de France*, t. XXI.

FONTAN. Sur des dents humaines et des ustensiles humains trouvés dans la caverne de Masset.

LARTET et CHRISTY. Nombreux mémoires sur les cavernes du midi de la France.

LARTET. Cavernes du Périgord. 1864.

— Autres brochures sur les cavernes.

BOUCHER DE PERTHES. Antiquités celtiques et antédiluviennes.

TROYON. Habitations lacustres.

DESOR. Les palafittes du lac de Neuchâtel.

GARRIGOU et FILHOL. Age de la pierre polie dans les cavernes arriégeoises.

PAUL GERVAIS. Recherches sur l'homme fossile.

STROBEL et PIGORINI. Terramares et palafittes du Parmaisan.

ROUJOU. Recherches sur l'âge de pierre dans les environs de Paris.

DESNOYERS. Notes sur les indices matériels de la coexistence de l'homme avec l'*Elephas meridionalis* 1863.

— Réponse aux objections. 1863.

HAMY. L'homme tertiaire. *Revue anthropologique*, 1868.

BROCA. Sur les caractères anatomiques de l'homme préhistorique. Extrait du compte rendu du congrès international, 1863.

ROYER (Clémence). Article : Ages de l'industrie. *Encyclopédie générale.*

* LYELL. De l'ancienneté de l'homme. Trad. en français par Chaper, 1864.

—Appendice à l'ancienneté de l'homme. Trad. en français par Chaper, 1864.

* VOGT (Karl). Leçons sur l'homme. Trad. en français par F. Moulinié: 1865.

* HUXLEY. De la place de l'homme dans la nature. Trad. en français, avec introduction, par E. Dally. 1865.

* LUBBOCK. L'homme avant l'histoire. Trad. en français par

* TYLOR. *Early history of mankind.* London, 1865.

* MAURY. La terre et l'homme.

* LEHON. L'homme fossile.

Ethnographie.

W. JONES. *On the Indus.* Asiat. Researchs, 1801.

— *On the Borderers mountaineers and Islanders of Asia.* Asiat. Researchs, 1801.

— *On the Persians.* Asiat. Researchs, 1801.

— *On the Tatars.* Asiat. Researchs, 1801.

— *On the Chinese.* Asiat. Researchs, 1801.

— *On the Arabs.* Asiat. Researchs, 1801.

LATHAM. *Philological evidence of the*

unity of man recent progress in ethnographical ethnology. Report Brit. Assoc. for adv. of sc. 1845.

— *On the original distribution of the Germanic, Esthnoic and Slavonic population.* Report Brit. Assoc. adv. sc. 1850.

— *On the russian population of Russia.* Report Brit.Assoc. adv. sc.1854.

— *Natives races of the russian empire.* 1854.

— *Ethnography of the Chinese and Indochinese.* Report. Brit. Assoc. adv. sc. 1845.

— *On the eastern limites of the australian races and languages.* Report Brit. Assoc. adv. sc. 1864.

— *On the southern limits of the esquimau races in America.* Report Brit. Assoc. adv. sc. 1844.

— *On the ethnography of Africa.* Report. Brit. assoc. ad. sc. 1844.

— *On the ethnography of America.* Report. Brit. assoc. adv. sc. 1845.

— *On the present state of philological evidence as to the unity of human race.* Report. Brit. assoc. adv. sc. 1845.

BRULLÉ. Recherche sur les origines ariennes.

D'OMALIUS D'HALLOY. Observation sur la distribution des peuples de la race blanche.

— Caractères des anciens Celtes.

NILLSON. *On the primitive inhabitants of Scandinavia.* Report Brit. Assoc. adv. sc. 1847.

DAVIS. *On the form of the crania of the ancient Bretons.*

— *On the form of the crania of the Anglo-Saxons.* Rep. Brit. Assoc. adv, sc., 1854 et 1856.

— *Crania britannica.*

GRATTAN. *Collection of irish crania.* Report Brit. Assoc. adv. sc. 1852.

SERRES. Types des races humaines du Nord. *Comp. rend. Acad. sc.* Paris, 1853.

BEDDOE. *Physical character of ancient and modern Germans.* Report Brit. Assoc. adv. sc. 1857.

GUIBERT. Ethnologie armoricaine. 1868.

HALLEGUEN. Introduction à l'ethnologie de la Bretagne. 1868.

BAUDRIMONT. Histoire des Basques ou Escualdunais primitifs, restaurée d'après la langue, les caractères ethnologiques et les mœurs des Basques actuels. 1854, in-8°.

— Vocabulaire de la langue des Bohémiens habitant les pays basques. Bordeaux, 1863.

RETZIUS. *Bemerkungen über di schædelform der Iberier, nebst anderen über den schadel eines Sandwichs-Insulaners und über die schadel der sogenannten Flachkopf-Indianer.* Müller, S. arch. 1845.

LAGNEAU. Article : Basques et Berbers du *Dictionn. des sc. médicales.*

KHANIKOFF. Mémoire sur l'ethnographie de la Perse 1860.

DE MARLES. Histoire générale de l'Inde. 1826.

DE GUIGNES. Histoire des Huns.

Mémoires sur la Chine, par les missionnaires.

Les livres sacrés de l'Orient.

OWEN. *Skull of western equatorial Africans.*

LIVINGSTONE. Voyages.

GÉRARD. Exploration du Sahara. 1860.

DEMANET. Nouvelle histoire de l'Afrique française. 1867.

PASCAL DUPRAT. Histoire des races de l'Afrique du Nord. 1846.

DEHAM, CLAPPERTON et le Dr OUDNEY. Voyage et découvertes dans le nord et les parties australes de l'Afrique. Trad. de l'anglais. 3 vol. 1826.

MORTON. *The discovery of America.* 1807.

— *On the infrequency of offspring between the european and australian races.* Proceed. Acad. nat. sc. Philad. 1851.

— *Aboriginal nation of north and south America.* Edimb., New., Phil. Journ. 1840.

— *An inquiry on aboriginal races of America.* Boston. Journal nat. brit. 1842.

— *On the ancient Peruvians.* Proceed Acad. nat. Hist. Philad. 1841.

LUND. Antiquité de la race américaine. *Comp. rend. Acad. sc.* Paris. 1845.

CARLIER. Histoire du peuple américain et de ses rapports avec les Indiens. 1863.

PAUL CHAIX. Histoire de l'Amérique méridionale. 1853.

BRASSEUR DE BOURBOURG. POPOL VUH Le livre sacré et les mythes de l'antiquité américaine. 1861.

—Relation des choses du Yucatan. 1864.
Tylor. *Anahuac*. London, 1861.
Royer (Clémence). Migrations atlantiques. *Revue ethnographique*, 1869.
— Articles : Atlantide et Amazone de l'*Encyclopédie générale*.
Lesson et Garnot. Mémoire sur les Tasmaniens, les Alfourous et les Australiens. *Ann. sc. nat.* 1825.
— Mémoire sur les Papuas ou Papous. *Ann. sc. nat.* 1827.
Martin. *On the moral and intellectual characters of the New-Zealanders*. Report. brit. assoc. adv. sc. 1845.
Guoy et Gaymard. Observation sur la constitution physique des Papous. *Ann. sc. nat.* 1826.
Salvado. Mémoires historiques sur l'Australie.
Eichthal. Etude sur l'histoire primitive des races océaniennes et américaines. *Mém. soc. ethnol.* Paris, 1845.
De Quatrefages. Les Polynésiens, leurs migrations, etc.
Owen. *Physical and psychical characters of the mincopies*. 1861.
Renan. Origine du langage, 1859.
— Langues sémitiques.
Max Müller. Science du langage. 1864.
— Mythologie comparée.
Chavée. Lexiologie indo-européenne.
Gérard de Rialle. Projet d'enquête sur le patois français. 1868.
Bopp. Grammaire comparée.
Caldwell. Langues dravidiennes.
Abel de Remusat. Langues touraniennes.
De Rosny. Langues monosyllabiques. *Institut*.
Montefiori. Langues de l'Australie.
De Lebaillie (Ch.). Langues de l'Amérique du Nord.

PREMIÈRE PARTIE

ORIGINE ET DÉVELOPPEMENTS DE LA VIE ET DE LA PENSÉE SUR LA TERRE.

CHAPITRE I.

LOIS DE TRANSFORMATION DES ÊTRES VIVANTS.

L'homme est la cime terminale et supérieure du grand arbre de la vie. Toutes les autres espèces vivantes se groupent autour de lui, à des distances inégales, comme autant de rameaux divergents, nés eux-mêmes sur des branches diversement ramifiées. Les espèces fossiles, dont nos couches géologiques des divers âges nous ont livré les formes, représentent autant de générations ou de rameaux éteints, de feuilles tombées à chaque âge ou saison de notre planète, qui ont fleuri à leur tour sur d'autres rameaux antérieurs.

Mais il s'agit de savoir si cet ordre, si naturel et qui seul arrive à nous rendre compte de la succession des êtres à la surface du globe, est un ordre purement logique ou un ordre réel; si cette ramification successive est une simple métaphore analogique, qui n'a d'existence que dans notre esprit, ou, si au contraire, c'est l'expression d'un fait, d'une loi; si enfin ce n'est qu'une méthode de notre science ou le procédé de la nature même pour faire arriver toutes les formes de l'être à la vie en les faisant sortir généalogiquement les unes des autres.

La première de ces deux hypothèses, la plus ancienne et, jusqu'ici, la plus communément adoptée, paraît simple et fort claire au premier abord. Chaque espèce a des caractères constants et fixes, et elle est directement créée, à un certain moment de la durée et dans un certain point de l'espace, avec tous ses attributs physiques et tous ses instincts, par l'intervention spéciale d'une puissance extra-naturelle, c'est-à-dire placée au-dessus ou en dehors des lois ordinaires et universelles du monde.

Mais quand on vient à l'analyser dans ses détails, et à se demander quels sont les procédés créateurs de cette puissance intermittente, qui vient ainsi de temps à autre semer un nouvel être vivant sur le sol de chaque planète, comme sur ce point l'expérience se tait, que l'observation se déclare incompétente, la raison s'étonne et l'imagination elle-même, arrêtée court, ne trouve rien à répondre ou s'égare dans les plus étranges conceptions.

Chacun connaît le mythe biblique de la création du monde. Dieu parle et tout se fait, il est vrai dans l'ordre le plus étrange, le plus imprévu : la terre est créée avant les étoiles, les planètes avant le soleil; et l'homme nu et sans défense est lancé à travers la faune complète des animaux tout prêts à le dévorer dès son apparition. Et comment naît-il, ce roi chétif de sujets si indociles? La puissance créatrice a réfléchi, elle s'est résolue : faisons l'homme à notre image. Et d'un peu de boue elle pétrit sa forme comme un potier modèle un vase; puis elle lui insuffle dans les narines *une âme pensante*. Mais l'homme est seul, il lui faut une compagne. La puissance créatrice, qui n'y avait pas songé d'abord, au risque de détériorer son œuvre première, arrache une côte du flanc du premier homme endormi et lui fait une femme. Si notre imagination se prête mal volontiers à concevoir ces procédés de fabrication de la race humaine, les premiers peintres de la renaissance avaient sur ce point moins de scrupules ou plus de ressources que nous. Dans l'une des fresques du Campo-Santo de Pise, on peut voir encore le Père éternel arrachant notre première aïeule du flanc entr'ouvert de notre premier père, dans la position d'une sage-femme délivrant un fœtus naissant.

Aujourd'hui, devenus plus délicats, nous voudrions au moins épargner tant de peine aux mains du divin statuaire. Nous admettons qu'il a parlé, qu'il a pensé même et que la matière a obéi, qu'elle s'est émue et façonnée d'elle-même en dépit de cette inertie dont nous la douons. Prenons garde! c'est là un compromis avec la science dont elle se prévaudra. C'est la première défaite, le premier aveu d'impuissance de la mythologie à expliquer ce que la science, elle seule, peut découvrir et connaître. Si la matière obéit d'elle-même au coup de sifflet du grand machiniste ordonnateur pour changer tout à coup, à son ordre, le décor et les acteurs des scènes successives de la création, le coup de sifflet lui-même bientôt paraîtra inutile. Si nous supprimons le maçon, le sculpteur de l'édifice du monde, nous reconnaîtrons bientôt l'inutilité de l'architecte. Si la matière se meut, agit d'elle-même, pourquoi d'elle-même ne pourrait-elle s'organiser, vivre et penser?

L'hypothèse d'une création *ex abrupto, ex nihilo* de chacune des formes vivantes, une fois reconnue impossible, contradictoire, inimaginable, comment ces formes ont-elles donc pu apparaître?

S'il est un axiome évident par lui-même et inscrit *à priori* au fond de tout esprit, s'il est une loi dont l'observation universelle et constante ait constaté la réalité, c'est que tout état des choses du monde procède d'un état antérieur dont il n'est que l'évolution; c'est que tout phénomène est l'effet résultant d'une série d'autres phénomènes produits dans le temps et dans l'espace, sans que jamais cette série infinie des effets et de leurs causes puisse arriver à un premier terme qui soit à lui-même sa cause, c'est-à-dire dont l'état ne dérive pas directement des lois universelles qui régissent la totalité des êtres et des choses. L'inconditionné, l'absolu, l'abstrait en soi n'existe pas; il n'est que le dernier terme d'une régression d'ordre purement logique qui ne correspond à aucune réalité objective.

L'homme existe : il existe avec lui un ensemble varié de formes vivantes. Chacune de ces formes procède par évolution d'une série de causes ou de phénomènes antérieurs qui ont eu pour résultat nécessaire de la produire. Il s'agit de déterminer la nature de ces phénomènes, d'en remonter la série. C'est un problème scientifique où l'observation a tout et l'imagination rien à faire, sinon à renouer de temps en temps le fil rompu de nos inductions.

On est toujours fils de quelqu'un. Cette vérité banale n'est que la traduction vulgaire de cet axiome physiologique : *Omne vivum ex ovo*, transformé par Auguste Comte en cet autre, peut-être plus général et plus exact : *omne vivum ex vivo*.

En effet, les individus qui vivent aujourd'hui sont les descendants d'individus qui ont vécu à leur tour et reçu la vie de générations encore antérieures. Le flambeau de la vie se transmet de main en main sans interruption. Il ne peut plus être rallumé entre les mains de celui qui une fois l'a laissé éteindre.

Sic rerum summa novatur
Semper, et inter se mortales mutua vivunt :
Augescunt aliæ gentes, aliæ minuuntur ;
Inque brevi spatio mutantur sæcla animantum,
Et, quasi cursores, vitai lampada tradunt [1].

Deux lois régissent cette transmission sans fin de la vie. C'est la loi d'hérédité, en vertu de laquelle les fils ressemblent aux pères par le plan général de leur organisation physique ou mentale ; c'est aussi la loi de variabilité qui fait que les descendants ne

[1] Ainsi toutes choses se renouvellent sans cesse et les êtres mortels se transmettent l'existence : les uns se multiplient, les autres s'amoindrissent, changeant ainsi rapidement la scène du monde, comme les coureurs dans le cirque se passent de main en main le flambeau de la vie. Lucr. liv. II.

sont *jamais* identiques à leurs progéniteurs par les détails de cette même organisation. Continuité du type, variabilité dans ses modifications : tout le règne organique oscille entre ces deux règles contraires qui se limitent constamment l'une l'autre ; et seules elles suffisent à expliquer l'apparition successive et progressive de toutes les formes de la vie à travers la série ininterrompue des générations et des siècles.

Tout être qui vient à la vie peut donc être considéré comme une équation mathématique entre ces deux forces opposées. Tout individu organisé est la solution d'un problème algébrique posé par la nature, où la force héréditaire, ou atavisme, agit comme quantité constante, et où la force de variabilité entre comme quantité variable.

Mais la force héréditaire ou atavisme n'est pas même d'une constance absolue, car elle croît, non pas proportionnellement, mais progressivement avec l'antiquité et la pureté du type. Quant à la force de variabilité, rien ne détermine fatalement l'étendue de ses effets, car rien ne limite la puissance indéfinie de ses causes multiples. On peut donc concevoir le cas où la somme totale de la force de variabilité peut l'emporter sur la somme, même progressive, de la force héréditaire. Tel est le cas des monstruosités, qui ne sont des aberrations de la nature que parce qu'elles sont les effets exceptionnels de lois parfaitement fixes en elles-mêmes et d'un rare ensemble de causes qui ne se combinent qu'accidentellement.

Mais les lois de la variabilité se laissent décomposer en une série de lois partielles, déjà formulées d'après un vaste ensemble d'observations.

La variabilité peut se manifester pendant la vie fœtale ou embryonnaire, après la naissance pendant la phase de développement ou, enfin, à l'âge adulte du sujet.

La plupart des variations se manifestant chez l'embryon même et dans son type ethnique peuvent être considérées comme ataviques, c'est-à-dire qu'elles dépendent des modifications déjà subies par l'organisme des parents eux-mêmes, ou par la coordination résultant des caractères divers de leurs deux souches généalogiques, dans le cas où deux individus de sexes différent ont dû coopérer à l'acte reproducteur.

Durant toute la vie fœtale cette action des producteurs sur le produit se manifeste, mais celle de la mère surtout est prépondérante.

Cette prépondérance de l'action atavique variable n'empêche cependant point la variabilité propre de l'embryon de se manifester : une pression, un coup violent sur la matrice modifiera son développement; les souffrances, les émotions de la mère auront leur contre-coup en lui ; à travers elle, par son intermédiaire, il sera affecté par les influences du milieu.

Après la naissance, dès que le lien qui attache le fruit à l'arbre, le bourgeon à la plante, l'œuf à l'ovaire, le fœtus à la matrice est rompu, le jeune produit ne paraît plus susceptible d'être affecté que par le milieu ambiant et continue à varier sous son influence. Mais l'acte reproducteur qui lui a donné la vie, qui a imprimé le mouvement initial à son organisme, ne laisse pas de réagir constamment contre les influences modificatrices du milieu; de façon que les phases de son évolution achèvent de reproduire la série des phases évolutives de ses ancêtres: c'est-à-dire que l'atavisme continuera d'agir en lui et de l'emporter en résultante, à moins que des accidents graves ne viennent en altérer ou en arrêter le cours. C'est ainsi que, si des influences de milieu, des circonstances accidentelles n'arrêtent ou ne précipitent pas sa croissance, l'insecte muera et se métamorphosera autant de fois, de la même manière et aux mêmes époques que ses ancêtres, que des cornes ou des bois pousseront au taureau ou au cerf, que l'oiseau changera son plumage d'adolescent pour son plumage de noces, en même temps qu'il changera de voix et de chant, et que l'homme, enfin, arrivé à l'âge adulte, manifestera tous les caractères principaux et généraux de sa race, plus ou moins modifiés par ses caractères individuels.

En résultante, sauf des cas tout accidentels, c'est donc durant la vie fœtale que les causes de variabilité semblent agir avec le plus de force et l'emporter le plus aisément sur la fixité du type: la matière organique est alors plus plastique, plus susceptible d'être affectée diversement, plus docile, plus souple aux influences de milieu, plus dépendante de l'organisation maternelle, elle-même alors plus aisément affectée.

Dès la naissance, les caractères variables ou individuels du sujet se montrent donc en général avec évidence, bien que souvent l'influence subie par le jeune sujet durant sa vie fœtale se manifeste encore plus tard, durant l'enfance ou même l'âge adulte, par des caractères spéciaux, étrangers au type ethnique duquel il provient.

Deux ou trois autres principes compléteront cette rapide analyse des lois de la variabilité.

C'est d'abord le principe de *corrélation de croissance*, en vertu duquel les organes dits homologues tendent à varier ensemble et en même sens. Ainsi une élongation des membres antérieurs entraîne généralement une élongation des membres postérieurs. Si le pied s'allonge ou se raccourcit, si les doigts se soudent ou se divisent, la main suit les mêmes variations. L'élongation des membres tend à entraîner celle de la tête et parfois celle du corps. L'animal entier prend alors des formes plus sveltes, comme chez nos lévriers. Le principe de *compensation de croissance* semble être opposé au précédent, comme pour en limiter et en arrêter les excès. Ainsi, lorsqu'un organe se développe, un autre organe tend à s'atrophier; le développement du crâne et du cerveau semble entraîner la résorption de la queue et même celle de la face, et la formation d'un bec corné, la disparition des dents. Parfois même, la compensation paraît s'établir entre deux organes homologues, comme chez le kanguroo, où la force vitale, appelée vers les membres inférieurs, semble avoir été empruntée aux membres antérieurs presque atrophiés. De même, chez l'homme la cuisse et la jambe semblent s'être développés aux dépens du bras, tandis que chez le singe l'équilibre est resté établi entre les quatre membres, ou le bras lui-même a pris à son tour la prépondérance.

Enfin, deux individus de même race ou souche ont une tendance générale à varier de la même manière. Des espèces de même genre varient dans les mêmes organes, mais souvent en sens différent. Quelques espèces d'un genre affectent, par variation, certains caractères propres à des genres voisins. Des lois générales semblent donc présider à l'évolution de tous les êtres et décider quelles variations sont possibles à chacun d'entre eux, quelles autres ne peuvent en aucun cas se produire. Enfin, chaque variation individuelle peut être nuisible ou utile aux individus ou à la race chez laquelle elle se produit, ou elle peut être indifférente.

Partant de ces données, deux autres principes, deux lois, les deux lois qui resteront attachées au nom de M. Ch. Darwin, avec celles que nous venons de formuler brièvement, suffisent ensuite pour rendre compte de l'apparition par évolution et transformation de toutes les formes organisées actuelles ou éteintes. Ce sont les lois de *concurrence vitale* et de *sélection naturelle*.

Tout être organisé pour exister doit être dans un rapport constant et suffisant, sinon parfait, avec ses conditions de vie : tout individu qui ne remplit pas cette première condition de l'existence périt indubitablement et immédiatement. Cette première et rigoureuse sélection de la nécessité suffit à faire disparaître, dès la première génération, dès leur première apparition, tous les types chez lesquels ce rapport nécessaire de l'être à son milieu n'existerait pas : le monstre peut donc apparaître, mais il ne subsiste, il ne persiste pas; il est en contradiction avec lui-même et avec le monde ambiant.

La seconde nécessité organique, c'est que l'individu ait, avec le moyen de perpétuer sa propre existence, le moyen de perpétuer son espèce. Toute forme, qui, dans le cours des temps, n'a pas rempli cette condition, ne s'est manifestée que comme une ébauche passagère dont le souvenir s'est perdu avec la race. Au contraire, toute race, même imparfaitement organisée pour la conservation de l'existence de ses individus, mais douée d'une grande puissance prolifique, a, par cela même, persisté assez longtemps pour que, dans le cours de ses générations successives, une série de variations heureuses vinssent peu à peu perfectionner son organisme et l'adapter de plus en plus à ses conditions de vie. Or, cette loi nécessaire est si généralement remplie chez les espèces aujourd'hui vivantes que même les moins fécondes couvriraient à elles seules toute la surface de la terre dans un nombre de générations assez limité, si leur multiplication n'était arrêtée par la multiplication égale d'autres espèces.

Nous touchons ici à la loi de Malthus, c'est-à-dire qu'une certaine quantité limitée de vie étant possible à la surface du monde, il résulte fatalement de la multiplication en raison progressive des représentants de chaque espèce, que dans toute espèce un certain nombre d'individus sont fatalement voués à la mort.

Quels sont ceux qui périront, quels sont ceux qui survivront? la *concurrence vitale* en décidera. Les mieux doués, les mieux adaptés à leurs conditions de vie l'emporteront dans le combat, et, seuls reproduisant leur espèce, légueront à leurs descendants une organisation de mieux en mieux préparée pour d'autres victoires. C'est ainsi que, dans une même espèce, la variété la mieux organisée, la plus perfectionnée pour son rôle spécial supplantera toutes les autres variétés et que, dans chaque genre, il en sera de même des espèces privilégiées.

La lutte entre individus produit la sélection des individus. La lutte entre variétés décide de l'avenir de celles-ci. La lutte entre espèces a pour conséquence le triomphe des unes, la disparition ou l'émigration des autres.

Une espèce chez laquelle les individus ont une grande tendance à la variabilité sera donc avantagée sur les autres; puisque, dans le monbre de ces variations, il pourra s'en produire qui seront utiles, c'est-à-dire qui permettront aux variétés nouvelles ainsi formées de se saisir des places laissées vides sous le soleil, en s'adaptant à de nouvelles manières de vivre.

On conçoit ainsi que, dans une même espèce, deux variétés manifestant des tendances extrêmes ou contraires bien adaptées à leurs conditions de vie, cessant ainsi de se faire concurrence, seront seules conservées, tandis que toutes les variétés intermédiaires seront détruites par l'une ou l'autre de ces variétés extrêmes.

Ces deux variétés à la longue deviendront deux espèces bien distinctes qui pourront, à leur tour, produire d'autres variétés plus extrêmes encore par leurs caractères physiques ou leurs instincts, jusqu'à ce qu'enfin leurs différences pourront arriver à être d'ordre générique. C'est *la loi de divergence des caractères*, en vertu de laquelle les formes organiques arrivent à présenter constamment des groupes bien tranchés, bien distincts, par la disparition rapide de toutes les formes intermédiaires entre deux types originairement très-voisins.

Mais en suivant jusqu'au bout, avec Ch. Darwin, la conséquence de ce principe, chaque variété à l'origine ayant eu pour prototype un seul individu ou un seul couple et chaque espèce, genre, famille, ordre ou classe ayant dû procéder originairement d'une variété multipliée à l'infini en lignées généalogiques divergentes, il nous faudrait admettre que chacune de nos grandes classes zoologiques, peut-être même chacun de nos quatre embranchements, descend d'un seul prototype, d'un ancêtre commun, numériquement unique : car ce serait nécessairement un individu et non pas même un couple, puisqu'il est probable que la sexualité n'a paru que chez les formes relativement supérieures et tardives de chacun de ces embranchements.

Or, l'imagination même se lasse à suivre cette vaste bifurcation généalogique, et l'intelligence voit des difficultés à sa réalité. La doctrine darwinienne, acceptée dans toute son extension, aboutirait à ce fait incroyable, inadmissible, qu'à l'origine un seul germe d'être vivant aurait été créé ou aurait surgi spontanément en un point quelconque du globe[1]. » D'où proviendrait cet individu unique? demandions-nous dès le jour où nous nous fîmes l'interprète de la belle théorie de Ch. Darwin. Faudrait-il, après avoir éliminé si heureusement tant de miracles, en laisser subsister un seul? Si cet individu unique a existé, ce ne peut être que la planète elle-même. Rien n'empêche d'admettre que cette matrice universelle n'ait eu, à l'une des phases de son existence, le pouvoir d'élaborer la vie. Mais un seul des points de sa surface aurait-il eu le privilége de produire des germes? Ou faut-il croire qu'ils se sont élancés de son sein? Toutes les analogies font plutôt supposer qu'elle fut féconde sur toute sa vaste circonférence, que son enveloppe aqueuse fut le premier laboratoire de toute organisation et que le nombre des germes produits fut immense, mais que sans aucun doute ils furent tous semblables : des cellules germinatives nageant éparses en grappes ou en filaments dans les eaux, une cristallisation organique, rien de plus. Ce serait donc bien d'un type, d'une forme, d'une espèce unique, mais non d'un seul individu, que tous les organismes se seraient successivement formés. »

[1] Voy. *Origine des espèces* par M. Ch. Darwin, traduction française, p. 580 et note du traducteur p. 582, seconde édition, Masson et Guillaumin, Paris, 1866.

CHAPITRE II.

ORIGINE DE LA VIE SUR LA TERRE.

Nous sommes ainsi conduits à examiner le problème de l'apparition de la vie elle-même sur le globe. Si la vie seule produit la vie, comment la vie aurait-elle pu commencer, se manifester une première fois sur notre planète, où nous savons cependant qu'elle n'a pas, qu'elle n'a pu toujours exister?

C'est donc la question de la génération spontanée qui se pose ici, et deux doctrines contraires sont défendues par des adversaires également compétents et convaincus. D'un côté, ce sont MM. Pouchet, Joly, Musset et quelques autres, soutenus, en général, par tous les esprits novateurs, qui affirment que, de nos jours encore, là matière s'organise spontanément pour produire de toutes pièces les formes les plus inférieures, les plus élémentaires de la vie. De l'autre côté, M. Pasteur et toute la phalange des savants officiels, des esprits académiques, des gens plus ou moins retenus dans les liens de la tradition, contestent ce résultat. Ils attribuent l'apparition de ces organismes élémentaires au développement de germes répandus en quantité considérable dans l'atmosphère et mêlés à toutes les poussières, à tous les détritus terrestres qu'elle tient en suspension [1].

Mais, même en admettant les résultats de M. Pouchet, on peut lui objecter qu'il n'a pas résolu le problème de l'apparition première et vraiment spontanée de la vie; qu'il n'a pas trouvé le passage de la matière minérale à la matière organisée, de la mort à la vie, puisque pour produire ses monades, il a besoin de faire intervenir des détritus d'êtres déjà vivants, une matière déjà préorganisée. Lors même donc que ses monades naîtraient réellement et spontanément de ses macérations végétales ou animales, on ne pourrait voir en elles qu'un terme moyen dans la série actuelle des phénomènes de l'organisme, un effet produit par d'autres effets déjà classés, un anneau dans la chaîne non interrompue des générations vivantes, mais non pas un commencement de cette chaîne.

Tout ce que l'on pourrait admettre de plus favorable à sa cause, c'est que la matière organique retourne par le fait de sa décomposition à une sorte d'état naissant, analogue à celui que durent prendre les éléments de la

[1] Nous avons eu occasion de discuter plus longuement cette question dans un travail sur *Lamarck, sa vie, ses travaux et ses doctrines*, publié dans la *Revue de Philosophie positive*, nov.-déc. 1868 et janv.-fév. 1869.

Voir aussi un article de M. Louis Fleury, publié dans le *Moniteur scientifique*, 15 fév. 1869.

substance organisable du monde à l'époque où la vie surgit pour la première fois à sa surface.

Mais il semble difficile d'admettre que la matière, en s'organisant spontanément au milieu d'éléments à un état simplement organisable, revête tout-à-coup des formes aussi fixes, aussi définies, aussi constantes que celles de nos infusoires, puisque toute forme spécifique définie présuppose une certaine force atavique qui décide de la forme de l'être produit et du mode d'évolution de ses parties. Il répugne par exemple d'admettre qu'un être, ayant déjà un estomac et la faculté de digérer, des organes locomoteurs et la faculté de les mouvoir, des organes de génération et la faculté de se reproduire à leur moyen, puisse naître spontanément, c'est-à-dire arriver de prime saut, sous la seule influence des forces physiques et chimiques générales de la matière, à prendre un type défini et capable de se transmettre à ses descendants. On peut donc affirmer, sans crainte d'errer, qu'au moins tout être vivant, capable de remplir les principales fonctions de la vie et de perpétuer son type, ne naît pas spontanément, mais qu'il est le résultat de l'évolution d'éléments déjà préorganisés. Si les monades produites par M. Pouchet se reproduisent, elles ne sont pas nées spontanément, même d'éléments organiques désorganisés, mais de germes préexistants, soit dans l'atmosphère, soit dans les liquides qu'il emploie, soit dans les tissus ou détritus organiques qu'il y fait macérer et qui ont résisté à toutes ses tentatives pour les détruire ou les écarter.

Mais, au contraire, s'il naît dans ses ballons des organismes ne manifestant qu'un minimum de vie; si leur organisation est flottante comme leurs formes; s'ils n'ont aucun organe défini et constant pour digérer, se mouvoir; si, surtout, ils n'ont en aucune façon la faculté de reproduire ensuite d'autres organismes en tout semblables, il y a au contraire la plus grande probabilité qu'ils nous représentent les premiers essais d'éclosion de la vie, ou du moins une des conditions sous lesquelles elle a pu se produire à l'origine.

Mais ici, il faut bien s'entendre sur ce qu'il faut nommer organe, fonction, digestion, locomotion, reproduction spécifique, et ne pas se laisser induire en erreur par l'analogie des mots souvent appliqués pour désigner des faits tout différents par leur nature. Une simple cellule sphérique, analogue à la cellule germinative de l'œuf, jouissant de la faculté d'absorber, en les filtrant à travers ses membranes, les liquides ambiants pour se les assimiler, de la faculté contraire et complémentaire de rejeter par ces mêmes membranes les éléments de ces liquides qu'elle ne s'est pas incorporés, ne constitue pas un organisme défini, une forme spécifique. C'est un simple élément organique, c'est un œuf, c'est le plus simple des germes. Qu'ensuite, sur les parois extérieures ou intérieures de la membrane de cette première cellule, germent ou végètent d'autres cellules qui en croissant brisent ou distendent la cellule primitive, ou se juxtaposent à elle, ce ne sera pas un mode de reproduction spécifique; ce sera tout au plus la forme primitive et universelle de la germination, c'est-à-dire une simple végétation, une cristallisation organique. Si ces cellules ou groupes cellulaires ainsi produits se divisent ensuite pour continuer de végéter indépendamment selon le même procédé de segmentation, ce ne sera pas encore la génération; car si ces cellules ou groupes de cellules ainsi produits peuvent être regardés comme constituant une espèce, au même titre nous devrons considérer comme formant une succession généalogique, une race, une espèce, les éléments brisés et successifs d'une cristallisation minérale arborescente.

Ce qu'il suffit donc d'arriver à prouver, c'est la production spontanée, au sein d'éléments inorganiques ou désorganisés, et seulement organisables, de cellules germinatives élémentaires, c'est-à-dire de l'élément premier de tous les tissus vivants sans exception. Mais ce qu'il importerait encore plus de démontrer par expérience, c'est que, de ces germes primitifs d'organisation, peuvent évoluer, après un nombre plus ou moins grand de ces segmentations ovulaires, des types organisés définis, doués d'organes capables de fonctions et pouvant, à quelque degré et suivant certain mode fixe ou variable, reproduire le même type avec les mêmes phases, c'est-à-dire un cycle quelconque, formé de types successifs. C'est à peu près à quoi M. Pouchet prétend être arrivé, puisqu'il affirme que ces monades, simples cellules organisées, surgissent spontanément du milieu de ses macérations, que de leurs débris il se forme d'abord à la surface de celles-ci une membrane proligère, dans laquelle se forment ensuite des œufs ou germes qui, par leur évolution, donnent enfin un être typique de forme constante et définie [1].

Les objections qu'on peut faire à M. Pasteur et à l'école qui combat sous sa bannière, ne sont d'ailleurs pas moins fortes. Les germes qu'il dit exister partout sont partout invisibles. Ils échappent, dit-il, à notre faible vue et même aux plus forts grossissements de nos microscopes. Cela peut être et c'est d'autant plus facile à dire que nous n'avons aucun moyen de le contester. Mais lorsque M. Pasteur exige que M. Pouchet fasse passer ses ballons par une température capable de détruire le principe de vie latent dans ses germes et qu'il n'emploie que de l'air filtré, enfermé dans des ballons de verre, ne le met-il pas par cela même dans l'impossibilité de prouver ses théories, puisque des conditions telles qu'aucune vie déjà existante ne peut s'y conserver, que tout germe déjà préformé y meurt nécessairement, ne peuvent être favorables à l'apparition d'une vie nouvelle, à la formation de germes spontanés?

De même que M. Pasteur prétend contraindre M. Pouchet à lui montrer la formation spontanée de ses monades dans l'air échauffé et filtré de ses ballons, M. Pouchet pourrait exiger de M. Pasteur la preuve bien autrement impossible à fournir, que ses germes ne se sont pas formés spontanément dans l'atmosphère, à la surface libre des eaux, dans les détritus organiques en

[1] *Nouvelles expériences sur la génération spontanée,* par F. A. Pouchet. Paris, Masson, 1864.

décomposition, et partout à la surface de notre monde.

Le vrai, c'est que nous ne savons rien encore sur la nature, sur l'essence même de la force génératrice, sinon qu'elle nous apparaît comme une manifestation particulière de la force végétative elle-même, dont l'essence nous est également inconnue.

Car, aujourd'hui, sous nos yeux, si, sans exception bien constatée, tout être vivant procède par génération d'un autre être vivant à quelque degré analogue, le procédé de génération diffère, il se montre susceptible des formes les plus diverses. Là, c'est la sexualité, le concours de deux individus qui est nécessaire à la manifestation de la force génératrice; autre part, un seul être suffit à perpétuer sa race; ailleurs encore, le cycle générateur comprend une succession de phases ou même de formes et d'individus distincts; au plus bas de l'échelle de la vie enfin, la faculté génératrice se présente sous sa forme la plus simple, la plus primitive : c'est un simple accroissement suivi de division, c'est un bourgeonnement, c'est une segmentation ovulaire.

Au-delà de cet état, la matière n'est déjà plus organisée, elle est matière organique, organisable. Ses propriétés diffèrent à peine des propriétés de la matière minérale ou seulement cristallisable. Nos chimistes sont arrivés à la faire passer sous leurs yeux de l'un à l'autre état dans leurs appareils. Tout être vivant n'est qu'un appareil plus délicat, plus puissant, plus compliqué, construit pour faire passer de la matière morte à l'état de vie; toute organisation est une machine pour la production, la fabrication, la multiplication d'autres êtres organisés; seulement, nous ne faisons que de commencer à en connaître les rouages, et notre adresse n'est point arrivée encore à les imiter, à les reproduire.

Mais si, jusqu'à présent, la matière organisée seule sait organiser la matière, si ces montres se façonnent l'une l'autre sans intervention d'horloger, de quel droit supposons-nous la nécessité d'un mécanicien si habile pour créer la première de ces horloges?

Bien loin que notre intelligence impose ses lois à la matière, ce sont les lois de la matière qui s'imposent à l'intelligence. C'est du sein même de la matière que l'intelligence surgit, et, lorsqu'à son tour elle veut créer, construire, organiser, ce sont les procédés de la matière qu'elle imite, c'est à son école qu'elle doit s'instruire.

Si nous n'avons pas reconnu, proclamé plus tôt ces vérités si simples, c'est que, jusqu'à ce jour, toute notre philosophie, notre métaphysique, embarrassées, entravées dans leur marche par tout un ensemble d'idées subjectives ou traditionnelles, où notre imagination se complaît, après avoir pris sa large part à leur création, n'ont fait que s'égarer dans un dédale d'erreurs premières qui ne pouvaient qu'aboutir à la contradiction et à l'absurde, en retardant l'éclosion des vrais principes de la science objective de la nature.

Si la physiologie et l'anthropologie expérimentales n'ont pris qu'à une époque toute récente la place qui leur convient dans l'ensemble de nos sciences, c'est qu'elles ont été retardées dans leurs progrès, dans leur développement et presque dans la recherche de leurs méthodes et de leurs principes par un ensemble suranné d'opinions traditionnelles établies dans nos écoles et qui, même aujourd'hui encore, dominent assez puissamment un grand nombre de bons esprits pour leur dérober la vue nette des choses du monde, les vrais rapports des faits et leurs lois. C'est d'ailleurs une loi générale qu'une science positive quelconque ne prend jamais à un moment donné un développement rapide, sans venir se heurter contre quelque autre science, encore à faire ou à refaire, qui ne lui fait obstacle, en paraissant la contredire, que parce qu'en réalité c'est elle qui contredit les faits, si elle ne se contredit elle-même, comme c'est le cas le plus fréquent.

Mais ce n'est pas seulement notre métaphysique vieillie qui a encombré les avenues du savoir humain. Notre physique elle-même a longtemps participé à ses erreurs. Ainsi, jusqu'à une époque encore toute récente, nous avons tenu pour un dogme scientifique, et tous nos traités élémentaires, même les meilleurs, le portent encore écrit sur leurs premières pages, que la matière était inerte, inactive, immobile; que les forces dont nous mesurons l'intensité et les lois agissaient sur elles, mais en dehors d'elle. Toutes nos erreurs passées en physiologie ont dérivé, comme conséquences, de cette erreur première.

Non, la matière n'est point inerte, immobile, inactive! Elle agit incessamment, fatalement, dans la cornue du chimiste, dans l'appareil du physicien, comme dans l'être vivant, comme dans le caillou du chemin. Chacun de ses atômes se meut et meut d'autres atômes par des réactions sans fin. Les forces que nous avons crues hors d'elle, sont en elle, lui sont inhérentes, n'en sont que la manifestation, la qualité, l'essence et l'être. La substance même du monde est force, esprit et vie; l'intelligence et la pensée n'en sont que les phénomènes, au même titre que l'étendue, l'impénétrabilité, le mouvement. Ce sont des manifestations supérieures, se réalisant sous un ensemble de circonstances données, de cette force unique qui anime l'univers, sous la loi inéluctable et objective du temps et de l'espace, et dont nous suivons maintenant toutes les transformations dans la série toujours non interrompue des effets et des causes. Non-seulement le mouvement se transforme en son, en chaleur, en électricité, en lumière, et réciproquement; mais toutes ces formes diverses d'une force toujours identique se transforment en vie, en intelligence, en volonté, en action libre; et tout récemment, à Florence, les expériences du docteur Schiff ont donné l'équivalent en chaleur du travail de la pensée.

Le prétendu principe d'inertie de la matière n'est donc et n'a jamais été qu'une abstraction d'ordre logique, un principe de méthode, nécessaire en mécanique pour nous aider à décomposer par l'analyse, non les forces qui meuvent les éléments premiers de la matière et que notre expérience ne peut atteindre, mais celles qui sollicitent un corps et l'animent d'un mouvement de masse relativement à d'autres corps. Mais les forces qui meuvent ce corps lui-même sont encore les forces empruntées à la matière, même lorsque c'est notre volonté qui leur imprime leur direction.

Donc la matière inorganique se meut, agit; et dès qu'elle s'organise, elle vit, elle sent, elle pense. Cherchons par quelles phases évolutives elle a dû passer pour arriver à produire cet instrument encore si imparfait de la connaissance qui s'appelle l'esprit humain. Cherchons comment la vie a pu surgir sur notre globe.

Si le long débat des hétérogénistes et des panspermistes est resté vain, c'est, comme nous l'avons vu, que la question a été posée entre eux dans des termes insolubles. D'ailleurs, quelle qu'en pourrait être la solution dans les conditions actuelles du monde, elle ne préjugerait rien pour l'époque où la vie a apparu pour la première fois à la surface de notre planète et sous des conditions météorologiques, physiques, chimiques et cosmiques toutes différentes.

Reportons-nous à ce moment où, sur le noyau igné et incandescent de notre planète, s'étendait à peine une faible croûte de laves solidifiées, mais ardentes encore, qu'à tout instant les vagues intérieures de minerais en fusion craquelaient, bossuaient et faisaient osciller, comme des glaçons brûlants sur un océan de feu, qui ne tardait pas à les liquéfier de nouveau en les submergeant. Une éternité se passa avant que la sphère ignée fût recouverte et à jamais emprisonnée dans sa voûte de granit. Alors, au sein d'une atmosphère immense et irrespirable, flottaient à l'état gazeux, avec la masse des eaux, réduites en épaisses vapeurs, le plus grand nombre de nos métalloïdes. Quelles furent alors les réactions mutuelles de ces éléments chimiques, combinés en quantités infinies, dans ce mélange chaotique d'affinités et de répulsions qui devaient sans cesse se combattre et s'entredétruire?

Et lorsque, par le rayonnement continu dans l'espace, la masse des eaux commença à s'affaisser en torrents pluvieux sur la croûte granitique encore brûlante, sur laquelle elle rebondissait aussitôt en sphères pour s'en éloigner de nouveau en vapeurs, qui peut dire le résultat des forces en travail dans cet immense laboratoire de la nature?

Enfin, les océans prirent définitivement leur place; ils entourèrent le globe de leur sphère aqueuse; mais, dans ces eaux saturées de sels et d'acides, qui peut dire ce qu'il s'essaya de vains enfantements, ce qu'il s'ébaucha de créations aussitôt détruites? Au sein de l'épaisse membrane proligère qui, sous la pression d'une épaisse et pesante atmosphère, dut se développer à son contact avec des eaux tièdes encore et sans cesse traversées des courants puissants d'une intarissable électricité, la vie germa pour la première fois; mais elle germa partout: ce fut une effluve immense. Les océans tout entiers virent flotter à la surface de leurs vagues d'immenses cristallisations organiques qui n'ont plus rien aujourd'hui d'analogue. C'était amorphe, c'était hideux; mais c'était puissant. C'étaient des globes et des traînées, des chaînons ramifiés en chaînons, des arborescences folles : c'était l'organisation cherchant sa forme, c'était la vie en quête de sa loi.

Ces ébauches se multipliaient en désordre ; rien n'arrêtait, ne limitait leur luxuriance de vie. Leur naissance était une germination spontanée, leur vie une cristallisation végétative. Comme la matière minérale, ils n'avaient pas encore appris à mourir. Mais, par l'accroissement même et de leur nombre et de leurs proportions, la surface entière des océans qu'ils recouvraient de leur croûte vivante devait bientôt devenir trop étroite et leurs profondeurs trop remplies. Dès lors, comme depuis, l'espace manqua à la vie ; l'élément nutritif fit défaut à la force organisatrice et lui imposa des bornes par la mort, qui ne fut d'abord qu'une dispersion, une désagrégation. Mais de la dispersion, de la désagrégation de ces éléments préorganisés surgissaient aussitôt d'autres êtres, également monstrueux et plus éphémères, qui se succédaient en désordre sans se perpétuer, sans se reproduire deux fois analogues, sinon par leur simplicité rudimentaire : des masses cellulaires flottantes et c'était tout. L'agrégation, une fois disparue, détruite, ne reparaissait plus.

Dans la multitude de ces essais spontanés, continués pendant l'infinie durée du temps nécessaire à purifier l'atmosphère de ses vapeurs et les mers de leur âcre acidité, seulement un très-petit nombre de ces germes arriva à réaliser un commencement de régularité végétative avec un plan déjà défini. Et ceux-là seulement chez lesquels la scission de leurs éléments végétatifs s'opéra selon une loi régulière, fournirent les souches de tous les êtres qui, de génération en génération, se transformant et progressant lentement, par une série de variations successives et divergentes, ont envoyé leurs derniers représentants jusqu'aux âges successifs de notre globe.

CHAPITRE III.

MULTIPLICITÉ DES SOUCHES ORGANIQUES PRIMITIVES.

Un autre problème se présente donc ici. Sommes-nous capables de reconnaître à des caractères précis, évidents, les êtres, les formes organiques qui dérivent de chacune de ces souches primitives, de chacun de ces germes organisés, de chacun de ces prototypes élémentaires?

Chacun de ces germes ou prototypes qui, au principe, différaient seulement par le caprice irréfrené de leurs formes extérieures, avait au fond une organisation identique. Ce n'étaient que des masses flottantes de tissu cellulaire, des agglomérations amorphes d'éléments anatomiques similaires entre eux.

Mais déjà on conçoit que ces éléments anatomiques eux-mêmes ont pu, dès le principe, varier dans leurs formes, dans leur procédés de génération, de végétation, de croissance, de développement. Leurs cellules constituantes pouvaient présenter toutes les formes géométriques imaginables, de la sphère parfaite à l'ovale et à l'ellipsoïde allongé. De leurs compressions mutuelles, il résultait également toutes les formes polyédriques possibles, et ces tissus primitifs pouvaient présenter, en conséquence, tous les systèmes de nos cristallisations minérales, de la pyramide à quatre faces, au cube et à ses dérivés, et à toutes les variations du rhomboèdre ou du prisme pyramidal.

Or, aujourd'hui que l'histologie a pris un si grand développement dans la science, il sera peut-être possible, par l'étude des formes constantes des éléments anatomiques dans chaque espèce, de déterminer les groupes organisés qui se rattachent aux mêmes formes cellulaires primitives, et d'obtenir par ce procédé la détermination de grandes familles histologiques. Ainsi, on sait par expérience que dans certaines maladies d'épuisement on peut injecter dans les veines d'un individu humain le sang d'un autre individu, et que ce sang circule et entretient la vie comme s'il avait été produit par le sujet injecté lui-même. Mais si, au lieu de sang d'homme, on injecte dans les veines de l'homme du sang de taureau ou d'un autre animal d'espèce très-distincte, ce sang se décompose et produit la mort. C'est qu'en effet les globules du sang humain diffèrent par leur forme des globules du sang d'autres mammifères, et tandis que ces globules chez tous les mammifères sont sensiblement sphéroïdaux, ils ont chez les reptiles en général la forme d'une ellipse applatie. On conçoit que la même étude poursuivie sur le tissu des os, des muscles, des nerfs pourra produire d'immenses résultats, et un homme qui a déjà donné de nombreux gages à la science, M. Edouard

Lartet, continue en ce moment sur ce sujet une série d'études sur le résultat desquelles nous n'anticiperons pas.

Mais si, chez les grands groupes organiques actuels ou perdus, les éléments histologiques diffèrent, on peut se demander si ces différences sont primitives ou si elles se sont accentuées dans le cours de l'évolution généalogique de ces mêmes familles. Sur ce point la question reste absolument indécise.

Admettons cependant comme probable que ces différences sont typiques, c'est-à-dire qu'elles proviennent de différences originelles entre les souches primitives de ces diverses familles, il n'en résultera pas que tous les êtres organisés, présentant un même type histologique, soient nécessairement de même souche, c'est-à-dire procèdent généalogiquement d'un germe primitif unique. Car, de même que beaucoup de minéraux présentent le même système cristallographique, un grand nombre de germes primitifs ont dû présenter chacun des systèmes de construction cellulaire possibles : le nombre de ces systèmes étant nécessairement borné, comme les figures même que peuvent générer une sphère ou une ellipse, tandis que le nombre des germes cellulaires produit peut être considéré comme infini. D'ailleurs, de ces divers systèmes de construction cellulaire, les uns devaient être plus propres que les autres à l'évolution organique, et ceux-là seulement qui se sont le mieux prêtés à cette évolution ont fait souche et ont envoyé des descendants à travers les âges géologiques successifs.

Des êtres de même type histologique peuvent donc avoir eu des souches numériquement distinctes, quoique identiques au point de vue morphologique de leurs éléments; et chacune de ces souches a pu servir de point de départ à une lignée généalogique qui, en vertu de l'identité morphologique de ses éléments originels, a pu évoluer longtemps suivant les mêmes lois et présenter les mêmes phases et les mêmes formes.

Une considération vient s'ajouter à celles qui précèdent. C'est que, durant les premiers âges du globe, il a existé sur toute sa surface une presque parfaite identité de conditions de vie. C'est au sein des eaux que les premiers germes de la vie se sont produits, et les eaux ont longtemps enveloppé le globe d'une sphère aqueuse à peu près partout égale quant à sa profondeur, à sa température et à ses propriétés chimiques et physiques. La concurrence vitale entre ces myriades d'êtres primitifs ne s'exerçait donc point en vue de les adapter chacun à des conditions locales diverses, mais seulement en vue de les rendre plus ou moins propres aux conditions générales de la vie individuelle et à sa transmission héréditaire. Entre tous ces êtres, divers quant au nombre, très-semblables quant à leur nature, la lutte s'exerçait sous des conditions sensiblement égales et semblables: il s'agissait seulement de savoir qui se nourrirait, végéterait et se perpétuerait le mieux. Dans chaque type histologique, un nombre relativement restreint de souches primitives arrivèrent donc à l'emporter sur leurs rivales et à envoyer vers l'avenir leur postérité; tandis que la postérité des moins favorisées s'éteignait. Cette sélection, reproduite et continuée à chaque génération pendant des périodes d'une considérable durée, dut donc diminuer, selon une progression descendante rapide, le nombre des souches primitives. La mort n'était pas alors celle d'un individu, ni même d'une espèce ou d'un genre, c'était la mort, la disparition d'un type.

En fin de compte, six ou sept types morphologiques seulement paraissent avoir prévalu et avoir envoyé des descendants jusqu'à nos jours. Dès ces époques reculées où vécurent les plus anciens de nos fossiles, toutes les formes vivantes paraissent s'être rapportées à ces types. La grande sélection de la nature terrestre était déjà faite. Entre tous les êtres qui, dès l'origine de la vie sur la terre, s'en sont disputés la domination, la victoire était décidée par la mort du plus grand nombre et la survivance de quelques-uns.

Mais ces quelques types d'organisation que nous désignons aujourd'hui sous les noms de vertébrés, d'articulés, de mollusques, de rayonnés, d'infusoires ou amorphes, puis de végétaux agames ou phanérogames, peuvent-ils provenir chacun d'une souche numériquement unique? Ne sont-ils pas plutôt les descendants de toutes les souches qui, sous l'influence des lois physiques générales et de conditions de vie partout identiques, avaient déjà évolué selon les mêmes plans? La réponse ne peut faire doute. Tous les vertébrés, tous les articulés, tous les mollusques, tous les rayonnés, tous les amorphes, tous les végétaux ne proviennent pas généalogiquement chacun d'une souche numériquement unique, mais d'un grand nombre d'individus ou souches primitives restées identiques au point de vue morphologique, c'est-à-dire dont l'évolution jusqu'alors était restée parallèle. Car s'ils provenaient chacun d'une souche numériquement unique, comme leur apparition paraît avoir été simultanée, il en faudrait conclure qu'à un moment donné quatre ou cinq individus seulement auraient survécu, sur la terre déserte, à la mort, à la disparition du nombre infini de leurs rivaux; ou, tout au moins, que la race déjà multipliée à l'infini de ces quatre ou cinq individus primitifs l'aurait emporté sur les myriades d'autres races successivement éteintes, ce qui répugne à croire, sans cependant être absolument impossible ou logiquement contradictoire. Mais il est infiniment plus probable que les quelques types vainqueurs furent de tous temps représentés par des races provenant originairement d'individus distincts, c'est-à-dire de souches numériquement assez nombreuses, mais restées identiques dans leur évolution morphologique à travers les premiers âges.

Nous avons donc ici six ou sept types morphologiques primitifs ou plans généraux d'organisation auxquels tous les êtres vivants se rapporteront, mais sans pouvoir cependant se prêter à des classifications bien arrêtées. Si tous nos vertébrés étaient sortis d'un premier vertébré, tous nos articulés d'un articulé primitif, tous nos mollusques d'un seul molluscoïde, etc., on comprendrait difficilement pourquoi chacune de ces classes, sur ses limites, présente des groupes dont les caractères se rapprochent de ceux d'une autre classe, et non pas toujours de la même ou même de la plus voisine. Si, au contraire, un grand nombre de souches primitives ont évolué, les unes selon le plan vertébré, les autres suivant le plan articulé, le plan molluscoïde ou le plan rayonné, il devient aisé de comprendre que, dans le cours de cette évolution, certaines de ces souches indépendantes ont pu prendre des caractères indécis ou mixtes entre ces divers types.

Nous arrivons donc à la presque certitude qu'au moins chacun de nos ordres, chacune de nos familles, peut-être chacun de nos genres provient d'un germe primitif, originairement et numériquement distinct et présentant peut-être quelques particularités histologiques spéciales qui ont décidé de sa loi d'évolution généalogique particulière.

Mais où nous arrêter dans cette voie? Chacune des formes que jusqu'à présent nous avons nommées spécifiques, ne descendrait-elle point d'une souche primitive distincte? Le mouton et la chèvre, le chevreuil et le daim, le chien et le loup, le jaguar et la panthère, n'auraient-ils jamais eu aucun lien de parenté, de consanguinité à travers les siècles, et proviendraient-ils directement chacun d'une lignée numériquement distincte à l'origine, et qui, à travers toute la série des âges, aurait conservé le parallélisme presque absolu de son évolution, en dépit de toutes les différences de milieu et de toutes les adaptations nécessaires aux conditions locales que la loi de nécessité a dû imposer à leurs ancêtres? Nous tombons évidemment ici dans un excès contraire à celui que nous avons évité tout à l'heure. Nous arrivons à l'improbable, à l'impossible. La vérité est donc quelque part entre ces deux extrêmes, mais il ne nous est pas aisé de trouver où elle est. Approximativement du moins ne pouvons-nous mesurer les limites au-delà desquelles elle ne saurait être?

Si nous pouvons admettre le parallélisme absolu d'évolution d'un certain nombre de types primitifs à travers la série des premiers âges géologiques, et tant que les océans ont recouvert le globe d'un manteau uniforme de flots immobiles et sans courants, troublés seulement deux fois chaque jour par le double gonflement des marées; dès que, sous la pression des forces ignées contenues sous l'enveloppe rocheuse, des premiers bancs sous-marins détruisirent cette longue uniformité, la loi de divergence des caractères commença d'agir avec plus de force et fit varier les types primitifs, jusque-là très-uniformes, de manière à dessiner, sur le fond commun de l'organisation cellulaire, le type du végétal fixé par une racine à la croûte solide du globe et le type de l'animal demeuré libre dans les eaux. Un grand nombre de souches primitives évoluèrent donc vers la vie végétative et, en variant et se diversifiant de plus en plus sous des conditions de vie déjà diverses, elles donnèrent les premiers types inférieurs de nos grandes familles végétales agames, d'où, plus tard, sortirent presque à la fois, dès que les continents émergèrent, les trois grandes classes des polycotylédonées, des dicotylédonées et des monocotylédonées, formées également par un développement divergent et successivement ramifié. De même, la vie animale commença ses évolutions également divergentes, selon que ses représentants actuels s'accoutumèrent à vivre au fond des mers, à leur surface, sur leurs bords ou flottants au sein même des eaux. De ces conditions de vie diverses devaient sortir déjà des organismes capables de s'y adapter, c'est-à-dire de respirer, les uns l'oxygène mêlé à l'eau, les autres l'air en nature, ou alternativement l'un et l'autre. Le zoophyte s'attacha sur le rocher sous-marin à côté de l'algue; le molluscoïde ou l'articulé se partagea avec le vertébré naissant le domaine mouvant des flots, où tous firent leur pâture d'êtres amorphes, restes des premiers essais de la vie, et peut-être d'infusoires gigantesques qui étaient alors à nos monades actuelles, ce que le téléosaure est à nos lézards, ce que le megathérium est à nos petits édentés vivants. Certains articulés, certains vertébrés même dès lors conquirent sans doute le domaine de l'air, qui ne fut sans doute d'abord qu'un refuge, où la proie poursuivie échappa à l'ennemi qui la poursuivait, mais où d'autres ennemis ne pouvaient tarder à la suivre. L'articulé sans doute, si bien organisé pour le vol, et qui redoute si peu une atmosphère chargée de miasmes, fut sans doute le premier conquérant de ce nouveau monde, que le vertébré plus tard lui disputa.

Lorsqu'enfin les premières îles se montrèrent, l'articulé et le vertébré aérien les envahirent, attirés par la pâture abondante que leur offrait la végétation naissante, et le mollusque, avec le vertébré aquatique, les y rejoignit en rampant ou sautant.

A travers cette diversité déjà si grande des conditions de vie, il semble bien difficile que le parallélisme des souches primitives se soit conservé longtemps et même d'une époque géologique à l'autre. Mais quand le relief orographique du globe s'accentua, que les climats commencèrent à faire sentir leur influence, que chaque bassin des mers, chaque île, chaque continent, chaque rivage, chaque pente de montagne et chaque vallée devint une station géographique distincte, il devint absolument impossible que ce parallélisme pût se continuer entre les souches primitives; puisque dès lors les individus originairement et généalogiquement issus de mêmes souches avaient nécessairement commencé à diverger et offraient des genres, des espèces, des variétés déjà nombreuses et évidemment toutes locales, en dépit de la force d'atavisme déjà accumulée qui tendait à conserver les types primitifs. Dès les époques géologiques, où nous voyons apparaître l'influence des climats et avec elle des formes toutes locales, c'est-à-dire dès que les terrains de même âge, placés sous le pôle et sous l'équateur ne nous présentent plus des formes absolument identiques, nous pouvons dire que le parallélisme d'évolution des types primitifs distincts a cessé d'être possible, et que toutes les formes vivantes qui présentent aujourd'hui une presque parfaite identité de plan anatomique, proviennent généalogiquement d'un même type ancestral, d'une souche commune, déjà vivante à ces époques de localisation, et dont elles se sont depuis éloignées en divergeant sous des conditions de vie de plus en plus locales et diversifiées.

Or, c'est au commencement de l'époque tertiaire que se manifeste cette première diversité climatérique, cette différenciation des conditions orographiques, météorologiques et physiologiques à la surface du globe. On peut donc affirmer que toutes nos espèces ou genres vivants de même type anatomique descendent généalogiquement chacune d'un seul et même prototype vivant à cette époque.

Mais, par malheur, nos informations paléontologiques sont encore fort incomplètes. Nous connaissons les couches tertiaires tout récemment et seulement dans quelques coins du monde. Nous savons qu'alors en Europe vivaient les paléothériums, les anoplothériums, les lophiodons et plusieurs autres; nous ignorons quelle était la faune de l'Asie, de l'Afrique, de l'Amérique et des continents émergés alors, mais submergés depuis. Ainsi, tous nos pachydermes actuels sont-ils la descendance des pachydermes éocènes? c'est douteux. On peut l'admettre pour quelques-uns; mais, si le groupe des éléphants peut être sorti du dinothérium miocène, nous ignorons d'où est venu l'ancêtre du dinothérium. Il en est de même des solipèdes, des canides, des hyénides, des félides, des ursides. Nous connaissons seulement quelques rameaux détachés et relativement récents de l'arbre généalogique de ces diverses familles, mais les branches qui les ont portés nous sont inconnues. Cependant, pour quelques familles nous n'avons pas de doutes et l'ordre des primates est celui qui nous en laisse le moins. Tous, y compris l'homme, descendent d'un même prototype qui a probablement vécu en quelque point du globe au commencement de l'époque tertiaire, et dont tous se sont séparés successivement par une évolution divergente. Tout au plus pourrait-on reculer d'une époque, et jusqu'à la fin de la période secondaire, l'existence de ce premier prototype d'où les groupes les plus extrêmes de l'ordre seraient sortis pour donner naissance, d'une part aux lémuriens ou makis, de l'autre aux singes et à l'homme. Mais si l'on voulait admettre une souche primitivement distincte pour l'homme, il faudrait admettre une souche primitive également distincte, non pas seulement pour chacune des grandes familles de singes : lémuriens, cébins, pythécins et anthropomorphes, mais pour chacun de leurs genres : ce qui ressortira du reste plus tard, de la comparaison anatomique de l'homme et des autres primates. Enfin, par analogie, il nous faudrait également admettre une souche primitivement distincte pour chaque genre de pachydermes, de ruminants, de canides, d'hyénides et de félides. Nous retomberions ainsi dans la difficulté d'un parallélisme d'évolution impossible entre toutes ces séries généalogiques, primitivement distinctes, à travers la série complète des âges géologiques.

L'embryologie, du reste, peut jeter un jour éclatant sur cette question, la plus importante de toutes celles que la philosophie physiologique ait à résoudre.

Or, l'embryologie nous montre tout être organisé, végétal ou animal, sortant primitivement d'une graine ou d'un œuf, c'est-à-dire d'un germe. Ce germe, identique chez tous les êtres par sa nature élémentaire, évolue chez tous parallèlement dans ses premières phases. A un moment donné, on ne peut dire si ce sera un arbre ou un homme, à ne considérer que le germe lui-même séparé du milieu ambiant où il doit se développer. C'est chez tous une cellule germinative dont la première phase est une simple segmentation. Cette première phase traversée, c'est une plante ou c'est un animal; mais pendant longtemps on ne pourra dire ni quelle plante ni quel animal en sortira. Si c'est un animal, au bout d'un certain temps, différent chez tous, on reconnaît son plan général; on peut dire s'il sera vertébré, articulé, mollusque ou amorphe. Mais si c'est un vertébré, sera-t-il poisson, reptile, oiseau ou mammifère? le plus savant s'y trompe ou plutôt avoue qu'il ne saurait le dire. Si c'est un mammifère, on le voit développer son type. Mais sera-ce un chien, un cheval ou un singe? C'est encore au temps seul à répondre. Enfin, sera-t-il singe ou homme? C'est à une époque relativement tardive de la gestation qu'on peut le décider.

Cependant, à travers ces analogies générales d'aspect à chaque phase du développement embryonnaire chez les êtres de même type anatomique et ce parallélisme général de leurs phases évolutives, il serait possible de saisir par une étude consciencieuse des différences qui trancheraient définitivement la question, quant à la consanguinité des espèces, genres ou ordres, ou à leur diversité originelle de souche.

C'est une des belles lois établies par M. Ch. Darwin, que chaque variation survenue chez les représentants d'une espèce a une tendance à se manifester héréditairement au même âge chez ses descendants ou seulement un peu plus tôt et de plus en plus tôt. L'évolution embryologique d'un individu nous représente donc en raccourci la série à peu près complète des phases évolutives parcourues par l'espèce. Il en résulte que, si deux espèces proviennent de souches originellement identiques, si leur arbre généalogique se confond en un point quelconque de ses ramifications, la succession des phases embryonnaires sera absolument identique chez leurs individus, depuis le premier développement du germe jusqu'au point où les deux souches se sont séparées en divergeant, par une série de variations successives. Si, au contraire, ces deux espèces proviennent de souches originellement distinctes, mais ayant conservé longtemps leur identité morphologique générale, et ayant évolué parallèlement, bien qu'indépendamment, sous la succession continue de conditions de vie semblables, il y aura toujours des différences assez sensibles dans l'ordre de leurs phases embryonnaires, dans la succession, l'apparition ou le degré de leurs caractères à chacune de ces phases, pour décider qu'il n'y a pas consanguinité originelle. Ainsi, par exemple, qu'une cellule germinative d'animal soit généralement identique à une cellule germinative de végétal, il n'en résulte pas que ces deux germes soient de même souche originelle, car dans chaque famille l'histologie arrivera peut-être à découvrir des différences typiques dans la forme même de ces cellules ou dans les procédés de leur segmentation.

Et plus tard, quand l'embryon est formé, si quelqu'un de ses caractères ne se montre pas avec tous les détails de formes ou d'évolutions qu'on a pu constater chez des embryons de même type anatomique, il en faudra conclure également qu'on a affaire à deux souches distinctes, mais dont l'évolution a été longtemps et sensiblement parallèle, comme il faudra l'admettre sans doute pour chacune de nos grandes familles de mammifères. Ainsi, l'embryon humain, jusqu'à une certaine époque, a les pieds et les mains palmés : il descend donc à un degré quelconque d'un animal aquatique. Chez l'embryon du singe, si les quatre membres sont également palmés, il en résultera qu'il descend également d'un prototype organisé pour la natation; mais si la palmure se présente avec des caractères différents, si elle paraît ou disparaît plus tôt ou plus tard, il faudra en induire que, si le singe et l'homme ont un ancêtre commun, la séparation des deux rameaux généalogiques s'est opérée avant l'époque ou à l'époque même où existait leur ancêtre nageur. Si, au contraire, l'apparition de la palmure, sa forme et sa résorption, tout est identique, c'est que ce prototype nageur est leur commun ancêtre et que la séparation des deux races ne s'est opérée que plus tard, chez l'un quelconque de ses descendants.

Mais sur ce chef, nous pouvons poser la question, indiquer la méthode à suivre pour la résoudre; quant à la solution, l'embryologie comparée du singe et de l'homme n'est pas assez avancée pour la donner. Mais c'est, on le sait, une question de recherches, d'études, d'observations. C'est une question de temps. Si nous ne savons, nous saurons.

On pourrait se demander si la faculté de fécondation réciproque entre les diverses formes organiques ne pourrait servir de critère pour distinguer les êtres de même souche originelle ; si enfin cette faculté ne serait pas attachée à la consanguinité à un degré quelconque.

Malheureusement cette faculté de fécondation mutuelle n'est point un caractère absolu, mais tout relatif; elle est susceptible de plus et de moins; elle paraît, croît, diminue, disparaît, entre les êtres et semble dépendre de certains détails de la structure organique que nous n'avons pu encore saisir, apprécier, découvrir. Elle varie avec les espèces, les variétés; elle varie chez les individus de même race et de même souche prochaine et connue. Ainsi, certains individus d'une famille seront plus ou moins féconds avec les individus d'une autre famille. Certaines variétés de tabac peuvent se féconder entre elles; d'autres, aussi voisines, par leur caractères extérieurs, se refusent à l'expérience ou ne montrent qu'une fécondité très-incomplète. L'élément mâle d'une variété végétale agit sur l'élément femelle d'un autre et le croisement réciproque des deux autres éléments reste stérile. Les mêmes phénomènes se produisent chez les animaux. Des croisements du loup et du chien ont donné des résultats très-divers. Il en est de même du cheval, avec l'âne, le zèbre ou l'hémione. Ces divers types ne peuvent pourtant pas être plus ou moins de même souche. Leur souche est ou n'est pas identique.

Cependant il est probable, il faut penser que, partout où un commencement de fécondité se manifeste, il y a certainement consanguinité à un degré quelconque, parce qu'il y a dès lors une identité d'évolution embryologique qui assure que le jeune germe sera avec sa mère dans le rapport de nature nécessaire à son développement plus ou moins parfait. On pourrait même admettre d'après cela que le plus ou moins de fécondité mesure en moyenne le degré plus ou moins rapproché de consanguinité; que, par conséquent, deux variétés végétales, même très-semblables, mais stériles entre elles, sont depuis plus longtemps séparées de leur prototype commun, que d'autres variétés qui, quoique très-différentes, demeurent cependant fécondes; que, de même, les croisements entre espèces animales ne sont possibles que lorsque la séparation du type, étant relativement récente, l'évolution embryonnaire est identique chez toutes deux, presque jusqu'au moment de la séparation du fœtus d'avec sa mère; que si les croisements hybrides sont plus aisés chez les oiseaux ovipares que chez les mammifères vivipares, c'est parce que l'embryon renfermé dans son œuf est en contact moins étroit avec l'organisme maternel, et que, par la même raison, des plantes, de genres même différents, peuvent se féconder entre elles, parce que la graine, une fois produite, se développe indépendamment de l'organisme végétal qui l'a formée, et par conséquent peut différer beaucoup de lui sans être gênée dans sa germination et son évolution individuelle.

Mais s'il faut admettre que la faculté de fécondation mutuelle diminue avec la consanguinité spécifique, il n'en résulte pas qu'au point où cette faculté cesse de se manifester, cesse nécessairement la consanguinité ; puisque nous voyons des individus réellement consanguins demeurer stériles entre eux. Si la consanguinité est une condition de cette faculté, elle n'en est pas la condition unique et décisive. Le lien de consanguinité peut donc s'étendre beaucoup plus loin, et si la faculté de fécondation mutuelle peut nous servir de preuve positive d'un degré quelconque de consanguinité ethnique ou spécifique, l'absence de cette faculté, sa disparition ou son affaiblissement n'est qu'un fait négatif qui peut être attribué à beaucoup d'autres causes que l'absence du lien de consanguinité : c'est tout au plus une présomption qui à elle seule ne peut rien décider.

De plus, la faculté de fécondation mutuelle pourrait nous aider à reconnaître les souches originellement distinctes, que la possibilité d'expérimenter cette fécondité nous échapperait le plus souvent; très-peu d'animaux se prêtant à ces unions hybrides. De plus, l'expérience est impossible quant aux formes fossiles, soit entre elles, soit avec nos races vivantes; et ce sont là cependant les unions dont il nous serait le plus important de constater les résultats. Enfin, l'expérience n'est possible que pour les espèces sexuées; toute une partie du règne animal et une plus vaste partie du règne végétal sont ainsi soustraites à toute expérience et ne peuvent rien fournir à nos inductions. Seulement, reconnaissons qu'un grand nombre d'expériences, poursuivies sur les espèces sexuées, qui se prêtent plus ou moins aisément aux croisements hybrides, peuvent jeter néanmoins un très-grand jour sur ces questions. Il est à croire que les enseignements que nous en pourrons tirer, joints à ceux de l'embryologie et de l'histologie comparées, nous mettront à même de lever la plupart des doutes et d'avoir, sinon des certitudes et des évidences, du moins de très-fortes probabilités quant à la consanguinité des divers êtres vivants, à leurs rapports généalogiques ou morphologiques avec les espèces fossiles et, enfin, quant à l'identité ou à la diversité numérique de leurs souches primitives ou germes prototypes.

Mais il résulte de ces considérations cette conséquence importante, c'est que, désormais, nous devons renoncer à chercher et à trouver un nombre infini de formes ou chaînons intermédiaires entre toutes les formes organisées actuelles, qui n'ont les unes avec les autres aucun degré de parenté généalogique, mais seulement des analogies morphologiques plus ou moins étroites; et que tout ce que nous pouvons espérer découvrir dans nos recherches paléontogiques, ce sont les chaînons, degrés et formes intermédiaires qui, à travers les temps, ont relié chacune des formes actuelles à son prototype originel ou souche primitive : le problème se trouve d'autant simplifié [1]. L'Homme, par exemple, s'est formé par la lente évolution d'une certaine série de formes animales inférieures; mais il ne les a pas traversées toutes, et son développement embryologique est là pour nous guider quant à la succession et aux caractères de celles que ses ancêtres successifs ont pu revêtir.

[1] M. Gaudry a déjà dressé d'après ces principes la généalogie d'un certain nombre d'espèces vivantes et fossiles. Il trouve dans le paloplothérium de Coucy (P. *codicieuse*) du calcaire grossier miocène, l'ancêtre commun de quatre genres éteints de rhinocéros, et de toutes les espèces actuellement vivantes. Il ramène de même tous les chevaux vivants ou fossiles à l'Hipparion de San Isidro (H. *prostylum*). Il poursuit le même travail sur un grand nombre d'autre genres. (*Hist. nat. gén.*, par M. de QUATREFAGES. *Revue des Deux-Mondes*, février et mars 1869.)

CHAPITRE IV.

ORIGINE ET DÉVELOPPEMENTS DES FACULTÉS MENTALES DANS LA SÉRIE ORGANIQUE

Avant d'examiner les rapports et différences de l'organisme physique de l'homme et des autres animaux qui peuvent avoir avec lui quelque parenté ou communauté d'origine, il importe de déblayer devant nous le terrain de la discussion de tous les préjugés trop généralement adoptés qui peuvent entraver un impartial examen du problème. Peu de gens, en effet, contestent les rapports anatomiques de l'homme et des autres mammifères, des primates en particulier; mais la majorité des esprits se troublent et s'arrêtent devant la difficulté, insurmontable selon eux, d'établir une analogie quelconque entre l'organisme mental de l'homme et celui des autres êtres vivants, et d'admettre que les facultés psychiques ont pu se développer par degré, comme les organes physiques eux-mêmes. C'est là l'objection capitale, l'argument qui, pour presque tous, a le plus de force contre toute supposition d'une origine ou même d'une loi commune entre l'homme et le reste de l'animalité. C'est donc cet argument d'abord que nous devons examiner, c'est cette objection qu'il faut commencer par écarter. En somme, c'est là le fort du combat.

Il s'agit d'établir que, si l'homme, au point de vue purement physiologique, représente la cime maîtresse, le bourgeon terminal du grand arbre de la vie, mais se relie par une suite infinie de variétés ou formes intermédiaires au tronc commun de l'animalité, dont il ne se distingue que par des différences de type et de plan, mais non de nature et d'essence; au point de vue mental, c'est-à-dire moral et intellectuel, il n'existe également aucun hiatus profond, infranchissable entre lui et les autres formes de l'organisme; qu'il représente également sous ce rapport la tête d'une série continue qui, bien que dépassant toutes les autres, se confond et se réunit à elles à son origine; qu'enfin, il n'existe de même entre l'organisme mental du genre humain et celui des autres animaux aucune différence typique et qualitative, mais seulement des différences quantitatives. En un mot, nous avons à tâche de démontrer que toutes les facultés premières de l'esprit ou âme de l'homme, se retrouvent, identiques de nature, bien qu'à un degré inférieur de développement, chez tous les êtres vivants, sans exception.

Ces facultés varient par leur activité, leur intensité, par leurs manifestations extérieures et leur expression spécifique, et de leurs actions et réactions mutuelles semblent émerger des facultés nouvelles qui ne sont, cependant, en réalité, que la transformation, selon un mode différent, ou la combinaison synthétique des mêmes facultés primitives, inhérentes à tout état de vie, et virtuelles ou latentes, c'est-à-dire en puissance de devenir, chez tous les êtres qui n'en réalisent que les états inférieurs et en quelque sorte embryonnaires.

Si nous avons eu jusqu'ici à ce sujet des croyances contraires, des notions toutes différentes, c'est que notre psychologie, inspirée de notre métaphysique traditionnelle ou scolastique, est restée empreinte des mêmes erreurs; c'est qu'elle est à refaire comme toutes nos sciences morales, ou plutôt qu'elle n'a jamais été faite. La langue même dont elle s'est servie est restée indéterminée et vague; elle répond à des concepts subjectifs, plutôt qu'à la nature des choses dont elle doit exprimer les rapports. La psychologie écossaise a échoué, comme les autres, dans ses prétentions de n'être que descriptive et expérimentale; elle a été débordée par l'entité métaphysique qu'elle n'avait pas su complètement écarter; et trop préoccupée du mécanisme purement intellectuel de la pensée, elle a méconnu l'élément principal d'activité de l'être vivant : la passion.

De sorte que les facultés mentales de l'homme et de l'être vivant en général sont restées jusqu'à présent mal classées, leur domaine d'activité mal défini, leur ordre, leurs dépendances réciproques, leurs actions et réactions mutuelles mal décrites. Nous avons à commencer l'anatomie comparée de l'esprit, qui peut-être sera pour les sciences morales ce que l'anatomie comparée des organes a été pour les sciences physiologiques. Mais cette science, toute à faire, n'est pas encore près d'être faite, et ce n'est que tout récemment que quelques esprits, conscients de cette lacune, ont fait quelques efforts, bien incomplets encore, pour la combler.

Ainsi, jusqu'à ce jour, tous les psychologues, sans exception, ont accordé la primauté absolue à l'intelligence, à la faculté logique qui nous montre seulement le rapport des idées entre elles, leur accord ou leur contradiction. Cette faculté seule, d'après eux, était digne de constituer l'âme, et l'homme seul en était doué. Certes, je ne prendrai point pour tâche ici d'en diminuer l'importance. L'intelligence est bien certainement la faculté rectrice de la pensée ; mais elle n'est en aucune façon la faculté rectrice de nos actes, qu'elle ne concourt à produire que par l'intervention de facultés d'un ordre tout différent. Elle les juge ensuite, il est vrai, comme autant de faits livrés à son activité et dont elle perçoit les rapports avec la série plus ou moins complète des faits du monde. Mais un être chez lequel il n'y aurait que de l'intelligence n'aurait aucune raison d'agir, aucune même de penser ; et faute d'avoir des motifs déterminants d'entrer en action, l'intelligence même, en lui, demeurerait inerte, latente, virtuelle, en puissance. Point de passion, point d'acte, point d'acte, point de pensée.

Mais expliquons-nous par des exemples concrets pour mieux préciser notre pensée. C'est l'intelligence qui nous affirme que deux et deux font quatre, que nous ne pouvons aller d'un point à un autre sans passer par tous les points intermédiaires et que le chemin le plus court, c'est le plus droit. Il n'est donc point en réalité, chez l'homme comme chez l'animal, de faculté plus primitive et plus générale ; car ces principes de mathématique élémentaire, que l'homme savant seul exprime et démontre, le plus rustre paysan les sait, les sent, et l'animal nous prouve par ses actes qu'il les sent et les sait aussi bien que lui. Il est vrai que cette faculté, si simple et si universelle chez l'animal et chez l'homme sans culture, à l'état enveloppé, spontané et élémentaire, est, dans ses derniers développements, l'organe en même temps que la règle de la plus haute science, l'objet et la norme de toute la philosophie, et aucun homme, quelque doué qu'il soit, ne la possède à sa plus haute expression possible. Mais si nous ne pouvons concevoir, même chez un être humain, son terme supérieur, sa manifestation, sa puissance absolue, de même il nous est absolument impossible de comprendre qu'un être vivant en soit absolument privé. C'est donc à la fois la faculté universelle de tous les êtres animés, quant à ses éléments premiers et généraux les plus simples, et la faculté spéciale par excellence, puisqu'elle diffère chez tous d'activité, d'intensité, de puissance et d'expression. Elle existe chez le chien comme chez nous, et pour l'huître qui bâille au soleil et à la marée comme pour l'homme. Elle reste toujours identique, c'est-à-dire ne peut jamais se contredire, s'opposer à elle-même ; car elle est par excellence la règle du vrai et la mesure de l'objectivité des rapports réels des choses et des êtres. Elle est seulement plus ou moins consciente d'elle-même, plus ou moins réfléchie et libre, ou spontanée et fatale, c'est-à-dire, dans le premier cas, déterminée par elle-même ou autonome, dans le second, excitée par la réalité extérieure qui se reflète en elle. Mais ses règles sont universelles et les seules universelles; elles sont vraies pour tous les êtres de tous les ordres, dans tous les coins du monde, et j'oserai même dire de tous les mondes. C'est la loi inéluctable qui régit l'univers comme notre pensée, la loi rectrice et créatrice par excellence, le reflet même du monde dans chacun des êtres qui en font partie. Elle s'impose de soi à tout, parce qu'elle est par elle-même et n'a d'autre raison d'être qu'elle-même. C'est le verbe éternel par qui tout a été fait, ordonné, mesuré, animé; c'est la lumière qui éclaire tout être venant en ce monde, bien qu'elle les éclaire tous inégalement.

Peut-on donc faire un grand reproche aux psychologues de n'avoir vu qu'elle? Oui. Parce qu'à côté de cette faculté maîtresse et supérieure, par le fait de sa fatalité et de son universalité, il en existe une autre qui donne à chaque être la forme mentale spécifique qui lui convient, et qui seule, mettant en action l'intelligence, détermine cette action, la mesure, l'excite ou la limite. Susceptible de varier à l'infini dans ses formes, ce sont ses modes divers qui communiquent leur diversité à l'intelligence même, et produisent ainsi toutes les différences spécifiques, ethniques ou individuelles de tous les êtres organisés. Et cette faculté, chose étrange ! n'a reçu aucun nom encore qui soit commun à chacune de ses manifestations. Nous sommes obligés de la définir : *la faculté d'être ému*, c'est-à-dire excité à une action physique ou mentale quelconque. C'est en un mot ce que jusqu'ici l'on a nommé l'âme et le cœur par opposition à l'esprit et au cerveau, bien que cette opposition soit fausse, au moins quant aux derniers termes mis en parallèle. Car, si c'est une partie du cerveau qui pense, c'est une autre partie du cerveau qui sent ; et si elle ne sent pas seule, le cerveau pensant ne pense également qu'avec la coopération directe des organes. Cependant cette faculté correspond assez à la seconde âme d'Aristote, à la Ψυχή, en opposition au Νοῦς, et résidant selon lui dans la poitrine, tandis que l'autre logeait dans la tête.

Cette faculté, réellement vitale et organique et qui se modifie avec l'organisme, n'est à son point de départ que l'activité sensible elle-même : c'est-à-dire la réaction nerveuse, l'action reflexe, rapide, immédiate et nécessaire du sujet vivant sur le monde perçu passivement à l'état d'idée ou de reflet par l'intelligence. A mesure que l'organisme s'élève de degré en degré, successivement elle prend le caractère de la sensation, générale d'abord, puis locale, du sentiment, du besoin. A son état le plus violent, elle devient la passion, et par l'habitude et la transmission héréditaire, elle revêt les diverses formes si variées de l'instinct spécifique qui, lui-même, détermine à son tour l'innéité à la fois passionnelle et intellectuelle de chaque être, c'est-à-dire la forme, l'étendue et la diversité de ses facultés mentales.

Si à ces deux facultés nous ajoutons la mémoire, gardienne des sensations perçues, des idées pensées et où l'activité intellectuelle puisera d'une part les éléments des créations subjectives de l'imagination, de l'autre les motifs déterminants de la volonté, nous aurons tous les éléments d'un organisme mental quelconque. Chez chaque être organisé nous en verrons la manifestation différer par la forme en restant identique par le fond, de façon à ce que, chez tous les êtres, l'organisme mental, bien que régi par une loi unique, dans son mécanisme fondamental, soit par ses fonctions rigoureusement en rapport avec les conditions d'existence de l'espèce.

La pensée est donc virtuelle, comme la vie, dans tout germe d'être, quelque inférieur qu'il soit, et sans nul doute dans chacun des éléments matériels distincts de cet être. Par l'organisation, ces atômes pensants et vivants ne font que hiérarchiser et centraliser de plus en plus leur action en augmentant progréssivement l'intensité de leur pouvoir mental et le faisant passer de la puissance à l'acte.

Mais on conçoit que, pour que l'organisme mental fonctionne, la condition première et nécessaire c'est qu'il soit mis en rapport, par un ensemble d'organes physiques, avec le milieu ambiant. Autrement, il n'est qu'une virtualité pure, sans réalité, une puissance de devenir, une force latente et inactive cachée au fond de la substance organique ou inorganique. Les sens ont été appelés les portes de l'âme et cette image est vraie. Pour que l'être mental agisse, il faut qu'il communique avec le dehors, et, de plus, qu'il acquière peu à peu l'habitude de cette communication, l'habitude expérimentale plus ou moins prompte de l'usage de ses organes.

Mais il peut communiquer plus ou moins et nous devons admettre qu'à quelque degré il communique toujours : c'est-à-dire que chaque atôme, virtuellement pensant, possède en acte la conscience vague de soi et de ses limites d'action, avec la sensation et l'idée des atômes qui l'environnent et qui lui résistent; que déjà cette activité mentale atômique s'étend en se centralisant dans la cellule organique, comme peut-être dans tout corps homogène limité par des corps différents, mais surtout dans les corps organisés, composés d'agrégations de plus en plus compliquées de cellules, de fibres et de vaisseaux, qui formeront successivement des êtres doués d'une activité mentale de plus en plus grande et capables de saisir une notion du monde de plus en plus étendue et complexe, par une coordination de plus en plus savante et hiérarchique de leurs forces mentale atômiques.

C'est donc sous la forme de simple tactilité, de toucher, de tous nos sens le plus général, le moins localisé, parce qu'il n'est pas absolument localisable, mais qu'il existe chez tout élément de la substance vivante ou simplement matérielle, que nous voyons l'activité sensible des êtres organisés se manifester chez les formes les plus inférieures et persister chez toutes les formes supérieures. D'abord vague et générale, elle est répandue dans tous les tissus vivants, et rien ne nous autorise à croire que les tissus végétaux eux-mêmes n'en soient point doués. Mais cette sensation vague et générale de l'être, qui sent seulement son unité et ses limites par son contact avec d'autres êtres, n'ayant revêtu encore aucun caractère passionnel, c'est-à-dire aucun caractère de douleur ou de jouissance, demeure intellectualisme pur et pure aperception, sans émotion, de sorte qu'elle n'excite en lui aucune réaction, aucun mouvement. Il sent et perçoit vaguement la sensation : tout se borne là.

Et tel est presque encore l'état mental de l'embryon humain dans la matrice avant que ses organes localisés le rendent capable de ressentir une gêne, une douleur, même vague encore, et de se mouvoir pour s'y soustraire. Et cependant nul ne niera que chez lui toutes les facultés supérieures de l'homme à venir ne soient latentes, en puissance de devenir. Mais encore sans communication avec le monde extérieur, il commence par être un ovule, aussi insensible que celui de la plante. Même lorsqu'il possède déjà un système nerveux centralisé, des organes, des sens développés et prêts à entrer en activité, il demeure à l'état de larve passive et immobile, jusqu'à ce qu'un contact extérieur, inaccoutumé ou douloureux, avec la sensation de la douleur ou du bien-être, lui révèle la vie et l'excite au mouvement. Au moment de la naissance, il sent une douleur plus vive, avec des sensations nouvelles plus intenses; il manifeste ces sensations par des cris, des pleurs. L'action reflexe nerveuse commence à agir; sa pensée fonctionne spontanément; mais durant longtemps encore rien ne se gravera dans sa mémoire. Chacun de nous est rendu ainsi incapable de se souvenir de ce qu'il a éprouvé dans cette première période de la vie où, cependant, tout notre être humain existait en puissance de devenir, mais, tout entier absorbé par l'émotion présente et sans conscience du passé comme du futur, ne se souvenait, ni ne prévoyait, et néanmoins existait, vivait, sentait et pensait.

De même que l'embryon humain ou animal évolue ainsi de la vie végétative à la vie animale de plus en plus complète, chaque série d'êtres organisés a évolué à travers les temps et de génération en génération, depuis l'aube de la vie et l'éclosion des premiers germes organisés, et successivement acquis des facultés mentales plus compliquées et plus diverses, sans que l'être supérieur ait notion de l'état mental de toute la série d'êtres inférieurs qui lui ont donné l'être et se sont succédé avant lui.

C'est cependant à travers cette série de générations successives que, de variation en variation, de perfectionnement en perfectionnement, l'organisme mental s'est compliqué, avec l'organisme physique, pour des conditions de vie plus complexes et sous l'influence même de ces conditions de vie. Le sens du tact, dont tous les autres ensuite n'ont été que la transformation et l'adaptation à des mouvements vibratoires de la matière d'un rhythme plus compliqué ou plus rapide, s'est d'abord peu à peu localisé dans un système nerveux ébauché. Puis, en certaines parties de l'organisme adaptées à de certaines fonctions, le tact est devenu sens du goût, et l'être vivant a joui à se nourrir et à digérer ou a souffert de la vacuité de ses organes. Tel est sans doute à peu près l'état sensible et intellectuel des zoophytes, tels que les oursins, les astéries. Cette sensation primitive de la digestion tend à disparaître, absorbée par des sensations supérieures, chez des organismes plus développés où elle devient sens du goût en se localisant en certaine partie seulement du canal intestinal. Puis d'autres nerfs du toucher deviennent, chez des formes plus parfaites, le sens de l'odorat, de l'ouïe et, enfin, de la vue, à mesure que des variations heureuses, répondant au besoin toujours préexistant, amènent la formation d'organes spéciaux plus ou moins bien conformés pour ces diverses fonctions.

Dès lors, l'être vivant a des sensations, d'où proviennent, avec des passions, des ébauches spontanées d'idées. Toutes les portes de l'âme sont ouvertes sur le monde ; et il dépend de son activité croissante, c'est-à-dire de son équilibre passionnel de plus en plus complexe, d'en faire la conquête totale, d'en analyser les éléments et les lois. Mais ce travail sera celui des siècles ; car, chez chaque être vivant, l'intelligence n'agira que sous l'impulsion des émotions dont il est capable et dans les limites étroites de son activité sensible, lentement croissante avec la complication et les nécessités de son organisme.

Et, en effet, si nous avions quelque moyen de communiquer avec une huître, et si nous lui proposions de lui démontrer les propriétés du triangle ou de lui enseigner les lois de Képler, l'huître, si elle parvenait à nous comprendre, nous répondrait : que m'importe? Il faut bien reconnaître que bon nombre d'hommes ou de femmes, dans notre siècle et même au milieu de nos civilisations urbaines, nous feraient et nous font encore tous les jours la même réponse, parce que l'instinct, le besoin, le sentiment, la passion du vrai n'existent pas encore chez eux ; et plusieurs de ceux-là même qui veulent avoir ces connaissances, ne les acquièrent que sous l'influence et l'excitation d'autres instincts, sentiments ou passions, tels que la vanité, l'ambition, la cupidité, ou simplement l'émulation, la mode, le respect de la coutume.

Si l'indifférence, le manque de curiosité scientifique est blâmable chez des représentants de notre espèce, si c'est une marque d'infériorité individuelle ou ethnique, on ne pourrait de même s'en étonner et le blâmer chez un mollusque, organisé pour d'autres conditions de vie et qui n'aurait que faire, ni d'une science dont il ne saurait tirer parti du rocher où il est attaché, ni d'une activité d'esprit qui, ne pouvant se développer que par la surexcitation de sa faculté de souffrir et de jouir, l'exposerait à toutes les douleurs sans lui fournir le moyen d'y échapper.

Les facultés mentales se développent donc successivement chez chaque être organisé dans la mesure où elles lui sont utiles et seulement dans cette mesure; car chez les individus où elles se développeraient trop vite, c'est-à-dire où les besoins, les instincts, les sentiments, les passions et l'activité intellectuelle qui en résultent, devanceraient de trop loin l'apparition ou la transformation des organes destinés à y répondre, elles entraîneraient fatalement, avec la mort des individus, l'extinction même d'une race chez laquelle l'équilibre entre les organes et les besoins ne serait pas établi. Et s'il y a eu dans la série des temps des exemples de ces anomalies de développement mental, il ont disparu sans pouvoir faire souche.

Si notre activité intellectuelle et passionnelle est arrivée aujourd'hui jusqu'au besoin du vrai et aux méthodes scientifiques qui peuvent le satisfaire, c'est que la science est aujourd'hui aussi indispensable à l'homme civilisé et social pour maintenir sa place au soleil, qu'à l'huître la caresse deux fois quotidienne de la marée qui lui apporte, avec sa nourriture, les seules jouissances dont elle soit capable et les seules dont elle ait besoin.

Au point de vue mental il n'est donc rien de nouveau, rien d'absolument distinct chez l'homme, non pas même comparé aux animaux d'ordre supérieur, mais comparé aux êtres les plus infimes du règne organique. Entre lui et les animaux il y a différence de quantité, d'intensité, aucune différence de qualité; mais, en somme, supériorité relative, qui n'est qu'infériorité sans doute par rapport à notre supériorité future, lorsqu'à l'aide de l'activité croissante de notre esprit, excitée par un ensemble de passions plus nobles, nous serons parvenus à connaître le véritable ordre physique du monde et à nous gouverner selon le véritable ordre moral.

Mais on peut se demander comment chaque être organisé peut être ainsi arrivé par degrés à un équilibre passionnel différent, à cet ensemble particulier d'instincts et de passions qui déterminent la forme et l'activité de son intelligence et en marquent les limites.

La question serait sans solution possible, si chaque espèce, créée tout d'une pièce et par un acte spécial d'une puissance extra-naturelle, arrivait au monde à l'état de la statue de Condillac ; et si aucune préformation héréditaire de son organisme psychique ne lui tenait lieu de l'expérience qui lui manque pour accomplir ses fonctions vitales et s'adapter à ses conditions de vie, de manière à se conserver et à se reproduire. Mais, au contraire, l'organisme mental se transmet de génération en génération, comme l'organisme physique, et le progrès de l'un, comme celui de l'autre, ou leurs transformations, s'accomplissent à l'aide d'une série de variations infiniment petites, à travers une suite non interrompue de formes, dont chacune est toujours transitoire entre deux autres formes. Durant cette succession, l'organisme mental agit sur l'organisme physique qui réagit à son tour sur lui, de manière que l'un et l'autre soient toujours dans une harmonie, sinon parfaite, du moins suffisante ; car tous les individus chez lesquels cette harmonie n'existerait pas, seraient, par ce fait même, voués à une destruction inévitable par la loi de la nécessité. L'équilibre passionnel, la forme particulière de l'organisme mental se transmet donc héréditairement, et les descendants sont sollicités fatalement à penser et à sentir comme leurs ancêtres, sauf les modifications provenant, soit de croisements entre individus ou races distinctes, soit, au contraire, de l'accumulation héréditaire dans la même souche des mêmes instincts et des mêmes passions, entraînant une intensité croissante de l'activité intellectuelle en un sens donné, soit aussi de cette faculté de variabilité spontanée dont les lois nous sont déjà presque connues, mais dont les causes nous échappent encore, et soit enfin des réactions subies par l'individu même pendant la gestation ou la vie, sous l'influence du milieu ambiant et de ses congénères, en un mot, de l'éducation familiale ou sociale.

C'est ainsi qu'une passion s'éteint ou s'exalte chez les individus successifs d'une même race, et que, par son affaiblissement ou son exaltation, elle met en liberté ou limite d'autres passions différentes ; qu'un instinct, un sentiment naît, grandit, s'accumule, arrive à dépasser son but initial, et d'utile qu'il était en principe devient nuisible à la race ou aux individus chez lesquelles il se manifeste.

Le courage guerrier, par exemple, a été utile aux développements de l'humanité, si, en résultante, il a assuré la victoire aux variétés humaines les plus fortes et les plus intelligentes sur d'autres variétés inférieures, et empêché, par la destruction ou l'émigration de celles-ci, des croisements, des mélanges qui auraient fait rétrograder la race supérieure. Mais ce courage guerrier, par son accumulation héréditaire, est peu à peu devenu chez l'homme la passion de la guerre, l'instinct de destruction, de carnage, tout au moins de domination, et a produit les conquérants destructeurs de peuples libres, en assurant des soldats à leur ambition. Il est donc devenu destructeur de la vie sociale, après en avoir été le créateur; et, après avoir servi à défendre contre les nations barbares les nations civilisées, il a fait opprimer celles-ci par celles-là. Même dans la vie civile enfin, il se manifeste chez les individus qui en sont dominés, par une nature à tout propos querelleuse, et les pousse, par la surexcitation d'un faux point d'honneur, à la soif de la vengeance par le meurtre.

De même encore, l'instinct d'entreprise, l'esprit d'aventure, qui livre tout au hasard et lui demande ce que la prévoyance et le calcul ne pourraient donner, après avoir, dès les premiers temps de l'humanité, hâté les progrès rapides de la civilisation chez les peuples parmi lesquels il s'est développé, causé presque toutes les inventions de l'industrie, contribué à l'extension du commerce, aux conquêtes de la science, donné des formes nouvelles à l'activité humaine et abouti à la conquête de nouveaux mondes, est devenu, par son accumulation héréditaire chez certains individus, la passion du jeu et de l'agiotage, le besoin et l'esprit d'intrigue, l'audace aventureuse qui risque le tout pour le tout, l'ambition cupide, égoïste jusqu'à la férocité, qui fait passer le Granique à Alexandre, le Rubicon à César, qui jette Attila en Gaule, Timour en Europe et ramène Bonaparte d'Égypte pour faire le 18 Brumaire : c'est-à-dire pousse un homme à sacrifier à ses intérêts, à sa dynastie, les destinées des nations.

D'un autre côté, on voit parfois reparaître chez les descendants éloignés de vieux instincts de race, assoupis ou latents durant un grand nombre de générations, et qui se manifestent comme un inexplicable retour au type moral des aïeux. Les classes supérieures de la société, plus en évidence, nous en offrent les plus frappants exemples, comme si le loisir et l'indépendance que la fortune leur assure, en les dérobant à l'influence du milieu local et des conditions de vie actuelles de leur race, mettait en liberté des forces psychiques contenues chez leurs contemporains. Ainsi, l'on voit parfois l'instinct irrésistible du vol se manifester, non pas seulement chez nos enfants de race cultivée, où l'éducation, le plus souvent, le corrige bientôt, mais persister parfois chez des adultes, et, par une invincible puissance, entraîner à des délits, à peine excusables par leur caractère si évidemment fatal, des femmes de nos vieilles castes nobles, tristes héritières des vieux instincts de nos conquérants barbares.

De même, cette ardeur passionnée pour la chasse qui, sans aucune utilité dans nos conditions sociales actuelles, existe plus ou moins à l'état d'instinct chez tout enfant, qui même persiste et se développe si aisément chez tout adulte, placé dans des conditions favorables pour la satisfaire, et entraîne toute notre jeunesse fashionnable et les vieux débris de notre noblesse terrienne, ne peut s'expliquer que par l'hérédité fatale et aveugle des instincts de race, survivant longtemps à leur utilité chez les descendants des peuples pour lesquels ces mêmes instincts ont été autrefois des conditions essentielles de vie. Ce sont donc là simplement des phénomènes d'atavisme mental, qui conservent ou font reparaître de loin en loin les caractères psychiques d'aïeux éloignés, comme les plumes bleues et noires de nos pigeons de races croisées reproduisent le plumage de la *Colomba Livia*, leur souche, et comme les zébrures du pelage des jeunes lions ou de quelques-uns de nos poulains, reproduisent le pelage de l'ancêtre commun du genre [1].

L'organisme mental, c'est-à-dire à la fois intellectuel et passionnel de l'homme, est donc bien, comme son organisme physique, le résultat d'un lent développement héréditaire, continué à travers les générations et les âges, et qui, de variété en variété, d'espèce en espèce, a acquis ses caractères actuels. Si l'humanité enfin est un arbre immense dont la cime s'élève jusqu'au ciel, par sa souche il tient au sol, y pénètre profondément et va perdre les dernières fibres de ses racines jusque dans ses couches les plus inférieures. Si le roseau pensant de Pascal doit devenir ange, il a commencé par être le plus infime des atômes animés.

[1] *Origine des Espèces*, par Ch. DARWIN, traduction française, 2e édition. ch. Ier, p. 34; ch. V, p. 198, 200; ch. XIII, p. 533. Masson et Guillaumin, Paris, 1866.

CHAPITRE V.

DES INSTINCTS MORAUX QUI DISTINGUENT L'HOMME DE L'ANIMAL.

Mais si l'organisme mental de l'homme n'est qu'un développement supérieur de l'organisme mental de l'animal, si son intelligence ne diffère point de l'intelligence de celui-ci quant à sa nature, à sa qualité, mais seulement quant à la quantité, à l'activité, à l'intensité, existe-t-il du moins dans son organisation passionnelle des caractères fixes, qui, lui appartenant exclusivement, permettent de l'en distinguer, de lui donner une place à part? Y a-t-il enfin quelques instincts, sentiments ou passions qui lui soient absolument propres, c'est-à-dire qui, existant chez tous les représentants de l'humanité, n'existent que chez eux?

Ces caractères moraux, ces instincts distinctifs et vraiment spécifiques, on a cru les trouver dans le langage, dans l'éducabilité de l'individu et la perfectibilité continue de l'espèce, dans l'instinct industriel, l'instinct social et l'instinct religieux, dans le sentiment moral et le sentiment du beau.

En ce qui concerne le langage, il importe de le distinguer de la parole. Le langage, c'est la faculté d'interprétation par des signes en général; et on ne peut contester aujourd'hui que nombre d'animaux en jouissent. Le regard, la physionomie, le geste peuvent, comme la voix, interpréter les sentiments ou idées d'un être organisé; et si l'homme dispose de tous ces signes pour communiquer avec les autres êtres de son espèce, il ne saurait prétendre à posséder seul cette faculté.

La voix, et même souvent la voix articulée, est signe interprétatif chez beaucoup d'animaux. Buffon a remarqué le premier que si nous voyions un singe articuler comme nos perroquets, nous serions très-embarrassés quant à la place que nous devrions lui assigner dans nos classifications. Mais si aucun singe n'articule comme l'homme, ou même comme nos perroquets, il articule; la gamme de ses articulations est seulement moins variée. Rien dans l'organe vocal du singe ne met obstacle au langage articulé, et s'il ne parle pas comme nous, c'est qu'il n'en a ni l'instinct, ni le besoin; c'est que son cerveau ne l'y prédispose pas. Mais, dans une certaine mesure, tout singe articule; seulement, chaque espèce a des articulations qui lui sont propres; il ne faut qu'aller visiter la collection vivante du Muséum pour en rester convaincu. Nous avons entendu un jeune macaque articuler bien nettement deux syllabes *Jackoo;* soit que son gardien l'ait accoutumé à les prononcer en le nommant de ce nom, soit qu'elles lui soient propres. Certains singes bredouillent, d'autres hurlent, d'autres sifflent, tous ont une voix, tous rendent des sons variés, expressifs de leurs divers sentiments et qui, certainement, en sont pour eux les signes interprétatifs fixes et définis. C'est un langage, c'est même une parole, au même titre que le langage, borné parfois à quelques centaines de mots, de certaines tribus sauvages, et formé d'un nombre très-limité d'articulations gutturales ou nasales, qui n'ont que quelques caractères ou éléments vocaux communs avec les sons de nos alphabets phonétiques et de leurs combinaisons ou syllabes.

De nombreux genres d'oiseaux jouissent également de la faculté d'articuler, et il est faux de dire que, chez nos perroquets éducables, certaines idées ne s'attachent pas aux sons qu'on leur a enseignés. Car s'ils les font entendre souvent hors de propos et comme sous l'influence du besoin de jaser sans avoir rien à dire, ce besoin ne leur est point exclusivement propre, puisqu'il se fait également sentir chez l'homme, qui parle seul quand il manque d'interlocuteur, et siffle ou chante pour le seul plaisir de s'entendre lui-même. L'enfant également articule par besoin de parler, par instinct spontané, avant d'attacher aucun sens à ses articulations; et quand chacune de ces articulations est devenue pour lui mot ou signe d'idées, il la répète encore souvent sans nul besoin, hors de tout propos et par une simple habitude instinctive de sa nature spécifique.

Il est certain qu'entre eux les perroquets qui vivent en tribus nombreuses dans les forêts d'Amérique ou d'Australie, ne parlent point ni nos langues, ni celles des sauvages du pays ; mais ils en ont une qui leur est propre, c'est-à-dire dans laquelle chaque articulation ou série d'articulations est le signe interprétatif de quelque sentiment ou passion. Le perroquet placé en vedette tandis que toute la tribu pâture, l'avertit du danger par un cri aussitôt compris par tous ses congénères. Nul doute que d'autres cris ou voix ne lui servent à communiquer avec sa femelle ou ses petits.

Il faut être bien distrait ou bien préoccupé à Paris, pour ne pas entendre le babil incessant des moineaux nichés dans les trous des murs de nos maisons ou celui des hirondelles qui suspendent leurs nids à nos fenêtres. L'homme des champs, le chasseur, l'enfant qui fait l'école buissonnière en savent plus long que nos habitants des villes sur ce chapitre. Ils distinguent chez l'oiseau le cri d'amour du cri d'appel ou du cri de détresse ; au chant du mâle ils reconnaissent si le nid est à peine commencé ou si la femelle a déjà des petits. Le chasseur reconnaît à la voix de son chien si celui-ci a perdu la piste ou la suit toujours. Le chat câlin, accoutumé à notre foyer, ne miaule pas pour demander une caresse ; il fait entendre un son bref et doux, et exprime sa colère ou sa faim autrement que sa satisfaction ou sa passion amoureuse. On peut même affirmer que chez toute espèce vivante, il existe un langage, c'est-à-dire des signes interprétatifs des sentiments divers et des diverses passions dont elle est susceptible, surtout dès qu'entre des sexes différents, il existe des rapports nécessaires, et dès même que commence la vie de relation, la vie sociale entre les producteurs et leurs produits, entre les générations successives ou les individus qui les composent. Le langage antennal des fourmis était depuis longtemps signalé. A distance, le mouvement de ces organes est certainement aussi propre à la transmission de la pensée que notre ancien télégraphe, et, lorsqu'on les voit s'en servir pour frapper ou caresser diversement l'abdomen de leurs compagnes, tout fait croire que ces mouvements, ces attouchements variés sont un moyen de communication verbale peut-être aussi expressif que le clavier de notre télégraphe électrique. Des expériences poursuivies par M. Joseph Silbermann, ainsi que tous les faits observés par Huber, Smith et plusieurs autres, prouvent que ce langage est descriptif, qu'il peut exprimer les rapports de distance, de situation, les qualités des objets, leur quantité, leurs attributs généraux et particuliers, c'est-à-dire qu'il est à la fois idéologique et logique [1].

Quant à l'éducabilité, elle paraît être, comme la parole, jusqu'à certain degré commune à tous les individus de l'humanité actuelle, c'est-à-dire telle que la destruction d'un grand nombre de variétés antérieures l'a circonscrite. Mais est-elle absolument spéciale à l'homme? Évidemment non. Tous nos animaux domestiques sont éducables, bien entendu dans les limites de leur organisation; et, s'ils le sont devenus de plus en plus par la domestication, ils n'ont été domestiqués d'abord que parce qu'ils

[1] *Gazette du Nord*, 5 mai 1860. DARWIN, *Origine des espèces*, ch. VII. Paris, 1866.

étaient éducables. Si nous possédions des moyens de communiquer avec leur intelligence, surtout de nous rendre un compte exact de leurs sentiments, de leurs passions spécifiques, analogues par bien des côtés aux nôtres, mais par d'autres aussi bien différentes, nous obtiendrions certainement des résultats bien plus remarquables.

Parmi les animaux sauvages, beaucoup d'oiseaux sont éducables. Si d'autres résistent à nos soins, c'est parce que chez eux l'instinct d'indépendance, arrivé à l'état de besoin impérieux, les empêche de s'accoutumer à la réclusion.

Mais nul ne saurait surtout nier l'éducabilité des singes, dont les preuves sont trop nombreuses et trop bien connues, pour avoir besoin d'être énumérées ou décrites. Tous nous en avons vu et mille récits sont vulgaires sur ce sujet : des singes ont longtemps servi de domestiques à des capitaines de vaisseaux, et ont montré pour leurs fonctions une aptitude au moins égale à celle de quelques races humaines. Si nous n'avons pu encore domestiquer plus complètement le singe et former des races encore plus éducables, douées d'instincts plus complètement modifiés, c'est d'abord que cela n'a guère été tenté, c'est aussi parce que nous irions nous heurter contre la difficulté d'acclimation de ces espèces qui, sauf une ou deux exceptions, indigènes dans nos latitudes tempérées, ne se reproduisent point dans nos climats. Or, le travail qu'on tenterait sur une seule génération, ne saurait rien prouver, du moins quant à la perfectibilité de la race, qui n'est que l'accumulation héréditaire de l'éducabilité individuelle et qui, par une action réciproque, augmente l'éducabilité des individus.

Mais si chez toutes les races humaines l'individu a paru à quelque degré éducable, la perfectibilité de ces races elles-mêmes, souvent proclamée si haut, loin d'être un fait établi, est un fait, non pas seulement douteux, mais que nous pouvons déclarer faux, du moins quant aux races préhistoriques les plus anciennes; puisqu'après plusieurs périodes géologiques consécutives, on retrouve, comme nous le verrons plus loin, les débris identiques de leur industrie, des traces identiques de leurs coutumes. En Australie, on a retrouvé des armes de pierre qu'il faut attribuer à une époque ancienne, peut-être aussi ancienne que notre époque quaternaire, et, quand l'Australie a été découverte par les Européens, les indigènes se servaient encore des mêmes instruments : rien n'avait changé, rien n'avait progressé dans ce monde isolé.

De même, les Indiens des deux Amériques avant l'arrivée des Européens n'avaient point dépassé leur époque de pierre. Quelques races du centre seulement étaient arrivées à l'âge de bronze, mais la nuit qui couvre leur origine nous empêche de décider si elles y sont arrivées d'elles-mêmes et spontanément. Enfin, si ces races sont incapables de progresser par un développement spontané de leurs facultés, sont-elles au moins capables de se développer par imitation au contact des autres races supérieures? Mais le Nègre de l'Afrique, depuis si longtemps en rapport avec nos races civilisatrices, est toujours resté enfermé dans sa barbarie; mais l'Indien américain, le Nègre australien reculent devant notre civilisation au lieu de l'adopter. Ils disparaissent, et ne se transforment pas. Quelque chose, comme une fatalité organique, enferme leur intelligence dans un cercle qu'elle ne peut franchir. Pour trouver des races vraiment perfectibles, soit spontanément, soit même par imitation, il faut remonter très-haut les échelons de l'humanité. L'Arabe lui-même n'est pas perfectible ou du moins ne l'est plus : son évolution finale semble être accomplie. Il en est de même des Chinois, de beaucoup d'autres peuples mongols ou malais, arrêtés depuis des siècles dans leur immobilité sociale. Quand ils entrent en contact avec nous, l'instinct d'émulation seulement les entraîne à adopter quelques-uns de nos progrès qu'ils n'auraient point accompli par leur propre initiative.

Pour trouver des races vraiment et spontanément perfectibles, chez lesquelles la perfectibilité, le mouvement, la transformation des institutions par l'évolution autonome de l'esprit, soit en quelque sorte aussi fatale que l'immuabilité chez d'autres races, il faut arriver non-seulement à l'Aryen, mais au rameau européen. Et si la perfectibilité ethnique spontanée devait être un des caractères distinctifs de l'espèce humaine, la plus grande partie de ces variétés devrait être rejetée de ses rangs. Quoi donc d'étonnant si, après cela, on ne retrouve chez les singes que cette faculté de variabilité ethnique et d'éducabilité individuelle, provoquée par la domestication, qui est commune à tant d'autres souches animales et en quelque degré à toutes, sauf les impossibilités provenant de ces changements de milieu qui entraînent la mort des individus ou s'opposent à leur reproduction?

Si nous considérons l'instinct industriel, il est en quelque degré commun à toutes les races humaines vivantes et antéhistoriques. Ses traces sont même ce qui nous sert à constater l'existence de l'homme à des époques reculées. Mais prenons garde de tourner dans un cercle vicieux. Si, lorsque nous trouvons une arme de pierre, nous en concluons qu'il a existé un homme qui s'en est servi, c'est que nous partons du principe *à priori* que l'homme seul peut tailler une arme de pierre et s'en servir. Mais si nous trouvons commode de poser ce principe que l'humanité commence avec l'instinct d'industrie, le jour où nous trouverons le squelette de l'être qui a laissé l'empreinte de ses silex sur les ossements de Saint-Prex et de Pontlevoy, acceptons-le comme homme, même si ses caractères anatomiques sont ceux d'un singe. Et, de même, si un voyageur vient nous affirmer un jour que le gorille et le chimpanzé se servent de pierres qu'ils ont taillées eux-mêmes, contre les ennemis qui les attaquent, alors nous n'aurons aucun droit de leur refuser droit de cité dans l'humanité.

Or, si le gorille et le chimpanzé ne paraissent pas s'être élevés jusque là, du moins presque tous les singes, même les petits, savent s'armer de pierres et briser des branches d'arbres pour les lancer contre leurs ennemis:

L'orang se sert avec assez d'adresse d'un bâton, soit pour s'en aider dans sa marche, soit pour en menacer ses adversaires, du moins lorsque, la fuite lui étant impossible, il est contraint à la lutte. Le chimpanzé et l'orang, surtout, se construisent des abris de branchages sur les arbres, et le gorille habite souvent les cavernes, comme tant de races humaines antéhistoriques.

Mais si l'instinct d'industrie ne distingue point, d'une façon absolue et par un brusque hiatus sans transition, l'homme des singes anthropomorphes, il le distingue encore moins des autres souches animales. On sait avec quelle adresse l'oiseau bâtit son nid ; et il est beaucoup moins étroitement enfermé dans son instinct spécifique qu'on n'a voulu le dire. On a trouvé dans des nids de roitelet des fragments de bonnets ou de fichus de nos paysannes, même un ruban très-proprement entrelacé aux autres matériaux. L'un d'eux se balançait à une branche, délicatement suspendu par une chaînette d'or, à laquelle était attachée une petite croix, et qui sans doute était tombée du cou de quelque élégante de village. Si l'industrie des castors est, en général, uniforme, ils savent cependant appropier leurs travaux à chaque localité, et profiter avec intelligence des digues ou barrages faits de main d'homme qui ont changé le libre cours des eaux. L'abeille s'habitue aux formes de ruches les plus diverses. Après les avoir explorées, elle change la disposition de ses rayons pour les construire commodément et solidement ; elle les courbe, les redresse, les infléchit, les coude, selon que les circonstances l'exigent ;

ce qui suppose au moins chez chacune des cirières une certaine liberté d'adaptation de ses instincts aux conditions locales, c'est-à-dire certaines facultés mentales même d'ordre très-élevé et, de plus, l'existence d'un moyen de communication entre toutes les ouvrières pour tomber d'accord sur le plan général de l'œuvre à construire. Chez les fourmis, l'instinct industriel se montre encore sous des formes plus flexibles; car, de quelque façon que leur république ait été troublée, toutes s'entendent sur les résolutions à prendre, soit pour en réparer la ruine, soit pour transporter la cité en quelque autre lieu. On voit chacune d'elle approprier ses efforts à la disposition du sol et des obstacles qu'il lui présente, quand il s'agit de transporter dans l'habitation commune une proie ou quelques matériaux propres à en étayer les parois intérieures. De même, le travail de l'araignée, qui répare à chaque instant les dégâts faits à sa toile, ne peut être considéré comme purement instinctif. M. Joseph Silbermann a retenu prisonnière une araignée et l'a forcée, pendant plusieurs jours, à se nourrir de punaises au lieu de mouches. L'insecte, tout d'abord, n'a accepté cette nourriture qu'avec répugnance; mais il y a bientôt pris un goût tel, que, rendu à la liberté, il a construit des toiles très-compliquées, et toutes différentes de celles qu'il était accoutumé de tendre, sur le chemin des punaises et de manière à les prendre [1].

C'en est assez pour prouver que, de même que l'intelli-

[1] *Gazette du Nord*, 14 avril 1860. DARWIN, *Origine des espèces*, ch. VII. Paris, 1866.

gence ne fait pas tout dans l'industrie humaine, l'instinct n'agit pas seul dans celle des animaux, et que nous ne rencontrons ici, comme précédemment et partout, qu'une différence de proportion, de quantité, et non de qualité et de nature.

Quant à l'instinct social, il est encore bien moins particulier à l'homme. Les singes vivent, soit en tribus, soit en famille, comme les peuples sauvages, et le chef de la famille, ou celui de la tribu, est un véritable patriarche, un véritable roi, par l'autorité qu'il exerce et la vénération qu'il exige. Chez l'orang et quelques autres espèces seulement, les individus des deux sexes paraissent vivre isolés et ne se réunissent que temporairement, c'est-à-dire présentent exactement les mœurs que Rousseau donnait à son homme de la nature [1]. Les troupeaux de chevaux sauvages sont mieux ordonnés que les tribus de Papous, et les républiques des abeilles et des fourmis mieux réglées que beaucoup de sociétés humaines. Jusque chez les poissons, l'épinoche se construit un nid dans lequel le mâle couve et nourrit sa jeune postérité. Les sardines s'avancent dans nos mers à l'époque du frai en masses immenses qui ont la forme d'un bouclier sur le dos duquel les jeunes germes surnagent. Elles sont suivies de requins et autres ennemis qui en dévorent constamment les bords, mais sans pouvoir atteindre et menacer l'avenir des jeunes générations à venir, ainsi protégées par ce sacrifice instinctif d'un grand nombre d'individus

[1] Discours sur l'*Origine des inégalités*, p. 35. 56. 78; Dubuisson. Paris, 1868.

adultes à l'espèce. Les hirondelles émigrent également en cohortes disciplinées sous des chefs. Les grues, dans leurs migrations, fendent l'air sous la forme d'un immense triangle, dont chaque individu tour à tour tient la tête et qui, lorsqu'il se sent épuisé, va prendre place à l'arrière-garde.

Plusieurs diront: mais ici c'est l'instinct, chez nous c'est l'intelligence. Qu'en savons-nous? Avons-nous appris le langage des oiseaux ou la parole antennale des fourmis? avons-nous pénétré la pensée des poissons, des chevaux, des abeilles, des singes, pour décider des lois de leur logique, de leur morale et de leur métaphysique, moins folle que la nôtre peut-être? Où nous voyons évidemment ordre, combinaisons des moyens et des fins, passion, colère, amour, dévouement de l'individu à l'espèce, curiosité, étonnement, anxiété, crainte, indécision, concert commun des volontés individuelles promptement établi pour parer à quelque danger inattendu qui menace l'association, en vertu de quel droit tranchons-nous la question contre toute probabilité, toute analogie, et déclarons-nous que c'est l'instinct qui fait chez les animaux ce que l'intelligence seule peut faire chez l'homme? Et la preuve que l'intelligence seule est jugée par tous capable d'accorder ainsi les moyens aux fins, c'est que, la refusant aux êtres vivants, nous sommes contraints de l'accorder à une cause première qui les auraient créés et organisés, comme des machines, pour remplir fatalement une fonction prédéterminée. Mais une telle hypothèse conduit nécessairement aux absurdités de l'harmonie préétablie, non-seulement entre l'organisme physique et mental de chaque individu animal, mais entre tous les représentants de toutes les espèces, et aboutit à une fatalité universelle dans laquelle l'homme lui-même serait englobé. Si le coup de fouet que l'homme donne à son cheval n'est pas prédéterminé, la ruade de ce même cheval sous le coup qui le frappe, la vengeance qu'il en tirera peut-être bientôt en mordant son maître quand l'occasion s'en présentera, comme on en a vu de fréquents exemples, ne pourraient s'accomplir machinalement, puisqu'elles n'auraient pu être prévues. Si donc Descartes a trouvé commode, pour son système, de déclarer que les animaux ne sont que des machines, c'est que, trop occupé à s'écouter penser, il n'a pas assez regardé agir autour de lui les autres êtres vivants.

M. de Quatrefages nous dira que ce n'est point tout cela qui distingue l'homme du reste de la création animée, mais que c'est l'instinct religieux, le sentiment moral qui font de l'humanité un règne à part. Ce règne pourtant, comme beaucoup d'autres, paraît assez chancelant sur sa base, assez mal établi, mal limité, car les frontières en sont bien flottantes et les sujets bien insoumis.

Si l'instinct religieux, en effet, semble être et avoir été propre au plus grand nombre de nos races humaines vivantes ou historiques, on le voit s'effacer, non plus seulement, comme ceux que nous venons d'étudier, à une des deux extrémités de la série spécifique, mais aux deux extrémités opposées. Au sommet de chaque race civilisée, il s'est trouvé dans tous les temps des hommes de haute intelligence et d'une culture supérieure, qui n'ont professé aucun culte et qui ont nié les dieux de leur temps sans éprouver le besoin de s'en créer d'autres. Au plus bas de l'échelle humaine, on trouve des peuples qui n'ont ni l'idée, ni le nom d'un Dieu. On serait mal venu à voir la notion d'un Dieu dans cette croyance des Australiens qui attribue à un homme de leur race, mort depuis longtemps, la confection du monde, dans les limites où ils le connaissent. Il serait également abusif d'appeler religion le respect pour les sorciers, la croyance aux vertus médicales de certaines pierres ou amulettes, la peur de l'inconnu, le respect du merveilleux, qui n'est que l'ignoré, ou la crainte des revenants.

L'homme sauvage croit assez généralement à l'immortalité de l'âme, bien que chez certaines races rien ne tende à prouver que cette croyance existe, qu'elle ne se manifeste par aucune pratique ou coutume; mais lorsqu'on la constate, c'est tout simplement parce que, comme les animaux, l'homme des races inférieures n'est pas arrivé jusqu'à comprendre l'idée de la mort et de l'anéantissement, contraire chez tout être vivant au puissant instinct de la conservation personnelle. S'il raisonne sur le destin de ceux qui sont partis, car telle est son expression la plus commune pour dire qu'ils sont morts, c'est comme il le ferait au sujet de parents ou d'amis en voyages et avec la foi qu'ils reviendront. Et lorsqu'il a attendu leur retour en vain, qu'il a vu leur dépouille tomber en corruption, il en augure que quelque chose qui était en eux et qui les faisait vivre s'est en allé en quelque autre lieu, emportant les instincts, les passions et les besoins qu'ils avaient éprouvés sous ses yeux et que lui-même continue d'éprouver sans comprendre comment il en pourrait venir à ne les éprouver plus.

Loin donc que la croyance à l'immortalité de l'âme soit l'expression d'une faculté supérieure propre à l'homme, c'est au contraire une preuve d'impuissance de l'intelligence humaine, encore assujettie à l'instinct dominateur de conservation, essentiellement animal et dont tout animal est doué. Si nous pouvions pénétrer la pensée d'un oiseau, d'un poisson, d'un mollusque, nous le verrions convaincu de son immortalité, c'est-à-dire absolument incapable de concevoir qu'étant, il puisse cesser d'être et d'être tel qu'il est. Pour tout être vivant, y compris l'homme, la mort est toujours une première expérience dont l'idée, conséquemment, ne peut jamais arriver à se transmettre héréditairement.

C'est donc de ce point de départ tout brutal que l'imagination en progrès s'est élancée pour construire sur ce fondement toutes ses mythologies et ses religions. Si l'homme sauvage croit au merveilleux, c'est que tout est merveilleux pour lui, parce qu'il ne connaît la loi de rien. Il juge de tout inductivement, mais par des inductions incomplètes; il raisonne sur des analogies; sait imparfaitement tout ce qu'il connaît, parce qu'il n'analyse rien parfaitement. De sorte qu'il parle et parle sa langue à l'ours qu'il attaque, comme à l'ennemi contre lequel il se défend. Il donne une âme au rocher qui lui rend le son de sa voix; il prie sa flèche d'atteindre sa proie ou plús tard le Grand-Esprit de la conduire. Quand, par l'appréhension du rapport de cause à effet, il se demande la cause de ce qui est, remontant regressivement de cause en cause, il éprouve le besoin de s'arrêter à un premier terme, c'est-à-dire de concevoir un être analogue à lui-même qui ait tout causé. C'est tout simple. Cela prouve à la fois son intelligence en travail et son ignorance encore profonde. Il cherche déjà à expliquer ce qu'il voit, mais se trompe dans ses explications, parce qu'il n'est pas arrivé à la méthode et qu'il observe, mais sans expérimenter.

L'instinct religieux, loin d'être un caractère distinctif de l'humanité, c'est-à-dire d'être général, universel chez toutes les races et tous les individus, et surtout d'avoir commencé et de devoir finir avec elle, se présente, au contraire, comme une phase transitoire dans l'évolution de ses facultés mentales, phase qui commence au moment où, ne sachant rien, il aspire à connaître, et qui doit peut-être finir le jour, encore éloigné peut-être, où il pourra dire : je sais.

Rien ne prouve, d'ailleurs, que cette phase évolutive de l'esprit humain et des sociétés humaines n'existe que pour elles. Partout où nous constatons un certain degré d'intelligence et d'activité, et la trace d'une communicabilité quelconque des idées entre deux êtres de même espèce, il peut exister ce commencement de science spéculative qui s'appelle une religion et qui, par plusieurs côtés, se reliant au sens social et moral, l'entrave ou le fortifie selon les cas. Ainsi, pour l'animal domestique, pour le chien surtout, l'homme peut être un Dieu. On ne saurait expliquer, sans un certain sentiment de vénération, sans une espèce d'instinct religieux, la passivité de son obéissance, sa fidélité, son dévouement, en dépit même des mauvais traitements. La reine-abeille doit être un être divin pour sa ruche : lorsque deux reines combattent pour l'empire, qui ne peut appartenir qu'à l'une d'elles, nul ne trouble leur combat ; le peuple attend la décision du sort et adorera la divinité victorieuse, tout comme la Grèce antique passait du culte d'Uranus au culte du fils qui l'avait mutilé, pour accepter plus tard celui de Jupiter, également usurpateur des droits divins de son père. Si les fourmis ont un langage descriptif et idéologique, elles peuvent avoir une mythologie où l'homme certainement ne joue pas le plus beau rôle. Ce doit être leur Sivah destructeur, leur Ahriman, leur Moloch. L'oiseau, dans son chant matinal, salue peut-être le soleil; Philomèle a voué sans doute son culte à la lune ou aux étoiles. Le pigeon voyageur doit être plus fort astronome que les anciens pasteurs chaldéens ou que les pilotes phéniciens, s'orientant à travers les déserts ou sur les flots de la mer Atlantique, d'après l'étoile immobile de l'Ourse ou le lever héliaque de Sirius. Si rien de tout cela n'est prouvé, rien de tout cela n'est impossible, ni même improbable. Et de quel droit vient-on donc affirmer, avec beaucoup moins de preuves encore, que chez l'homme seul existe l'instinct religieux ?

Sera-ce donc le sens moral qui nous servira de caractère distinctif de l'espèce humaine? Encore bien moins. Car après l'intelligence, ou la faculté de percevoir une sensation, rien n'est plus général, plus universel que la faculté de juger un acte. Seulement chaque espèce, et à quelque degré chaque individu, en jugera différemment d'après les sentiments qui lui sont propres. Toute espèce vivante a sa loi morale, déterminée plus ou moins fatalement par ses conditions de vie, et en rapport plus ou moins étroit ou plus ou moins lâche avec ces conditions. Elle a nécessairement la conscience instinctive de cette loi dès qu'elle revêt des formes organiques déjà compliquées, nécessitant des relations volontaires entre deux sexes distincts et, au moins pendant un certain temps, entre les progéniteurs et les descendants, ou mieux encore quand la vie de relation, dépassant la famille, s'étend au groupe de toutes les générations contemporaines associées sous cette même loi morale. Seulement, on comprend que cette loi s'élève et se complique avec l'organisation même, avec l'activité intellectuelle surtout, et avec la diversité des instincts, sentiments et passions qu'elle a pour but de régler, de contenir et d'équilibrer. Elle doit ainsi nécessairement arriver à un assez haut degré chez toutes les espèces sociales et se compliquer en raison des rapports plus divers des divers membres de la société. Rien d'étonnant, après cela, qu'elle atteigne son niveau supérieur chez l'espèce humaine; mais c'est encore seulement chez les variétés supérieures que l'être humain devient conscient de cette loi; c'est-à-dire la juge, la discute, réagit contre elle par son intelligence pour la perfectionner et arrive à séparer le concept du mal moral de celui du mal physique qui restent encore confondus pour le sauvage Australien, dont la langue n'a pas même de mots pour exprimer les idées de justice, de vertu ou de générosité.

De pareilles idées peuvent-elles se former dans le cerveau des singes? Nous l'ignorons. Mais, en tous cas, elles doivent différer des nôtres dans leur application concrète, leur loi morale étant différente et adaptée à d'autres conditions de vie. Mais cette loi morale existe pour eux comme pour nous; ceux-là seulement peuvent en douter qui ne savent pas avec quelle tendresse les femelles élèvent, instruisent et, au besoin, châtient leurs petits, quand ils se montrent rebelles.

Sans l'existence d'une loi morale instinctive, profondément empreinte dans l'organisme mental des animaux, il serait impossible de concevoir le dévouement des mères à leurs petits, des mâles aux femelles, de tous à l'espèce. Sans l'existence d'une loi morale observée avec amour, avec fanatisme, les sociétés des abeilles et des fourmis sont inexplicables. Seulement l'animal, en général, suit sa loi morale sans hésitation, aisément, avec bonheur, spontanément et, en quelque sorte, fatalement, parce qu'elle est toujours plus ou moins d'accord avec ses autres instincts héréditaires, étant comme eux plus fixe et moins variable; tandis que chez l'homme, par une conséquence même de son extrême variabilité, elle est toujours plus ou moins en contradiction avec ses passions instinctives, avec ses besoins ou sentiments héréditaires dont, en conséquence, elle ne peut triompher que par une lutte entre des motifs déterminants opposés, lutte dans laquelle la loi morale ne l'emporte souvent que grâce à l'appui que viennent lui donner les craintes religieuses propres à la race, à défaut de sentiments moraux assez développés pour lui faire suivre cette loi avec joie. Toute l'illusion de notre liberté vient de cette opposition entre notre loi et nos instincts ou nos habitudes.

Mais nul ne saurait voir, dans cette illusion, résultant d'une contradiction et en réalité d'une imperfection de l'organisme mental humain, un signe de dignité ou de supériorité spécifique. Que la loi morale s'immobilise pendant une longue série de siècles chez une race humaine, et elle triomphera de l'opposition des instincts héréditaires contraires en suscitant des instincts nouveaux qui arriveront eux-mêmes à se fixer. Mais cette loi, quelle que soit sa supériorité relative, ne sera encore que le dernier terme d'une série, la dernière phase évolutive d'un phénomène; entre cette loi supérieure et celle qui régit les animaux il n'y aura jamais qu'une différence d'intensité, de quantité, de manifestation, ou de forme, aucune différence de fond, de nature ou de qualité.

Ne serait-ce point enfin le sens du beau qui serait le caractère moral distinctif de l'humanité? L'homme seul n'est-il pas artiste? Artiste créateur ou même imitateur plastique des formes de la vie, c'est possible; mais aussi tout homme n'est pas artiste à ce point de vue, bien il s'en faut. Il y a des artistes parmi les hommes. Il n'y en a que parmi eux. Mais ce n'est que par la combinaison supérieure de l'instinct industriel et de l'instinct d'imitation, fécondé par le goût ou sens du beau, trois instincts qui, considérés isolément, se manifestent beaucoup plus généralement chez l'espèce sous diverses formes, mais dont aucun ne lui est exclusivement propre.

Car nous avons vu l'instinct industriel chez beaucoup d'animaux. Chez plusieurs existe l'instinct d'imitation de la voix ou du geste des autres espèces, et notamment chez les perroquets, surtout chez les singes qui lui empruntent leur nom.

De même, nous voyons le sens du beau descendre à travers tous les échelons inférieurs de l'humanité, jusque chez un grand nombre d'animaux de types divers.

Dans l'humanité, toute variété, toute race même, tout individu semble avoir un goût ou sentiment du beau tout spécial, c'est-à-dire être affecté un peu différemment par les mêmes choses, bien qu'à la même époque sociale et dans la même race, il y ait une certaine moyenne de jugements sur laquelle tout le monde à peu près s'accorde. Il résulte de cela que le beau est beaucoup moins dans l'objet que dans son rapport avec le sujet qui en juge, et que, ce rapport détruit, il disparaît.

Ainsi le beau pour le Français on le Grec n'est pas le beau pour le Chinois ou l'Égyptien ; du moins chacun d'eux, appelé à produire son type, le produira différent et aura des jugements divers sur les types produits par chacun des autres. Le beau pour une villageoise ne sera pas même le beau pour une élégante des villes dans le même temps et chez la même race, car la culture et l'habitude en transforment le sentiment. Le beau humain pour un Peau Rouge consistera dans une tête plate, pour un Péruvien dans une tête longue, surélevée en dôme, pour certains sauvages dans une lèvre projetée en avant par le disque de bois qu'ils y ont introduit avec d'atroces douleurs. Le sentiment du beau dans l'humanité serait donc mieux appelé l'instinct du caprice.

Il y a, en somme, chez l'être humain une certaine faculté de s'étonner, un besoin d'admirer qui tend à s'exercer. L'objet qui répond à ce besoin, à cet instinct est en soi indéfinissable. Il diffère selon les races, les temps et se transforme avec le milieu, la culture, l'éducation de l'esprit ou même des sens. L'homme apprend à voir, à entendre, à sentir, à goûter, à toucher, et, selon que ces sens sont plus exercés, plus distincts, ils entraînent l'esprit à des jugements différents.

Chaque race est de plus prédisposée, par l'influence héréditaire ou par l'action plus ou moins longtemps subie du climat, à se faire un concept du beau particulier; cependant un certain fonds commun subsiste dans cette diversité. Si on l'analyse, on y trouve d'abord, à son origine, l'éclat des couleurs et leurs harmonies, la symétrie des lignes, des formes ou des sons, leurs proportions ou leur rhythme; mais, avec cela et plus que tout cela, l'étonnant, le grandiose, le terrible, l'affreux même, qui arrive par une étrange synthèse de deux contraires à se confondre avec le beau par l'espèce d'épouvante qu'il provoque, et qui excite à l'admiration comme tout ce qui est extrême. Enfin, à tous ces éléments purement intellectuels et abstraits de la beauté, se joint l'élément moral et l'imitation de la vie, qui semble plutôt, en réalité, dépendre du sens du vrai.

C'est, en réalité, l'élément simien du sentiment du beau, et c'est cependant l'élément principal et le point de départ de ces arts plastiques auxquels seulement les variétés humaines supérieures semblent être arrivées, et qu'elles seules semblent aptes à produire.

Quant aux autres éléments du beau, ils correspondent diversement aux instincts des autres races humaines, mais ne leur sont pas propres. Chez le nègre, le sens musical paraît prédominer; chez le mongol, c'est le sens géométrique de la symétrie des lignes et des formes; chez les peuples sauvages, c'est le sens de la couleur, qui n'est pas toujours forcément allié à celui de la propreté. Le sauvage se pare, et se pare de tout ce qui brille, de tout ce qui est éclatant; son langage est une mélopée, un chant plutôt qu'une parole; quelques races ont, à un assez haut degré, le goût de la forme et de la ligne. Mais le sens géométrique de la forme et de la ligne existe chez l'abeille, chez le castor, chez l'araignée; le sens de la forme et de la couleur, en dirigeant la sélection sexuelle, a doté tous les animaux de leur port élégant ou altier, les félides de leurs riches fourrures, les oiseaux de leur éclatant plumage; et le sens musical, chez ceux-ci, a paru et s'est développé sans doute en vertu de la même loi. Ces charmants musiciens ont appris le chant à l'école de l'amour, comme ils ont revêtu les brillantes couleurs de leur plumage de noce, grâce au bon goût des femelles qui ont toujours choisi avec soin, pour compagnon et pour père de leur couvée, soit les mieux vêtus, soit les meilleurs chanteurs. Enfin, le perroquet, le merle, la pie, le moqueur chantent ou sifflent à l'imitation des autres oiseaux, comme en domesticité à l'imitation des hommes; et si le singe se pare volontiers des oripeaux qu'on laisse à sa disposition, c'est moins parce qu'ils lui plaisent, que par instinct d'imitation. En somme, tous les éléments du sens du beau se trouvent séparés chez diverses espèces animales de divers types et s'il faut reconnaître qu'ils ne se trouvent réunis et combinés que chez l'homme, ce n'est nullement chez tous les hommes.

L'instinct du beau, sous chacune de ses diverses formes, n'est donc pas général chez l'espèce humaine; mais chaque variété humaine a un sens du beau quelconque qui lui est spécial. De plus, ce même sens existe chez des êtres de souches très-différentes et de types très-divers, sous des formes analogues, inférieures le plus souvent sinon toujours; puisque le rossignol chante mieux qu'un Chinois ou un Turc et qu'une abeille a un sens plus exact de la ligne géométrique qu'un élève de nos lycées. Enfin, si l'instinct de création artistique et d'imitation plastique ne descend pas jusqu'aux représentants inférieurs de l'humanité, en revanche, le sens du beau sous ses autres formes en dépasse de beaucoup les limites.

Il ne nous reste donc plus absolument qu'un caractère qui distingue réellement l'espèce humaine des autres formes vivantes, et c'est la complexité, la diversité, l'ensemble de toutes ces facultés, instincts, sentiments, dont chacun pris séparément ne lui appartient pas en propre ou n'appartient pas à tous ses membres. De cette étude il ressort cette conclusion, que chacun des caractères moraux ou intellectuels qu'on a cru particuliers à l'humanité s'efface par degré à travers ses divers échelons, pour s'arrêter avant les degrés inférieurs de l'espèce, ou se prolonger au delà; qu'enfin son organisme mental forme, avec celui des animaux supérieurs, une série continue aussi bien graduée que son organisme physique; et que la différence intellectuelle et morale de ses représentants les-plus développés et des races sauvages les plus infimes est infiniment plus marquée, plus vaste que celle qui sépare le dernier des hommes, même vivant, du dernier des animaux, sans avoir besoin de faire intervenir dans cette progression décroissante les races humaines préhistoriques qui ont dû encore en resserrer les termes.

L'homme ne se distingue donc absolument des animaux que par une gamme de passions plus étendue, plus complète, par des instincts plus variés, des sentiments plus délicats, qui, tous ensemble ou alternativement, isolés ou combinés entre eux, donnent à son intelligence une activité plus grande et un plus haut degré d'excitation. Sa supériorité mentale n'est bien en réalité qu'une supériorité toute relative, une supériorité de quantité et non de qualité, d'intensité, de forme, non de nature. Son esprit est au fond un même instrument dont le mécanisme ne diffère en rien de celui des animaux; c'est un clavier plus étendu sur lequel, au lieu de tirer quelques sons sans suite et des accords élémentaires, exprimant un nombre restreint d'idées et de sentiments, il obtient des accords de plus en plus compliqués, des mélodies de plus en plus savantes, des rhythmes de plus en plus variés et jusqu'aux symphonies les plus merveilleuses de la pensée et de la passion.

DEUXIÈME PARTIE

ORIGINE ET DÉVELOPPEMENTS DE L'HOMME COMME INDIVIDU.

CHAPITRE I.

DE L'ESPÈCE HUMAINE VIVANTE.

Le premier regard que nous jettons sur l'ensemble de l'humanité vivante nous la montre divisée en grandes races, très-inégales par leurs aptitudes, leur ordre social, leur caractères physiques, leur prépondérance sur la surface du globe et par l'aire géographique qu'elles y occupent; c'est-à-dire encore semblable à un arbre dont les branches principales se subdivisent à l'infini en rameaux et ramicules.

Au sommet de la série, et la dernière née sans nul doute, se dresse la race blanche, dite aryenne ou indo-européenne. C'est le bourgeon terminal de l'arbre généalogique de l'humanité et de l'organisation tout entière, son dernier épanouissement peut-être, au moins au point de vue purement physique. A cette race appartiennent toutes nos grandes nations civilisées et civilisatrices, et c'est peut-être aux premières migrations de cette race souveraine que sont dus tous les rudiments de civilisation qui se sont développés chez quelques autres races secondaires, mais se sont bientôt arrêtés dans une inerte immobilité. C'est la seule race peut-être essentiellement et constamment progressive. Elle s'étend depuis les bords du Gange sur toute l'Asie occidentale et sur l'Europe. Elle a récemment débordé en Afrique, en Amérique, et semé ses colonies dans toutes les parties du monde connu.

A côté d'elle, et comme de sa racine, s'élèvent, en divergeant, les deux rameaux touraniens et araméens.

Au premier appartiennent les peuplades blanches ou seulement bistrées du nord-est de l'Europe et du nord-ouest de l'Asie : les Hongrois, Ouigours, Finnois, Turcs et Turcomans, autrefois connus sous le nom de Tartares ou Scythes.

Au second, il faut rattacher tous les peuples à tort dits Sémitiques, c'est-à-dire les Juifs, les Arabes, les Syriens, et sans doute les anciens Phéniciens et Chaldéens.

L'Asie orientale et septentrionale est couverte des rameaux également divergents de la grande souche jaune ou mongolique, si nombreuse en variétés et en individus, classés dans les trois rameaux hyperboréen, mongol et sinique.

Les Malais, répandus dans les deux presqu'îles du sud de l'Asie et dans toutes les îles de l'Océanie, forment un rameau latéral et en quelque sorte parallèle qui peut avoir eu la même souche pour origine.

A la race jaune ou mongolique parait se relier encore

la race cuivrée ou rouge de l'Amérique du Nord, elle-même divisée en nombreux rameaux.

Enfin, l'Afrique nous montre la souche nègre, qui semble séparée depuis une période beaucoup plus reculée du tronc commun d'où toute l'humanité a divergé.

Mais au-dessous de ces branches maîtresses supérieures, et aujourd'hui dominantes de l'espèce humaine, et antérieurement à elles, ont existé sans nul doute de nombreuses races, de vigoureux rameaux, des branches puissantes et ramifiées à l'infini, dont aujourd'hui encore nous retrouvons çà et là les restes épars.

Ce ne sont donc nullement les grandes races ou souches actuellement dominantes sur le sol terrestre qui intéressent l'ethnologue; ce sont, au contraire, ces débris parsemés et erratiques des vieilles races antérieures, déjà en voie d'extinction devant la multiplication croissante des races supérieures, et formant au milieu de celles-ci de véritables îlots ethniques sans cesse battus des flots de leurs migrations victorieuses qui en rongent constamment les côtes, et finiront par les dévorer. Ces restes de populations primitives, de races inférieures depuis longtemps en voie d'extinction, se retrouvent tous confinés, soit dans des groupes de montagnes, dernières forteresses où ils se sont retranchés devant l'envahissement des races nouvelles en voie de progrès, soit dans des îles isolées, soit aux confins mêmes du monde et sous les glaces des deux pôles.

Ainsi, nos Pyrénées nous montrent le petit rameau basque qui, par ses affinités physiques, paraît se rattacher, d'une part, aux Araméens, de l'autre aux Guaranis et à quelques autres races de l'Amérique centrale, tandis que ses affinités philologiques le placent entre ces mêmes Américains et les Finnois-Touraniens, ou même les Lapons. Cette race, réduite aujourd'hui à quatre tribus, est le reste de ces populations ibères qui ont couvert autrefois l'Espagne, le midi de la France, l'Italie, toutes les îles du bassin méditerranéen occidental et ont même laissé des traces de leur séjour dans les Alpes. Si l'existence des Basques en Europe, de leur langue, qui ne se laisse rattacher à aucun groupe philologique connu, a servi jusqu'ici à tout expliquer, pour beaucoup de nos savants, c'est parce qu'elle est restée jusqu'à ce jour elle-même inexplicable.

Nos Alpes semblent, du reste, conserver dans les plus hautes de leurs vallées, les restes mélangés d'un grand nombre d'autres races qui sont successivement venues y chercher un dernier refuge; et si aucun type n'y domine exclusivement, c'est qu'un trop grand nombre de couches ethniques s'y sont superposées et mélangées.

Les vallées du Caucase, également, sont un labyrinthe ethnographique dans les détours duquel Guillaume de Humboldt lui-même a craint de s'engager. Plus de trois cents langues diverses y divisent autant de tribus, et se sont refusées jusqu'ici à tous les essais de classification : c'est la véritable Babel du monde.

De même, dans l'Hymalaya, survivent les débris de vieilles races, sans doute autrefois répandues dans les vallées des fleuves qui en découlent et dans les plaines qu'ils arrosent, et que l'immigration de races supérieures a chassées dans ces refuges inaccessibles. Quelques-unes d'entre elles paraissent occuper le dernier échelon de l'humanité actuelle et laissent des doutes à tous ceux qui les voient sur leur parenté avec le singe plutôt qu'avec l'homme.

Georges Pouchet rapporte[1] qu'en 1834, un colon anglais, M. Piddington, établi au centre de l'Hindoustan, vit arriver, avec une bande d'ouvriers dhangours qui venaient travailler chaque année à sa plantation, un homme et une femme d'étrange aspect et que les Dhangours désignaient sous le nom de *peuples singes*. Ils avaient un langage inintelligible pour tous. Autant qu'on en put apprendre par signes, ils vivaient bien au delà des Dhangours, dans les montagnes où ils n'avaient que peu de villages. Les Dhangours les avaient recueillis perdus dans les bois, épuisés et à demi-morts de faim. Ils disparurent une nuit, au moment où M. Piddington voulait les envoyer à Calcutta.

M. Piddington décrit ainsi l'homme : « Il était petit, il avait le nez plat et des rides qui semblaient limiter des abat-joues en demi-cercle autour des coins de la bouche. Ses bras étaient disproportionnellement longs et l'on pouvait voir un peu de poil roussâtre sur sa peau d'un noir terne. En un mot, lorsqu'il était blotti dans un coin obscur ou sur un arbre on eût pu se tromper et le prendre pour un grand orang-outang. »

[1] *Pluralité des races humaines*, p. 26. 1864.

Il faut bien remarquer que M. Piddington avait beaucoup voyagé et qu'il avait donc dû acquérir, même à son insu, une certaine expérience anthropologique, puisque lui-même prend soin de nous dire qu'il avait vu tour à tour des Boshimans, des Hottentots, des Papous, des Alfourous, les indigènes de la Nouvelle-Hollande, de la Nouvelle-Zélande et de Sandwich, cè qui donne une autorité puissante aux faits qu'il rapporte.

M. Strail, plusieurs années *commissionner* à Kumaon, aurait aussi vu de ces êtres extraordinaires et serait parvenu à s'en procurer un dont l'apparence justifiait pleinement le nom traditionnel que lui donnaient les indigènes. D'autres témoignages viennent encore se joindre à ceux-ci pour attester sur différents points de la péninsule hindoustanique l'existence de ces races inférieures.

Cette race singulière, observe Georges Pouchet[1], paraît vivre à moitié sur les arbres. On est en droit de se demander si le souvenir confus d'un tel peuple et de ses mœurs n'a pas été l'origine de la tradition qui a servi de base au poème de Valmiki, où Rama, marchant à la conquête de son épouse Sita, ravie par le mauvais génie Ravana, est aidé dans cette entreprise par une vaillante armée de singes. A chaque instant, dans ce récit, reviennent des expressions, des épithètes qui rappellent la forme simienne de ces combattants.

Les montagnes du centre de l'Afrique, dit le même

[1] *Loc. cit.* p. 55.

auteur [1] nous réservent encore bien d'autres surprises de ce genre. « Modera, dit-il, cité par Crawfurd, raconte qu'un jour trois naturalistes allant à la côte nord de la nouvelle Guinée, pour leurs études, trouvèrent des arbres pleins d'indigènes des deux sexes, qui sautaient de branche en branche, avec leurs armes sur le dos, comme des singes, criant, riant et gesticulant. » Ainsi qu'Ehrenberg le disait un jour, ajoute Georges Pouchet, il ne serait pas impossible qu'on trouvât un jour au centre de l'Afrique des hommes si différents de nous, qu'il faudrait bien en faire bon gré mal gré un groupe spécial [2].

Les îles nous montrent également partout des restes de populations primitives, inférieures à celles qui peuplent nos continents, qui semblent s'y être perpétués sans progrès depuis une longue succession de siècles? Les Mincopies des îles Andaman rappellent le chimpanzé par leur taille exiguë, les proportions de leurs membres et presque leur démarche. Ils semblent encore bien au-dessous des plus dégradés des nègres australiens, qui eux-mêmes représentent un rameau bien inférieur au nègre d'Afrique. Les Maories, les Papous, Alfourous, Nouveaux-Calédoniens, Nouveaux-Zélandais, les tribus du centre de l'Australie sont au dernier niveau de la série humaine et paraissent autant de rameaux issus d'une même souche, mais dont ils se sont éloignés chacun en divergeant plus ou moins; de sorte que chaque île ou

[1] *Loc. cit.* p. 55.
[2] *Loc. cit.* p. 28.

groupe d'îles de l'Océanie présente des populations plus diverses entre elles par leurs caractères physiques, philologiques, intellectuels, moraux ou sociaux, que des races aussi éloignées que ne le sont l'Arabe et le Finnois, ou le Turc et le Malais.

Les Hottentots relégués aujourd'hui au sud de l'Afrique, ont occupé autrefois une portion beaucoup plus vaste du continent, et peu à peu on les voit se concentrer, diminuer, pressés qu'ils sont d'un côté par les colons européens, de l'autre par la race nègre relativement bien supérieure. De même, les Patagons ont évidemment été refoulés dans la pointe méridionale de l'Amérique, par la prédominance de la grande race américaine du sud, et peut être que les Patagons eux-mêmes sont des envahisseurs d'un sol antérieurement possédé par une population inférieure encore, reléguée aujourd'hui dans la Terre de Feu.

Notre cercle polaire nord semble également avoir été le refuge de races diverses, qui certainement n'ont pas toujours été confinées dans ces climats glacés, et dont plusieurs ont occupé, probablement, ainsi que nous le verrons plus loin, le centre de l'Europe à une époque géologique relativement récente, bien que très-reculée au delà des limites même traditionnelles de l'histoire.

Du Groenland à l'isthme de Behring en Amérique, et du Kamtchatka en Laponie dans l'autre continent, se trouvent des nations plus diverses d'aspect et de langage que nos grandes races asiatiques ou européennes, mais qui, sous l'influence du même climat, ont pris des coutumes, sinon identiques, du moins assez analogues ; ce qui tendrait à établir ce principe ethnologique que la ressemblance des mœurs sociales ne préjuge en aucune façon l'identité de souche, quand les caractères philologiques ou anatomiques en impliquent la diversité. Il n'y a donc pas réellement une race hyperboréenne, mais des races de provenances diverses, ayant pris des habitudes conformes aux exigences d'un climat hyperboréen.

Plus généralement, il importe de remarquer que tous ces débris de races primitives, loin de se rapprocher d'un type commun, diffèrent au contraire beaucoup plus entre eux que des races supérieures elles-mêmes dont ils semblent parfois l'exagération ou la caricature. Et il doit en être ainsi, dans la supposition que ce sont des rameaux inférieurs depuis plus longtemps séparés du tronc commun d'où les races supérieures sont sorties plus tard, et qui, en conséquence, ont commencé à varier en sens divergent, depuis une période beaucoup plus reculée. Ainsi le Hottentot est plus loin du Nègre que l'un et l'autre ne sont de l'Européen, du moins au point de vue purement physique. Et entre le Mincopie ou le Lapon et le Patagon, il y a toute la série complète des variations connues de la taille humaine dont certains peuples aryens occupent le milieu. Ce sont donc bien autant de races divergentes, qui se rattachent quelque part à un tronc commun, dont elles ont commencé à s'éloigner par une loi d'évolution typique qui leur est restée propre, à une époque d'autant plus éloignée qu'elles s'écartent aujourd'hui davantage, soit les unes des autres, soit du type moyen directement issu de ce même tronc.

Le Nègre n'est donc pas plus un Hottentot perfectionné, que l'Européen n'est un Nègre blanchi, et la classification complète des races humaines vivantes ne peut nous fournir une ou même plusieurs séries linéaires, mais se présente à nous, dans ses masses principales comme dans ses dernières subdivisions, sous la figure d'un arbre touffu dont les rameaux supérieurs actuellement dominants se pressent en convergeant sur les divers points de quelques grosses branches maîtresse aujourd'hui éteintes, tandis que, des branches inférieures brisées, s'élancent quelques rejets, grêles et souffreteux, qui ont conservé jusqu'à nous l'image modifiée, effacée ou exagérée de leur souche, mais qui sont eux-mêmes destinés à périr dans un temps plus ou moins long.

CHAPITRE II.

DE L'ESPÈCE HUMAINE ÉTEINTE.

Si maintenant nous interrogeons l'histoire, nous arrivons à cette conclusion identique, qu'à toutes les époques l'humanité a présenté une égale variété de types, une diversité au moins aussi grande de souches ethniques. Ainsi nous retrouvons sur les monuments égyptiens les types encore vivants du Nègre, de l'Éthiopien, de l'Araméen, de l'Aryen. Les descriptions d'Hérodote, bien qu'embrassant seulement une aire géographique peu étendue, comprenant les bords de la Méditerranée, de la mer Noire et de la Caspienne, nous montrent l'existence de nombreuses populations très-diverses, dont les unes sont parfaitement analogues aux races actuellement existantes, sinon dans la même contrée, du moins dans des contrées voisines, et dont les autres semblent avoir disparu ou s'être assez profondément modifiées pour être devenues méconnaissables. Ainsi nous ne saurions plus où trouver les analogues des Nasamons, des

Arimaspes ou des peuples dont les coutumes ont pu donner lieu à la légende semi-historique, semi-mythologique des Amazones; mais les Scythes vivent dans leurs descendants les Touraniens et ne se sont que peu modifiés, comme chez les peuples de l'Atlas, nous retrouvons les petits-enfants des Lybiens.

Ce qui résulte non moins évidemment de cette étude, c'est que les mêmes espèces ont une tendance bien marquée à persister indéfiniment dans les mêmes milieux, tandis que les races anciennes ne se transforment et ne donnent naissance à de nouvelles races que par le métissage et surtout par l'émigration et le changement des coutumes. Ainsi, autour des Pyrénées a toujours prédominé le type ibère, brun, à tête ovale et de petite taille; tandis que le centre de l'Europe semble avoir toujours été la patrie de peuples au teint clair, grands, élancés et à crâne plus ou moins carré, court ou oblong.

Les documents empruntés à l'archéologie préhistoriques, aux restes fossiles, nous obligent à conclure de même, qu'aux époques les plus éloignées de nous, existaient déjà, rien qu'en Europe, des races de souches très-distinctes, présentant des caractères ethniques très-variés. Si à l'âge de fer, avec lequel s'ouvrent les temps historiques, il y a déjà une prédominance marquée dans nos contrées de la souche aryenne, à crâne oblong, représentée par le rameau celtique ou gaulois, celui-ci plus élancé que celui-là, ces races cependant se montrent mélangées avec des types inférieurs et antérieurs, tels que l'Ibère ou le Ligure, son proche allié, et avec des peuples touraniens. L'âge de bronze nous apparaît comme le règne d'une race spéciale, petite et intelligente, et qui semble comme le passage de l'Ibère à l'Araméen. A l'âge de la pierre polie, au contraire, prédominait une race brachycéphale, voisine du type ligure. C'est le type celtique de nos anciens archéologues, de moyenne mais forte stature, bien inférieur quant à l'intelligence, et peut-être assez voisin, par son état social et ses rapports ethniques, des types esthonien ou même esquimau.

Avec l'âge de la pierre taillée nous entrons encore dans un autre monde ethnique. Aucune des races actuellement vivantes en Europe ne paraît encore formée, mais on constate la présence des éléments qui pourront concourir à leur formation. Ces types flottent entre certains types actuels aujourd'hui profondément séparés par leurs caractères comme par leur situation géographique, c'est-à-dire entre le Lapon, l'Esthonien et l'Ibère ou Basque. C'est l'âge du renne, ou seconde période des cavernes. Les crânes sont ou sensiblement sphériques, ou légèrement oblongs, souvent prognathes et d'autres fois orthognathes. La taille est généralement petite, ainsi que la mâchoire. Dans le midi de la France, c'est une race douce, sédentaire et industrieuse qui vit de chasse, paraît aimer peu la guerre, a peut-être déjà domestiqué le renne et montre un goût naissant pour l'industrie et les arts d'imitation. Dans les cavernes belges du même temps, c'est une race plus forte, plus guerrière, plus brutale et peut-être féroce jusqu'au cannibalisme. Le type sphérique et orthognate du Lapon y passe à l'Esthonien prognathe et semble avoir tenu le milieu entre eux comme s'il était provenu de leur mélange, ou comme si, au contraire, ces deux races en étaient sorties par une série de variations divergentes.

Mais si nous reculons dans la série des âges jusqu'à une époque plus ancienne, nous voyons paraître des types plus tranchés encore et décidément bien différents de ceux que nous offrent les populations actuelles de l'Europe. L'homme vit alors, non-seulement avec le renne, aujourd'hui émigré vers le pôle, et avec l'auroch, près de s'éteindre de nos jours dans les forêts de la Lithuanie, mais avec toute la faune des cavernes : c'est-à-dire avec le lion et l'hyène (***Felis spelœus*** et ***Hyena spelœa***), avec l'ours à front bombé (***Ursus spelœus***), avec le rhinocéros à narines cloisonnées (***Rhinoceros tichorinus***), avec le mammouth ou éléphant à épaisse fourrure (***Elephas primigenius***), et avec l'Hippopotame.

Trois crânes trouvés à Cro Magnan, près des Eyzies, nous montrent au midi de la France, dans la vallée de la Dordogne, l'existence d'une forte et grande race, à crâne déjà bien conformé, bien qu'un peu long, un peu étroit du front surtout et un peu tectiforme. Mais si la boîte du crâne peut avoir servi d'enveloppe à un cerveau bien développé, les caractères de la face portent l'empreinte de la brutalité. Les orbites sont carrées et petites; les arcades sourcillières proéminentes; les os zygomatiques écartés; les maxillaires larges et puissants. Le nez a dû être très-saillant dès sa racine, peut-être même relevé, mais les narines probablement ouvertes plus ou moins obliquement, comme celles des singes. Les ossements des membres présentent le caractère de la force et un singulier mélange de caractères simiens ou tout au moins inférieurs, avec d'autres qu'on pourrait dire exagérément humains, c'est-à-dire plus extrêmes qu'en aucune de nos races actuelles.

Un autre crâne de la même époque, trouvé dans la caverne d'Engis, située dans la vallée de la Meuse, a des caractères d'une infériorité encore plus marquée. Par la fuite et l'abaissement du front, son étroitesse excessive relativement à sa longueur, il rappelle certaines formes australiennes. Un autre crâne trouvé à Arezzo, en Toscane, présente des caractères analogues à un plus haut degré encore; et certains crânes trouvés dans un tumulus danois, à Borreby, semblent attester que des représentants de cette race primitive se sont perpétués dans le nord de l'Europe jusqu'à une époque plus récente, alors qu'ils étaient mélangés à d'autres races supérieures qui prédominaient vers le midi.

Mais le plus caractéristique de ces restes fossiles, c'est le célèbre crâne de la caverne de Neanderthal, située dans la petite vallée de la Dussel, affluent presque torrentueux de la Meuse. Par son aplatissement, par sa longueur, par son épaisseur, par la proéminence des arcades sourcilières qui forment comme un bourrelet au-dessus des yeux, c'est le crâne le plus éminemment simien que nous ayons pu jusqu'à ce jour attribuer à la race humaine. Sauf quelques crânes d'idiots ou de monstres microcéphales, il forme le degré le plus extrême de la série humaine en approchant des formes crâniennes du jeune orang. L'homme auquel appartenait ce crâne était de haute et puissante stature, et les traces des insertions musculaires nous portent à croire qu'il était doué d'une grande force; ce qui écarte la supposition qu'on a voulu faire d'une exception pathologique, démentie d'ailleurs par la parfaite harmonie des lignes et des proportions, qu'on ne retrouve point dans les divers crânes d'idiots auxquels on a voulu le comparer. C'est un type bestial, mais bien conformé. Ce sont les caractères normaux d'une race inférieure et non les caractères flottants, inéquilibrés d'une exception individuelle.

La supposition d'un cas tout pathologique est d'ailleurs démentie par ce fait, que plusieurs crânes plus ou moins analogues ont été découverts depuis, et forment entre le crâne de Neanderthal, pris pour terme extrême, et les crânes d'Engis, d'Arezzo ou de Borreby, une série continue et graduée, bien que sinueuse et divergente, par plusieurs caractères. Tel est le crâne d'Eguisheim, près Colmar, trouvé dans le lœss du Rhin; tel le crâne trouvé à Slau, dans le Mecklembourg; un autre provenant d'un tombeau à Crespy-sur-Oise, avec d'autres très-différents; celui de Köstriz, en Saxe, et plusieurs autres se rapportant à des époques très-diverses : ce qui tendrait à prouver qu'anciennement il a existé dans tout le nord de l'Europe une race forte et brutale chez laquelle les caractères si accentués du crâne de Neanderthal étaient normaux, et dont le type a continué longtemps de reparaître par atavisme au milieu des mélanges ethniques postérieurs en s'affaiblissant de plus en plus par le croisement avec des races relativement supérieures.

Les quelques débris d'ossements humains, si longtemps cherchés et trouvés enfin par la persévérance de M. Boucher de Perthes dans les alluvions de la Somme, non-seulement avec le mammouth, le rhinocéros à narines cloisonnées et le grand hippopotame (*hippopotamus major*), mais avec un éléphant et plusieurs rhinocéros plus anciens (*Elephas antiquus* et *Rhinoceros megarhinus* et *tycorhinus*), témoignent également de l'infériorité du type humain à cette époque, bien que des fragments épars et brisés ne puissent que difficilement guider nos inductions. Si tous les caractères d'infériorité ethnique présentés par la fameuse mâchoire inférieure trouvée à Moulin-Quignon et qui a occasionné tant de débats parmi nos savants, se retrouvent tous plus ou moins souvent, mais séparés, chez des races récentes et même vivantes, la réunion de tous ces caractères chez un même sujet est un fait remarquable et les fragments de crânes trouvés dans les mêmes dépôts, bien que trop incomplets pour donner lieu à un jugement définitif, semblent cependant accuser également une certaine infériorité ethnique. Une autre mâchoire, trouvée en Belgique dans le trou de la Naulette, a des caractères encore plus simiens, et M. le docteur Paul Broca a dû avouer, en la voyant, qu'aucun fait plus décisif ne s'était produit encore en faveur de la théorie du transformisme.

Et cependant, ni l'homme d'Engis, ni celui de Neanderthal, ni celui de la vallée de la Somme, bien que pouvant prétendre à une antiquité qui doit s'évaluer par cent milliers d'année peut-être, ne peut réclamer le titre de premier représentant de l'humanité en Europe. Car nous avons maintenant la preuve que l'homme existait à une époque géologique bien antérieure; qu'il a été, non-seulement le contemporain de la faune tertiaire supérieure, ou pliocène, c'est-à-dire de l'*Elephas meridionalis*, mais de la faune tertiaire moyenne ou miocène, représentée par le mastodonte, le dinotherium et l'halitherium. Des ossements de ces animaux portent la trace de silex taillés par l'homme ou du moins maniés par lui, et dans des couches géologiques de même âge, c'est-à-dire appartenant aux âges des faluns de Touraine, M. l'abbé Bourgeois a trouvé ces silex eux-mêmes, dont quelques-uns sont évidemment taillés par l'homme, et dont plusieurs autres portent la trace, il est vrai peut-être accidentelle, du feu[1].

Quels étaient les caractères physiques de l'homme à cette époque, séparée de nous par trois ou quatre renouvellements partiels de toute la faune terrestre, et par tant d'importantes révolutions orographiques qui ont

[1] Une lettre de M. Whithey, chef du *Geological Survey*, de l'État de Californie, vient d'annoncer également la découverte certaine et authentique de l'existence de l'homme tertiaire sur la côte du Pacifique, « à une époque, dit-il, antérieure à la période glacière et à l'époque du mastodonte, lorsque le monde animal et végétal était entièrement différent de ce qu'il est aujourd'hui, et depuis laquelle ont eu lieu des érosions verticales de deux à trois mille pieds dans des roches cristallines. »

changé le bassin des mers, la forme et le relief de nos continents, le cours de nos fleuves, fait succéder à plusieurs reprises en un même lieu des lacs à des fleuves, des plaines à la mer? C'est ce que nous ignorons encore. Mais il est certain que cet abîme chronologique est au moins aussi large, aussi profond que le prétendu abîme physiologique ou même psychologique, qui sépare, selon quelques-uns, l'organisation de l'homme de celle des animaux en général et surtout de celle des autres genres du groupe des primates, qui sont le plus rapprochés de lui par leur plan anatomique.

CHAPITRE III.

RAPPORTS ANATOMIQUES DE L'HOMME ET DU SINGE.

Quels caractères si constants ou si importants distinguent donc l'humanité des autres anthropoïdes ? Déjà Linné, en rangeant l'homme dans l'ordre des primates, avait considéré ces différences comme étant d'ordre purement générique : c'est-à-dire que, selon lui, l'homme, considéré au seul point de vue de son organisation physique, ne différait pas plus des divers genres de singes, que ceux-ci ne diffèrent entre eux. Et telles sont encore aujourd'hui les conclusions qu'il nous faut adopter, à moins de contredire tous nos principes de taxinomie et de rendre toute classification zoologique impossible. Car, si l'on fait de l'homme une famille, un règne, il faudra faire un règne, une famille pour chaque genre actuel de singes, comme il faudra briser les familles de nos ruminants ou de nos pachydermes en autant de familles ou règnes distincts qu'elles comptent aujourd'hui de genres bien établis. C'est-à-dire que l'homme diffère beaucoup moins du singe que le cerf ne diffère du chameau, ou que le cheval ne diffère de l'éléphant et du tapir.

C'est au point que, lorsqu'on s'impose la tâche d'énumérer les ressemblances de l'homme avec les autres primates, il faut le décrire presque en entier, et la même description convient à presque tout l'ordre.

M. le docteur Eugène Dally s'exprimait ainsi récemment dans un mémoire lu à la société d'anthropologie[1]. « En physiologie, c'est-à-dire dans la réalité vivante, un singe ne diffère en quoi que ce soit d'un homme. Toutes les fonctions des singes sont identiques à celles de des hommes. Les singes mangent, boivent, digèrent, respirent, veillent, dorment, croissent, déclinent et raisonnent comme l'homme. Quelques-uns d'entre eux peuvent même marcher dans l'attitude verticale. La plupart, dans le groupe des anthropomorphes au moins, ont, dans une certaine mesure, tous les autres mouvements humains, y compris celui d'opposition du pouce à l'index. Ils se reproduisent de la même façon et nourrissent leurs petits par l'intermédiaire de leur placenta *discoïde*, forme qui, d'une part, les rapproche les uns des autres, et, d'autre part, les distingue des carnassiers dont le placenta est en zone. »

En somme, toutes les différences anatomiques et myologiques de l'homme et des singes sont des différences de proportion, chez les grands singes anthropomorphes,

[1] *L'ordre des primates et le transformisme*, par M. Dally. Hennuyer, 1868.

des différences de nombre chez les autres, sans aucune différence essentielle de plan anatomique.

Le nom de *quadrumanes* donné aux singes, en opposition avec celui de *bimanes* donné aux hommes, a longtemps fait illusion. En somme, cette dénomination de quadrumanes donnée aux singes est fausse au point de vue anatomique comme au point de vue myologique; elle leur est aussi impropre que celle de *quadrupattes*: les singes ont deux pieds et deux mains comme l'homme. « La plus superficielle investigation, dit Huxley [1], montre de prime-saut que la ressemblance de la prétendue main de derrière, avec la vraie main, ne va pas plus loin que la peau, et que, sous tous les rapports essentiels, le membre postérieur du gorille est terminé par un pied, aussi véritablement que celui de l'homme. Les os du tarse, sous tous les rapports importants de nombre, de disposition et de forme ressemblent à ceux de l'homme; d'une autre part, les métatarsiens et leurs appendices digitaux sont proportionnellement plus longs et plus grêles, tandis que le gros orteil est non-seulement plus court et plus faible, mais que le métatarsien qui lui répond est uni au tarse par une articulation plus mobile. Enfin, le pied est articulé sur la jambe plus obliquement qu'il ne l'est chez l'homme. Quant aux muscles, il y a un court fléchisseur, un court extenseur et un long péronier; de plus, les tendons du long extenseur du gros orteil et des autres orteils sont

[1] *De la place de l'homme dans la nature*, traduction de M. E. Dally, p. 221. Baillière, 1868.

réunis entre eux par un faisceau charnu accessoire. Le membre postérieur du gorille se termine donc par un véritable pied avec un gros orteil mobile. C'est un pied, à vrai dire, préhensile, mais ce n'est en aucune façon une main.

Le pied de l'orang, ajoute Huxley [1], diffère plus de celui du gorille que le pied du gorille ne diffère de celui de l'homme, par ses longs orteils, son tarse raccourci, son gros orteil très-faible et très-court, son talon court et élevé, la grande obliquité de son articulation avec la jambe et l'absence du tendon du long fléchisseur du gros orteil.

Quant à la main, elle est chez le gorille plus lourde et plus massive et le pouce est un peu plus court que celui de l'homme.

Gratiolet a contesté l'existence dans les mains des singes d'un muscle indépendant, long fléchisseur du pouce, qui serait alors représenté par une division du tendon des muscles fléchisseurs des autres doigts. Ce muscle, réduit à un filet tendineux, n'aurait plus aucune action chez le gorille et le chimpanzé, et chez l'orang le pouce serait fléchi par les fibres marginales de l'adducteur du pouce. Mais cependant Gratiolet constate en même temps l'existence d'un filament fibreux, qui, selon Huxley, pourrait fort bien être un long fléchisseur atrophié ou resté à l'état naissant [2]; il cite des exemples de mains humaines chez lesquelles l'atrophie

[1] *Loc. cit.*, p. 222.
[2] *Loc. cit.* p. 218.

de quelques faisceaux musculaires a suffi pour détruire l'indépendance des mouvements du pouce et son opposabilité, et pour la réduire à peu près exactement à un état comparable à la main du chimpanzé. Il s'ensuit donc, ajoute Huxley [1], que l'atrophie normale de ce muscle chez les singes peut n'être qu'un défaut de développement que l'exercice, aidé de la sélection, a pu modifier. Huxley fait remarquer également que la main chez l'orang diffère plus de la main du gorille que celle-ci ne diffère de la main de l'homme, car chez l'orang le pouce est plus court et ne présente plus aucune trace de fléchisseur spécial. De plus, le carpe du l'orang contient neuf os, tandis que celui du gorille, de même que ceux de l'homme et du chimpanzé, n'en compte que huit [2].

Si l'on passe aux singes inférieurs, ont voit chez les singes américains le pouce cesser d'être opposable. Il est réduit à un rudiment osseux recouvert de peau chez l'atèle ou singe-araignée. Chez les marmousets, il est dirigé en avant et armé comme les autres doigts de griffes recourbées. Des différences plus remarquables encore distinguent le pied chez ces divers genres de singes, bien que chez tous ce soit un pied, jamais une main.

Seulement il faut remarquer que, chez les singes inférieurs, c'est la main qui perd avant le pied la faculté préhensile, c'est-à-dire la liberté des doigts et l'oppo-

[1] *Loc. cit.*, p. 219.
[2] *Loc. cit.*, p. 222.

sabilité du pouce. Ainsi chez les ouistitis et les makis les pouces de derrière seuls restent opposables. Le gros orteil ne l'est pas chez l'homme, du moins ne l'est plus, en général; mais on sait que, chez quelques races, s'il n'est opposable, il est certainement préhensile. D'ailleurs, les orteils du pied humain, en général, portent des traces assez évidentes d'avortement, d'atrophie, pour nous permettre d'affirmer que chez la souche primitive de l'humanité, comme et plus que chez quelques races inférieures encore vivantes, les orteils étaient plus développés et plus libres.

Le talon existe donc chez le singe, comme chez l'homme, seulement son pied présente à l'extrême cette conformation vicieuse connue sous le nom de pied plat, assez fréquente même chez nos races supérieures et que les conseils de révision constatent souvent chez nos conscrits. Mais cette conformation exceptionnelle dans notre race est normale chez le singe?

Quant au bras et à la jambe, ils ne présentent chez le singe et chez l'homme que des différences de proportions entre leurs parties, aucune dans le nombre ou la disposition de ces parties.

Chez le singe, la jambe et l'avant-bras sont relativement plus longs que le bras et la cuisse; comme les pieds et les mains sont plus longs, relativement à la longueur totale du bras et de la jambe. Mais ces différences sont beaucoup plus marquées d'un genre de singes à un autre genre, que d'un de ces genres quelconque à l'homme. Chez tous les singes les membres sont plus grêles, les muscles plus maigres. Les renflements musculaires du mollet et de la fesse sont insensibles; mais chez le nègre la jambe est presque sans mollet, comme chez le singe; chez le Hottentot on voit au contraire les muscles de la fesse prendre un développement qui surpasse autant leur développement normal chez l'européen, que l'état de ces muscles chez l'européen peut différer de ce qu'ils sont chez les singes où ils se revètent généralemnet de callosités. On a nié chez le singe le mouvement de circumduction du bras; ce mouvement est peut-être en effet moins libre, moins ample que chez l'homme; mais entre les diverses races humaines il y a aussi à cet égard des différences sensibles, à ne considérer que les races vivantes. Ainsi chez le nègre, qu'on aurait tort de placer au dernier échelon de l'humanité, ce mouvement est moins libre que chez l'européen.

Quant à la structure générale du corps, la colonne vertébrale, chez l'homme, se distingue par l'élégance de sa double courbure qui donne à notre espèce la grâce et la majesté de son attitude. Mais ce n'est là qu'une simple condition d'équilibre, conséquence de la marche sur deux pieds et de la station droite, et la taille du nègre est moins cambrée que celle de l'Arabe ou de l'Aryen [1].

[1] D'après une observation récente de M. Broca, observation d'une haute importance, chez tous les animaux quadrupèdes, c'est-à-dire équilibrés pour la station horizontale, les apophyses des vertèbres sont recourbées d'avant en arrière dans toute la région dorsale, tandis que sur tout le reste de l'épine, à partir des fausses côtes, elles sont recourbées d'arrière en avant. Au contraire, chez le gorille et le chimpanzé, équilibrés plutôt pour la station oblique, toutes les apo-

Le bassin de l'homme est aussi plus évasé, plus large que celui du singe; mais chez le nègre le bassin se rétrécit considérablement, de sorte que, comme dans la même race le bassin de la femme est toujours plus large que celui de l'homme, le bassin de la négresse de type pur est à peu près comparable à celui de l'homme blanc. La poitrine est aussi plus large et les épaules plus effacées chez l'homme que chez le singe ; les omoplates qui chez l'un forment un angle plus ou moins considérable, sont disposées chez l'autre sur un même plan. Chez l'homme, la colonne vertébrale forme même une ligne rentrante qui descend le long des reins, entre les côtes renflées de chaque côté. Mais sous ce rapport, comme sous chacun de ceux qui précèdent, on peut trouver chez les races humaines inférieures une série complète de degrés intermédiaires qui permettent de relier le type

physes des vertèbres n'ont qu'un seul mouvement d'avant en arrière ou de haut en bas, depuis la nuque jusqu'au coccis. J'ai constaté qu'il en est de même chez l'orang-outang et, à certains égards, chez le gibbon. Chez l'homme, la direction des apophyses vertébrales affecte une autre disposition. De la nuque aux fosses côtes, elles sont dirigées de haut en bas ou d'avant en arrière, comme chez tous les animaux; elles ont la même direction encore dans la région coccygienne; mais dans la région lombaire elles s'élargissent et prennent une direction exactement horizontale, c'est-à-dire perpendiculaire au plan de la colonne vertébrale. Et cette disposition est si bien liée à la station verticale, que chez les gibbons, surtout chez le gibbon noir, auquel ses longs bras permettent la station droite, les apophyses des vertèbres lombaires ont une direction bien moins oblique, et en quelque sorte intermédiaire, entre la direction qu'elles affectent chez l'orang, le chimpanzé et le gorille, et celle qu'elles ont chez l'homme. D'après cela il n'est plus douteux que l'homme, avec les pithécins anthropomorphes, ne forme une division bien distincte dans l'ordre des primates, division dans laquelle il forme seul un groupe séparé, mais dont le gibbon tend à se rapprocher.

humain le plus élevé aux singes supérieurs par une gradation continue.

Mais peu nous importerait au fond de ressembler aux singes par nos membres, notre corps, notre conformation physique tout entière. Ce à quoi nous tenons, c'est à ne pas leur ressembler par la tête, par le visage, par le cerveau, par l'organe de la pensée. Et il faut bien dire, qu'en effet, bien que sur ce point encore nos titres à une supériorité absolue soient contestables, c'est cependant sous ce rapport que notre triomphe sur les autres primates est le plus évident.

Il se manifeste d'abord et surtout dans le rapport inverse des proportions de la face et du crâne. C'est la face qui l'emporte chez le singe; c'est le crâne qui domine chez l'homme. Le singe pense pour manger; l'homme doit manger pour penser, bien que sous ce point de vue beaucoup d'hommes soient singes encore. Chez le singe, les mâchoires sont plus développées, et le haut de la face fuit jusqu'au crâne, placé obliquement un peu en arrière. L'absence du menton, resté chez le singe à l'état de rudiment, l'absence d'os du nez bien développés, mais dont on retrouve parfois les traces chez certains genres, distinguent nettement jusqu'ici toutes les faces connues de singes de toutes les faces humaines observées.

Chez les singes de l'ancien continent, pithécins ou catarrhiniens, la dentition est semblable à celle de l'homme. Ils ont comme lui trente-deux dents, disposées suivant la même formule. Les singes d'Amérique, cébins ou sapajous, nommés aussi platyrrhiniens ont les uns trente-deux, et les autres trente-six dents. Mais chez tous les singes sans exception les dents offrent des lacunes, à côté des canines, lacunes ou barres qui n'existent que très-exceptionnellement chez l'homme, bien qu'on en connaisse quelques rares exemples. Ces lacunes ou barres semblent même avoir une certaine tendance à apparaître chez les races humaines inférieures. Enfin, si les molaires vont en augmentant d'avant en arrière chez le singe, elles diminuent d'avant en arrière chez l'homme; mais encore ici, la règle, bien que très-générale, est sujette à d'assez nombreuses exceptions individuelles.

Quant à l'angle facial, mesuré selon la méthode de Camper, la plus simple sinon la plus exacte, bien loin qu'il s'élève à 90° chez la race humaine, comme on le croit si généralement, ce n'est que par une rare exception qu'il atteint ce chiffre. Dans nos races supérieures il est au maximum de 85°, et en moyenne se réduit à 80°. Il tombe à 70° et même à 67° chez le nègre, et un crâne de Namaquois a donné le chiffre de 64°. C'est donc une variation de 26° sans sortir des limites de l'humanité vivante. Si nous avions le crâne complet de Neanderthal, nous le verrions sans doute tomber au-dessous de ce dernier terme. Or, si chez le chimpanzé adulte cet angle n'est que de 35° et de 30° chez le vieil orang, il est remarquable que chez le jeune orang, au contraire, il monte à 60 et 65°, c'est-à-dire à des proportions tout humaines. Or, s'il est vrai que les transformations ou phases de la vie embryonnaire nous retracent les phases correspondantes parcourues par l'espèce elle-même, nous devons croire que, tandis que la race humaine a progressé constamment vers un type de plus en plus élevé, l'espèce des orangs a suivi à travers la suite des âges, au contraire, une évolution rétrograde qui l'a fait redescendre vers un type de plus en plus bestial, et qu'à une époque plus ou moins reculée les ancêtres de l'orang étaient plus rapprochés du type humain qu'aujourd'hui.

Ce fait est du reste loin d'être particulier à l'orang, mais paraît être une loi très-générale chez les grands singes anthropomorphes, le gorille, le chimpanzé surtout, qui tous subissent également vers l'âge adulte une sorte de métamorphose rétrogressive : c'est-à-dire que, chez ces genres, tandis que le crâne s'arrête dans son développement vers l'âge adulte, les parties de la face et la mâchoire surtout continuent de s'accroître, de manière que le crâne facial prédominant de plus en plus sur le crâne cérébral, l'angle facial subit avec les années une diminution sensible et continuellement croissante. La même transformation rétrogressive s'effectue dans leurs facultés mentales, dans leurs instincts. Ainsi, tandis que le jeune orang, le jeune chimpanzé, même le jeune gorille sont doux, dociles, éducables, dès qu'arrive l'âge adulte, ils prennent un caractère sauvage et féroce répondant à une physionomie de plus en plus brutale et repoussante. Les gibbons, parmi les grands singes, ne paraissent pas subir cette métamorphose ; mais on l'observe chez les cynocéphales, même chez les macaques, les plus connus parmi nous parce qu'ils sont les plus communs dans nos ménageries et que quelques espèces, indigènes dans nos climats, peuvent même s'y reproduire.

Le petit du singe diffère donc beaucoup moins de l'enfant que le singe adulte ne diffère de l'homme ; et les crânes de jeunes singes, même d'espèces considérées comme inférieures et comme bien éloignées de l'homme à l'âge adulte, peuvent donner un angle facial supérieur à celui qu'on observe chez certains représentants de l'espèce humaine, et en tous cas continuent parfaitement la série des crânes humains.

Les observations faites sur la capacité du crâne conduisent à des résultats identiques. Ainsi la plus grande capacité crânienne mesurée chez l'homme s'est élevée à 1867 cent. cubes, chez un énorme crâne brachycéphale mesuré par Morton. Mais on sait que quelquefois l'hypertrophie du crâne chez l'homme est un caractère morbide qui n'est nullement en rapport avec un développement correspondant de l'intelligence. Les plus grands crânes normaux chez nos races supérieures, et il faut citer parmi eux celui de Cuvier, ne dépassent guère une capacité de 1600 cent. cubes. La moyenne oscille au-dessus de 1500 chez les Américains et Anglo-Saxons. Il faut tenir compte ici de la taille généralement élevée de ces peuples, qui entraîne un volume plus considérable de tous les organes anatomiques. Les autres Germains et les races néolatines ont une capacité crânienne comprise entre 1400 et 1500. C'est la moyenne des Européens en général, et les Français parmi eux occupent à peu près le milieu de la série. Chez les Indiens, les Nègres, les Chinois, les Malais et en général chez tous les peuples restés à un état de civilisation imparfaite, immobile ou barbare, ce chiffre est compris dans les 1300. Parmi les Australiens, Hottentots, Polynésiens et autres peuples demeurés à l'état sauvage, il touche à 1200. Enfin le plus petit crâne humain mesuré par Morton, et ce n'était pas celui d'un idiot, lui a donné le chiffre exceptionnel de 1021 cent. cubes [1]. C'est donc entre les deux extrêmes constatés chez l'homme une variabilité de 850 centimètres cubes environ, c'est-à-dire de près de la moitié du chiffre le plus élevé et de près du double du moins élevé. Or, les crânes de singes, au maximum, ont donné 520. Le plus grand crâne de gorille mesuré s'est élevé à 550, c'est-à-dire à la moitié seulement du plus petit crâne humain connu. Au point de vue de la seule capacité, ce crâne, le plus petit crâne humain de Morton et le crâne normal d'un Anglo-Saxon forment donc une série parfaitement progressive.

Seulement, nous avons une série insensiblement graduée de nombres intermédiaires entre les deux derniers termes et un hiatus entre le second et le premier. Mais nous avons, pour combler cette lacune, les crânes de microcéphales [2], et toutes les races antéhistoriques disparues, tant de souche humaine que de souche simienne. Considérons aussi que la capacité du crâne ne peut être

[1] Vogt. *Leçons sur l'homme*, leçon III, traduction de M. Moulinié, p. 109. Paris, 1869.

[2] Vogt. *Leçons sur l'homme*, leçon VII.

considérée au point de vue absolu comme un signe de supériorité ; puisque c'est le volume du cerveau relativement au volume du corps qui décide de cette supériorité. Ainsi le cerveau d'un éléphant pèse plus que celui de n'importe quel homme, mais relativement au poids de son corps il est infiniment moins volumineux. Or, la plus grande taille observée chez le plus grand des singes, le gorille, atteint à peine la taille moyenne chez les hommes ; l'orang, le chimpanzé ne dépassent jamais quatre pieds, les gibbons sont plus petits et plus grêles. Une capacité crânienne de 550 chez un singe de quatre à cinq pieds correspond donc à environ une capacité crânienne d'un cinquième plus considérable chez un individu de cinq à six pieds, ce qui est la taille moyenne de l'homme, c'est-à-dire en somme, à une capacité crânienne de 650 au moins.

Enfin, de même que nous avons vu l'angle facial de l'orang, du gorille, du chimpanzé et autres singes se fermer peu à peu chez les sujets adultes, de même la capacité crânienne, très-peu élevée chez ceux-ci, relativement au volume de leur corps, lorsqu'il a pris tout son développement, chez les jeunes sujets, est considérable, par rapport à l'état de développement du reste de leurs organes.

Si les crânes de jeunes singes ne remplissent pas au point de vue absolu tous les degrés de la lacune constatée entre le plus grand crâne de singe adulte et le plus petit crâne d'homme également adulte ; si l'on établissait la comparaison sur les jeunes sujets des deux souches, en les observant au moment où leur taille est égale, cette lacune disparaîtrait ou serait presque insensible.

Mais le volume absolu du cerveau, ou même son volume relatif ne paraît pas décider en dernier ressort de la supériorité d'intelligence entre diverses races. Il faut tenir compte surtout de sa structure, c'est-à-dire de la complexité des circonvolutions cérébrales. Cependant, sous ce rapport encore, nous aurons tous les termes d'une série parfaitement continue et progressive entre les singes et l'homme. Ainsi le cerveau du Nègre est beaucoup moins riche en détails de structure que celui de l'Européen. Celui de la Vénus hottentote occupe parfaitement le milieu entre celui de l'homme blanc et celui des singes anthropomorphes. Enfin, on constate chez le jeune orang une précoce richesse de circonvolutions qui s'arrête et s'atrophie à l'âge adulte. Mais lorsque nous descendons du cerveau des singes à celui d'animaux d'autres types, nous saisissons, non plus seulement des différences de quantité, quant au nombre et à la complexité des plans cérébraux, mais une différence de type et de plan qui nous montre que nous avons sauté d'une souche originelle à un autre souche distincte, bien que cependant toutes les grandes lignes de l'organe cérébral soient conservées et que toutes ses parties demeurent dans leur ordre relatif.

Mais on peut se demander si ces différences de proportion, de structure ou de plan, constatées soit chez les divers animaux, soit chez le singe, soit chez l'homme, sont des caractères originels fixes, immuables ou des phases de développement pouvant se succéder et passer de l'une à l'autre ; si, par exemple, un cerveau d'Anglo-Américain peut être le développement d'un cerveau celte ou hindou, si le cerveau de la Vénus hottentote aurait pu de génération en génération devenir le cerveau de Cuvier, et, de même, si un cerveau de singe peut avec le temps se changer en cerveau d'homme.

Les faits, l'observation nous fournissent déjà quelques réponses concluantes à cette question. Ainsi nous savons très-bien que l'Anglo-Américain et l'Anglo-Saxon, dont les crânes ont donné les capacités moyennes les plus élevées, sont issus de souches germaniques qui, dans les contrées où elles se sont perpétuées, ont encore une capacité crânienne inférieure. La capacité du crâne peut donc s'accroître dans une même race quand elle émigre ; mais cet accroissement peut se produire chez une race fixe dans la même contrée, mais chez laquelle la civilisation progresse. Car on sait qu'en France la population n'a point changé depuis le moyen âge ; or, M. Paul Broca a mesuré des crânes trouvés dans l'ancien cimetière des Innocents, à Paris, et il a trouvé une capacité moyenne de 1409 ; tandis que des crânes parisiens contemporains ont donné 1461. Mais l'état social, ou plutôt la caste, a plus d'influence encore que le temps sur la capacité des crânes ; car des crânes contemporains de la fosse commune n'ont donné qu'une capacité crânienne de 1403, c'est-à-dire inférieure aux crânes du cimetière des Innocents qui datent du XIIe au XVIIIe siècle, tandis que des crânes du XIIe siècle, provenant d'un caveau, ont donné une capacité de 1425; et des crânes parisiens contemporains, mais de sépultures particulières, ont donné 1484. La capacité du crâne peut donc s'accroître et s'accroît, non pas en raison du temps lui-même qui par lui-même ne fait rien, mais en vertu de l'effort nécessaire et fatal de chaque race vers le progrès, effort bien inégal du reste chez les diverses races. Si la capacité du crâne s'accroît avec la civilisation, on peut présumer qu'il y a corrélation de cause à effet entre les deux faits, et réaction mutuelle d'une chose sur l'autre : une plus grande civilisation agrandissant le crâne et de plus grands crânes opérant le progrès de la civilisation.

Mais si la capacité crânienne augmente, ce ne peut être que sous l'influence du travail intérieur d'un cerveau de plus en plus compliqué dans sa structure et de plus en plus capable de penser et de progresser. Nous arrivons donc à cette induction, que, puisque les crânes de Germains barbares sont arrivés à devenir les crânes si spacieux des Anglo-Saxons civilisés, que les crânes des Parisiens du moyen âge se sont développés avec la civilisation, que la capacité crânienne grandit à mesure que les individus d'un même peuple s'élèvent aux rangs supérieurs de la hiérarchie sociale, il faut admettre que, dans un laps de temps beaucoup plus long et sous des circonstances favorables, un cerveau de Nègre peut devenir un cerveau d'Aryen, et un cerveau de singe un cerveau de Nègre. Mais le cerveau d'un mouton ou d'un éléphant pourrait se développer éternellement sans donner un cerveau même de ouistiti, parce que le plan fondamental diffère, tant dans le cerveau que dans le crâne et dans tout l'organisme[1].

Il ressort donc avec évidence de cet ensemble d'observations, que l'humanité n'est qu'un terme dans une série dont les autres genres de primates sont les autres termes, et qui se continue plus bas à travers les degrés inférieurs de l'animalité. Si l'homme ne dérive pas plus du singe que le singe ne dérive de l'homme, l'homme et le singe ont eu sans nul doute une souche commune, un point de départ commun à un certain moment du développement de l'animalité sur le globe. Dans le grand arbre de la vie, enfin, l'ordre des primates représente la ramification terminale du tronc central, des flancs duquel partent à diverses hauteurs les autres ordres de mammifères, les autres branches du règne animal, chacune diversement et inégalement ramifiées. Cette branche maîtresse et supérieure a produit, comme autant de rameaux divergents, les diverses familles simiennes, lémuriens ou makis, cébins ou sapajous, pithécins de divers genres, tandis

[1] D'après une série d'importantes observations poursuivies par M. Lartet, il est désormais établi que, parmi les animaux d'un même type, il y a, à travers la série des âges géologiques, un accroissement continu de la capacité crânienne et de la complication des circonvolutions cérébrales ; de sorte que les cerfs, les éléphants, les hyènes fossiles et autres genres ont eu, relativement au volume de leur corps, un crâne moins développé et un cerveau d'une structure plus simple que les représentants actuels de ces types; mais sans que le type ou plan fondamental du cerveau soit altéré.

que le rameau central, s'élevant plus haut encore, produisait les diverses races humaines comme autant de ramicules inégaux en force et en dignité, et au milieu desquels notre race aryenne s'est élevée comme la cime dernière et dominante de l'organisme vivant.

CHAPITRE IV.

UNITÉ OU PLURALITÉ DE SOUCHE DE L'HOMME ET DES PRIMATES.

A toute époque de son développement, l'humanité a donc dû être divisée en races ou variétés nombreuses, dont quelques races ou variétés seulement devaient et pouvaient se perpétuer et donner naissance à d'autres races supérieures devant lesquelles elles étaient elles-mêmes fatalement destinées à disparaître. Comme loi générale, on peut dire que toute espèce fille a tué sa mère, à moins que celle-ci ne s'en soit bientôt trouvée séparée par des obstacles géographiques infranchissables pour l'une et l'autre. De sorte que nous ne pouvons guère trouver côte à côte que des races issues de rameaux déjà très-distincts, depuis longtemps séparés, c'est-à-dire non pas même des races sœurs, mais des cousines plus ou moins éloignées. Et de même, lorsque le premier animal réellement anthropomorphe a apparu, il vivait entouré d'un grand nombre de variétés et d'espèces ayant comme lui, mais un peu moins que lui peut-être, la tendance virtuelle à prendre la forme humaine et la faculté de se perfectionner par une suite de variations et de progrès successifs. Si la race humaine enfin paraît être sinon la seule perfectible, du moins la plus perfectible et peut-être la seule perfectible indéfiniment, c'est qu'elle a hérité de cette tendance au progrès, au perfectionnement de toute la série totale de ses ancêtres, eux-mêmes sans doute plus variables que leurs congénères et leurs contemporains. Si l'homme est le bourgeon terminal de l'arbre de la vie, son épanouissement, sa floraison, s'il est arrivé à monter si haut qu'il dépasse de son front superbe toutes les autres formes vivantes, c'est que, parti au même moment qu'elles et du même point, il a, lui seul, eu le privilége, à travers toute la série des âges, de monter plus vite et plus droit.

Mais il ressort avec évidence, de toutes ces considérations, que la longue dispute des hétérogénistes et des monogénistes était une de ces querelles sans fin qui ne pouvait aboutir à aucune solution; parce que la question en litige était mal posée, que le point de départ lui-même était une erreur empruntée à nos croyances traditionnelles sur l'ordre de la création.

L'humanité est-elle une espèce ou un genre? Elle n'est qu'une espèce si nous ne faisons qu'une espèce du chien; elle est un genre si nous faisons autant d'espèces distinctes de chacune de nos races de chevaux ou de moutons. La solution de cette question, toute verbale, dépend donc des principes méthodiques qu'il nous plaît de choisir dans nos classifications; et qui, comme tous les principes de classification, sont purement arbitraires, du moins tant qu'à la série plus ou moins serrée et complexe des termes hiérarchiques. L'humanité est une espèce si l'on part de cette règle, que l'espèce comprend tous les individus capables de manifester entre eux une fécondité normale et indéfinie; et c'est la norme spécifique certainement la plus sûre à suivre, du moins quant aux formes vivantes, parce qu'elle est susceptible de preuves expérimentales, mais elle a le défaut de ne pouvoir s'appliquer aux formes fossiles.

Mais une fois cette norme adoptée, si quelque jour il était prouvé qu'entre l'Anglo-Saxon et le Peau-Rouge ou entre l'Européen et l'Australien la fécondité est incomplète, il faudrait considérer l'humanité comme un genre renfermant plusieurs espèces. Si au contraire on admet pour limites de l'espèce l'impossibilité absolue même d'un commencement de fécondité, alors très-probablement toutes les races humaines actuelles et à venir pourront y être contenues; mais nous devrons, pour être conséquents, ne plus faire qu'une espèce du chien, du loup, du renard et du chacal; une espèce du cheval, de l'âne, de l'hémione et du zèbre. C'est-à-dire que nous donnerons à nos genres le nom d'espèces, ce qui serait sans aucun inconvénient si l'on arrivait à s'entendre sur ce point; mais qu'aurions-nous gagné à changer un nom qui n'aurait altéré en rien la nature des choses et leurs rapports réels?

Que l'on nomme espèce ou genre la collectivité organique qui s'appelle l'humanité, peu importe; la vraie question en litige est de savoir si toutes ses variétés ou races, tant actuelles que fossiles, ont une origine commune ou descendent de souches distinctes. Mais, ici encore, c'est une question de mots plus qu'une question de faits, pour ceux du moins qui admettent, chez tout l'être organisé, une faculté de variabilité même limitée. Pour ceux-là seulement qui admettent l'invariabilité absolue du type ethnique, soit de la race, soit de l'espèce, la question peut subsister. Ceux, par exemple, comme M. Samson, qui pensent que chacune de nos races d'animaux domestiques a été faite, sculptée, créée de toutes pièces et donnée à l'homme par une Providence attentive à prévenir ses besoins au moment même où il les ressentait, et que depuis ce moment elle est restée invariable, ne peuvent également admettre que l'Aryen et le Nègre, le Hottentot et le Lapon soient issus d'un tronc commun.

Ils sont donc dans la nécessité d'admettre qu'à un jour dit, un taureau et une génisse durham sont descendus des cieux sur le sol anglais; qu'un couple de mérinos a émergé, tout couvert de sa toison, des flots du Guadalquivir; et que, de même, il a plu de temps à autre, sur divers points de notre globe, là un couple de Papous, autre part un couple de Mongols ou de Peaux-Rouges; et qu'enfin Dieu même est un beau jour descendu du ciel quelque part, en Arménie ou en Perse, pour confectionner l'Adam et l'Ève d'où devait sortir notre race aryenne, si toutefois ils veulent encore admettre que les Aryens des Védas peuvent avoir la moindre parenté avec nos philosophes français, allemands ou anglais contemporains.

Cette hypothèse écartée comme évidemment inconsistante, il ne reste que la variabilité au moins étendue dans les limites de l'espèce humaine, telle que nous la connaissons. Alors nos races supérieures seraient sorties par croisements ou variations des races inférieures antérieures, et toutes pourraient être descendues en divergeant des races fossiles dont nous retrouvons les restes, et qui, elles-mêmes, seraient les rayons divers d'une première souche originelle. Mais cette première souche originelle, d'où serait-elle venue? Si elle ne s'est formée elle-même par transformation d'un type antérieur et sans doute inférieur, il faut qu'elle ait surgi du sol comme les soldats de Cadmus ou des flots comme Vénus anadyomène.

La seule supposition scientifique est donc d'admettre que la faculté de variabilité est plus étendue qu'on ne l'a admis jusqu'à ce jour, qu'elle peut franchir même les limites des genres, et que l'humanité provient d'un type inférieur quelconque de l'organisation, au sein duquel elle s'est préparée lentement, par une suite de variations heureuses, à devenir un jour à son tour la souveraine du globe terrestre, où dominaient alors d'autres types tout différents.

Il ne faut point oublier que l'hiatus, en apparence considérable, qui sépare aujourd'hui l'espèce humaine des autres primates peut provenir uniquement de la disparition d'un grand nombre de variétés antérieures et inférieures, intermédiaires en quelque degré entre elle et les autres espèces anthropoïdes; que ces variétés, à une époque donnée, ont été fécondes entre elles, de même sans doute qu'avec les premiers représentants aujourd'hui détruits de la souche humaine primitive d'un côté, et avec les ancêtres de nos singes actuels de l'autre côté; mais qu'elles seraient sans doute stériles aujourd'hui, soit avec les divers représentants de l'humanité actuelle, soit avec nos divers genres de singes vivants.

C'est donc ici le moment de résoudre la question si nous sommes forcés d'admettre ce mélange possible du sang entre l'homme et les autres primates, c'est-à-dire si nous devons croire à une parenté quelconque de l'homme et du singe, résultant de la descendance commune d'un même ancêtre.

Nous avons déjà vu [1] qu'il était impossible d'admettre que tous les êtres vivants fussent, selon la loi darwinienne de divergence des caractères, sortis généalogiquement d'un ancêtre commun et unique; que même il fallait admettre, pour chaque règne, embranchement ou classe, un grand nombre de souches, ou germes primitifs; mais que la difficulté d'admettre un parallélisme presque complet de développement entre des lignées distinctes, à travers toute la série des temps géologiques, devait étendre à l'ordre ou au genre vivant l'unité de souche, c'est-à-dire la consanguinité possible, inadmissi-

[1] *Première partie*, ch. I, p. 15, et ch. III.

ble pour l'espèce ou la race; qu'enfin, puisque l'homme n'est qu'un genre dans l'ordre des primates, il fallait, ou que tous les primates fussent sortis d'un ancêtre commun, ou que chaque genre de primates ait eu sa souche originelle distincte.

Mais nous avons vu également que cette dernière hypothèse nous plaçait devant la difficulté d'expliquer l'identité déjà constatée, du moins en ce qui concerne les traits généraux du développement embryonnaire chez l'homme et chez les singes; tandis qu'en admettant une souche originelle unique pour l'ordre entier, cette identité s'expliquait naturellement par la loi d'hérédité et d'atavisme. *A priori*, et par des considérations toutes dialectiques sur les faits connus, nous devons donc admettre, au moins provisoirement, l'hypothèse de l'unité de souche originelle de l'homme et des primates, du moins jusqu'à ce que l'étude du développement embryonnaire chez les uns et l'autre nous permette de trancher la question scientifiquement et expérimentalement.

Du reste, la question est désormais ainsi circonscrite : ou l'homme et les primates dérivent généalogiquement d'un ancêtre commun, d'un seul germe primitif, duquel sont sorties en divergeant à travers les âges un nombre incalculable de races et de variétés successives ou progressives, dont un grand nombre a pu s'éteindre sans postérité aux divers âges, et dont les singes et l'homme sont les représentants supérieurs; ou bien l'homme et chaque genre de primates sont sortis de lignées originairement diverses, provenant de germes primitifs numériquement distincts, mais morphologiquement identiques, et ayant conservé cette identité morphologique jusqu'à une époque aussi rapprochée que la fin de l'époque secondaire ou les premiers temps tertiaires; alors seulement ces lignées auraient pris chacune des caractères propres et divergents pour donner naissance, soit aux lémuriens, soit aux cebins, soit aux pithécins, soit aux anthropomorphes et à l'homme.

La diversité numérique de souche n'empêcherait donc nullement cette identité nécessaire de type ou de plan originel prouvée par les phases embryonnaires. Or, une fois que nous sommes ainsi contraints à admettre, chez les ancêtres de l'homme et des primates, l'identité morphologique, il ne peut nous importer en aucune façon que cette identité morphologique ait été la conséquence de l'identité numérique de souche: c'est-à-dire de la consanguinité généalogique, remontant peut-être jusqu'aux premiers moments de la vie sur le globe, jusqu'au premier être qui engendra une série d'autres êtres, en vertu d'une loi de génération encore toute végétative et inconsciente, ou même au jour où l'être vertébré amphibie, à formes encore reptiliennes, qui renfermait dans ses flancs la semence d'où devait un jour sortir l'ancêtre commun de l'homme et des primates, aborda sur quelque continent nouvellement émergé des flots.

Car il suffit, pour expliquer l'identité de développement anatomique et le parallélisme embryonnaire de l'homme et du singe, d'admettre chez les deux races une force ataviquè acquise, tendant à les faire varier et évoluer selon le même type général. Ainsi, il est certain que l'homme et le singe descendent l'un et l'autre d'un ou de plusieurs ancêtres chez lesquels le cœur n'a eu que trois loges, dont les quatre pieds ont été palmés, dont les organes génitaux ont été internes, chez qui la matrice n'existait pas, mais était représentée par un cloaque, comme chez l'ornithorynque, qui peut-être étaient androgynes ou du moins chez lesquels le mâle possédait, comme la femelle, des mamelles lactifères. Cet ancêtre ou ces ancêtres, on le voit, n'étaient ni hommes ni singes, mais appartenaient à une de ces formes transitoires de l'animalité dont le type est aujourd'hui perdu, dont peut-être nous ne retrouverons jamais la trace, mais dont l'analogie, l'induction nous permettront peut-être de reconstruire un jour tous les caractères anatomiques principaux, sinon la forme et l'aspect.

A partir de cet ancêtre, jusqu'aux primates et à l'homme, combien de formes et variétés diverses ont existé, se succédant, se détruisant les unes les autres? Nous retrouverions quelques anneaux épars de cette série, que nous saurions à peine les reconnaître, les classer. Ainsi, déjà on a trouvé un certain nombre de singes fossiles qui, tous ou presque tous, se placent par leurs affinités entre deux ou plusieurs de nos genres ou groupes vivants. Mais le type commun de tous les primates et de l'homme, serait si différent de tout ce que nous connaissons de l'un et des autres, que nous le verrions vivant sans pouvoir dire avec certitude : C'est lui. Voilà notre premier père.

Cependant, en se laissant guider par les analogies et en s'aidant de cette faculté créatrice, toujours un peu dangereuse, qui s'appelle l'imagination, nous pouvons nous représenter quelques traits de l'ancêtre commun.

C'est vers l'aube de l'époque tertiaire, sous un climat égal et doux, dans une île ou un continent couvert d'une chevelure de fougères arborescentes, de cycadées, de palmiers, de conifères, dont les lianes couvrent les stipes et les troncs de l'enchevêtrement de leurs tiges volubiles. Autour de chaque fronde, de chaque corolle, de chaque régime, voltigent des nuées d'insectes dont les brillantes armures resplendissent de mille reflets dans la vive lumière d'un ciel tropical. Dans les vastes savanes, où les herbes sont des bambous, courent des troupeaux de paléothères et de lophiodons. Si, dans les fleuves ou les mers, survivent encore quelques-uns des puissants reptiles de l'époque précédente, ce sont presque les seuls êtres dangereux de cette création où la vie, à son aurore, s'épanouit avec une luxuriance irreffrénée. Les grands carnivores ne sont pas nés; rien ne menace le pachyderme ou le ruminant, qui règne en dominateur heureux sur cette nature qu'il croit faite pour lui, sinon ses propres passions, ses propres colères contre des rivaux ou des émules.

Au milieu de cette jeunesse du monde on peut rêver l'image d'un animal de taille moyenne, déjà souple mais lent, inoffensif parce que rien ne le menace, omnivore, c'est-à-dire carnassier et frugivore par ses caractères dentaires et ne se servant de ses canines, à peine développées, que pour briser, au besoin, la coque d'un fruit ou le test d'un mollusque et d'un insecte, mais non pour déchirer la chair sanglante qu'il n'a point appris à goûter. Ses mains et ses pieds sont déjà maladroitement préhensiles. S'il grimpe, ce n'est pas sans efforts. Sa marche sur le sol est sans aisance et sans grâce; il s'avance à demi-courbé dans un équilibre instable, comme un être qui s'essaie à un genre de progression qui ne lui est pas accoutumé et auquel ses organes n'ont pas encore été adaptés : car ses ancêtres prochains se sont traînés sur quatre pieds, et ses aïeux, plus reculés, ont habité exclusivement les eaux avec quatre membres palmés. Il est encore organisé pour nager et sauter plutôt que pour courir. Une longue queue lui sert de point d'appui. De plus il est nu, comme sans doute la plupart des mammifères ses contemporains, ou du moins sur son épiderme paraissent seulement de place en place quelques touffes de poil : car il vit alors à une époque où les saisons n'ont pas encore manifesté leur rigueur, et où aucun animal terrestre n'a eu besoin de ce luxe de vêtement épidermique qui ne se développera chez eux qu'à des époques plus récentes et dont l'homme seul, parmi ses descendants, ne se couvrira jamais. Du reste, sa peau elle-même est vivement colorée de nuances diverses, selon les espèces. Quant à son crâne, il est allongé, étroit, rejeté en arrière de la face longuement projetée en museau, comme celui d'un écureuil; la capacité n'en est pas grande, et son cerveau, presque lisse, recouvre à peine son cervelet. S'il est peu intelligent, il est doux et sociable. Il n'a pas l'esprit d'être méchant, mais il n'en a pas non plus le besoin. Rien ne lui manque dans cette nature, où il trouve sa table toujours servie : jeunes bourgeons, jeunes pousses, insectes, crustacés, mollusques, œufs d'oiseaux, suffisent en abondance à sa pâture qu'il trouve partout. S'il grimpe aux arbres, c'est pour se jouer autant que pour se nourrir. Ses mœurs sont un peu lâches peut-être. Qu'a-t-il besoin d'une loi sévère avec une vie si facile? Cependant il prend grand soin de sa progéniture : si la mère lui donne la naissance, le mâle contribue avec elle à la nourrir, car ses mamelles sont encore lactifères. Les couples restent donc fidèlement unis, sinon pour toujours, du moins tant que dure chaque saison amoureuse, et autant que les petits ont besoin de l'aide de leurs parents. Et tous, jeunes et vieux, s'ébattent en troupes, remplissant l'air de cris joyeux, bredouillant, hurlant, glapissant, sifflant, chantant, s'essayant à toutes les voix, imitant tous les bruits, luttant de babil avec des oiseaux jaseurs comme eux, surtout s'imitant eux-mêmes les uns les autres, l'un répétant aussitôt ce qu'il a vu faire à l'autre, ou s'essayant même à contrefaire d'autres animaux : tout cela d'instinct, bien entendu, sans prévoir que chacune de ces habitudes, transmises et accumulées chez l'un de leurs descendants, lui assurera un jour l'empire du monde; du reste, vivant heureux et innocents, en paix avec toute la création. Ne serait-ce donc point là cet Éden dont la tradition, perdue longtemps, se serait retrouvée, comme un souvenir de race, au fond de la pensée de nos premiers pères?

En somme, pourquoi rougirions-nous d'un tel ancêtre? Si nous devons rougir de notre généalogie, rougissons plutôt de descendre des sauvages cannibales qui ont habité les cavernes de la Belgique et de la Ligurie, de ces races brutales qui faisaient de la guerre, de la rapine et du vol leurs moyens d'existence et leur gloire; de ces Gaulois qui arrosaient de sang humain les autels de leurs dieux aussi féroces qu'eux-mêmes; de ces Francs, de ces barbares qui, ne connaissant que le droit de leur épée, vinrent envahir et étouffer la civilisation gréco-latine, ajouter leurs vices à ses vices, et replonger le monde pour mille ans dans la barbarie à laquelle il commençait à échapper. Rougissons de compter parmi nos aïeux ces barons pillards du moyen âge qui n'étaient que des détrousseurs de grands chemins, libres et privilégiés pour commettre tous les crimes sans crainte de châtiment et irresponsables derrière les créneaux de leurs châteaux-forts; mais rougissons aussi d'être les petits-fils de ces Jacques Bonshommes qui, après avoir été longtemps pillés et pendus par leurs barons, ne surent user de leurs droits reconquis que pour piller et pendre à leur tour. Rougissons enfin d'appartenir à cette race chrétienne qui, sous prétexte de venger Dieu, a fait les croisades, les auto-da-fé, la Saint-Barthélemy, les dragonnades, qui a élevé des bûchers aux Vanini, aux Giordano Bruno, aux Jean Huss, aux Servet, emprisonné les Campanella, fait abjurer les Galilée; rougissons de nos pères eux-mêmes, qui n'ont pas su défendre, sans l'ensanglanter, la liberté qu'ils avaient reconquise;

mais surtout rougissons de nous-mêmes, qui laissons périr, sans le faire fructifier, sans savoir même le conserver, l'accroître, l'héritage d'héroïsme et de grandes pensées, de victoires et de sacrifices, de vérités nouvelles et d'aspirations généreuses qu'au prix de leur vie ils nous ont légué.

S'il est vrai que nous comptions des brutes pour ancêtres, que les progrès déjà accomplis par notre race nous donnent la mesure de ceux que nous pouvons accomplir encore, et que notre retour sur notre humble passé ne serve qu'à nous donner pour l'avenir de plus magnifiques espérances. Après tout, mieux vaudrait descendre, même en droite ligne, d'un orang inoffensif qui n'a jamais fait la guerre à qui ne l'attaquait pas, que d'être fils d'un Timour, d'un Gengis, d'un Attila, voire même d'un Alexandre ou d'un César, enfin d'un de ces fléaux de l'humanité qui marquent tous leurs pas d'un sillon sanglant, ne comptent leurs jours que par leurs mensonges et ne fondent leurs empires éphémères que sur les débris frémissants de nations libres faites esclaves.

CHAPITRE V.

L'HOMME PRIMITIF.

Cet âge hédénique, âge d'or et d'innocence, parce que nul être vivant, du moins parmi les représentants alors les plus élevés de la vie organique, n'avait intérêt au mal, que d'ailleurs nulle intelligence n'était encore apte à concevoir, dura peu. La lutte vitale, circonscrite jusqu'à ce moment parmi les animaux inférieurs, mollusques, articulés, poissons, reptiles, ne pouvait tarder à éclater aussi entre les mammifères. Les herbivores, les frugivores et carnassiers multipliés, s'ils ne se mangeaient, commençaient à s'affamer entre eux. Les prairies étaient trop étroites pour contenir les troupeaux immenses de pachydermes et de ruminants qui les dévastaient avant la saison; les bourgeons des jeunes arbres n'avaient plus le temps de s'épanouir et la famine allait décimer ces espèces arrivées à leur dernière puissance de multiplication. Chaque individu, chaque troupeau dut laborieusement défendre sa part au banquet de la vie, contre des congénères qui la lui disputaient. Chaque variété dut chasser d'autres variétés, chaque espèce combattre jusqu'à extinction d'autres espèces. Les premiers primates, plus faibles sans doute que tant d'ennemis mieux armés, durent leur abandonner le sol des plaines et des forêts et de plus en plus chercher un refuge sur les cimes les plus élevées des arbres, où leur agilité croissante leur tint lieu de force et d'armes. Mais, chez tous, cette même transformation ne put s'accomplir; certaines espèces, plus habiles à marcher, même maladroitement, qu'à grimper, pour se maintenir en face de si nombreux rivaux, durent changer leurs mœurs, s'accoutumer à d'autres proies et devinrent peut-être, par nécessité, les premiers mammifères carnivores de la création. Trop faibles pour l'emporter dans la lutte contre les troupeaux d'herbivores qui occupaient le sol, ils furent assez forts pour s'emparer par ruse des individus des plus petites espèces ou des jeunes des plus fortes et, peu à peu, arrivèrent jusqu'à atteindre à la course les individus isolés. C'était l'anthropoïde qui commençait et qui, plus tard, devint l'homme.

Qu'on ne nous accuse point d'hypothèses gratuites. Si ce sont des hypothèses, des conjectures, et nous ne pouvons faire autre chose ici, toutes reposent du moins sur des faits, des lois nécessaires. Ce sont des inductions, quelque incomplètes qu'elles soient. En effet, chez tous les singes, sans exception, comme chez l'homme, on constate la présence d'incisives et de canines jointes à deux sortes de molaires. C'est-à-dire que tous les primates dérivent, sans aucun doute, d'un type ancestral primitif omnivore, mais chez lequel il y avait prédominance des goûts carnassiers. Cet ancêtre avait cela de commun avec son contemporain le paléothère, que la série de ses dents était complète. Elle est restée telle chez le groupe de ses descendants qui a donné naissance à l'homme; tandis que, chez sa postérité simienne, l'accroissement des canines a eu pour résultat de produire ces interstices nommées barres, qu'on observe aux deux mâchoires.

Au point de vue de la loi progressive de localisation et de spécialisation des organes, l'omnivore peut être considéré comme inférieur soit à l'herbivore, soit au carnivore, surtout si chacune de ses trois sortes de dents ne montre qu'une adaptation imparfaite à leurs fonctions. Or, il est à supposer que chez tous les ancêtres primitifs de chacun de nos groupes, la série des dents a été d'abord complète, mais égale, sans aucune localisation ou spécialisation de ces organes.

De même, chez le premier ancêtre du groupe des primates, les quatre membres ont été sans doute plus similaires que par la suite, et chez l'embryon on voit cette ressemblance s'accuser et persister assez longtemps; mais ces quatre membres ont d'abord été des pattes natatoires, et si ces pattes natatoires sont devenues, par la suite, chez les premiers singes, lémuriens, cébiens et pithéciens, quatre mains plus ou moins préhensiles, chez les premiers anthropoïdes, deux seulement ont évolué pour la préhension et deux autres pour la marche. De ce simple fait résultait pour les uns et les autres un équilibre différent pour la marche comme pour la station, et des habitudes opposées.

L'ancêtre primitif de l'homme, le premier primate tertiaire en voie de devenir anthropoïde, était donc déjà bimane et bipède, comme toute la série de ses descendants; mais sa main était encore aussi imparfaite pour la préhension que son pied pour la marche; bien que le développement de sa main pour la préhension et l'adaptation presque exclusive de son pied à la marche soient un fait physiologique encore bien antérieur sans doute à l'apparition ou tout au moins au perfectionnement des autres organes ou facultés qui, en se développant peu à peu, en ont fait sortir l'homme, c'est-à-dire antérieur au développement de son cerveau et à la formation d'un langage méritant ce nom. Du reste, plusieurs de ses progrès furent nécessairement synchroniques; ils se causèrent et s'aidèrent réciproquement : une adaptation exclusive des pieds à la marche ayant eu pour résultat une plus grande adresse et une plus parfaite sensibilité de la main, cause à son tour d'une plus grande activité du cerveau qui, produisant plus d'idées et les enchaînant plus aisément, dut ressentir plus tôt le besoin de les exprimer par des signes multipliés. C'est la main de l'homme qui a successivement fait sa tête; mais sa tête a successivement perfectionné sa main; et les progrès de l'une et de l'autre n'auraient pas eu lieu sans le perfectionnement et l'adaptation de son pied pour la marche.

Au commencement de l'époque éocène, l'ancêtre physique de l'homme a donc déjà probablement existé à l'état de brute bipède, c'est-à-dire équilibrée de façon à se tenir, à marcher, sur ses deux pieds, peut-être même à courir déjà avec une certaine vélocité, en même temps que les doigts de ses membres antérieurs, devenus plus ou moins préhensiles, lui permettaient de chercher, au besoin, sur les rochers ou les arbres, un refuge assuré contre de puissants rivaux.

Mais un mammifère terrestre ne peut avoir été incité ou contraint à quitter le sol pour grimper aux arbres que par deux causes : l'une, le besoin de chercher sa nourriture; l'autre, la nécessité d'échapper à ses ennemis. L'une et l'autre peuvent avoir agi simultanément, bien qu'inégalement. Il faut induire de ce point de départ que l'apparition de la première souche de primates chez laquelle les mains se sont développées, est antérieure à l'apparition des grandes espèces de carnivores et même à la multiplication des grandes espèces d'herbivores, et que c'est à la multiplication de ces mêmes espèces qu'il faut attribuer, un peu plus tard, la séparation des premiers primates pithéciens en deux groupes : les quadrumanes essentiellement grimpeurs et les bimanes coureurs.

Or, puisque nous connaissons le *Pithecus antiquus* (Lartet) miocène de Sansan, dans l'étage falunien (d'Orbigny), et un macaque déjà assez bien caractérisé dans l'étage parisien d'Angleterre, c'est à une époque encore antérieure, c'est-à-dire vers l'étage suessonnien ou nummulitique qu'il faut rapporter au moins l'apparition de l'ancêtre commun des primates, si même il n'a vécu quelque part, dès l'époque secondaire. Et comme dès l'étage parisien existaient, avec de très-nombreux pachydermes, quelques premiers représentants des canides et des viverrides, c'est-à-dire des espèces carnivores, déjà assez voraces, assez bien armées et assez dangereuses pour menacer des animaux plus ou moins agiles, mais faibles et inermes, n'ayant contre eux d'autres moyens de défense que la fuite, c'est vers cette époque, au plus tard, que dut s'effectuer la séparation des primates pithéciens en deux groupes qui, bien que distincts, conservent encore aujourd'hui des marques de leur étroite parenté.

L'un, celui des pithéciens grimpeurs, se forma des espèces en général de moindres dimensions, qui, plus agiles et plus légères et ayant un moindre poids à soulever, abandonnèrent complétement le sol aux autres espèces pour vivre et nicher à la façon de l'oiseau. Dans l'autre se placèrent celles qui, de plus haute et plus forte stature, pouvant encore espérer la victoire en rase campagne contre leurs ennemis, ne cherchèrent qu'accidentellement sur les arbres leur refuge ou leur nourriture. C'est le groupe des anthropoïdes ou pithéciens coureurs, où, d'après les constatations de M. Huxley, quant à la forme des membres, et celles de M. Paul Broca, relativement à la colonne vertébrale, il faut absolument placer le chimpanzé, le gorille, l'orang et surtout le gibbon. En effet, les deux premiers se rapprochent extrêmement de l'homme quant à la forme des quatre membres et des apophyses vertébrales qui en font des bimanes à station oblique; le troisième quant à ses membres, ses vertèbres et son cerveau, remarquablement développé surtout dans le jeune âge; le quatrième par la disposition tout humaine de ses vertèbres lombaires horizontales qui, donnant à son épine dorsale la double courbure de celle de l'homme, le rend propre à la station droite.

Les pithéciens grimpeurs, faibles mais agiles, comme les cébiens, devaient donc, pour s'adapter à leurs nouvelles conditions de vie, avoir quatre mains, plus ou moins complétement préhensiles, pour supporter avec moins de fatigue les exercices tout acrobatiques de leur vie tout aérienne. Et, de leurs habitudes exclusivement arboricoles, devait résulter leur adaptation à un régime frugivore ou carnassier : des fruits, des oiseaux et leurs œufs, des insectes et leurs larves, c'est tout ce que la forêt pouvait leur fournir. Les pithéciens grimpeurs forment donc, avec les cébiens et lémuriens, les vrais quadrumanes. Quelques-uns, cependant, s'adaptèrent peu à peu à une course rapide sur quatre membres : ainsi les cynocéphales ne grimpent pas. Mais chez presque tous les cébiens, au contraire, la queue même est devenue un organe de préhension et de suspension, tandis que la tête, restée petite et légère, s'articule plus ou moins obliquement à une colonne vertébrale d'une souplesse infinie qui se tord, se contourne, comme un appui flexible de toute la charpente osseuse, de manière à se prêter à l'élan, au saut, au mouvement, à l'agitation continue et à la suspension par un ou plusieurs points d'appui, plutôt qu'à un équilibre stable. La vraie station du singe n'est ni sur deux, ni sur quatre mains, reposant sur un plan; elle est la suspension par un ou plusieurs de ces organes, dès qu'elle cesse d'être, comme pour l'homme lui-même, sur la base de la colonne vertébrale. Le singe ne marche nullement comme l'homme, mais il grimpe et s'assied comme lui.

Le second groupe, formé des premiers anthropoïdes, déjà trop pesants pour se faire à la vie tout aérienne de leurs petits congénères, dut, au contraire, pour lutter en rase campagne contre tant d'ennemis qui lui disputaient le sol, acquérir une marche de plus en plus rapide avec une force et une stature croissantes. Si le gibbon, l'orang, le chimpanzé et le gorille sont les derniers représentants vivants de ce groupe, ils ne représentent nullement les termes supérieurs de l'ordre. Ce sont au contraire des organismes mal construits et, au point de vue de l'adaptation aux conditions de vie, bien inférieurs aux petits, mais agiles quadrumanes grimpeurs, cébiens ou pithéciens. Leur marche à terre sur deux, trois ou quatre membres, lourde ou gauche, et toujours relativement lente, représente peut-être l'état du groupe entier des primates à sa première apparition. Le gorille compense, il est vrai, cette gauche lenteur par sa force, qui lui permet la lutte contre de puissants ennemis. Quant au chimpanzé et à l'orang, c'est une vie en grande partie arboricole qui leur permet d'échapper aux périls qui, sans cela, eussent détruit depuis longtemps leur espèce.

Le gibbon seul, bien qu'avec une organisation anatomique très-humaine, s'est, plus complétement que les autres, adapté aux habitudes simiennes. Mais si certaines espèces de gibbons peuvent lutter d'agilité avec les cébiens, même avec l'atèle, dont elles ont les longs bras et presque les formes élancées, d'autres, au contraire, exagèrent encore la gauche lenteur des mouvements de l'orang.

A terre, les anthropoïdes vivants sont, en somme, de tristes créatures fort mal douées, qui semblent n'exister que pour fournir la preuve de l'hésitation et de l'inhabileté avec lesquelles la nature arrive peu à peu à produire ses œuvres les plus parfaites. Tout en eux est transitoire, indécis. Si le gorille soutient sur deux jambes courtes et charnues l'équilibre oblique de sa lourde charpente osseuse, c'est grâce aux muscles puissants attachés aux fortes apophyses de sa colonne vertébrale voûtée, et les crêtes osseuses de son crâne peuvent seules servir de point d'appui assez fort à ceux qui soutiennent sa pesante mâchoire prognathe. Le chimpanzé et l'orang courent fort gauchement avec leurs courtes jambes, et leurs bras ne sont cependant pas assez longs pour leur permettre avec aisance de s'en servir dans la marche. Le gibbon est mieux organisé avec ses longs bras qui égalent la longueur de ses jambes, jointe à celle de son buste; de sorte que, lorsqu'il est debout, l'extrémité de ses doigts touche à terre, mais ne lui donne qu'un insuffisant point d'appui. Pour une marche rapide, il préfère donc les relever en les croisant sur sa nuque, de manière à ce que le poids de ses mains fasse derrière lui équilibre au poids de sa mâchoire, qui tend en avant par suite de l'articulation trop oblique du crâne.

Tous nos anthropoïdes vivants ne sont donc bien que des ébauches très-imparfaites de l'organisation humaine, des essais manqués qui n'ont réussi à se perpétuer que dans des contrées où les ardeurs du climat diminuent en quelque sorte la concurrence vitale entre espèces, tout en rendant la vie abondante et aisée à celles qui peuvent la supporter. Ce sont des espèces en voie d'extinction et qui n'ont probablement jamais été nombreuses, puisque parmi nos fossiles nous ne retrouvons jusqu'aujourd'hui que de vrais singes, pithéciens ou cébiens, bien que généralement intermédiaires entre deux ou plusieurs de nos genres vivants. Si la souche première d'où est sortie l'humanité l'a emporté sur ces émules mal doués et s'est perpétuée en progressant, c'est que, dès l'origine, par une série de variations heureuses et rapides, elle a joui de suite d'une organisation plus harmonieuse. Pour que l'homme primitif, le premier primate véritablement anthropoïde, ait d'abord et constamment vaincu, dans la lutte vitale, ses rivaux originels, il faut qu'il n'ait jamais eu ni la colonne vertébrale voûtée du gorille, ni ses apophyses épineuses lombaires descendantes, ni les courtes jambes du chimpanzé, ni les longs bras du gibbon, ni le pied mal conformé de l'orang. Il faut donc, au contraire, se le représenter comme ayant eu de prime-abord, avec la colonne vertébrale du gibbon, les membres du gorille et le crâne au moins aussi bien conformé que celui des jeunes chimpanzés et des jeunes orangs. Dès lors, tout avantage lui étant assuré dans sa lutte contre de tels rivaux ou contre d'autres analogues ou inférieurs, il pouvait continuer de se développer, de progresser, de s'adapter de mieux en mieux à l'équilibre et aux conditions de vie d'un animal coureur et carnivore : c'est-à-dire que son pied se développa de plus en plus puissamment, pour assurer mieux la base du corps, de plus en plus redressé et bientôt cambré sur la double courbure de ses reins, affermis sur un bassin plus large et supportant un crâne moins long et plus élevé, dont le trou occipital avait une tendance à se déplacer en avant et dont la partie cérébrale, plus développée, recouvrait de plus en plus la partie faciale en voie de lente résorption.

Sans doute que cette transformation ou plutôt cette adaptation du pied humain à la marche ne put s'opérer que par l'arrêt de développement des doigts, que la course incessante et rapide sur le sol fangeux ou raboteux, couvert de débris végétaux entrecroisés, dut contribuer rapidement à atrophier, ne fût-ce que par l'effet de fréquentes blessures : car l'on sait que lorsqu'un même organe a été affaibli, blessé ou retranché chez plusieurs générations successives, cette difformité a une tendance à devenir héréditaire. Ainsi s'expliqueraient ces traces si évidentes d'avortement et de résorption des orteils du pied humain qui, certainement, ont été un jour plus développés et plus libres qu'ils ne sont aujourd'hui, même chez les races sauvages, chez lesquelles ces organes n'ont pas subi la déformation due à l'usage constant de chaussures incommodes. Mais hâtons-nous d'ajouter que jamais, en tenant même compte de cette résorption probable, le pied du bimane anthropoïde n'a été comparable à une main humaine, ni même probablement au pied préhensile de nos grands singes anthropoïdes vivants, mais peut-être tout au plus aux mains postérieures de certains genres inférieurs.

Le pied des premiers anthropoïdes en voie d'adaptation, assuré dans son équilibre par le contrefort du talon, et les doigts fortifiés et protégés par leur atrophie même, la jambe s'est ployée sur le tarse à angle droit; la cuisse, au contraire, s'est tendue sur le genou, les reins sur la cuisse, le cou sur les reins; et la tête, par une nécessité d'équilibre, s'est articulée de plus en plus verticalement sur le cou, de manière à supporter, sans une trop constante tension musculaire, le poids croissant d'un crâne élargi par le gonflement d'un cerveau qu'excitaient au travail les dangers incessants et chaque jour croissants dont l'espèce et ses individus étaient menacés. Comme autant de conséquences, les muscles de la jambe et de la cuisse se sont renflés en arrière et tendus en avant; le bassin s'est évasé pour laisser place à un abdomen dont l'équilibre n'était plus de demeurer pendant en avant, suivant une normale à la colonne vertébrale, mais de s'appuyer sur les membres inférieurs. Les côtes, les omoplates, les clavicules, suivant le même mouvement, élargirent la poitrine pour une respiration plus active, nécessaire à une course rapide, en même temps que l'articulation du bras se prêtait mieux à sa rotation en tous sens.

Le quadrumane est donc devenu et resté un animal grimpeur, en même temps que le bimane devenait un animal coureur, et c'est là le caractère qui les différencie le plus généralement et le plus évidemment; c'est le grand hiatus qui les a divisés dès le premier jour de leur séparation et qui s'est sans cesse élargi par la disparition d'espèces et variétés intermédiaires qui, trop mal constituées, soit pour courir, soit pour grimper, ont dû rapidement être exterminées par la concurrence de formes mieux adaptées aux conditions de leur existence et aux périls dont elle était toujours menacée.

On voit que si les expressions de bimanes et de quadrumanes sont fautives au point de vue anatomique, elles sont vraies au point de vue biologique de la fonction, et c'est avec cette signification seulement qu'elles doivent être conservées comme caractéristiques des deux groupes principaux qui divisent l'ordre des primates. Ces deux groupes sont, d'un côté, les singes : lémuriens, cébiens et pithéciens, tous quadrumanes à station horizontale, en général, sauf une exception, pourvus d'une queue et caractérisés par les deux mouvements opposés des apophyses vertébrales; et, de l'autre, les anthropoïdes et l'homme, bimanes à station oblique ou droite, sans queue et caractérisés par le mouvement uniforme de haut en bas des apophyses vertébrales chez le gorille, le chimpanzé, l'orang, et, de plus, par la direction horizontale des apophyses lombaires chez le gibbon et l'homme.

Si donc on admet que tous les primates sont sortis

d'une commune souche ayant vécu vers la fin de l'époque secondaire, les quatre anthropoïdes et l'homme représentent seuls aujourd'hui un des rameaux dérivés de cette souche et, à une époque probablement un peu plus récente, bien que très-ancienne encore, ils ont dû avoir un ancêtre commun, une souche généalogique spéciale, de laquelle tous se sont éloignés en divergeant dès le principe : de sorte que l'homme ne peut être dit ni fils ni père des singes anthropoïdes, mais leur collatéral spécifique, immensément reculé.

La commune descendance de tous les primates est attestée par l'existence chez l'homme à l'état fœtal de la queue et par l'état similaire des quatre membres; chez tous les anthropoïdes, comme chez l'homme, il y a donc eu une lente résorption de la queue en même temps qu'une adaptation des deux paires de membres à des fonctions différentes. De sorte que leur pied a, comme nous l'avons vu, tous les caractères anatomiques essentiels du pied humain; seulement les doigts en sont plus développés, sauf le premier qui l'est moins. Et s'ils sont moins exclusivement bimanes que l'homme par la fonction, en ceci qu'ils grimpent mieux que lui et marchent plus mal, ils sont encore beaucoup plus loin de l'adaptation exclusive des vrais quadrumanes à la vie arboricole ou à la marche sur quatre mains. De plus, chez eux nous avons fait remarquer des traces d'une décadence cérébrale, d'une évolution rétrogressive du crâne et du cerveau, qui nous permettent de supposer que leurs ancêtres ont été autrefois plus rapprochés de l'homme qu'ils ne le sont eux-mêmes, et que si l'homme représente un rameau perfectionné sorti du tronc ou souche commune du groupe, ils en représentent les rameaux dégénérés.

Il faut donc voir dans le gorille, le chimpanzé, l'orang, le gibbon, une petite famille formée des descendants très-modifiés de ces variétés intermédiaires qui ont préparé l'évolution des primates sauteurs primitifs, à formes peut être encore semi-reptiliennes, en singes grimpeurs d'un côté, et en anthropoïdes coureurs de l'autre, mais sans avoir été jamais complétement adaptées soit à l'une, soit à l'autre, de ces deux manières de vivre.

S'ils ont eu autrefois un cerveau plus développé qu'aujourd'hui, c'est-peut être à cette supériorité relative d'intelligence qu'ils ont dû de s'être perpétués jusqu'ici; et il est permis de croire que c'est la concurrence de l'homme, encore plus intelligent, aussi fort et plus agile, qui est venu limiter leur accroissement, commencer leur ère de décadence et les faire rétrograder vers l'animalité, au-dessus de laquelle ils avaient comme une tendance à s'élever, en vertu de cette loi qui tend à faire varier en même sens des êtres originairement de même souche. C'est donc sans doute devant l'homme, coureur et maître du sol, que le gibbon et l'orang en Asie, le gorille et le chimpanzé en Afrique, ont fui dans les forêts profondes et cherché un refuge sur les arbres ou dans les rochers de la zone torride, où l'homme cependant les poursuit encore.

Car les antropoïdes primitifs, en devenant de plus en

plus bipèdes et coureurs, n'ont point pour cela, et à aucune époque, renoncé de grimper aux arbres. Le bimane perfectionné, qui est devenu l'homme, y monte encore volontiers et en se jouant, surtout enfant, comme par l'effet d'un instinct atavique. Adulte, il monte avec adresse aux mâts et aux cordages d'un vaisseau; clown ou acrobate de nos foires, on le voit parvenir, à l'aide d'un exercice soutenu, à surpasser en souplesse et en agilité ses cousins éloignés les singes, que les sauvages, leurs parents plus proches, égalent souvent.

C'est que cette faculté de chercher un refuge sur les arbres était, même pour le bimane, une condition de vie essentielle. Car tandis que le petit quadrumane, souple et léger, vivait et se multipliait en sécurité dans sa vie aérienne, sans autre souci d'esprit et sans besoins d'autres instincts que celui de nourrir sa nichée et lui-même des meilleurs fruits, sans combat à livrer, sinon contre quelques grands oiseaux rapaces ou contre les quelques reptiles grimpeurs qui pouvaient aller le menacer dans son asile; le bimane, sans cesse poursuivi, menacé, traqué dans la plaine ou la forêt par un nombre croissant d'ennemis, parmi lesquels, dès l'âge miocène, il comptait, avec des canides, des hyènides, des ursides et des félides déjà puissants, des pachydermes tels que le mastodonte et le dinotherium, que leur nombre même rendait plus féroces en les exposant plus cruellement à la faim, dut subir une sélection incessante et rigoureuse. Toutes les variétés faibles, lentes ou poltronnes durent disparaître rapidement ou ne purent même se former. La lutte continuelle, le continuel changement de milieu, résultant de la fuite de climat en climat, devant l'invasion croissante d'ennemis nouveaux et de plus en plus redoutables, tout contribua à égarer, affoler, atrophier l'instinct spécifique héréditaire purement brutal et, sous l'éperon de la nécessité, à le pousser au progrès et à le transformer en cette faculté supérieure, naissante déjà chez tous les mammifères, existante actuellement chez tous les êtres vivants, mais qui ne commence à se montrer prédominante que chez la race humaine et qu'on appelle la raison.

Et, en effet, qu'est-ce donc que cette raison, à la fois résultat et moyen de progrès, et toujours progressive elle-même ? C'est la faculté de réagir librement et sciemment contre l'instinct spécifique, contre la conscience subjective ou le sentiment héréditaire, inné, et d'examiner la convenance de cet instinct, de ce sentiment, de cette conscience avec les conditions de vie actuelles de l'être qui en est sollicité, pour accorder constamment et de mieux en mieux les déterminations de la volonté avec le dictamen impératif de la nécessité ethnique, toujours changeante avec les conditions de vie. C'est enfin la faculté de réfléchir sur les faits donnés par l'expérience pour les comparer et les combiner entre eux ; de rechercher les effets d'une cause, la cause d'un effet, la loi générale d'un fait particulier, ses conséquences probables ou certaines ; de prévoir ce qui arrivera par une déduction de ce qui est arrivé et d'en induire des règles de conduite pour se prémunir contre les maux à craindre ou se procurer les biens à souhaiter.

Si les premiers bimanes anthropoïdes ne s'étaient vu disputer le règne de la terre, ou même leur juste et étroite part de vie, par cent monstres mieux armés qui voyaient en eux une proie facile à saisir, ou si quelques variations accidentelles de leurs pieds leur avaient rendu le séjour des arbres possible et préférable à celui du sol, comme à leurs congénères quadrumanes, ils ne se seraient probablement pas élevés au-dessus de ces derniers ; ils auraient peut-être même péri, vaincus par eux dans la concurrence universelle, ou du moins seraient sans doute demeurés avec eux dans cet état de la plus intelligente des brutes, au-dessus duquel ceux-ci paraissent incapables de s'élever désormais, en face de la prépondérance aacquise ujourd'hui à leur heureuse rivale, l'espèce humaine.

Il eut donc suffi dans la série fatale des effets et des causes, continuée durant la durée des âges, d'un hasard, indifférent en apparence, tel qu'un accouplement au lieu d'un autre, d'où serait résulté, au lieu d'un perfectionnement organique, une déviation monstrueuse et pathologique, ou seulement rétrogressive, de quelques individus du type anthropoïde d'où l'humanité est sortie, pour changer les destinées du monde et transporter d'une famille zoologique dans une autre la prééminence organique, la perfectibilité indéfinie et le sceptre de la royauté terrestre qui lui est attaché. Car on conçoit que si l'homme n'était pas venu à être, rien n'eût empêché quelque autre famille de singes de prendre son rôle dans l'échelle vivante et d'acquérir cette faculté de perfectibilité indéfinie qui a fait du bimane intelligent le maître sans rival de notre globe. L'homme est donc le fils de ses luttes, de ses souffrances. Toute sa grandeur dérive à l'origine d'une imperfection, sa gloire de sa faiblesse, sa félicité de sa misère, de ses défaites, au moins autant que de ses victoires. Car tous ceux qui ne surent ni fuir avec prudence, ni attaquer avec ruse ou courage, ni s'adapter rapidement aux changements fréquents de climat et de milieu, ni se faire aisément à un régime nouveau, à une hygiène, à des mœurs nouvelles, ni plus tard acquérir certains instincts, en particulier cet instinct d'industrie consistant d'abord à son origine à se faire d'une branche d'arbre ou d'une pierre les armes offensives ou défensives que la nature avait refusées à tous les représentants du groupe, tous ceux-là périrent infailliblement.

Et s'ils avaient vécu, s'ils n'avaient été soigneusement détruits, individu après individu, par la concurrence vitale, ces représentants d'un type inférieur ou immobile eussent rendu inutiles, en se mêlant à eux, les progrès de ceux d'entre leurs congénères qui acquirent graduellement, et à mesure que les dangers se multipliaient autour d'eux, avec les organes, les instincts et l'intelligence nécessaires à leur défense, les mœurs indispensables à la conservation, à la perpétuité de leur race, et grâce auxquelles ceux-ci résistèrent seuls et léguèrent l'héritage accumulé de leurs facultés naissantes à leur postérité contrainte de progresser plus rapidement encore.

Mais on conçoit par cela même que la souche primitive de l'espèce humaine, ainsi harcelée, décimée par une sélection sévère, qui ne laissait se perpétuer que les individus progressivement les plus parfaits, ait dû, pendant des périodes géologiques entières, ne compter qu'un nombre très-restreint de variétés locales, elles-mêmes peu nombreuses en individus. Rien d'étonnant après cela si nous n'en retrouvons que de si rares traces dans nos fouilles paléontologiques ; car cette rareté s'explique par l'état de crise et de lutte au milieu duquel s'est développé l'homme, sans avoir besoin de faire intervenir, dès cette époque, cet instinct qui, dès les temps les plus anciens, semble l'avoir porté à faire disparaître les vestiges de ses morts.

Ainsi s'explique également que les quelques genres de singes anthropoïdes actuels soient, en somme, plus étroitement alliés, quant aux mœurs, sinon quant aux organes, aux quadrumanes grimpeurs qu'à l'homme, dont la supériorité croissante a dû avoir pour résultat l'extermination rapide et sans exception de toutes les variétés inférieures d'anthropoïdes coureurs qui ont précédé ou accompagné son apparition, qui, par la concurrence qu'ils lui ont faite, ont servi à le produire, et qui, par conséquent, n'ont probablement jamais existé en grand nombre, puisque l'homme, leur rival constamment vainqueur, non sans peine, n'existe qu'à la condition de l'avoir emporté sur elles partout où il les a rencontrées.

Le gorille seul semble pouvoir être le collatéral le

plus rapproché de ces essais de bimanes marcheurs, mais non pas encore coureurs, que la concurrence de congénères mieux doués a laissés vivre, relégués dans les forêts montagneuses de la zone torride. Quant au chimpanzé, à l'orang, au gibbon, ce sont bien, par leurs habitudes, de vrais singes grimpeurs, quoique de type supérieur, c'est-à-dire chez lesquels les caractères anatomiques se rapprochent de ceux de l'homme. Si leur cerveau a subi, d'abord à l'origine, une série de variations progressives, analogues, bien que de moindre intensité, aux variations cérébrales qui, de la famille aujourd'hui éteinte des bimanes anthropoïdes, a peu à peu fait surgir l'homme à la fois physique, moral et intellectuel; plus tard, devant la suprématie croissante de l'homme, ils ont rétrogradé vers la brute, par une suite de variations ataviques ayant pour avantage de diminuer la lutte entre eux et ce dominateur, en élargissant l'hiatus organique qui les séparait déjà de lui.

La trace des formes réellement intermédiaire entre l'homme et les singes anthropoïdes, si nous la découvrons jamais, ne se rencontrera donc point dans les dépôts géologiques les plus superficiels, correspondant à une époque où notre espèce avait déjà établi sa suprématie, mais nous devons la chercher dans des couches où n'existaient encore ni vrais singes ni vrais hommes.

Si nous retrouvions un jour les ossements fossiles de l'homme miocène qui a laissé la trace de ses silex, à peine déjà taillés sur les ossements de l'halithérium, il ne faudrait point nous étonner qu'ils fussent déjà presque parfaitement humains, au moins au point de vue physique, et seulement inférieurs à l'homme actuel par le cerveau. Car c'est seulement lorsque l'homme physique fut achevé, lorsque le type du bimane coureur fut arrivé à tous ses caractères spécifiques stables que, d'autres progrès purement organiques de quelque importance lui étant devenus impossibles, le perfectionnement de son cerveau a commencé.

CHAPITRE VI.

ÉTAT DE NATURE ORIGINEL DE L'HOMME.

Puisque l'homme dérive de la brute par une série de variations progressives qui, peu à peu, ont sculpté ses organes physiques et les ont mis en harmonie avec son organisme mental, de même progressivement développé, pouvons-nous admettre, avec Rousseau, qu'il y a pour l'homme un état de nature originel, fixe, invariable, et dont il ne peut s'éloigner sans s'écarter de ses véritables destinées [1]?

Or, il est désormais évident que pour lui, comme pour les autres espèces des autres groupes, cet état de nature n'a jamais été qu'un état transitoire, d'une fixité toute relative, dépendant étroitement de ses conditions de vie actuelles, et toujours intermédiaire entre un état antérieur, dont son état présent n'était que le développement, et les autres états successifs que l'évolution pro-

[1] *Discours sur les inégalités*, p. 24, 31, 34 et 49. Paris, 1868. Dubuisson.

gressive de ses générations, à travers des types physiques ou moraux de plus en plus parfaits, lui a successivement imposés. C'est-à-dire qu'il n'y a jamais eu pour lui un état de nature invariable qui n'ait été le passage nécessaire à toute la série de ses états sociaux successifs. Le point même, le moment transitoire où il a cessé d'être à l'état animal pour passer à l'état humain, est absolument indéterminé et indéterminable autrement que par une délimitation arbitraire et toute verbale.

Nous n'en sommes plus réduits aujourd'hui, comme aux jours de Rousseau, à de pures conjectures sur l'origine de l'homme. Déjà des lueurs éclatantes, des faits évidents, des lois certaines, nous permettent d'établir qu'il a constamment progressé vers une existence intellectuelle, morale et sociale de plus en plus élevée; qu'il n'a même acquis son organisation physique actuelle que par l'évolution généalogique d'organismes antérieurs tout animaux; et que si, étant déjà doué de tous les caractères qui constituent, au physique et au moral, le type spécifique actuel de l'espèce humaine, il n'a jamais pu marcher à quatre pattes, comme Rousseau n'était point fort éloigné de le croire [1], du moins il dérive d'ancêtres qui n'ont eu ni mains ni pieds bien définis, mais des membres terminés par des appendices palmés et natatoires peu à peu modifiés par la suite en organes de marche ou de préhension.

[1] *Disc.*, p. 34 et note 3, édit. Dubuisson.

Sous des couleurs plus poétiques que réelles, l'imagination de Rousseau, préoccupée, plus qu'il ne se l'avouait à lui-même, de la vision de l'Éden biblique, nous représente l'homme primitif, dans un état d'innocence, de bonheur et de liberté, errant seul au milieu des forêts dont les fruits suffisent à sa nourriture.

« En dépouillant cet être ainsi constitué de tous les dons surnaturels qu'il a pu recevoir, dit-il, et de toutes les facultés artificielles qu'il n'a pu acquérir que par de longs progrès, en un mot tel qu'il a dû sortir des mains de la nature, je vois un animal moins fort que les uns, moins agile que les autres, mais, à tout prendre, organisé le plus avantageusement de tous : je le vois se rassasiant sous un chêne, se désaltérant au premier ruisseau, trouvant son lit au pied du même arbre qui lui a fourni son repas, et voilà ses besoins satisfaits[1]. »

Hélas! le décor même de ce tableau est inexact. Il est fort présumable que, loin de pouvoir s'abriter sous un chêne, la première variété à forme humaine apparut à une époque où le chêne lui-même n'existait pas. Si l'homme primitif avait pu trouver en paix son lit au pied d'un arbre quelconque, chêne ou palmier, quelle étrange anomalie de l'instinct porterait donc tous les singes, et même les plus fortes espèces, à l'exception des espèces troglodytes, qui s'abritent dans des trous ou des cavernes, à grimper sur les branches de ces mêmes arbres pour s'y faire un nid de branches et de feuilles,

[1] *Disc.*, p. 35 et suiv.

que la mousse ou la fougère leur offrirait beaucoup plus doux avec moins de peine?

C'est que la grande et fondamentale erreur de Rousseau consiste à n'avoir pas reconnu que la nature, des mains généreuses de laquelle il faisait soudain sortir l'homme ainsi à peu près complet, loin d'être une mère toujours douce et prodigue, est, au contraire, une marâtre avare et cruelle à laquelle chacun de ses enfants doit tout arracher de haute lutte, et que la loi qui la gouverne, au lieu d'être une loi de paix et d'amour, est une loi fatale de guerre éternelle, universelle et sans merci [2].

Si parfois le bimane humain s'est reposé sous un arbre pour y essuyer ses sueurs et y reposer ses membres fatigués, ce n'était pas sans que sa vigilance craintive le tînt prêt à fuir ou à combattre au premier bruit, au premier aspect d'un des ennemis que lui cachait peut-être l'ombre profonde de la forêt ou le silence trompeur de la savane. Et si au bord d'une source, il a souvent dévoré seul la proie qu'il venait d'atteindre, ce fut, hélas! le plus souvent pour que son égoïsme n'eût pas à la partager.

Quant à cette proie elle-même, toujours obtenue par un rude labeur, qu'était-ce? Des fruits savoureux, de succulents herbages. Mais l'Adam primitif ne peut pas même avoir été tenté par une pomme, car toutes celles que produit la nature, abandonnée à elle-même, sont

[1] *Disc.*, p. 36 et suiv.

d'une saveur âcre et détestable. L'oranger, avant la culture, ne donnait que des fruits encore plus amers que le pommier. La pomme d'or des Hespérides, tant chantée par les poètes, n'eut, à l'origine, qu'une apparence trompeuse comme celle de ce fruit qui, nourri du sol où avait été Sodome, à l'intérieur était plein de cendres.

Si l'aliment de l'homme primitif ne fut pas un lambeau de chair sanglante à peine refroidie ou à demi-corrompue, ce fut quelque dégoûtante larve cachée sous l'écorce d'un tronc creux, quelque reptile ou quelque mollusque trouvé dans l'herbe encore gluante de son passage.

L'ancêtre de l'homme, aujourd'hui si délicat, dut souvent se contenter, pour apaiser sa faim, des restes du repas d'un lion ou d'un tigre. Quant aux fruits, l'écureuil et l'oiseau étaient mieux doués que lui pour les atteindre, si cette nourriture, insuffisante pour réparer ses forces, lui eût semblé préférable. Le peu de longueur de ses intestins, et toute son organisation d'ailleurs, lui défendait de paître l'herbe ou les feuilles des bois, dont tout au plus il pouvait mâcher le parenchyme et sucer la sève pour tromper sa faim et sa soif. Force lui fut donc, sous peine de destruction certaine, d'être de tous temps un animal chasseur, et d'alimenter sa vie de la destruction d'autres vies. Toute autre supposition qu'on essaierait de faire à ce sujet serait du domaine de la fable ou de la mythologie.

Il n'est donc plus permis d'admettre que les premiers

représentants de notre race, déjà physiquement constituée, aient été d'innocents et doux frugivores, frémissant à l'idée de vivre de chair et de s'abreuver de sang, et ne recourant que bien tard et par une nécessité douloureuse à tuer des êtres vivants pour s'en nourrir.

La dentition de l'homme, ce caractère anatomique si constant et duquel tous les autres dérivent par une série de rapports nécessaires, en fait un omnivore. Si ses molaires sont adaptées à triturer la pulpe savoureuse des fruits ou le gluten des graines, elles ne parviennent à mastiquer les herbes ou les feuilles, même les plus tendres, que lorsque la culture ou la cuisson les a profondément modifiées ou macérées. Ce serait en vain qu'on chercherait à l'état sauvage, non-seulement dans nos bois et nos prairies d'Europe, mais dans les forêts vierges et les pampas incultes du nouveau monde, des végétaux que nos dents pussent mastiquer et que notre estomac pût digérer. Tout au plus trouverait-on quelques petites plantes, comme l'oxalide, qui, faute de mieux, pourraient rafraîchir notre palais altéré par le défaut d'une autre nourriture mieux adaptée à nos goûts comme à nos besoins.

Quant aux racines et aux fruits, ceux que la nature laissée à elle-même nous offre, ont peu de saveur et contiennent une très-petite quantité d'éléments nutritifs : les uns ne peuvent guère que tromper notre faim ; les autres apaiser momentanément notre soif. Ce peut être une ressource pour le chasseur en quête de proies plus substantielles, mais non un aliment capable de soutenir pendant plusieurs jours successifs la force musculaire de l'homme, même le plus sobre, et encore bien moins de suffire à la vie de familles et de tribus entières.

Même dans les districts les plus fertiles, même dans les climats les plus favorisés, l'étendue de terrain qui serait nécessaire pour nourrir de fruits et d'autres végétaux sauvages une famille de quatre personnes ne pourrait certainement chaque jour être parcourue par le plus infatigable marcheur. D'ailleurs, chaque climat a ses saisons de stérilité, au moins relative. Une famille humaine, exclusivement frugivore, devrait donc être nécessairement et toujours nomade, et non-seulement émigrer à chaque nouvelle saison, du nord au sud ou du sud au nord, à travers d'immenses espaces, comme nos oiseaux voyageurs, mais encore changer chaque jour de campement après avoir épuisé les ressources de celui de la veille. Quant à l'existence de tribus ou bandes vivant d'une telle vie, elle est absolument impossible, et Rousseau lui-même semble avoir senti l'absurdité d'une telle supposition en admettant que l'homme primitif vécut isolé ou seulement temporairement par couples.

Mais jamais l'homme sauvage, le bimane anthropoïde coureur, déjà trop exposé à toutes les chances de fréquentes famines par le défaut d'armes naturelles, n'en a été réduit, par son organisation et ses instincts, à vivre de baies ou de racines. Ses canines, en voie d'atrophie ou de décroissance, aujourd'hui qu'il vit généralement d'aliments cuits que le couteau dépèce pour lui, ont eu longtemps assez de force pour déchirer la chair crue, et ses incisives ont laissé les traces de leur tranchant sur les ossements d'animaux que les dépôts tertiaires ou quaternaires nous ont conservés. Non-seulement l'homme a toujours fait sa proie des animaux à sang chaud, mais, dans tous les temps, il paraît avoir été fort amateur de poissons; les mollusques marins, fluvatiles ou terrestres ont toujours été pour lui, comme aujourd'hui, une précieuse ressource, si ce n'est un mets de prédilection, que les singes eux-mêmes recherchent avec avidité.

En effet, si nous jetons un coup d'œil rétrospectif sur la série des documents que renferment aujourd'hui nos musées et archives archéologiques, nous trouvons, dès les temps déjà très-reculés de l'âge de la pierre, le couteau et la hache de silex à côté de l'hameçon d'os et du harpon de bois de renne. Les habitations lacustres nous montrent le filet de pêche accompagné des instruments de chasse, et, sans doute qu'après que le grattoir avait tanné la peau des mammifères, que le poinçon l'avait percée, l'arête de poisson servait à la coudre, comme aujourd'hui encore chez les Esquimaux. Dans les campements riverains, si nombreux, les ossements d'oiseaux, de ruminants et de pachydermes se mêlent à d'énormes entassements de coquilles comestibles.

Si certaines races semblent avoir affectionné particulièrement la chasse et d'autres la pêche, il faut faire la part de la nécessité qui souvent ne laissa pas à une tribu émigrante, chassée de ses anciens campements, le choix de ses habitudes et de ses aliments. Rien d'étonnant ensuite que ce qui fut d'abord nécessité rigoureuse et douloureuse pour les pères, soit devenu pour les générations suivantes habitude, instinct, passion, goût prédominant, et que d'une souche ou variété contrainte à vivre sur le rivage aride des mers, ou sur les berges d'un fleuve, soient sorties des tribus qui, pour plus de sécurité, ont construit leurs habitations sur des pilotis jetés au milieu d'un lac, et plus tard, par goût et prédilection, ont continué de vivre d'une vie presque amphibie. L'histoire est là pour nous attester l'existence de peuples icthyophages à des époques où déjà de grands et puissants empires occupaient d'immenses villes bâties dans les vallées de l'Euphrate, de l'Indus, du Gange et du Nil. Hérodote les a signalés sur les rivages éthiopiens de la mer Rouge, et Alexandre les a rencontrés sur les bords du golfe Persique. Des peuples icthyophages peuplent encore aujourd'hui nos latitudes élevées, et ces tristes contrées où le froid polaire ne laisse vivre qu'une végétation avare dont les animaux ne peuvent se nourrir. Du Groënland au détroit de Behring, à travers toute l'Amérique, et du Kamchatka à travers la Sibérie jusqu'en Laponie et en Islande, rien ne peut vivre, hommes ou animaux, que ce qui vit de poisson. C'est la zone de l'icthyophagie, et on la retrouve au pôle sud. Dans la Terre-de-Feu, sur les côtes méridionales de l'Australie et des îles de la mer du Sud, et jusque sur ces rares terres perdues au milieu des glaces australes, nos navigateurs ont trouvé des nations vivant presque exclusivement de poissons ou de mollusques; la trace de leurs anciens campements y était marquée par des amas de coquilles et d'arêtes de poissons, mêlés de quelques ossements d'oiseaux, parfaitement analogues aux koekkenmöddings ou amas de débris de cuisines des côtes danoises.

Du reste, l'homme sauvage mange ce qu'il trouve: « La nourriture des sauvages de l'Australie, dit Lubbock[1], varie beaucoup suivant les diverses parties du continent. Ils se nourrissent de racines diverses, de fruits, de champignons, de crustacés, de grenouilles, d'insectes, d'œufs d'oiseaux, d'oiseaux, de poissons, de tortues, de kangouroos, de chiens et quelquefois de veaux marins et de baleines[2]... Incapables de les tuer eux-mêmes, lorsque le cadavre d'une baleine vient échouer sur le rivage, c'est une véritable aubaine que le ciel leur envoie. On allume aussitôt des feux pour répandre la nouvelle du joyeux événement. Dans leur joie ils se frottent de graisse partout le corps et font subir la même toilette à leurs épouses favorites; après quoi ils s'ouvrent un passage à travers le lard jusqu'à la viande maigre qu'ils mangent tantôt crue, tantôt grillée sur des bâtons pointus. A mesure que d'autres indigènes arrivent, ils grimpent deçà, delà, sur la puante carcasse, à la recherche des fins morceaux. Pendant des jours entiers leurs mâchoires travaillent bel et bien, et ils restent près de la dégoûtante épave, frottés de graisse fédide de la tête aux pieds, et gorgés de viande pourrie jusqu'à satiété. Ivres de tant d'excès, le moindre prétexte allumant leur colère, ils éclatent en continuelles rixes; et,

[1] *L'Homme avant l'histoire*, trad. par Ed. Barbier, p. 348. Paris, 1865.

[2] *Explorations dans l'Australie*, p. 263.

affectés de maladies cutanées par suite de l'abus de cette nourriture de haut goût, ils offrent en somme le plus ignoble spectacle. Rien n'est plus repoussant, ajoute le capitaine Grey, qu'une jeune indigène aux formes gracieuses, sortant ainsi de la carcasse d'une baleine en putréfaction. »

Les peuples qui habitent les côtes et peuvent se nourrir aux dépens de l'abondante faune marine sont donc loin d'être les plus malheureux sous le rapport de l'alimentation. Les populations des pôles, si mal partagées quant au climat, ont, en général, la compensation d'une abondante nourriture, non-seulement grâce au nombre de cétacés et autres mammifères marins qui hantent ces latitudes, mais aussi parce qu'elles sont, moins que d'autres, soumises, par la multiplication excessive de la population, aux duretés de la concurrence vitale. Du reste, si elles sont, moins que d'autres races, exposés à la famine, il n'en est point qui aient de plus puissants besoins, et qui abusent avec plus de gloutonnerie de l'abondance, relative au moins, dans laquelle elles vivent.

« J'ai assisté, raconte le capitaine Cook [1], au dîner du chef Oonalashka, qui consistait ce jour-là de la tête d'un grand flétan qu'on venait de prendre. Avant que rien fût servi au chef, deux de ses serviteurs mangèrent les ouïes, se bornant, pour tout apprêt, à en exprimer les matières visqueuses. Cela fait, l'un d'eux coupa la tête du poisson, la porta à la mer, la lava, revint ensuite

[1] Lubbock. *L'Homme avant l'histoire*, p. 395, trad. par Barbier, p. 404. Paris, 1867.

avec elle et s'assit près du chef, après avoir d'abord arraché du gazon dont il fit deux parts, l'une sur laquelle il déposa la tête, l'autre qu'il étendit devant le chef. Puis il coupa alors de grandes tranches sur la face du flétan et les approcha du grand homme, qui les avala avec autant de plaisir que nous en aurions à avaler des huîtres fraîches. Quand il eut fini, les restes de la tête furent coupés en morceaux et donnés aux serviteurs, qui déchiquetèrent la chair avec leurs dents et rongèrent les os comme eussent fait des chiens. »

Le capitaine Lyon donne une relation non moins repoussante d'un repas d'Esquimaux. « Kooilittuck[1] me fit connaître, dit-il, un autre genre d'orgie des Esquimaux. Il avait mangé jusqu'à ce qu'il fût ivre et à chaque moment il s'endormait le visage rouge et brûlant et la bouche ouverte. A côté de lui était assise Arnalooa, sa femme, qui surveillait son époux, pour lui enfoncer, autant que faire se pouvait, un gros morceau de viande à moitié bouillie dans la bouche en s'aidant de son index. Quand la bouche était pleine elle rognait ce qui dépassait les lèvres. Lui mâchait lentement et à peine un petit vide s'était-il fait sentir, qu'il était rempli par un morceau de graisse crue. Durant cette opération, l'heureux homme restait immobile, ne remuant que les mâchoires et n'ouvrant pas même les yeux; mais il témoignait de temps à autre son extrême satisfaction par un grognement très-expressif, chaque fois que la nour-

[1] *Journal de Lyon*, p. 180. *L'Homme avant l'histoire*, trad., p. 405.

riture laissait le passage libre au son. La graisse de ce savoureux repas ruisselait en telle abondance sur son visage et sur son cou, que je pus aisément me convaincre qu'un homme se rapproche plus de la brute en mangeant trop qu'en buvant avec excès. Les femmes après avoir donné la pâtée à leurs maris, jusqu'à ce que ceux-ci se soient endormis, et ne s'étant pas négligées elles-mêmes, n'avaient plus maintenant qu'à caqueter et à mendier, selon leur habitude. »

Est-ce donc là l'homme de la nature tel que l'a compris Rousseau; et si tels n'ont point été ses instincts originels aux époques primitives de son apparition, quelles causes l'auraient donc fait descendre jusqu'à de tels excès d'abrutissement?

De même, quelles qu'aient pu être la force et l'agilité des variétés successives des bimanes primitifs, on ne saurait admettre, avec Rousseau [1], qu'elles aient pu leur tenir lieu, avec avantage, des armes que leur industrie dut apprendre à confectionner, au moins dès qu'elles entrèrent en lutte avec des animaux puissants. Et la preuve, c'est que, même dans les îles de la Polynésie, où l'homme n'a pour rival aucun mammifère, ni même aucun reptile dangereux, chaque tribu a des armes pour attaquer et se défendre. On ne connaît d'ailleurs aucun peuple qui, ayant une fois connu l'usage de la flèche ou du javelot, y ait renoncé ensuite pour revenir à l'emploi primitif de ses poings ou de ses mâchoires. On constate,

[1] *Disc.*, 37 et suiv.

au contraire, chez plusieurs et, par exemple, chez les Australiens[1], qu'ils considèrent un tel combat comme déshonorant et que, pour se défendre, soit contre l'homme, soit contre les animaux, ils n'ont jamais recours qu'à leurs armes de guerre, jamais à la lutte corps à corps.

Du reste, la force musculaire des peuples sauvages, en général, a été fort exagérée au XVIIIe siècle et justement par suite de cette illusion d'esprit qui cherchait à trouver parmi eux des modèles à suivre pour nos nations civilisées. Ainsi des expériences faites à l'aide du dynamomètre ont montré que la force des indigènes de l'île de Van Diémen était de beaucoup inférieure, en moyenne, à celle des matelots anglais et français soumis à la même épreuve[2]. Mais il faut ici tenir compte de ce fait, que des peuplades confinées dans des îles étroites, où la famine les menace incessamment, les décime périodiquement, et qui, n'entrant jamais en lutte avec d'autres races plus fortes, sont à l'abri des sévérités de la sélection, protectrice perpétuelle de la perfection du type, ne peuvent fournir des inductions exactes et générales sur la puissance musculaire et les autres facultés physiques des races sauvages qui ont peuplé autrefois nos grands continents. Il est certain même, que chez celles-ci le progrès devait résulter, de toutes manières, au physique comme au moral, des périls nombreux auxquels elles étaient exposées, de leurs guerres mu-

[1] Voy. Salvado, *Mémoire sur l'Australie*, trad. par l'abbé Falamagni. Paris, 1854.
[2] Voy. *Voyage de du Péron aux îles australiennes*, t. I.

tuelles incessantes et de la rareté de l'alimentation qui, condamnant à périr tous les faibles avec tous les indolents, devaient avoir pour résultats d'élever rapidement les facultés moyennes de la race.

Les races anthropoïdes primitives ont certainement partagé aussi avec les animaux ce privilége enviable, mais chèrement payé, de n'avoir pas ou très-peu d'infirmes et de malades, parce que tout infirme par naissance ou accident, tout malade ou impotent, étant condamné à une mort à peu près certaine et plus ou moins prompte, ils ne pouvaient léguer leur prédisposition à la maladie qu'à une postérité rare ou nulle, qui s'éteignait bientôt elle-même par la même cause, ou chez laquelle cette prédisposition se résorbait et s'éteignait par le mélange avec des races saines et robustes[1].

C'est donc à cette action sélective héréditaire, beaucoup plus qu'à l'influence des périls, des privations et des exercices plus ou moins violents de la vie sauvage, qu'il faut attribuer le tempérament généralement sain et robuste des peuples qui y sont voués. Car la vie n'est ni plus douce, ni plus molle pour nos plus pauvres populations agricoles; et si les maladies existent et se perpétuent parmi elles, au moins autant que parmi nos populations urbaines, c'est qu'elles font partie d'un organisme social qui, en leur assurant des secours qui leur permettent souvent de triompher de la maladie, les laisse perpétuer leur race, qui hérite plus ou moins des

[1] *Discours sur les inég.*, p. 39 et suiv. Dubuisson, 1854.

défectuosités de leur tempérament et tend à les répandre en les portant chez d'autres familles saines jusqu'alors.

Il résulte donc qu'avec nos civilisations protectrices, le nombre des malades doit augmenter, comme le nombre des maladies, bien qu'il en résulte peut-être un moindre nombre de morts et une vie moyenne en somme beaucoup plus élevée. Les conséquences fâcheuses de notre philanthropie pourraient donc être aisément écartées par des dispositions législatives ou simplement des coutumes morales qui interdiraient le mariage aux individus affectés de vices morbides reconnus héréditaires par expérience et tels, par exemple, que la phthisie, l'épilepsie ou la folie dont la transmission généalogique n'est plus douteuse.

Chez nos sauvages, comme chez nos paysans, c'est sur l'enfance surtout que la loi de sélection étend ses sévérités. Tout jeune être un peu débile succombe fatalement, moissonné dès les premières épreuves d'une vie trop rude pour lui ; mais aussi, dès qu'il les a traversées heureusement, c'est pour lui comme un brevet d'invulnérabilité et d'immortalité. Il est dès lors trempé pour une longue vie, que des accidents seuls peuvent interrompre. Au contraire, la prévoyance attentive et les soins plus éclairés des mères urbaines, arrachent à une tombe précoce beaucoup d'enfants et prolongent leur vie délicate et toujours menacée jusqu'au moment où ils seront pères et mères à leur tour. Il en résulte la perpétuité et la multiplication de races débiles, chez lesquelles les germes morbides, en s'accumulant de génération en génération, doivent arriver au point de rendre la vie impossible à leurs derniers représentants.

Mais il ne nous est plus permis d'admettre, avec Rousseau[1], que les douces conditions de vie que nous assurent nos civilisations modernes, aient par elles-mêmes une influence délétère sur notre organisation physique; que des aliments délicats et préparés même avec art, mais sains, soient plus défavorables à la santé que des aliments mal ou point préparés; qu'il soit meilleur de coucher à la belle étoile et sur la dure que dans un bon lit, et que l'homme surmené par la fatigue de la chasse, de l'agriculture ou de la guerre ait à compter sur une plus longue vie que le commis de bureau ou l'homme de lettres qui a fait excès de ce repos physique qui a manqué au premier. Chacun peut constater que ce sont surtout les vieux militaires et les vieux chasseurs qui sont sujets aux rhumatismes et que si nos grandes villes voient un grand nombre de ces affections nerveuses qui manquent d'exemples chez nos bûcherons, tâcherons, vignerons et laboureurs, en revanche, il y a chez ceux-ci beaucoup plus de fièvres, de pleurésies, de maladies inflammatoires. Chez les uns, c'est le système nerveux qui souffre du régime qui les surexcite; chez les autres, c'est le système circulatoire qui est trop actif. Que les uns et les autres se partagent leurs travaux par égale part et l'organisme, rendu à son harmonie, cessera de souffrir de l'un ou l'autre excès. Mais la vie sociale, nous

[1] *Disc.*, p. 40 et suiv.

l'accordons, a ses fatalités comme la vie sauvage. L'une de ces fatalités est la division nécessaire du travail entre divers individus spécialisés plus ou moins chacun pour une profession; et l'organisme humain n'a pu encore s'adapter à cette spécialité des fonctions sociales en développant un nouvel équilibre des fonctions organiques chez les divers individus qui les remplissent. Mais rien ne peut nous défendre d'espérer qu'à l'aide d'une hygiène appropriée à chaque fonction, nous arriverons un jour à ce résultat.

S'il est donc indiscutable que l'augmentation rapide de l'activité cérébrale chez l'homme et sa surexcitation presque constante dans un état de haute civilisation, aient pour conséquence certains désordres organiques, un manque d'équilibre dans les fonctions, ayant pour conséquence des maladies inconnues aux peuples primitifs ; disons aussi que ces maladies ont souvent vu naître avec elles leurs remèdes, et que de plus elles eurent rapidement disparu de la race, comme sans nul doute beaucoup d'autres dont nous n'avons pas même l'idée, non pas si aucun de ceux qui en ont été atteints n'en eût été guéri, mais seulement si, comme le voulait Platon dans ses lois, le mariage n'était permis dans nos états civilisés qu'aux sujets sains de tous principes morbides endémiques, de manière à empêcher la transmission héréditaire et la multiplication de ces principes parmi les générations à naître [1].

[1] *Disc.*, p. 42 et suiv.

Bien loin donc que le bien-être croissant de la vie sociale soit par lui-même en rien une cause de dégénérescence pour la race; c'est, au contraire, ce bien-être qui retarde et atténue cette dégénérescence, c'est-à-dire qui fortifie et sauve un grand nombre d'individus nés débiles qu'une vie plus rude eût bientôt fait succomber. Sur vingt enfants nés dans les rangs de nos classes les plus fortunées, et des plus anciennes souches nobles surtout, dix-huit périraient avant l'âge de cinq ans, s'ils devaient supporter jusqu'à cette époque les privations et l'hygiène défectueuse des enfants pauvres de nos villes et de nos campagnes, et plus encore des enfants des peuples sauvages; car ils apportent la plupart en naissant l'héritage organique de plusieurs générations défendues contre les sévérités de la sélection par les jouissances et les biens de la fortune, et qui elles-mêmes n'ont souvent atteint l'âge de procréer que grâce à la sollicitude d'une famille qui pouvait tout leur accorder.

S'il est vrai que dans beaucoup de nos vieilles villes, aux rues étroites et boueuses, aux maisons hautes et mal aérées, tel qu'était Paris au temps de Rousseau, par exemple, la mortalité soit grande, c'est surtout parmi les classes les plus pauvres, c'est-à-dire parmi celles qui respirent l'air le plus vicié et qui peuvent le moins s'accorder les commodités du luxe et parfois même le nécessaire de la vie, que la mort fait les plus grands ravages. Mais en dépit des principes morbides accumulés par la longue durée d'un tel état de choses parmi nos populations urbaines, aujourd'hui dans nos grandes cités policées, aérées, agrandies et purgées de leurs anciennes causes d'infection, la vie moyenne augmente, et la mortalité diminue considérablement, du moins parmi les adultes.

Si elle est encore énorme chez les enfants, c'est beaucoup moins chez les enfants des riches, qui peuvent, en les gardant près d'eux, dans de vastes appartements, les combler de tous les soins nécessaires et même inutiles, que parmi les classes laborieuses, dont les mères, condamnées au travail, doivent les abandonner une grande partie du jour, ou même les envoyer en nourrice.

Aux environs de Paris, des villages entiers sont peuplés de femmes qui font le métier d'éleveuses d'enfants. Mais hélas! les cimetières de ces mêmes villages sont pavés de ces pauvres petits êtres qui ont à souhait cependant l'air des champs, mais aussi ces duretés, ces privations de la vie que Rousseau jugeait si saines et si fortifiantes. Soixante-dix sur cent succombent à l'épreuve, et le reste, c'est-à-dire les plus robustes ou les moins maltraités, portent souvent toute leur vie les traces de leur précoce martyre dans une débilité incurable qu'ils transmettent à leurs enfants. De nombreuses crèches, des asiles, des écoles, ouverts dans Paris, en permettant aux mères de les garder près d'elles, préviendraient ces désastreux résultats qui proviennent donc d'une civilisation encore très-imparfaite, et nullement d'un abus de la civilisation.

Si donc, d'un autre côté, les animaux sauvages sont

préservés de maladies et infirmités qui semblent devenues endémiques chez la race humaine, c'est beaucoup moins à la mansuétude et à la sollicitude prévoyantes de la nature qu'ils le doivent, qu'à ses inflexibles sévérités qui les condamnent à être sains et valides à perpétuité et de génération en génération, sous peine de mort des individus et de l'extinction de l'espèce elle-même. Or, l'humanité, soumise aujourd'hui à une pareille loi, diminuerait sans doute beaucoup et soudainement de nombre, si même elle ne s'éteignait bientôt, laissant la place aux autres races, contre lesquelles elle ne peut lutter qu'à l'aide des forces sociales; mais, si elle persistait, ce qui resterait vivant, s'il en restait, après un certain nombre de générations, serait aussi sain, aussi valide que les animaux sauvages eux-mêmes, quelles qu'aient été, durant ce temps, les conditions de vie subies par les survivants, puisqu'il ne survivrait justement que ceux-là chez lesquels ces conditions eussent été en rapport exact, ou du moins suffisant, avec leur organisation individuelle.

Rousseau a prétendu[1] que les animaux sauvages étaient plus forts, plus robustes et de plus haute taille que les animaux domestiques de même type. C'est là une erreur de fait qu'il ne serait plus permis de défendre aujourd'hui. Au contraire, à l'état sauvage, le cheval, le taureau, le chien, le mouton, la chèvre diminuent de stature, de force et n'acquièrent même pas toujours plus

[1] *Disc.*, p. 43

d'agilité. Le cheval arabe, créé par les soins de la race humaine dont il porte le nom, devance à la course tous les chevaux sauvages connus, et l'on sait la vitesse du lévrier. Le pesant cheval de trait belge, même nos percherons, ont une force musculaire que nulle race sauvage n'égale, et le boule-dogue terrasserait ses congénères de tous pays et de toutes races. La vache et le taureau ont diminué de taille dans les pampas d'Amérique; la chèvre et le mouton domestiques ont des dimensions supérieures à celles de tous les types sauvages dont on peut les croire issus. Seulement, nos animaux domestiques, rendus à l'état sauvage, ne pourraient lutter avec des races retournées à cet état depuis longtemps, parce que, dans la domesticité, ils ont perdu les instincts nécessaires à leur conservation, la faculté de savoir pourvoir eux-mêmes à leur nourriture et se défendre contre leurs ennemis. En un mot, la domesticité a développé en eux des forces et des facultés utiles à l'homme, aux dépens des facultés et des forces nécessaires à ces animaux eux-mêmes vivant en liberté.

S'il est vrai que les animaux domestiques partagent avec l'homme le triste privilége d'être sujets aux maladies, aux infirmités, aux épidémies, il faut donc tenir compte de ce fait, que l'homme a changé pour eux les conditions de la sélection, c'est-à-dire qu'en les secourant et les protégeant dans ces maladies et infirmités, et laissant souvent se reproduire ceux qui en sont atteints, il les a perpétuées dans la race. De plus, en les soumettant plus ou moins à une servitude et une réclusion plus ou moins étroites, il a changé leurs habitudes, non dans leur intérêt, mais dans le sien, et occasionné par là, chez eux, l'apparition de désordres organiques auxquels ils eussent échappé à l'état sauvage [1].

Ces faits négligés suffisent donc à fausser toutes les inductions qu'on pourrait tirer d'analogies trompeuses. S'il n'y a point à s'étonner que les maladies, les infirmités, les épidémies ne soient pas plus fréquentes et plus graves chez les espèces ainsi asservies à l'homme, c'est que le plus grand nombre des sujets débiles ou frappés de vices organiques sont sacrifiés avant l'époque de leur reproduction; que ces mêmes sujets sont, autant que possible, écartés comme reproducteurs par tous les éleveurs qui ont un soin intelligent de leurs troupeaux; et que les races mêmes qui sont signalées comme atteintes de principes morbides sont délaissées sur les marchés et finissent par n'y plus paraître; de sorte que ces principes ne peuvent que par exception devenir endémiques chez ces espèces comme chez la race humaine, chez laquelle toute sélection a cessé de s'opérer sous l'empire de lois morales et sociales inintelligentes.

Et cependant on n'est point sans avoir de fréquents exemples de ces altérations ethniques de l'organisation chez nos animaux domestiques qui forcent parfois tous les agriculteurs d'une contrée à renouveler le sang de leurs troupeaux en allant chercher au loin, soit de jeunes sujets, soit des reproducteurs plus sains. Aujourd'hui en-

[1] Rousseau. *Disc.*, p. 43.

core, tous nos éleveurs de vers à soie demandent à grands cris de la graine qui ne soit pas infestée du virus héréditaire qui anéantit leur récolte au milieu de son développement, et ils ont envoyé jusqu'en Perse et au Japon chercher des germes inaltérés pour renouveler la race indigène.

De même donc que la domesticité n'est point en général ni utile ni fatale aux animaux qui la subissent, mais que ses conséquences pour eux dépendent de l'opposition qui peut exister et existe souvent entre l'intérêt propre de ces animaux et le nôtre ; de même la civilisation et les jouissances qu'elle rend possibles, ne sont point en elles-mêmes funestes à l'humanité. Une civilisation bien entendue, toujours progressive, intelligemment dirigée en vue du bien de la race humaine entière ou seulement d'une des nations qui en font partie, loin d'être funeste aux races humaines supérieures, est devenue aujourd'hui la condition principale de leur existence.

Et, en effet, le bien ne peut être un mal ; le mal ne peut être le bien. Toute confusion entre ces deux termes antithétiques ne pourra jamais être étayée que sur des sophismes. On peut affirmer que toute transformation, spontanément accomplie par toute une race se gouvernant librement, est, en général, pour elle un progrès utile ou même nécessaire. Seulement, lorsqu'une race est transformée par l'initiative d'un despote qui veut la dominer, ou de conquérants ennemis qui se l'asservissent dans leur intérêt propre et non dans le sien, cette transformation peut être pour elle une véritable cause de décadence, une évolution rétrograde. Dans ce cas, elle subit une véritable loi de domestication qui tend à la faire dégénérer physiquement et moralement en changeant ses naturelles conditions de vie et de développement. D'ailleurs on ne concevrait pas, si l'humanité s'était si mal trouvée de ses premiers progrès sociaux, pourquoi elle ne se serait pas arrêtée en chemin au lieu de précipiter constamment sa marche en avant [1].

Si, par exemple, l'homme n'avait réellement pas souffert de sa nudité originelle, pourquoi se serait-il vêtu? Et s'il s'était trouvé si bien de dormir au pied d'un arbre, pourquoi se serait-il donné tant de fatigue pour se construire des habitations [2]? Si, dans les pays chauds, il n'avait nul besoin de vêtement pour se préserver du froid, il avait à s'abriter contre le soleil lui-même et contre la piqûre des insectes. Dans les pays froids, une peau de bête mal tannée et jetée sur les épaules n'abrite que fort imparfaitement et semble plutôt un trophée propre à inspirer le ciseau de nos artistes ou l'imagination de nos poètes, qu'une défense efficace contre les rigueurs du climat. Elle ne se maintient pas sur les épaules sans quelque agrafe ou fibule qui exige déjà un commencement d'industrie; et si elle est taillée, si surtout diverses peaux sont jointes ensemble, tout cela exige des instruments pour les couper, les coudre, enfin tout le produit d'une civilisation primitive et d'un commencement d'état social.

[1] Rousseau. *Disc.*, p. 64 et 96.

[2] *Loc. cit.*, p. 44 et suiv.

Si l'homme peut courir les pieds nus, il a néanmoins besoin d'y être accoutumé dès l'enfance, et on ne peut contester d'ailleurs que la chaussure ne préserve le pied de beaucoup de blessures inévitables sans elle. Si, enfin, la main ne gagnait rien à s'aider de la hache, de l'arc, de la fronde ou du levier, il est impossible de concevoir comment et pourquoi les premiers hommes, qui ont inventé tout cela, auraient pris tant de peine, s'ils pouvaient si bien s'en passer. On ne voit pas surtout, si tous ces raffinements étaient inutiles ou l'avaient été au moins en principe, comme le prétendait Rousseau, comment il se serait fait que, dans la concurrence universelle des êtres, les races armées l'eussent toujours emporté, en fin de compte, sur celles qui ne l'étaient pas ou qui l'étaient seulement moins ou plus mal, au point de les anéantir de manière qu'aujourd'hui il n'en reste aucune trace sur la surface entière du globe.

Si loin que nous allions, jusque dans les îles perdues au milieu des océans, et si loin que nous remontions dans le passé, à l'aide des documents archéologiques, nous ne trouvons partout que des hommes plus ou moins bien armés, grâce à un commencement d'industrie, de sociabilité, de civilisation, et nous voyons toujours et partout les plus industrieux et les plus civilisés chasser les plus sauvages et les plus voisins de cet état de nature où Rousseau voyait l'état idéal de l'humanité.

Si cet état de nature, c'est-à-dire d'incapacité tout animale, était la plus favorable des conditions d'existence possible pour notre race, pourquoi constaterions-nous aujourd'hui que les hommes qui se sont servis des silex ébauchés de Saint-Prest et Pontlevoy, ont cédé la place aux plus habiles tailleurs de silex des rives de la Somme ou de la Seine; que ceux-ci ont été chassés à leur tour par les ouvriers plus capables et déjà artistes de l'âge du renne; que la race des polisseurs de la pierre a remplacé les races qui ne savaient que la tailler, mais a disparu à son tour devant les inventeurs du bronze? Évidemment, si chacune de ces étapes de la civilisation n'avait été un progrès, n'avait assuré quelques avantages aux races qui en ont été les promotrices, nous aurions vu au moins parfois quelque part les phénomènes se succéder dans un ordre inverse et des peuples sauvages se substituer à des peuples plus civilisés. Au lieu de cela, l'ordre progressif a toujours été constant. C'est un axiome aujourd'hui en anthropologie, que jamais un peuple resté à l'âge de pierre n'a remplacé un peuple arrivé à l'emploi du bronze, et que partout où des dépôts superposés dans un même lieu nous offrent des traces des trois époques et de leurs subdivisions, les couches renfermant les traces d'une industrie et d'une civilisation moins avancées sont inférieures et sous-jacentes aux couches renfermant les débris d'une industrie et d'une civilisation supérieures. Il existe donc là une loi d'ordre fatal et nécessaire, et c'est cette loi qu'a méconnue Rousseau et avec lui toute une école de philosophes et de moralistes dont il est resté le chef.

Rousseau s'étend encore longuement sur la perfection et la finesse des sens chez l'homme sauvage, comparés à ce qu'ils sont chez l'homme civilisé [1]. Mais observons que ce n'est que très-indirectement que la civilisation agit sur les sens et qu'elle ne les affaiblit pas toujours. Si l'homme européen de nos jours a la vue moins perçante, l'ouïe moins fine, l'odorat moins exercé qu'un Peau-rouge ou un Australien, c'est que la sécurité d'un état social plus développé a mis depuis longtemps sa race à l'abri de presque tous les périls auxquels le sauvage est continuellement exposé. Elle a donc diminué l'importance de ces organes, en même temps qu'elle a augmenté celle de quelques autres. Il y a eu balancement, compensation de croissance dans le développement de ses facultés sensitives; mais, en somme, il y a eu progrès, augmentation et non diminution et atrophie d'activité totale. Car, sans perdre ni l'ouïe, ni la vue, ni l'odorat, l'homme civilisé a acquis un toucher et un goût plus délicats et surtout une faculté de jugement beaucoup plus sûre pour faire usage de ses divers sens. Si le sauvage voit loin et vise fort juste, quand il lance une flèche ou une pierre, en revanche, il n'a de près qu'une vision confuse des lignes, des contours, des couleurs, des nuances et des tons, et ce serait pour lui une fatigue insupportable et vaine que de suivre la lecture d'une de nos petites éditions diamants. S'il distingue de très-loin, par l'habitude, le cri du gibier ou le pas d'un ennemi, il est absolument inhabile à juger des intervalles de nos notes musicales ou du rhythme compliqué de nos symphonies,

[1] *Disc.*, p. 45.

qui ne seraient pour lui que des bruits confus, inexpliqués, bien que peut-être, en somme, agréables et capables de le jeter dans cette sorte d'ivresse nerveuse particulière à ces races sous l'influence de la musique. La main du sauvage est adroite aux exercices auxquels il est accoutumé; mais serait-il aisément capable d'écrire aussi bien, surtout aussi vite que nos jeunes écoliers, même à leur début? On a des faits, des expériences qui prouvent que si les enfants de certaines races sauvages, transportés jeunes dans nos sociétés civilisées, sont capables d'une certaine éducabilité des sens et de l'intelligence, cette éducabilité cependant est très-bornée et chez plusieurs races paraît à peu près nulle.

Les sens de l'homme civilisé ont donc gagné en délicatesse et en subtilité ce qu'ils ont perdu en étendue, en finesse. Nos myopes, d'apparition toute récente et toute sociale, mais dont les yeux valent les meilleures des loupes, sinon le plus faible des microscopes, déconcerteraient un sauvage dont l'œil d'aigle ou de lynx se fatiguerait en vain à apercevoir ce qu'ils voient si clairement dans l'infiniment petit.

« Seul, oisif et toujours voisin du danger, l'homme sauvage, dit encore Rousseau[1], dût aimer à dormir et avoir le sommeil léger, comme tous les animaux qui, pensant peu, dorment pour ainsi dire tout le temps qu'ils ne pensent pas. » S'il est vrai que les animaux domestiques, en général, dorment beaucoup et même

[1] *Disc.*, p. 45.

assez profondément parfois, chez quelques espèces, pour n'être point réveillés par nos bruits, qu'ils savent par habitude n'être point inquiétants pour eux, c'est parce que, préservés de tous les dangers qu'ils courent à l'état sauvage, ils ont perdu leur instinct de perpétuelle vigilance; mais une fois rendus à eux-mêmes, obligés de chercher leur nourriture, de pourvoir aux besoins de leur famille, de la protéger et de se défendre, ils dorment peu et d'un sommeil toujours léger auquel le moindre bruit les arrache. Il en est de même pour l'homme, et si la moyenne du sommeil est de huit heures sur vingt-quatre pour nos populations urbaines, elle est bien au-dessous de ce chiffre, du moins pendant l'été, pour nos paysans qui trouvent, il est vrai, à se compenser pendant l'hiver. En général, du reste, le temps et la proportion du sommeil doivent varier avec la condition sociale, la nourriture, les travaux, les races et surtout les climats. Autour du pôle, l'homme hiverne presque comme les animaux qui l'entourent. Et il faut bien admettre qu'à l'époque éloignée où il ne connaissait pas le feu, et encore moins le moyen de s'en éclairer, tant que durait pour lui la nuit il n'avait rien de mieux à faire qu'à dormir, après s'être aussi sûrement retranché que possible dans un abri inaccessible à ses ennemis nocturnes. Mais aussi tant que durait le jour, il faut admettre que les nécessités de la vie, toujours renaissantes, devaient lui laisser peu de loisir et peu de repos. Malheur au chasseur qui ne savait pas précéder ou rencontrer les autres à l'affût du gibier; malheur à la famille dont le chef paresseux perdait trop d'heures sur son lit de peaux ou de mousse le matin ou pendant les chaudes heures du jour; car, pendant ce temps, d'autres plus actifs dépeuplaient la forêt de son gibier, les arbres de leurs fruits, et la famine venait s'asseoir périodiquement dans la hutte attristée à côté de ses hôtes amaigris ou souffrants.

Au milieu de nos civilisations, au contraire, l'homme délivré de la fatalité des jours ou des saisons, choisit à son gré et distribue selon ses besoins ou son caprice ses moments de veille ou de repos. L'homme contemporain semble même de plus en plus vivre la nuit, aux lumières factices qu'il s'est créé. L'horloge de la vie sociale retarde de siècle en siècle, et tandis que le Germain ou le Franc de Charlemagne dînait à midi, soupait au crépuscule, le Français de Paris se lève et déjeûne quand ses ancêtres dînaient, sort et dîne à l'heure où au moyen âge sonnait le couvrefeu, et passant dans les brillantes fêtes du soir la moitié de la nuit, se couche quand l'Anglais dîne encore, que pourtant le jour suivant a déjà commencé et, parfois, quand l'aube de ce jour commence à paraître. Le soleil a cessé de mesurer ses jours et ses nuits, de décider pour lui de l'activité et du repos; ce ne sont plus les grandes fatalités invariablement fixes de la nature qui le conduisent; il obéit aux seules fatalités sociales créées par la coutume capricieuse ou par la résultante non moins capricieuse des forces et des intérêts.

En somme, l'état de nature d'un être vivant quelconque est celui dans lequel il est né, celui de ses ancêtres immédiats, de sa caste ou de sa race. L'état de nature pour le sauvage, c'est de vivre dans une hutte, construite pour un jour, une nuit, et de manger, rôtie ou crue, la chair des animaux tués par lui ou celle de son ennemi vaincu; l'état de nature pour le paysan, pasteur et agriculteur, c'est sa cabane, son champ, ses troupeaux; pour l'artisan, c'est le travail manuel qui le fait vivre; pour le bourgeois, c'est un travail d'esprit, entremêlé de longs loisirs; pour l'homme des castes nobles, c'est la domination héréditaire exercée par ses ancêtres; l'histoire tout entière, enfin, nous prouve que pour l'enfant né sur le trône, c'est d'y monter à son tour, et, par tous les moyens possibles, de le reconquérir quand il en a été chassé. Mais, pour aucun être, l'état de nature, tel qu'il est déterminé par son innéité, n'est invariable, inflexible, absolu; chez tous, il peut se modifier et se modifie toujours, en certaines limites, entraînant des modifications de ses instincts et de son tempérament physique, qui ont pour résultat à leur tour la modification de la race. Le progrès humain ne s'est accompli qu'en vertu de cette transformation constante de l'état de nature individuel qui, continué de génération en génération, a constamment modifié l'état de nature de chaque race en particulier et enfin celui de la totalité de l'espèce.

CHAPITRE VII.

CARACTÈRE MORAL DE L'HOMME PRIMITIF.

De même qu'il nous a été possible de reconstruire inductivement, élément par élément, les caractères physiques originels et jusqu'au tempérament et aux habitudes de l'ancêtre originel de l'homme, de même ce n'est point une tâche en réalité impossible de reconstruire son caractère moral, ses instincts, ses sentiments, ses passions.

Car, de même que ses organes physiques n'ont pu être que le développement de formes organiques inférieures, de même ses facultés mentales, son équilibre passionnel n'ont été que l'évolution progressive, le développement d'états antérieurs et le passage à son état actuel. Nous pourrons, d'ailleurs, trouver dans les mœurs, coutumes, et institutions des peuples sauvages, qui sont les restes de populations humaines primitives, en voie d'extinction devant l'envahissement de races supérieures, une image, déjà perfectionnée et flattée, mais exacte dans ses traits principaux, de l'état physique, social, intellectuel et moral des races antéhistoriques ou primitives.

De la comparaison de l'état mental de ces races et des instincts correspondants des animaux, nous pourrons induire l'état intellectuel et moral de la souche commune de toutes les variétés humaines, qui, nécessairement, n'aura possédé que les germes des passions, des instincts, des sentiments communs à toutes les variétés qui en sont sorties par voie d'évolution, mêlés sans doute aux instincts, passions et sentiments que cette souche aura hérités d'ancêtres encore inférieurs et antérieurs, c'est-à-dire tout animaux.

Ainsi, l'étude que nous avons faite des divers instincts et sentiments considérés comme étant les plus caractéristiques de l'humanité [1], nous permet d'affirmer, contre le témoignage de Rousseau [2], que l'homme primitif, la souche originelle d'où toutes les races humaines sont issues, a pu posséder un sens quelconque du beau, puisque ce sens existe, à quelque degré, chez toutes les races actuelles, ne serait-ce que ce sens du beau spécifique qui détermine les choix sexuels et qui se retrouve chez toutes les races animales de type analogue ou même différent. Il a dû posséder le sens moral, puisqu'il est commun à toutes les formes vivantes chez lesquelles la sexualité et les relations qui en dérivent, sont déjà développées; mais il n'avait point certainement l'instinct religieux, qui paraît manquer aux races humaines les plus inférieures,

[1] Voyez part. I, chap. V.

[2] *Disc. sur les inég.*, pages 75-80. Dubuisson 1868.

qui ne semble pouvoir se développer que chez les espèces depuis longtemps sociales, très-hiérarchisées ou réduites en servitude par d'autres espèces et dont le développement, sinon l'apparition première, est lié nécessairement à l'existence d'un langage déjà capable de donner lieu à une transmission traditionnelle des idées et des sentiments entre les générations successives. Or, nous verrons plus loin que l'existence d'un tel langage ne saurait remonter à la souche primitive de toutes les variétés humaines. Mais cet homme primitif, cet ancêtre commun de toutes les variétés humaines avait l'instinct social commun à toutes les races vivantes comme aux races préhistoriques, développé à quelque degré chez les autres primates et même quelquefois à un si haut degré chez des animaux de type très-différent. Il avait également l'instinct d'industrie, puisque nous avons posé en principe que nous accepterions cet instinct comme étant le caractère distinctif de la race humaine, la ligne idéale arbitraire qui nous aiderait à la séparer des autres primates, sous un nom différent, parce que la faculté de se créer des armes pour l'attaque et la défense a dû, en effet, être pour les premiers bimanes coureurs, mais inermes, une condition essentielle d'existence au milieu d'animaux mieux armés par la nature. Enfin, l'homme originel n'était point perfectible comme espèce [1], mais était encore enfermé dans une immobilité intellectuelle, morale et physique tout animale, puisque nous voyons

[1] Rousseau, *Disc.*, page 47.

encore les races inférieures vivantes rester à cet état d'immobilité ethnique ou spécifique, au moins tant que des races supérieures ne les contraignent pas d'en sortir. Mais il avait, comme individu, cette éducabilité dont beaucoup d'animaux sont capables et qui les rend susceptibles de domestication par l'homme. C'est cette vertu d'éducabilité individuelle ou faculté de domestication qui fait que les races humaines inférieures se prêtent, en général et si malheureusement, à l'esclavage, même le plus rude, et que même nos nations de type supérieur ont tant de peine à échapper aux servitudes politiques établies sur elles.

Parmi les instincts que l'homme originel avait certainement, en commun avec les animaux de types inférieurs, il faut compter l'instinct de famille, susceptible du reste de très-diverses formes, ainsi que nous le verrons plus loin. Quant aux autres traits de son caractère moral, ils nous peuvent être aisément fournis par les conditions de vie sous lesquelles il devait exister à ces époques éloignées.

Ainsi Rousseau a cru pouvoir poser en principe que l'homme a été créé[1] bon, mais inintelligent, sinon stupide, et que la société l'a rendu mauvais en développant son esprit. L'homme, par l'action progressive du milieu social, est certainement devenu plus intelligent. Qu'il soit pour cela devenu pire, c'est ce qu'on peut contester. L'homme actuel, certes, n'est pas parfait ; il n'est même

[1] *Discours*, page 66 et suiv.

pas toujours bon, ni surtout sans exception ; mais il ne faut que parcourir rapidement l'histoire pour être convaincu qu'il est devenu, avec les siècles, ne fût-ce qu'un peu meilleur ; que certains de ses plus mauvais instincts se sont affaiblis, que d'autres se sont élevés, que des instincts tout nouveaux se sont peu à peu développés en lui. Il n'en faut pour preuve que l'apparition successive dans nos langues de termes exprimant des vertus, des concepts moraux pour lesquels les langues anciennes et surtout les dialectes des peuples sauvages n'ont pas d'équivalent.

Ce que nous savons des peuples sauvages et antéhistoriques nous oblige, d'ailleurs, d'admettre des conclusions tout opposées à celles de Rousseau : c'est que plus on recule dans le passé, vers les formes primitives de la sociabilité, plus on voit l'homme manifester des passions féroces et dégradantes [1]. Rousseau avait pour excuse qu'il présumait que l'homme avait été créé heureux ; or, que l'homme, créé heureux, fût doux et bon, c'eût été tout naturel. Nul être vivant, même l'animal, ne fait le mal sans une passion qui l'y sollicite, et toute passion a pour origine un intérêt froissé, un besoin non satisfait. Mais aujourd'hui, en face de faits tout contraires, nous sommes contraints d'admettre que si un âge d'or, un Éden peut exister pour nous, c'est devant nous qu'il faut le placer, c'est dans l'avenir qu'il faut l'attendre. Car derrière nous, avant notre âge d'argent, encore si

[1] *Discours*, pages 65-73.

complétement dominé de fatalités douloureuses, nous ne trouvons qu'un âge de fer, témoin de luttes sanglantes sans fin, précédé d'un âge d'airain qui n'a laissé sa trace que par des débris d'armes mêlés à des débris d'incendie; et au delà, plus loin encore dans le passé profond, nous apparaît un âge de pierre d'une incommensurable durée et pendant lequel l'homme, armé de silex tranchants, passait sa vie à lutter contre l'homme, contre les animaux et contre les éléments.

C'est vers le milieu de l'époque tertiaire que nous le voyons apparaître avec ses instincts les plus primitifs, mais déjà distinctifs d'une humanité destinée à réagir constamment par son intelligence contre une nature qui lui a refusé les moyens de se défendre, c'est-à-dire de se perpétuer, de vivre. Sa première victoire sur la destinée fatale qui l'opprime et le menace de destruction, c'est de se confectionner des armes. Ce fut un moment de crise terrible pour l'espèce condamnée à disparaître bientôt dans ce premier enfantement de l'esprit, si elle n'en était pas sortie victorieuse.

L'homme à son berceau est donc placé entre la vie et la mort. Entouré d'adversaires redoutables, sans cesse en proie à la crainte et à la faim, s'il est le fils chéri de cette marâtre qu'on appelle la nature, c'est alors en vertu de cet adage : Qui aime bien, châtie bien.

Si son intelligence s'est développée à travers des luttes aussi formidables que prolongées, bien lui en a pris; car, sans autres armes que celles qu'il était arrivé à se créer lui-même, par une longue série d'efforts progressifs, chaque jour, chaque heure eût vu diminuer l'espèce, qui se serait éteinte au bout de quelques générations. C'est-à-dire que si, dès l'apparition des premiers grands carnivores et des puissants pachydermes, dont il a été la proie et le trop faible rival, avant de devenir leur plus redoutable adversaire et bientôt leur destructeur ou leur dominateur, il n'avait acquis déjà assez d'intelligence pour se tailler un silex, s'en faire une hache, dès lors la souche de l'humanité étant rasée à sa racine, l'homme ne fût pas arrivé à l'existence sur la terre, à jamais livrée aux combats des brutes sanguinaires, bientôt réduites, par leur multiplication même, à se dévorer entre elles, jusqu'à ce que l'une d'elles arrivât enfin à saisir sur les autres le rôle de dominatrice.

Mais il faut bien reconnaître aussi que si, dès l'époque tertiaire moyenne, l'homme a su réaliser le premier de tous un progrès industriel, celui qui a rendu tous les autres possibles et qui l'a fait homme, nous le voyons traverser toute une longue série d'époques géologiques successives, sans que son intelligence et son industrie se soient élevées d'un degré au-dessus. Il faut arriver jusqu'à l'âge quaternaire pour lui voir monter un échelon et modifier en quelque chose ses instincts et leur expression manuelle. Et ce n'est qu'à une époque relativement toute récente, qu'on voit se manifester avec évidence, et seulement chez les variétés supérieures de l'humanité, cette faculté de perfectibilité indéfinie et de progrès constant dont on veut faire le caractère distinctif de toute l'espèce. Même à travers l'âge dit du renne, où, pour la première fois, on voit apparaître le germe de l'art plastique, l'instinct d'imiter la nature vivante, et durant la succession des âges de la pierre polie, du bronze et du fer, tous les débris de l'industrie humaine que nous a conservés le sol des alluvions, celui des cavernes ou les bassins des lacs, ne peuvent évoquer pour nous que l'image d'une époque de barbarie grossière, d'un état social ébauché, où l'homme, divisé certainement par groupes, tribus et familles, n'avait d'autre préoccupation, avec celle de se nourrir, de s'abriter, de se défendre, que de s'entre-détruire mutuellement.

Et, en effet, si l'homme eût été bon et doux, il eût été trop faible. Il ne pouvait trouver que dans un ensemble de passions violentes la force, l'élan nécessaires pour soutenir la longue lutte qui lui était imposée, autant contre ses congénères que contre des inférieurs jusque-là ses rivaux. Il lui fallait détruire ou être détruit, dominer pour ne pas être asservi, vaincre pour n'être pas vaincu; c'était la légitime défense poussée à ses dernières limites : un duel à mort entre lui seul d'un côté, toute l'animalité de l'autre. Non, il ne pouvait être doux; il fallait, avant tout, qu'il fût fort.

Si donc nous cherchons à évoquer l'image de ce premier ancêtre de la race humaine et de son état moral et social, nous sommes conduits à nous le représenter sous les traits d'un animal anthropomorphe déjà savamment, puissamment et même harmonieusement constitué, de grande taille, peut-être de noble, mais surtout de féroce aspect et menaçant avant d'être menacé. Son courage est indomptable ; il défie la douleur et la provoque même, pour prouver à tous comme il sait la supporter ; et, dans peu, il se couvrira volontairement le corps de cicatrices, dont il se fera gloire comme d'une parure et d'un signe de noblesse.

Hobbes avait donc raison de considérer l'homme comme naturellement intrépide [1], car l'intrépidité, le dédain et presque l'amour du danger ajoutaient à sa force et devaient faire pencher en sa faveur la balance, toujours oscillante, des chances de vie, plus encore que les périls, même follement affrontés, ne pouvaient augmenter ses chances de mort. Sa subsistance et celle de sa famille étaient ainsi plus et mieux assurées que par une lâche et craintive mollesse, au moins tout le temps qu'il sortait vainqueur des dangers auxquels il courait. Bien que plus souvent exposé à être attaqué par les bêtes féroces qu'il n'était dans la nécessité de les attaquer lui-même, l'habitude de l'attaque lui donnait plus de sang-froid pour la défense et lui permettait de mieux choisir le moment favorable pour le combat. Si l'homme contemporain de toute la faune des cavernes, au lieu de lui déclarer la guerre, l'avait laissée la lui faire, il n'aurait jamais réussi à en triompher, à l'exterminer, à conquérir sur elle le sol de cette Europe, de cette planète où elle n'était, en somme, arrivée qu'après lui. Et peut-être que si elle a pu s'y développer durant les âges

[1] *Disc.*, p. 37 et 66.

tertiaires antérieurs, c'est grâce à la timidité des premiers bimanes anthropoïdes, qui longtemps se contentèrent de fuir et de se défendre contre elle. Si, parmi eux, certaines variétés n'avaient acquis l'intrépidité nécessaire pour la provoquer au combat, la poursuivre jusqu'à extermination, l'homme n'en aurait pas triomphé; il n'aurait pas existé, ne serait pas devenu.

L'homme primitif fut donc, nécessairement et avant tout, un chasseur agile, courageux, habile; car ce fut pour lui la première des conditions d'existence, puisque la chasse devait à la fois le nourrir et le protéger. Ce n'était pas seulement une proie qu'il lui fallait atteindre, c'étaient des hordes d'ennemis qu'il lui fallait détruire. Cette chasse était avant tout une guerre[1].

Du reste, les récits des voyageurs nous autorisent à penser que le courage, l'intrépidité devant le danger n'existent point au même degré chez les diverses races sauvages encore vivantes, qu'elles présentent, sur ce point comme sur tant d'autres, des différences ethniques remarquables. Il en fut probablement de même des races primitives qui les ont précédées sur la terre. Le courage fut d'ailleurs, en certains cas, une nécessité locale, inutile en d'autres lieux. Ainsi, le sauvage néo-zélandais ou néo-calédonien, que nul autre ennemi que lui-même ne menaçait avant l'arrivée des Européens, aurait pu être et rester lâche; l'Australien, habitant d'un plus vaste continent, bien que dépeuplé de grands animaux féroces,

[1] *Disc.*, p. 37.

entrant en lutte avec un plus grand nombre d'autres tribus humaines, devait être déjà plus aguerri et plus courageux. Mais, dans un vaste continent, tout sauvage a dû savoir défier le danger et la mort avec l'intrépidité du Peau-rouge et ne connaître aucune vertu supérieure au mépris, réel ou orgueilleusement affecté, de la douleur.

Le courage chez les sauvages est donc, comme presque tous les autres caractères, soit physiques, soit moraux, une qualité ethnique plutôt qu'individuelle. Et, en effet, si, dans nos sociétés complexes, où une division savante du travail adapte chaque individu à des fonctions diverses, le courage, louable chez tous, n'est pas également indispensable à tous, on conçoit, au contraire, que parmi des peuples primitifs, où tout individu accomplit la série totale des fonctions de son sexe, au milieu de tribus courageuses, intrépides, des hommes poltrons ou seulement timides auraient trop de désavantage pour pouvoir se perpétuer eux et ceux de leurs enfants qui hériteraient de leur caractère.

En général, d'ailleurs, le caractère moral, comme le tempérament physique, tend d'autant plus à l'uniformité chez une race qu'elle est plus inférieure et en quelque sorte plus voisine de l'état brutal. L'homme sauvage est plus espèce; l'homme civilisé est plus individu. La diversité d'instincts, de tempéraments et d'aptitudes des représentants de nos races supérieures est un de leurs caractères les plus tranchés; et cette diversité, plus ou moins grande, de tous les individus humains, est ce qui les distingue le plus des autres espèces animales, chez lesquelles l'uniformité est presque complète, parce qu'elle dépend rigoureusement de la loi de nécessité qui, plaçant tous leurs représentants sous les mêmes conditions de vie, exige qu'ils aient tous les mêmes moyens de vivre et de se perpétuer. Il en faut induire que, sans doute chez l'homme primitif, cette diversité individuelle était à son minimum et que des institutions sociales qui auraient pour effet de ramener cette uniformité, seraient une cause de rétrogradation pour l'humanité.

Il en résulte aussi qu'on peut, avec une presque certitude, induire du caractère d'un individu sauvage le caractère de tous les membres de sa tribu ; mais que de celui d'un homme civilisé on ne saurait inférer celui de tous ses compatriotes. Beaucoup de faux jugements de nos voyageurs, beaucoup de préjugés réciproques d'une nation contre une nation voisine sont venus de ce qu'on n'a pas fait cette distinction nécessaire. Il y a des Anglais, des Français, des Allemands, des Italiens, des Russes de toutes sortes, et certains Français ressemblent plus à certains de leurs voisins qu'ils ne se ressemblent entre eux ; tandis qu'un Arabe, un Peau-rouge, un Hottentot étant donné, le plus grand nombre des Hottentots, des Peaux-rouges ou même des Arabes en reproduiront plus ou moins exactement le type, et d'autant plus exactement que la race sera plus inférieure, jusqu'à l'identité presque complète des individus appartenant aux espèces animales. Il y a même souvent plus de différences morales entre les divers individus de nos races d'animaux domestiques, même les plus pures, qu'entre deux sauvages de la même tribu. Cela tient à l'influence même de la domesticité, qui place nos divers individus d'une même race sous des influences très-diverses. Ainsi, un chien ou un cheval, maltraité par son maître, acquerra certains instincts; tandis que des instincts tout différents se développeront chez le chien ou le cheval choyé et caressé par une main protectrice et amie.

Une tribu sauvage, au contraire, est une variété locale dont tous les individus sont placés sous les mêmes influences et les mêmes conditions; il en résulte pour elle un tempérament moral spécifique constant. Si l'on peut signaler entre ses membres des différences individuelles, elles seront dues à l'atavisme, à d'anciens croisements ethniques peut-être et se borneront aux traits physiques du visage, de la peau ou des cheveux, sur lesquels les conditions de vie ont une influence presque nulle ou du moins très-lente. Mais chaque tribu, étant soumise à des conditions de vie diverses, aura son tempérament moral propre, ses instincts bas ou élevés, ses qualités, ses défauts, ses aptitudes spéciales. On aura donc des tribus intrépides et généreuses ou des hordes lâches, rusées, voleuses; des loups et des renards, des lions et des tigres : tout cela sous le même vêtement physique humain. Déterminer, au milieu de ces différences, un caractère moral spécifique originel pour toutes les races humaines primitives, serait tenter l'impossible; parce que ce caractère ne pourrait allier des contraires, qui s'excluent entre eux, et que la souche originelle de l'humanité, à travers la série de ses évolutions, a successivement revêtu des tempéraments et des caractères très-divers, qui tour à tour ont été distinctifs, à un moment donné, de quelques-unes de ses variétés transitoires.

Néanmoins, au milieu de ces diversités, variables à l'infini, on peut, ou décrire d'après les faits connus, ou induire des lois de la nécessité quelques linéaments moraux qui ont été et seront toujours communs à l'humanité, parce qu'ils sont la conséquence de son organisation physique qui gouverne certaines conditions essentielles de son existence. Mais ces lignes générales doivent être modifiées selon les temps, les lieux, les conditions spéciales sous lesquelles chaque race a été appelée à se développer. Ainsi le Gaulois a bien des rapports avec le Français; mais par combien d'autres traits il en diffère! le Franc de Clovis n'était certes pas le Français des croisades et serait bien difficilement retrouvé sous le Français du siècle de Louis XIV ou de l'époque révolutionnaire. Ce qu'ils ont de commun entre eux n'est guère que ce qui se retrouve en commun chez tout homme, au moins chez tout Européen. En général, un individu d'une race quelconque diffère moins moralement d'un autre individu d'une autre race, mais son contemporain et placé sous des conditions sociales analogues, que d'un autre individu de la même race, mais d'une autre époque ou appartenant à d'autres rangs sociaux. Rien ne ressemblait plus à un baron féodal allemand, sauf la langue, qu'un baron féodal français du même temps. Le courtisan de Louis XIV était identique au courtisan de Jacques II d'Angleterre, de Charles IV d'Espagne ou de l'empereur d'Allemagne; et différait également de l'homme de la cour de Louis XV, de Frédéric II ou de Marie-Thérèse : car la couleur prédominante des esprits avait changé d'un siècle à l'autre entre le règne de madame de Maintenon et celui de madame de Pompadour. Rien ne diffère plus d'un paysan normand que le gandin de Paris qui monte le cheval que l'autre a élevé ; et l'artisan parisien, qui mange le blé semé par un Bas-Breton ou un Champenois, n'a que très-peu de caractères communs avec celui-ci. Ils diffèrent plus entre eux par leurs instincts et leurs mœurs que le serin et le chardonneret dont nous faisons deux espèces sous deux noms différents.

Il résulte de cela que le temps peut dominer les influences de races dans les caractères moraux ethniques. C'est ainsi que, chez toutes les nations arrivées à un degré analogue de civilisation, quelles que soient d'ailleurs leur origine et la différence de leurs caractères physiques, le caractère moral tend à prendre certaines lignes communes. C'est pourquoi le Hongrois et le Turc touraniens de Pesth ou de Constantinople arrivent aujourd'hui à différer peu des néo-latins de Florence, de Madrid, de Paris, des Allemands de Dresde ou de Berlin, des Anglo-Saxons de Londres ou de New-York, et que nos Européens monarchistes et démocrates ont beaucoup de ressemblance avec les sujets romains des Césars, ou les Grecs d'Alexandre et de ses successeurs.

De même, tous les peuples sauvages semblent destinés

à traverser diverses phases morales et à s'y arrêter plus ou moins longtemps; de même aussi tous les peuples primitifs ont dû avoir entre eux, à un moment donné de leur évolution ethnique, de grandes ressemblances, une presque parfaite identité d'instincts, de tempérament moral, ressemblances, identité même qui sont attestées par les vestiges similaires qui nous restent de leur passage ou de leur séjour sur le sol européen, aux diverses époques géologiques successives.

Si donc nous pouvons reconstruire l'image effacée de l'homme moral de ces époques éloignées, c'est à l'aide des éléments épars que nous fournissent les peuples qui sont encore demeurés aujourd'hui dans un état analogue, c'est-à-dire chez lesquels nous constatons les premiers éléments d'une sociabilité naissante, en quelque sorte avortée, et qui, en somme, sont restés plus ou moins près de la brute bimane dont l'homme a tiré l'existence.

Or, sommes-nous le moins du monde autorisés à croire, d'après les données que nous fournissent les voyageurs les plus impartiaux et par les vestiges de l'industrie préhistorique, que l'homme ait été primitivement, originellement bon, doux, inoffensif, inerme, presque indifférent et sans passions violentes, tel enfin que le décrit Rousseau [1]? Les faits malheureusement disent tout le contraire.

Il n'est guère à croire désormais qu'il existe encore quelque part dans le monde des races sauvages qui

[1] *Disc.*, p. 65.

soient demeurées complétement inconnues aux marins, aux missionnaires ou aux savants explorateurs européens. Si nous pouvons espérer connaître plus complétement celles dont l'existence nous a déjà été signalée, du moins ne pouvons-nous guère attendre que des faits entièrement nouveaux puissent modifier profondément les notions que nous possédons déjà sur leurs mœurs et leur état social.

Or, bien loin que les peuples sauvages nous apparaissent sous les traits pacifiques de l'homme primitif de Rousseau et des autres philosophes sentimentalistes à imagination vive mais peu réglée qui ont continué son école et qui se sont appelés Fourrier, Saint-Simon, Pierre Leroux, Cabet, Proudhon lui-même, nous les voyons, au contraire, tous agités de perpétuelles discordes, de tribu à tribu, comme d'homme à homme. Chaque homme, comme chaque tribu, nous apparaît infesté de tous les vices et préjugés de l'homme social, vices et préjugés, on peut le dire, portés à leur plus haute puissance. Le vol et le mensonge, la ruse et la violence, la vanité et l'envie, la puérilité timide de l'enfant, la colère audacieuse et irréfrénée de l'homme fait, voilà les traits sous lesquels les voyageurs sont à peu près unanimes à nous les représenter.

« Quand nous pénétrâmes dans ces bois, en février 1846, dit le père Salvado, racontant avec une réelle bonne foi ses missions en Australie [1], nous ne trouvâmes

[1] *Mémoires hist. sur l'Australie*, par M. Rudesindo Salvado, Paris, 1854.

que des créatures qui tenaient bien moins de l'homme que de la bête : des sauvages qui se tuaient pour se dévorer les uns les autres, qui déterraient leurs morts, même après trois jours de sépulture, pour s'en nourrir dans les cas extrêmes ; des maris qui pour un rien tuaient leurs femmes ; des mères qui donnaient la mort à leur troisième fille, alléguant par raison unique le grand nombre des femmes ; des sauvages qui, pour ne pas trouver une mort certaine, étaient obligés de se renfermer dans une circonscription du territoire où, soit le droit de naissance, soit l'amitié, leur garantissait la vie sauve ; des hommes, enfin, qui fuyaient les Européens comme des bêtes féroces, qui ne connaissaient nullement le travail, qui n'avaient aucun culte religieux et qui, en conséquence, quoiqu'ils eussent l'idée d'un esprit malfaisant, nommé Cienga, n'adoraient aucune divinité, ni vraie, ni fausse. »

C'est qu'en effet, l'homme à l'état sauvage, en guerre universelle avec la nature et avec ses semblables, est placé dans les conditions de vie communes à l'animalité : il doit donc en avoir tous les instincts, toutes les passions. Et cependant, nos sauvages actuels, dont aucun certainement ne représente la souche primitive et inaltérée de l'espèce, doivent encore avoir acquis, durant une longue suite de générations qui se sont succédé à peu près dans le même état et souvent dans les mêmes lieux, un certain ensemble d'instincts sociaux héréditaires que la loi de nécessité même a fait surgir à la longue du chaos de leurs besoins rivaux et de leurs passions opposées, de manière à suppléer pour eux, par un ensemble de mœurs et de coutumes fixes, à un corps de lois réfléchies, délibérées ou subies.

Mais chez l'homme primitif, si l'on veut remonter jusqu'au moment de son apparition, de sa formation par sélection naturelle, il ne pouvait rien exister de semblable, et il devait résulter de la variabilité physique des premiers représentants de la race, en voie de lents progrès, une variabilité corrélative des instincts qui ne pouvait que multiplier les causes de conflit entre les individus divers qui la représentaient. Aucun droit n'étant déterminé entre eux et limité par un devoir, tous devaient donner matière à contestation. La guerre eût donc éclaté entre les premiers hommes pour chaque fruit d'un arbre, s'ils n'eussent été préservés de l'anarchie passionnelle de cette époque de transformation, par la lenteur du procédé de transformation lui-même, qui dut toujours permettre aux anciens instincts moraux spécifiques qu'ils tenaient du type anthropoïde antérieur dont ils provenaient, de subsister au moins en partie, jusqu'à ce que des instincts plus humains vinssent peu à peu les contrebalancer et les modifier successivement.

Autrement il est impossible de concevoir comment l'humanité aurait pu devenir, venir à l'être, et comment elle ne se serait pas éteinte en germe dans les rivalités guerroyantes de ses premiers représentants qui, sans instincts, sans passions héréditaires, sans mœurs spécifiques déterminées et au moins relativement fixes, s'ils n'avaient manqué aux premières conditions de l'existence individuelle, eussent failli du moins à celles de la conservation et de la multiplication de leur race [1].

Une espèce animale sexuée ne peut subsister sans relations morales quelconques entre les individus qui la composent, et il faut au moins que les instincts, les passions d'un sexe répondent suffisamment, sinon exactement, aux passions et aux instincts de l'autre. Et plus l'animalité s'élève, plus cette nécessité d'une sorte de code moral, reconnu, ou plutôt senti identiquement par tous, est indispensable. Si c'est là ce que Rousseau nommait l'*impulsion de la nature* [2], cette impulsion, variable à l'infini, n'est que l'instinct héréditaire lui-même qui, très-fixe et aveuglément fatal chez les espèces animales et probablement aussi chez les races humaines primitives, se diversifie, se modifie à l'infini chez les races civilisées, et, sous la réaction réfléchie et raisonnée de l'intelligence, semble perdre, plutôt qu'il ne le perd en réalité, son caractère de fatalité.

Dans chaque individu d'une race quelconque, animale ou humaine, les impulsions morales instinctives ne sont que la résultante atavique des caractères moraux instinctifs de ses ancêtres, caractères qui vont se diversifiant à l'infini à travers les ramifications de son arbre généalogique. Plus la race est pure, plus ces instincts ont d'uniformité, de fixité et de force; plus elle est mélangée, plus ils présentent de différences, de variabilité,

[1] *Disc.*, p. 81.
[2] *Disc.*, p. 76.

d'instabilité, et plus ils donnent aisément prise aux réactions raisonnées de la volonté intelligente.

Quant à décider si ces impulsions instinctives sont bonnes ou mauvaises, c'est une question qui a toujours été mal résolue parce qu'elle a été mal posée.

Il faut bien arriver à reconnaître qu'il n'y a aucune action bonne ou mauvaise en soi, mais seulement plus ou moins nuisible ou plus ou moins utile, soit à l'espèce, dans laquelle l'agent se trouve compris, comme une unité solidaire de toutes les unités présentes et à venir de même type, soit aux autres espèces, avec lesquelles cet individu entre en relation et dont la destinée peut avoir avec celle de sa propre espèce des rapports plus ou moins étroits de solidarité. Les impulsions instinctives d'un être vivant sont donc bonnes ou mauvaises seulement, selon qu'elles sont utiles ou nuisibles, non pas à l'individu qu'elles sollicitent et font agir, mais à sa race, soit directement, soit indirectement, et par ses conséquences. Il n'y a pas d'autre critère objectif de la moralité que celui-là, et on comprend qu'il est et ne peut jamais être que relatif. Une espèce, une race peut avoir une moralité supérieure à celle d'une autre race ou espèce, aucune ne manque absolument de morale, parce qu'elle ne pourrait exister sans cela, et aucune n'a la morale la plus parfaite qu'elle puisse avoir.

Car la loi morale d'une espèce n'étant que la formule concrète et objective de l'utilité spécifique et cette utilité changeant avec les conditions de vie et de milieu, il en résulte que de bons instincts peuvent devenir mauvais et, réciproquement, dans la durée des âges et la succession des générations de même race : c'est-à-dire que des impulsions utiles deviennent fâcheuses et des passions, jusque-là nuisibles, deviennent utiles. Les bonnes mœurs peuvent donc être celles qui changent et s'altèrent, aussi bien que celles qui restent fixes et constantes, selon que l'espèce a intérêt à changer ou à transformer ses habitudes héréditaires. De sorte que ce qui était moral pour les aïeux peut devenir immoral chez les descendants. Du reste, la plupart de nos vices actuels ne sont en réalité que d'anciennes vertus de nos ancêtres, conservées trop longtemps, exagérées jusqu'à devenir passion, excès, péril, ou devenues, par leur principe même, contraires à nos conditions de vie actuelles et, par cela, condamnées à la désuétude par la conscience contemporaine en progrès, grâce aux réactions exercées sur elle à chaque génération par l'intelligence sous la loi de nécessité.

Cette loi nous explique donc ce fait, jusqu'ici resté inexplicable aux moralistes, que des actes, jugés criminels par notre conscience morale d'hommes civilisés, ont été considérés comme parfaitement innocents, légitimes ou tout au moins indifférents chez quelques-uns de nos ancêtres plus ou moins éloignés; que le vol, la rapine, le mensonge, la fraude, la ruse sous ses différentes formes, comme le meurtre et ses violences, ont été des choses normales pour les races humaines primitives, comme elles le sont encore pour certaines espèces animales. Et il ne faut que parcourir l'histoire rétrospective des races d'où nous sortons et dont nous avons plus ou moins hérité le sang et les instincts, pour que nous nous sentions contraints à confesser la justesse de cette induction en ce qui nous concerne, et pour nous amener à reconnaître que, probablement, ces barbares qui furent nos ancêtres, déjà en progrès sur leurs ancêtres sauvages, avaient hérité d'eux une bonne part de la brutalité primitive qu'ils tenaient eux-mêmes à leur tour de leur souche tout animale et dont ils gardèrent longtemps les traces, atténuées lentement et peu à peu pendant des siècles de siècles, comme le sceau indicateur de leur origine.

Ce serait donc contraire à tous les faits connus, comme à toutes les inductions qu'on en peut tirer, de se représenter l'homme primitif comme un être sans passions, calme jusqu'à l'indifférence et même jusqu'à l'ataraxie du stoïcien, ainsi que l'a prétendu Rousseau[1].

L'homme primitif, au contraire, n'a pu triompher des autres espèces animales qu'en puisant sa force dans l'énergie de ses passions, comme ses moyens d'existence dans la multiplicité, la variabilité heureuse de ses instincts, qui seuls ont été l'éperon excitateur de son intelligence.

Il est, de même, impossible d'admettre que les premiers individus humains aient pu vivre sans avoir entre eux aucune espèce de commerce[2]. En admettant même que, de tout temps, ils ne vécurent pas par troupes

[1] *Disc.*, p. 65, 73, 78.

[2] *Disc.*, p. 45, 55, 63, 65, 73 et suiv.

plus ou moins nombreuses, pour se défendre mutuellement contre les périls communs et s'entr'aider dans la poursuite du gibier, les relations sexuelles eussent encore suffi à établir entre eux une série de rapports sociaux variés et continus, avec une sorte de code moral établissant pour chacun, sinon des devoirs et des droits, dans l'acception donnée à ces termes par la conscience moderne, du moins des usages, des coutumes et une série complexe de sentiments et de passions propres à leur fournir des motifs déterminants de conduite.

Il est également faux que l'homme primitif ait été exempt même de ces simples travers d'esprit qui, bien que développés dans nos sociétés civilisées, n'y ont nullement pris leur origine, mais, au contraire, ne sont encore qu'un triste héritage de ces ancêtres éloignés.

Ainsi, l'homme sauvage est aussi vaniteux, plus vaniteux même que l'homme civilisé [1]; seulement, sa vanité a d'autres occasions de s'exercer, son ambition a d'autres objets. La possession d'un collier de verroterie peut jeter la discorde dans toute une tribu; le nègre de la côte de Guinée, qui se voit préférer un autre nègre dans la distribution de ces mêmes objets, que nos marins leur portent en échange de poudre d'or, pleure de dépit d'abord et plus tard se vengera, s'il le peut, de cette préférence, soit sur celui qui l'a reçue, soit sur celui qui l'a accordée. Nul n'est plus susceptible que le sauvage sur le point d'honneur, tel du moins que le lui font

[1] Comparez. *Disc.*, p. 87, 88, 94.

sentir ses instincts particuliers; nul ne tient davantage aux formules et signes de la politesse, tels que les conçoit sa tribu[1]. Refuser à un Peau-rouge de fumer le calumet de paix, serait une insulte que le sang seul pourrait laver; ne pas accepter le morceau d'ours ou de baleine que l'Esquimau vous offre après l'avoir proprement nettoyé avec sa langue, serait l'offenser gravement[2]. Tout mouvement inexpliqué, tout regard trop curieux ou trop fixe, tout sourire ou geste dédaigneux est une injure pour la défiance du sauvage et sa colère s'éveille au moindre soupçon du mépris de sa personne.

On ne saurait admettre non plus qu'il fut une époque où l'homme, même à l'état le plus primitif, n'avait aucune notion du tien et du mien, quand on en aperçoit la trace évidente jusque chez la plupart des animaux[3]. L'oiseau ne confond pas son nid avec celui d'un autre; on ne le voit point chercher à se l'approprier. Chez le coucou, et seulement quelques espèces avec lui, c'est un instinct exceptionnel, particulier, qui le porte à confier sa couvée aux soins d'une autre espèce. Les précautions mêmes qu'il prend prouvent qu'il vole parce qu'il veut voler et sait qu'il vole. En somme, c'est une nourrice qui substitue son enfant à celui d'une riche famille, pour en assurer l'avenir. D'autres espèces ont assez d'intelligence et de discernement pour faire usage des nids abandonnés par d'autres individus de la même

[1] *Disc.*, p. 94.
[2] V. Lubbock.
[3] *Disc.*, p. 84.

espèce, ou des matériaux qu'elles en peuvent tirer. Quel animal ne distingue sa proie de celle d'un autre et ne la défend avec cette persistance qui suppose le ressentiment d'une injustice, c'est-à-dire le sentiment d'un droit violé?

Qu'après cela, l'homme primitif n'eût de la justice qu'une idée vague et flottante, très-différente de celle que nous nous en faisons aujourd'hui, et plutôt même un sentiment instinctif qu'une idée, cela semble irréfragable, puisque, aujourd'hui même, cette idée est loin d'être arrêtée, fixe et identique, non-seulement chez tous les individus de nos races civilisées, mais chez tous les membres d'une même nation, chez tous les hommes d'un même temps et jusque parmi l'élite des esprits cultivés. Mais il n'est pas moins indubitable que chez toutes les nations sauvages on a trouvé une notion du droit, déterminée, il est vrai, plutôt empiriquement par l'usage et la coutume que par le raisonnement.

En un mot, les faits, actes ou rapports qualifiés de justes ou d'injustes peuvent changer, mais la notion d'une justice quelconque demeure, il est vrai, en se confondant à son origine avec celle de l'habitude ethnique. Ce qui est juste, c'est ce qui doit se faire, parce que cela s'est fait; et, pour le sauvage, le droit est en réalité la coutume des ancêtres, arrivée chez lui à l'état d'instinct passionné. C'est seulement avec cette restriction, et sous cette forme, qui la ramène à une habitude héréditaire, que la notion de justice est primitive dans la race humaine, qui, bien plus tard seulement, a pu s'élever jusqu'à la produire et la comprendre sous forme de concept intellectuel abstrait.

Du reste, à l'état de sentiment instinctif et en quelque sorte empirique, la justice est antérieure à l'homme; car la brute elle-même ne souffre pas plus que le sauvage la violence de ses congénères ou d'un individu de race différente, sans se défendre ou se venger. Si cet instinct semble affaibli, chez le chien surtout et plus ou moins chez toutes les autres espèces domestiques, cela tient à l'influence de la domesticité même, qui, par l'action sélective longtemps continuée, a réussi à altérer leur nature morale au profit de l'homme, pour son utilité ou ses plaisirs. Du reste, l'esclavage, le despotisme continu a exactement le même effet sur les races humaines elles-mêmes et tend à substituer en elles, au sentiment naturel du droit, l'instinct d'obéissance servile et d'abdication de la volonté. Il serait d'ailleurs faux de croire que l'instinct de la liberté et de la vengeance soit toujours et complétement anéanti chez les animaux que nous tenons en servitude. Chez eux, comme chez l'esclave humain, il y a parfois des révoltes terribles et de longues colères longtemps couvées. On observe même, sous ce rapport, dans les mêmes races, de grandes différences individuelles et qui prouvent que l'action sélective n'a pu réussir à détruire les instincts primitifs de l'espèce, également chez tous ses représentants. On connaît de nombreux exemples d'un ressentiment longtemps nourri chez les chevaux, les chats, les perroquets, plusieurs autres oiseaux, chez le chien lui-même, qui, bien que le plus complétement conquis à notre domination, n'est cependant pas le même entre les mains d'un bon ou d'un mauvais maître. Il semble même, dans certains cas, que l'intelligence que ces animaux ont acquise dans leur commerce avec l'homme, soit alors employée contre lui, tant ils savent attendre avec patience l'occasion d'exécuter un dessein longtemps mûri et d'échapper ensuite aux châtiments qu'ils savent devoir être la conséquence de leur acte de révolte ou de vindicte.

Quant au sauvage, rien n'est, en général, plus vindicatif, et quand la force trahit son désir de vengeance, il a le plus souvent recours à la ruse. Mais il est remarquable d'observer qu'il est bien plus sensible à l'offense morale qu'au mal physique enduré; car sans rancune contre l'ennemi qui l'a blessé à mort dans le combat, il éclate en indignation et en menaces, le plus souvent suivies d'effets, contre celui qui le prend en traître. Si sa colère se répand en imprécations, en injures contre le voleur qui lui ravit son butin, contre l'ennemi qui le calomnie, contre le rival qui met obstacle à son ambition par des moyens qu'il juge illégitimes, c'est sans même marquer de ressentiment qu'il se défend contre l'animal qui l'a blessé ou contre celui qui a dévoré la proie qu'il a déjà atteinte.

Si chacune de ces passions, chacun de ces instincts n'a pas existé dans toute sa force chez la souche primitive de toutes les races humaines, il faut admettre au moins qu'ils ont apparu chez ces races dès une époque très-reculée et presque dès leur berceau, puisque on les retrouve identiques chez presque tous leurs descendants, et qu'ils font partie du fond le plus fixe et le plus général du tempérament moral humain. D'ailleurs leurs analogues, moins l'expression toute spéciale que le langage leur donne, se manifestent même chez presque tous les primates, seulement avec une moins grande intensité et une moins grande persistance, mais plus de spontanéité, d'irréflexion, de soudaineté puérile et sans durée, et telle enfin à peu près que nous les voyons se manifester chez nos enfants, ces images vivantes de toute la série de nos ancêtres dont ils nous retracent dans leur développement les types moraux successifs.

Si l'on joint à cette vivacité des passions et de la vanité chez l'homme primitif, encore voisin de son origine, la férocité toute brutale, qu'il avait héritée sans doute déjà des types anthropoïdes antérieurs, et qu'il devait d'ailleurs acquérir dans une vie rude, toujours exposée au péril et dont chaque jour était marqué par de sanglants combats contre les plus puissants des animaux ou contre des rivaux de même souche, on est amené à conclure que cette période primitive de l'humanité ne fut rien moins qu'une vie de paix et de bonheur et que, fréquemment et pour les querelles les plus futiles, les mains de l'homme furent teintes du sang de l'homme.

Est-ce à dire que cet homme primitif fût inaccessible à tout sentiment de pitié pour ses congénères? Ce serait aller trop loin. D'ailleurs la colère et la vengeance n'excluent nullement l'empire de sentiments plus doux en d'autres moments. L'organisation morale d'une espèce animale quelconque est toujours formée d'un ensemble complexe de sentiments contraires, et d'instincts qui se limitent l'un l'autre, de manière à se tenir réciproquement en équilibre, ou qui sont destinés à fonctionner alternativement et à fournir des impulsions, des motifs d'agir dans chacune des circonstances diverses où elle est exposé à se trouver [1].

L'animal lui-même semble ému et comme affecté d'un sentiment douloureux en voyant souffrir son semblable. Le chien hurle en entendant hurler le chien qu'on frappe. Les cris de douleur ou de crainte d'une espèce alarment les autres espèces qui semblent pour le moins s'en inquiéter, s'en attrister, comme si un écho de cette souffrance retentissait en eux et les faisait souffrir par une sorte de sympathie nerveuse.

L'homme n'a pu échapper à cette loi générale, d'ailleurs si utile aux races chez lesquelles elle se manifeste avec prédominance. De tout temps, sans doute, il a éprouvé un sentiment douloureux à l'aspect de la souffrance des êtres vivants, surtout de ses congénères; mais surtout, exclusivement même, lorsqu'il n'en était pas la cause. C'est-à-dire que, de tout temps, comme aujourd'hui et comme chez les animaux eux-mêmes, quand la pitié est en lutte avec la colère, la jalousie, la vengeance ou quelque autre violente passion, nous ne dirons pas humaines, mais animales et en quelque sorte organiques, tant elles sont générales chez les êtres

[1] *Disc.*, p. 68.

vivants, c'est la pitié, l'une des plus récentes et des plus faibles, qui se tait vaincue.

Qu'aujourd'hui encore, après tant de siècles de sociabilité, de civilisation, d'efforts vers le progrès moral, que chacun de nous s'interroge sur ses sentiments les plus secrets, les plus profonds, les plus invincibles, les plus spontanés, et il sera contraint de confesser que la pitié ne lui est possible pour un ennemi, un rival, un adversaire que lorsqu'elle prend la forme du mépris. « Je lui pardonne, parce que j'ai pitié de lui, » diront certains de nos chrétiens formés à notre hypocrisie moderne, qui change les noms de nos passions plus que ces passions mêmes; le sauvage, plus franc, dirait tout simplement : « J'ai pitié de lui, parce que je le méprise. » Mais le sentiment éprouvé par l'un et par l'autre serait identique. On pardonne à un ennemi, à un adversaire; on renonce à la vengeance qu'on se sent sollicité à tirer de lui; on ne réclame pas contre lui tout son droit; on lui épargne la honte et le dommage d'une poursuite en justice, comme, en d'autres temps, on eût abaissé le glaive déjà suspendu sur sa tête ou détendu l'arc déjà prêt à le frapper; mais on lui pardonne par un ensemble de considérations étrangères à sa personne et à la pitié qu'elle nous inspire. On lui pardonne pour sa femme, ses enfants, son père, qui partageraient son châtiment ou son opprobre, sans avoir pris part à son offense ou à son crime; on lui pardonne peut-être encore aussi souvent, parce qu'on a quelque intérêt à le faire, ne fût-ce que d'acquérir une réputation de générosité. On lui pardonne même parfois, comme Rousseau le supposait de l'homme primitif, par une sorte d'indolence, d'apathie des passions, d'affaiblissement des instincts spécifiques et, enfin, parce que la patience, la résignation, l'oubli d'une injure exposent presque toujours à moins de dangers et, en tous cas, à moins de peines que la réparation, obtenue, le plus souvent, à force de persévérance, de volonté, d'activité, de fatigues, parfois de périls et de sacrifices, ne pourrait donner de jouissance.

Mais, quant à la pitié pour l'homme duquel nous n'avons reçu aucune offense et dont la douleur n'éveille en nous que le sentiment, en quelque sorte la sensation réflexe de ce que nous souffririons, si nous étions à sa place, elle est, bien qu'à des degrés divers, universelle chez tous les individus de la race humaine et doit remonter jusqu'à son berceau, bien qu'elle se soit probablement développée sans cesse.

La pitié est un sentiment si profondément, si anciennement enraciné dans l'homme, qu'elle est devenue, pour lui, la source la plus féconde de ses jouissances esthétiques. Il en est arrivé, par une de ces exagérations de l'instinct, toujours exposé à devenir excès, par suite d'une accumulation héréditaire qui tend à le transformer et à le dévier de son but, à se complaire au spectacle de la souffrance, réelle ou fictive, et à la rechercher avec passion, comme s'il trouvait de la joie à éprouver ce sentiment de pitié qui n'est utile et actif qu'à la condition d'être une douleur. Ainsi, le Peau-rouge se délecte à la vue du prisonnier de guerre scalpé et brûlé à petit feu dans les fêtes de la tribu assemblée. C'est également cette passion croissante de la pitié, déviée de son but, ce plaisir excessif que nous sentons à être émus par l'idée ou la représentation plus ou moins vive et exacte de la souffrance humaine, qui fait que presque toutes les œuvres de l'art, les conceptions des poètes nous laissent froids et inattentifs si elles ne satisfont à ce besoin.

Il est aisé de suivre le progrès, en quelque sorte, outré et maladif, de cette passion dans nos races civilisées, depuis les temps historiques, en voyant l'art glisser de plus en plus de la représentation purement esthétique du vrai réalisé ou idéalisé, c'est-à-dire de la vie et de ses formes les plus parfaites, soit physiques, soit morales, dans la recherche des effets dramatiques les plus puissants et les plus propres à émouvoir ce sentiment profond et à la fois amer et doux de la commisération humaine. De sorte que, tandis que l'art grec semblait s'être donné d'abord pour objet principal la représentation du beau ou de la vertu, nos artistes ne craignent point, s'efforcent même de nous montrer, dans leurs créations, la laideur et le vice, pourvu que cette laideur et ce vice remuent profondément notre sensibilité et nous donnent l'illlusion puissante d'une émouvante réalité[1].

Tel est, au fond, le vrai sujet de la querelle entre les idéalistes et les réalistes : les premiers n'ayant jamais renoncé, au moins volontairement, à nous donner dans leurs créations l'illusion du vrai et de la vie, mais s'étant

[1] Voy. *La Tristesse dans l'Art*, par Clémence Royer. (Revue moderne), 1er mai 1867.

seulement donné pour tâche et pour règle de nous montrer la vie et le vrai possibles, sinon réels, sous leurs plus nobles formes; tandis que les seconds, renonçant à exciter en nous, pour les types qu'ils créent, le sentiment d'admiration et en quelque sorte d'émulation, qui est le but moral de l'art, se contentent de nous étonner par leur puissance d'imitation, sans se croire tenus à aucune règle, quant au choix des objets mêmes qu'ils imitent. De sorte que, tandis que Phidias, Lysippe ou Polyclète s'efforçaient de donner une noblesse divine à la forme humaine, qu'un Tyrtée entraînait Sparte en chantant les vertus guerrières, et que Pindare consacrait ses strophes à la gloire des héros dont un Homère nous racontait les exploits et la vie, déjà Eschyle, Sophocle, Euripide, Virgile cherchent surtout à nous attendrir plutôt qu'à nous enthousiasmer. Virgile, avec tous les Latins, entre dans la même voie; et Michel-Ange, à la Renaissance, ne saura plus que nous représenter Bacchus ivre, et les traits décharnés d'Adonis mort ou du Christ expirant. Sous son ciseau, la madone deviendra une forte paysanne; et les allégories de la nuit et du jour, du crépuscule et de l'aube seront tristes comme la destinée de l'homme dont elles mesurent la durée. Au même moment où Raphaël, inspiré de nouveau de l'idéalisme classique, peignait ses vierges suaves d'après les traits de Madeleine Doni ou de la belle Fornarina, Michel-Ange rassemblait les images légendaires de toutes les fatalités douloureuses sur les murs de la chapelle Sixtine, où les sibylles et les prophètes ne semblent se mettre d'accord que pour prédire la catastrophe du genre humain, détruit et châtié par un implacable juge; et tandis que, chez les Grecs, les Euménides mêmes savaient pardonner et que les Parques avaient la beauté des immortelles, elles prenaient, sous le pinceau du grand mais sombre Florentin, les traits des trois sorcières de Macbeth. Et, aujourd'hui, si la sculpture est impuissante, c'est qu'impropre à exprimer profondément l'effet dramatique, artistes et juges manquent pour créer et sentir la beauté sereine et calme. La peinture, au contraire, répond mieux au sentiment des foules, en leur présentant, avec Courbet, *les Baigneuses* ou *les Casseurs de pierres;* si ce n'est, avec Paul Delaroche, le billot de Jane Grey, la geôle des enfants d'Édouard; ou, avec Ary Scheffer, le rocher des *Femmes souliotes.* Si Molière, après Plaute et Térence, ne nous faisait encore que rire de nos propres ridicules, nos dramaturges actuels ne savent enchaîner que les atrocités aux infamies, et même nos comiques ne savent que nous faire pleurer sur le sort de la vertu impuissante à lutter contre le vice.

Osons le dire, c'est un signe évident de décadence sociale, d'infériorité morale ethnique, quand la pitié humaine, détournée de son véritable objet, qui est de porter secours à des douleurs réelles, prend un semblable cours; c'est un monde qui finit et s'abîme dans la fange, quand Néron, Sylla et Alexandre de Phères pleurent au théâtre, mais ne sont pas même émus à la vue du sang que leurs proscriptions font couler.

Mais cet abus d'un si noble instinct n'est point nouveau dans l'humanité, ni particulier à notre race : si Rome, avec ses vestales, applaudissait les gladiateurs qui savaient mourir, les tribus du nord de l'Amérique n'avaient pas aussi de plus doux spectacle que la torture endurée avec courage par leurs prisonniers de guerre. Presque chaque peuple sauvage danse autour du bûcher où se tord, à demi consumé, le corps vivant d'un ennemi dont bientôt il va se nourrir; des chants de guerre, des récits de bataille animent l'affreux festin, et tout le cercle applaudit à l'orateur, au poète, à l'historien qui a le mieux réussi à le faire frémir.

Or, tel n'a pu être le but originel de l'instinct de pitié; ce n'en peut-être que l'abus immoral et nuisible. Car en effet la pitié ne serait qu'un sentiment banal, irrationnel, nuisible, s'il n'était actif et s'il se bornait à une commisération vaine pour l'être souffrant, sans qu'il poussât à le soulager.

Disons mieux, c'est qu'un tel sentiment n'aurait jamais eu l'occasion de se développer dans l'espèce, puisqu'il serait demeuré absolument inutile à sa conservation et à ses progrès. La pitié n'a pu, au contraire, comme toutes les autres passions ou instincts, s'enraciner profondément chez l'homme, que parce qu'elle a été chez lui, à l'origine, une impulsion spontanée le déterminant à secourir ses semblables en détresse, même au péril de sa vie ou contre ses intérêts les plus immédiats. En protégeant, sauvant ainsi les individus les uns par les autres, en établissant entre eux une sorte de solidarité dans le péril et la souffrance, elle a donné à l'espèce entière l'avantage que les forces unies ont toujours sur les forces divisées ou seulement isolées.

Mais Rousseau est tombé dans la plus étrange des contradictions, quand, ayant accordé la pitié à l'homme primitif, il lui refuse la sociabilité, qui en est à la fois le principe et la conséquence [1]. L'homme, s'il avait jamais existé sans être social, n'aurait alors pu ressentir tout au plus pour ses semblables que cette inutile émotion qu'éprouvent les animaux à la vue de la souffrance d'autres animaux. Pour que cette émotion devînt active, il a fallu qu'un certain nombre d'individus, vivant rassemblés, eussent l'habitude de se voir, du plaisir à se trouver réunis et que, dans ce sentiment naissant de sociabilité, ils puisent l'idée et les moyens de se venir en aide réciproquement. Donc, sans pitié mutuelle point de sociabilité, mais sans sociabilité point de pitié mutuelle. L'une a dû nécessairement commencer avec l'autre, se développer avec elle. Seulement, lorsque l'organisme social fut pourvu de ses multiples organes, destinés à diminuer, prévenir ou faire disparaître la plupart des périls ou des maux auxquels l'homme primitif était constamment exposé, la pitié devenue un instinct presque sans emploi, une passion sans objet, a pris ce caractère de sentiment abstrait avec lequel elle nous apparaît dans l'art, qui a été pour elle ce qu'est pour un grand fleuve un canal de dérivation destiné à recevoir le trop plein de ses eaux.

[1] *Loc. cit.*, p. 63 et suiv.

Mais si, par un excès de remède, la totalité des eaux du fleuve vient à s'écouler par son nouvel émissaire, son lit desséché ne traverse plus que des campagnes stériles et désolées. De même, si toute la pitié humaine se bornait à s'attendrir sur les maux imaginaire dont nos artistes nous présentent les tableaux, la société, l'humanité, frappée dans son germe, desséchée dans sa source, ne tarderait pas à tomber en langueur et à périr; car le lien qui la maintient unie en faisceau, depuis qu'elle existe, cesserait de l'enserrer pour n'étreindre plus que de vains fantômes, et elle tomberait en poussière comme les corps qui se décomposent.

Mais si la pitié s'est développée avec la sociabilité, on doit en chercher le point de départ dans un autre sentiment qui ne peut être confondu avec elle, bien que le mot qui nous sert à le désigner semble n'en être que la traduction, c'est-à-dire sans la sympathie [1] dans laquelle Adam Smith [2], non sans raison, a vu la source de toute moralité. La sympathie diffère de la pitié en ce qu'elle ne s'émeut pas seulement à la vue de l'être souffrant, mais aussi de l'être heureux. C'est le commencement de l'amour et de l'amitié, et comme une sorte d'attraction instinctive éprouvée réciproquement par deux êtres à la vue ou à l'approche l'un de l'autre, attraction spontanée, irraisonnée, entraînant une sorte de jouissance, qui doit avoir ses causes dans les lois encore inconnues de l'organisation animale, et qui ne paraît pas exclusi-

[1] *Sympathie*, souffrir avec.
[2] *Théorie des sentiments moraux*.

vement propre à l'humanité, mais se manifeste à quelque degré, chez toutes les espèces et surtout chez les espèces sociales. C'est la sympathie spécifique qui fait qu'un chien s'approche toujours d'un autre chien qu'il rencontre, quels que soient les déguisements de la forme typique que la sélection humaine ait produits chez les deux individus. On pourrait croire que la sympathie est le lien moral des êtres de même souche, ou de ceux qui ont entre eux ces affinités organiques, qui leur permettent de reproduire ensemble leur race, si on ne la voyait souvent, ou se manifester chez des animaux de souches très-différentes, telles que le cheval et le chien, ou au contraire se changer en antipathie entre individus de souche semblable et de même sang, comme on le voit fréquemment entre deux chiens, deux chevaux, deux chats et sans même qu'elle soit toujours déterminée par l'identité sexuelle et la jalousie. Du reste, c'est sur les animaux sauvages surtout qu'il faudrait pouvoir en étudier les manifestations, car les instincts de nos animaux domestiques ont été tellement dévoyés et transformés par leur longue servitude ethnique et leur éducation individuelle, qu'il faut se tenir constamment en garde contre les inductions que l'on croirait pouvoir tirer des faits, presque toujours anormaux, qu'ils offrent à nos observations.

Quoi qu'il en soit, il est facile de comprendre comment, de la sympathie spécifique, la sociabilité et la pitié ont pu naître avec toutes les vertus, sentiments, passions, habitudes, instincts, qui devaient peu à peu se développer dans l'humanité et élever de plus en plus son caractère moral.

Mais on conçoit que tous ces instincts ou sentiments n'ont pas existé dans leur série complète et avec toute leur force chez la variété de bimanes anthropoïdes dont toutes les races humaines ont tiré leur origine; mais qu'ils s'y sont développés successivement, progressivement et corrélativement à travers la série totale de ces races et la longue suite de leurs générations.

La sympathie, la pitié, avec tous leurs dérivés, se sont constamment développées dans l'humanité, à mesure qu'elle progressait vers un état de sociabilité plus complexe; mais non sans subir des moment d'arrêts ou de rétrogression chez certaines variétés ou races, et très-inégalement chez chacune d'elles.

On conçoit également qu'à l'origine ces sentiments ne purent être chez le primate bimane primitif qu'un simple germe moral, un instinct naissant encore, incapable de contrebalancer tous les autres instincts violents et égoïstes qu'il avait hérités des espèces et variétés antérieures du sein desquelles il avait surgi, mais à l'existence duquel il dut peut-être l'honneur de donner naissance à sa glorieuse postérité. Entre les premières races de plus en plus humaines qui en sortirent, le lien de la sympathie et de la pitié dut demeurer longtemps si faible et si lâche que la moindre force instinctive contraire suffisait à le briser; comme le premier fil qu'une araignée tend entre deux branches cède au moindre soufle du vent, est emporté par l'aile du plus faible moucheron, tandis que, par son entrecroissement successif en réseaux de plus en plus serrés, il arrive bientôt à intercepter le vol puissant et nerveux de la guêpe irritée.

Et si la pitié, la sympathie, arrivées aujourd'hui à l'excès chez certaines natures, c'est-à-dire jusqu'à dépasser cette moyenne réglée des instincts utiles, après avoir produit, comme autant de rejetons, tous les sentiments affectueux qui passionnent le plus vivement le cœur humain, sont cependant encore si fréquemment impuissantes à réprimer ses colères, ses haines, ses vengeances, à maîtriser son égoïsme, à contrebalancer ses instincts de rapine, de ruse, de fourberie, de violence, d'ambition, à bien plus forte raison elles ne pouvaient compter que comme un élément presque sans valeur dans la résultante générale des motifs déterminants qui réglaient la conduite des premiers hommes entre eux, dans leurs rapports sociaux, comme dans leurs relations de famille.

Nous sommes donc conduits à nous représenter nos premiers ancêtres à peine plus moraux que ceux qui les suivent immédiatement dans l'échelle organique, c'est-à-dire, sans doute, aussi courageux, mais aussi féroces que le lion, aussi intelligents, mais aussi rusés et fourbes que le renard. Si des sentiments plus doux, si l'amour, l'amitié, déjà en voie d'apparition parmi eux, tempérait leur égoïsme farouche, leurs appétits violents, avides, ce n'était qu'à l'égard de ceux de leurs congénères qui en étaient les objets exclusifs. Et si un certain lien de solidarité unissait dans le danger tous les membres d'une même famille ou d'une même tribu, cet instinct ne protégeait ni contre leur rapine, ni contre leur férocité les membres des autres tribus qui, par cette seule raison qu'elles devaient vivre des mêmes proies, du même gibier, poursuivi par les mêmes moyens, étaient pour eux autant d'espèces rivales contre lesquelles la guerre n'était en quelque sorte que le droit de légitime défense.

Si l'humanité de cette époque avait eu nos instincts modernes, avait éprouvé nos sentiments, avait été guidée par les mêmes motifs d'action et été soumise aux mêmes lois morales, il est douteux qu'elle eût réussi à se perpétuer; car si les premières variétés humaines avaient eu de l'humanité la même notion que nous, si elles avaient été retenues dans leur guerre d'extermination mutuelle par nos principes de philanthropie, avec les moyens insuffisants dont elle disposait alors pour lutter contre les forces ennemies de la nature, elle eût bientôt disparu dans une lutte trop inégale contre les autres espèces rivales qui lui disputaient sa place au soleil. Le partage égal et légal de toutes les forêts d'un continent, s'il eût été fait entre les premières familles humaines qui y firent leur apparition par immigration ou transformation, eût suffi à assurer l'existence des premières générations, mais il n'eût bientôt été qu'une loi de famine et d'extinction pour les générations suivantes. Et si chaque variété en progrès n'avait pas réussi à exterminer les variétés inférieures avec lesquelles elle entrait en lutte, non-seulement l'espèce humaine ne serait jamais devenue ce qu'elle est aujourd'hui, mais elle n'aurait pas même réussi à séparer assez nettement son type spécifique de celui des anthropoïdes dont elle descendait et dont elle était encore si voisine, pour en devenir à jamais distincte sans mélange ni retour possible vers ses formes brutales ataviques. La loi morale devait donc être très-différente de celle qui doit nous régir aujourd'hui, sinon presque absolument contraire, c'est-à-dire que les mêmes règles de conduite sociale qui seraient le mal pour nous, étaient alors pour elle le bien, déterminé par l'intérêt et même la nécessité spécifique inéluctable et fatale.

Les premières familles ou bandes semi-humaines ne durent donc être que des bandes d'animaux féroces et intrépides, ou lâches et rusés, pour être capables d'attaquer avec succès d'autres bandes rivales ou de s'en défendre. Et cette férocité ou cette ruse, qui faisait le fonds nécessaire de leurs sentiments envers leurs congénères de même type, bien que de souches peut-être déjà un peu différentes, c'est-à-dire représentant des variétés ou familles plus ou moins voisines, ne pouvait s'effacer complétement de leur caractère et devait reparaître, bien qu'adoucie et modifiée par la coutume et, il faut dire même, la nécessité sociale, dans les rapports mutuels des individus qui les composaient.

Il est facile de concevoir que les variétés, familles ou tribus qui joignirent l'intrépidité la plus grande et la cruauté la plus impitoyable contre les tribus rivales qui leur disputaient leurs moyens de vivre, aux coutumes sociales et aux sentiments moraux les plus développés, furent celles qui constamment l'emportèrent dans cette lutte mille fois séculaire; car elles seules opposèrent un faisceau assez compacte de forces solidaires aux forces plus désagrégées de leurs ennemis, pour l'emporter sur eux et, par leur destruction, grandir leur place au soleil, c'est-à-dire l'aire de leur domination incontestée sur la surface de la terre et sur les espèces animales qui la peuplaient alors.

Il faut donc pour jamais reléguer parmi les mythes l'hypothèse de l'âge d'or, d'un état primitif d'innocence et d'innocuité de la race humaine, durant lequel elle n'aurait été douée que d'instincts doux et pacifiques et où, n'ayant en commun avec nous que nos sentiments les plus élevés, elle n'aurait eu aucune de nos passions violentes. Plus les besoins d'un animal sont pressants, plus il a de difficultés à les satisfaire et plus les instincts qui répondent à ces besoins sont irréfrénables. La colère, l'envie, la jalousie, le désir de la vengeance, l'habitude et la soif du meurtre, l'instinct de mensonge, de ruse, de rapine, l'orgueil de la force qui sent le besoin d'être indomptée et de se faire croire sans égale, la violence des appétits physiques et l'absence de motifs moraux pour les régler, tel dut être, en somme, le caractère de nos premiers ancêtres; et il reste encore assez de ces traits chez l'homme moderne pour qu'il lui soit impossible de renier son origine et de contester sa filiation.

Si tel n'est pas l'homme de la nature, telle est du moins la nature de l'homme, le fonds de son être, la racine de son âme, le levier premier de toutes ses actions: tel est l'homme considéré isolément et affranchi du lien social. Toutes les vertus qui le modèrent, tous les instincts moraux, toutes les nobles passions qui corrigent ce fonds primitif et le transforment jusqu'à en faire parfois un héros de dévouement, d'abnégation, de générosité, d'impartiale justice, sont l'œuvre de la société, sont acquis sous l'influence de la pression mutuelle qu'exercent les uns sur les autres des êtres de même type, contraints par leur nature à s'accorder entre eux pour vivre, se défendre, se perpétuer comme espèce, en face d'espèces rivales. Si l'homme social est le créateur de la justice et de l'équité et l'être le plus moral de la création terrestre, l'homme isolé, affranchi des limites dont l'association l'enserre, est la plus lâchement égoïste des brutes. La faiblesse des autres êtres n'est qu'une raison pour lui d'en abuser et l'affection même qu'ils lui montrent une occasion de se les subordonner, de s'en faire autant d'instruments, autant de membres ou d'appendices pour agrandir sa propre puissance de vie.

C'est ce fonds primitif de l'âme humaine, élevée si haut par nos philosophes spiritualistes et sentimentalistes, qui se trahit chez l'enfant d'autant plus égoïste et plus capricieusement volontaire qu'il est plus choyé, plus obéi et qui ne disparaît, à la longue, que devant une éducation ferme, sévère et logique, mêlée de bons préceptes, de bons exemples et surtout d'expériences sociales, avec des égaux. C'est ce fonds de cruauté brutale qui reparaît, même chez l'homme adulte, en face d'êtres qu'il juge inférieurs à lui : chez le roi absolu, ivre du pouvoir que lui confèrent des sujets tremblant devant lui, comme chez le chasseur qui châtie son chien de sa propre maladresse, comme chez le charretier insensé qui épuise de coups le cheval ou le bœuf qui lui sert cependant de gagne-pain. Nier son existence en l'homme et sa persistance au fond des masses populaires, comme sous l'enveloppe adoucie que les classes supérieures reçoivent de l'éducation, c'est fermer les yeux à l'évidence, méconnaître la nature pour se flatter soi-même; c'est souffler sur le seul flambeau qui puisse éclairer pour nous les ténèbres de l'histoire et nous permettre de sonder les mystérieux abîmes du cœur humain, nous aider à connaître mieux l'homme pour le gouverner plus sagement, nous éclairer sur nous-mêmes et nous expliquer les inexplicables excès des crises révolutionnaires qui, de siècle en siècle, sont venus remuer l'humanité jusqu'à la lie, la faire monter en écume et la laisser ensuite reposer plus pure dans les vases renouvelés de nationalités et de races nouvelles.

On peut se demander si, dans un état si précaire, sous des conditions d'existence si difficiles qu'elles faisaient de la vie des premiers individus humains une longue lutte contre les éléments souvent conjurés, contre l'avarice de la nature, qui ne donne rien sans travail, contre les animaux féroces, luttant eux-mêmes pour vivre contre l'homme qui poursuivait les mêmes proies qu'eux, et, enfin, contre les variétés humaines elles-mêmes, les premiers représentants de notre espèce purent tenir à une existence si rude, si pleine de périls, de souffrance et de travaux, et ne pas ressentir, comme quelques individus de l'humanité moderne et sociale, ce dégoût de la vie qui pousse au suicide[1] ?

Mais la réponse est aisée.

Si tout animal a pour premier et pour plus puissant instinct la conservation de la vie, quelque rude et monotone qu'elle lui soit faite; si on ne voit point d'huître clore sa coquille devant le flot qui vient la nourrir et la désaltérer; si aucun lion ne tourne sa fureur contre lui-même, c'est que si, dans une espèce, l'instinct de conservation n'était pas assez puissant pour dominer, en résultante, toutes les passions; s'il n'était pas aveugle, spontané, irréfléchi; s'il laissait les individus peser, comme Hamlet, la valeur de l'être et du non-être, l'espèce s'éteindrait bientôt fatalement. Celles-là seulement chez lesquelles une semblable alternative ne s'est jamais posée, ont pu nous envoyer jusqu'aujourd'hui des représentants identiques ou une postérité plus ou moins modifiée.

Si l'instinct du suicide a donc pu exister parfois chez quelque forme animale, il n'a pu s'y perpétuer, puisqu'il a entraîné la destruction de tous les individus et de toutes les races chez lesquelles il s'est manifesté.

Or, l'homme, continuation d'un des rameaux supé-

[1] Comparez. *Disc.*, p. 61.

rieurs de la série animale, a dû hériter, de toute cette série, l'instinct de sa conservation, l'amour prédominant et aveugle de l'existence. Si, chez les premières variétés de bimanes qui acquirent tous les principaux caractères de l'humanité, l'intelligence en progrès réagit parfois sur l'instinct de quelques individus isolés, pour modifier chez eux cet instinct de conservation et, devant les difficultés d'une vie précaire, leur inspirer l'idée de s'en affranchir par une mort volontaire, ou ils ont obéi à cette suggestion et, sortis par cela même de la série des générations, ils ont emporté avec eux leur race, ou, s'ils y ont résisté au point de pouvoir léguer à une postérité plus ou moins nombreuse leur prédisposition au dégoût de vivre et que cette postérité y ait cédé plus tard, cette postérité elle-même n'a pas tardé à s'éteindre. Mais pour que l'intelligence arrive, chez l'homme, à modifier assez puissamment un instinct aussi fort que l'instinct de conservation, il faut qu'elle ait déjà pris une prépondérance décisive sur la volonté; et comme les races et les individus les mieux doués sous ce rapport ont toujours dû avoir, relativement du moins, une vie plus facile que leurs congénères, parce que les premiers efforts de leur esprit en progrès étaient nécessairement tournés d'abord vers la recherche des moyens de triompher plus aisément des difficultés de la vie, ils durent plus rarement que les autres avoir l'occasion de penser au suicide et la tentation d'en réaliser la pensée, s'ils arrivaient à la produire.

On conçoit donc que chez les races primitives pareille

idée n'approcha jamais d'un cerveau à peine humain ; et, aujourd'hui encore, on en voit moins d'exemples parmi les plus malheureux d'entre les sauvages que parmi nos peuples civilisés. L'idée du suicide est même si peu liée, en général, aux privations, aux souffrances, aux difficultés les plus réelles de la vie physique, que c'est moins parmi nos classes sociales les plus éprouvées par la misère et le travail que parmi les classes aisées qu'on en voit les plus fréquents exemples.

Lorsqu'un suicide se produit dans n'importe quelle classe, si l'on en recherche les causes, on les trouve beaucoup moins dans la privation ou la douleur physique que dans une douleur, une affection, une crise morale quelconque qui a bouleversé, au moins momentanément, tout l'équilibre des instincts héréditaires. En un mot, tout individu qui se suicide est fou, en ce sens que, dans l'instant du moins où il renonce à la vie, il est sous l'empire de quelque idée fixe, de quelque passion exclusive, d'une monomanie, en un mot, qui rompt pour le moment l'harmonie de ses facultés, l'enchaînement habituel de ses sensations, l'équilibre total de son être moral héréditaire et spécifique.

Ce qui achève de prouver que le suicide est moins le résultat de causes logiques que d'un désordre général des facultés, ou de la prédominance exclusive de certaines passions morales, désordre ou prédominance passionnelle qui peuvent être également héréditaires, c'est que la tendance au suicide est le plus souvent congéniale, ethnique. Certains peuples, certaines races, certaines classes et familles y sont plus prédisposées que d'autres. A certaines époques sociales, il semble même que l'humanité entière soit prise d'un dégoût de la vie, qui devient, pour ainsi dire, épidémique. Ainsi, le spleen est une maladie endémique en Angleterre. Chacun connaît cette aventure des jeunes filles de Lesbos, qui se pendaient à l'envi, jusqu'à ce que les magistrats aient eu l'idée d'infliger l'ignominie aux cadavres de celles qui succombaient à cette étrange manie, devenue pour elles puissante comme une mode. On sait avec quelle facilité hommes, femmes, vieillards, jeunes filles, riches et pauvres mouraient dans les siècles de la décadence romaine : gladiateurs et soldats, conspirateurs et empereurs, vieux sénateurs, jeunes affranchis, tous bravaient la mort ou se la donnaient, au milieu d'une fête et en faisant une libation aux dieux immortels. Le christianisme, qui flattait ses adeptes de l'espoir du martyre, n'était qu'une des formes de cette étrange émulation de la mort.

Ce qui ferait supposer que l'instinct du suicide, la passion violente de la mort est chose ancienne dans l'humanité et que l'espèce a plusieurs fois été menacée de ses excès, c'est la réprobation morale qui s'y attache, comme aux autres passions contre nature, qui, en réalité, ne sont telles que parce qu'elles mettent en danger, d'une manière quelconque, la perpétuité de l'espèce, frappée en quelque sorte en germe.

Car, en résultante, le guerrier sauvage, le héros des temps antiques, le martyr chrétien, le citoyen de nos sociétés modernes, qui bravent avec audace la mort, les périls, les persécutions, pour une idée, vraie ou fausse, pour un sentiment, un droit, une liberté, pour un préjugé ou un point d'honneur, même reconnu faux, renoncent également à la vie. Mais c'est qu'alors ils sont conduits au sacrifice par une idée morale, qui est ou qu'ils croient être utile à défendre, et par un sentiment de dévouement à l'espèce, qui est, a été et sera toujours l'une de ses forces et de ses grandeurs. L'acte, au contraire, par lequel un homme, fatigué du travail de la vie, cherche à s'en décharger, et qui seul est flétri du nom de suicide, est, en réalité, un acte d'égoïsme animal. Il juge la vie mauvaise pour lui, il en sort lui et toute sa race à venir, pour laquelle il doit la juger mauvaise aussi. En a-t-il le droit? L'humanité, en masse, répond : non. Mais on ne peut l'en croire que sous cette réserve, qu'elle juge d'après les instincts d'ancêtres qui ont tous jugé de même, parce que tous ont jugé la vie meilleure que la mort puisqu'ils ont vécu.

Il est cependant un fait irréfragable, c'est que le jour où une réprobation universelle, un préjugé, si l'on veut, ne frapperait pas le suicide, il deviendrait beaucoup plus fréquent; et, s'il devenait assez fréquent pour arrêter l'essor de l'espèce, l'espèce aurait le droit de se prémunir. On peut se demander si un tel excès peut être à redouter et si l'espèce souffrirait en quelque chose, si tous ceux qui, compte fait des biens et des maux qui leur sont échus en partage dans la loterie des destinées, trouvaient meilleur de renoncer à l'héritage que leurs ancêtres leur ont légué, se donnaient la mort? Mais tout homme adulte et bien constitué physiquement et moralement est, pour l'humanité, un capital accumulé, un ensemble de forces productrices qui ont coûté à produire et qui doivent lui rendre ce qu'elles lui ont coûté. C'est donc à ce point de vue de la justice économique que le suicide ne pourra jamais être défendu et innocenté, que dans des cas tout spéciaux où il devient un grand exemple moral et un enseignement aux générations vivantes et à venir. C'est ainsi que Caton, en mourant volontairement, paie à l'humanité toute sa dette et plus que sa dette, parce que sa mort est une dernière protestation en faveur de la liberté vaincue, qui peut-être un jour renaîtra du souvenir conservé de son trépas volontaire.

CHAPITRE VIII.

INTELLIGENCE DE L'HOMME PRIMITIF.

S'il est admis que l'intelligence, la faculté de penser n'est qu'une propriété supérieure de la matière vivante organisée, se manifestant dès les premières ébauches de la vie, et peut-être même une propriété virtuellement latente au fond de tout élément cosmique, qui se développe dès que les conditions favorables à sa manifestation sont réalisées[1]; si, enfin, il faut renoncer aux anciennes chimères métaphysiques, qui concevaient l'âme comme une entité, indépendante, absolue, *sui generis*, immortelle et conséquemment éternelle, puisque, si l'on ne peut concevoir la destruction de son unité, on en pourrait encore moins imaginer le commencement, la création; si même rien ne nous autorise à admettre qu'il y ait quelque part, dans le monde, des réservoirs, courants ou sources d'une substance particulière exclusivement douée de la faculté de penser, l'in-

[1] Voy. Part. I, ch. IV.

telligence en acte ne peut plus nous apparaître que comme le résultat de l'organisation, qui met en jeu une force ou faculté déjà en puissance dans ses éléments pré-organiques, ou plutôt comme une transformation dernière et supérieure des forces physiques immanentes dans la matière et se manifestant tour à tour sous les formes de mouvement, de son, de chaleur, de lumière, d'électricité, de magnétisme, d'attraction, d'affinité élective et, enfin, de sensation, de passion et de pensée.

Ce principe admis, l'organisation psychologique d'une espèce, c'est-à-dire l'ensemble de ses instincts, passions, sentiments, la puissance, activité, intensité et forme de son intelligence s'offrent naturellement à nous comme le résultat et le développement dans le temps, et à travers une série plus ou moins longue de variétés successives, de l'organisation intellectuelle et morale d'une espèce ou variété antérieure qui lui a donné naissance et qui possédait ces facultés en germe, ou au moins virtuellement et en puissance. Les passions et facultés morales et intellectuelles d'un être vivant sont donc l'évolution variable et contingente des facultés intellectuelles et passions morales des êtres vivants préexistants d'où il tire son origine; comme son organisation physiologique n'est que la transformation et la modification, par développement, addition, multiplication, soustraction, contraction, résorption ou soudure des éléments constituants d'organismes antérieurs ou de leurs virtualités cachées.

C'est donc poser un problème insoluble que de chercher dans l'homme le commencement, l'apparition première de toutes ses facultés psychiques, comme de tous ses organes physiques : le moment où il a commencé de penser et sentir en homme étant aussi indéterminable que celui où ses quatre membres, palmés et natatoires, ont commencé d'évoluer, les uns pour devenir des mains, les autres pour devenir des pieds. De même qu'on voit cette métamorphose s'opérer peu à peu chez l'embryon, à une époque donnée, de même elle s'est opérée peu à peu et par degrés dans la race, c'est-à-dire dans la succession généalogique des individus qui la constituent. Et de même que nous pouvons seulement constater l'époque de la gestation à laquelle l'embryon accomplit cette évolution, de même aussi, pour indiquer le moment où l'intelligence humaine commença de se manifester avec ses caractères principaux actuels, chez les ancêtres de l'espèce, il faudrait pouvoir suivre, à travers les temps, toute la série des variétés successives qui ont servi de moyens termes entre l'humanité historique et les premiers bimanes à forme physique anthropoïde, mais encore brutes par leurs facultés psychiques. Seulement, si les découvertes archéologiques nous fournissaient un jour une collection complète des représentants successifs de ces variétés fossiles, avec des vestiges authentiquement contemporains de leur industrie, de leurs coutumes et mœurs, nous pourrions inductivement présumer, et non sans beaucoup d'erreurs possibles, que telle ou telle faculté, tel ou tel instinct a fait son apparition première chez telle ou telle race, en corrélation avec tel ou tel milieu, et avec un certain ensemble ou état des organes anatomiques[1].

Mais, quelle que soit l'époque à laquelle l'intelligence humaine remonte, avec ses caractères généraux actuels, encore susceptibles de tant de différences, même chez les individus de même race, même nation, même temps, même famille; quelle que soit la race chez laquelle elle ait commencé à manifester ses caractères, elle ne peut avoir été qu'un développement de l'intelligence bornée et toute animale de races anthropoïdes antérieures, qui l'avaient elles-mêmes reçue, moins développée, de formes vivantes intellectuellement inférieures encore.

Ce qui est non moins certain, c'est que l'intelligence humaine, ou seulement anthropoïde, n'a jamais procédé, dans son développement, de l'abstrait au concret; que le concret seul, la sensation dans son ensemble complexe lui a fourni les premiers éléments de son activité; et qu'à l'origine elle a été aussi incapable d'analyser ces éléments dans leurs détails que d'en concevoir la synthèse complète. L'intelligence, chez l'animal et même chez l'homme, n'est jamais que la faculté d'appliquer les moyens aux fins; seulement, la connaissance de ces moyens, et de leurs rapports logiques avec leurs fins devient de plus en plus exacte à mesure que l'activité intellectuelle s'accroît et agit sur les matériaux rassemblés par une plus longue expérience ou observation individuelle ou traditionnelle. Analyse et synthèse,

[1] Comparez Rousseau, *Disc.*, p. 51 et suiv.

abstraction et généralisation, induction et déduction, tout exista donc de tout temps, mais à l'état enveloppé dans l'intelligence animale, aussi incapable de concevoir une notion absolument abstraite qu'une généralisation étendue. Et aujourd'hui encore, même parmi les esprits cultivés, cette faculté d'abstraire et de généraliser, aussi bien que la faculté d'analyse et de synthèse, est très-inégale, puisque certains esprits conçoivent parfaitement la notion du temps et de l'espace, infinis et éternels, séparés de toute substance étendue; tandis que d'autres sont incapables de s'y élever autrement qu'en ajoutant l'étendue bornée à l'étendue et la durée limitée à la durée, mais sans pouvoir abstraire l'une ou l'autre des êtres étendus ou durables[1].

L'intelligence de l'homme primitif ne s'est certes point élevée d'abord à ces concepts supérieurs. Elle s'est bornée à induire ou déduire de ses sensations extérieures immédiates des règles d'action dont le seul but était la satisfaction de besoins ressentis, mais nullement analysés. Tant que l'habitude héréditaire, l'instinct inné lui donnait les moyens de satisfaire ces besoins, spontanément, sans réflexion, l'intelligence individuelle n'entrait en jeu que pour enregistrer, sans y réfléchir, les sensations perçues, les jouissances ou souffrances éprouvées. Elle n'était, ne pouvait être incitée à une activité réfléchie, réellement personnelle et consciente, que

[1] Comparez Rousseau, *Disc.*, p. 50 et suiv,

lorsque, pour atteindre au but que lui indiquait sa passion, son besoin, elle avait à lutter contre des obstacles inattendus, que l'instinct héréditaire ne l'avait pas préparée à surmonter. Et telle est, en réalité, l'intelligence animale, qui n'agit que dans les cas où, l'instinct lui faisant défaut, elle doit réagir sur cet instinct et le corriger, pour l'adapter à des circonstances imprévues, à des conditions nouvelles et inaccoutumées.

Il n'y avait donc aucune place dans l'esprit de l'homme primitif pour ces préoccupations métaphysiques, pour ces curiosités ou étonnements psychologiques auxquels Buffon nous montre l'homme naissant livré; car le premier homme naquit, comme aujourd'hui, parfaitement accoutumé à être et nullement étonné de se sentir [1], mais tout entier absorbé par la sensation désagréable du passage inaccoutumé de l'air dans ses poumons, par la sensation de la faim qui ne tarde pas à la suivre et par la recherche de la mamelle qui devait le nourrir.

La statue de Condillac, s'éveillant à l'état adulte, pourvue de tous les organes, sens et facultés qui constituent un philosophe moderne, plus ou moins nourri du grec de Platon, du français de Descartes, de l'anglais de Locke ou de l'allemand de Leibnitz, aurait pu seule se préoccuper tout d'abord de réfléchir sur la sensation abstraite de son existence et employer le premier effort de son activité intellectuelle à s'écouter penser pour en

[1] Comparez, *Disc.*, p. 85.

conclure la réalité de son être, qui n'a jamais souffert l'ombre d'un doute pour l'homme animal encore et semblable à tous les animaux par ses besoins et ses passions, dont la satisfaction réclamait, absorbait toute son activité psychique[1].

Dès que l'enfant voit le jour, il éprouve une sensation de douleur et crie, parce que l'instinct héréditaire le pousse, en vertu de la fatalité de l'action nerveuse reflexe, à manifester spontanément sa souffrance par ce cri qui appellera le secours de sa mère. Il éprouve la faim et la soif, et cherche à se désaltérer et à se rassasier par d'autres actes également instinctifs, déterminés en lui par l'hérédité spécifique. Ce n'est que peu à peu que son intelligence, s'éveillant sous l'excitation d'autres besoins, d'autres passions et de ses premiers sentiments moraux affectifs, il acquiert par l'usage de nouvelles habitudes qui complètent ses habitudes héréditaires et ses instincts innés. Mais il n'analyse rien, ne réfléchit sur rien; aucune sensation ne se grave encore dans sa mémoire; il ne garde le souvenir d'aucun des actes qu'il accomplit machinalement, et s'il a la sensation de son existence, il n'en a encore nullement la perception, l'idée séparée et distincte de tout ce qui n'est pas lui. Ce n'est que beaucoup plus tard que, sous l'impulsion de besoins, de passions, d'instincts, où l'hérédité et l'habitude acquise ont leurs parts exactement complétives l'une de l'autre, que, cherchant à satisfaire ses

[1] *Disc.*, p. 85.

désirs, il réfléchit sur les moyens à employer et fait de sa raison un usage encore exclusivement concret, pratique et tout déductif. Les faits qu'il observe et qui se gravent dans sa mémoire dans leur coordination empirique, lui fournissent par un acte spontané d'induction les prémisses de ses syllogismes. Sans les examiner, les recevant comme autant d'axiomes primitifs évidents qu'il n'analyse en aucune façon, il en déduit ses actes, qui, tous, ont pour but, non pas le soin de sa conservation, car il est encore incapable de s'élever à cette notion si générale, puisque l'idée de la destruction ne s'est jamais offerte à lui, mais le soulagement d'un mal être ou la satisfaction d'un désir, d'un besoin déjà devenu habituel ou d'une passion tout instinctive et dépendante du jeu intérieur, préordonné par sa nature héréditaire, de ses forces organiques. C'est une machine savamment construite, qui a reçu une impulsion et qui continue de se mouvoir en vertu du mouvement qui lui a été communiqué par toute la série totale de ses ancêtres.

Ce qu'on nomme l'instinct de conservation, universel et perpétuel chez tous les êtres, n'est qu'un terme général, une notion abstraite, exprimant l'ensemble de tous les autres instincts innés qui ont pour objet la satisfaction possible de leurs besoins organiques, pour premier effet de la leur révéler, et qui ne sont que les moyens, toujours changeants chez chaque espèce, d'atteindre un but chez toutes universel et permanent : c'est-à-dire la préservation de l'individu d'abord, et celle de l'espèce ensuite.

Si l'être débute en réalité dans la vie par la sensation de l'existence, cette sensation, toujours mêlée d'autres sensations très-variées, ne s'en sépare pas et reste inaperçue pour lui; il ne l'appréhende pas, car toute son attention est absorbée par les changements d'état et de qualité de cette sensation, changements agréables ou pénibles qui, seuls, ont alors pour l'être vivant une réalité et une utilité immédiate.

En effet, si un être quelconque, en arrivant dans la vie, perdait son temps à philosopher sur cette notion : *j'existe*, et sur cette autre : *c'est un bien d'exister, je veux conserver l'existence; quels sont les moyens d'y parvenir?* avant d'avoir résolu tous ces problèmes, qui sont encore aujourd'hui l'écueil des plus forts cerveaux, il serait anéanti cent fois. Il ne perçoit donc au contraire que cette sensation : j'ai faim; et, par l'action reflexe de cette sensation interne, il est conduit aux actes qui lui permettront de satisfaire son appétit. S'il atteint son but sans obstacle, l'organisme satisfait oublie immédiatement toute cette série de sensations et de perceptions; si, au contraire, les actes instinctifs n'ont pu atteindre leur objet, la souffrance surexcitée éveille l'attention et provoque un travail de l'intelligence, propre à modifier plus ou moins les révélations instinctives. Cette faculté de corriger l'instinct, de le modifier en vue des besoins à satisfaire, et qui est devenu, plus tard et successivement, l'origine et la source de nouvelles passions d'un autre ordre et d'instincts purement intellectuels, tels que la curiosité, point de départ de la science, est le commencement certain de tous nos actes intellectuels. Mais, dans cette mesure où l'intelligence se borne à modifier les révélations instinctives, de manière à surmonter les obstacles accidentels qui s'opposent à la satisfaction de nos besoins, elle existe chez beaucoup d'animaux; car, si l'oiseau ne peut parvenir à soulever un brin de paille dont il a besoin pour construire son nid, on le voit tourner autour, le prendre de diverses façons, et enfin l'abandonner pour un autre, s'il juge que ses efforts seront inutiles. L'enfant naissant qui cherche en vain la mamelle que sa mère lui refuse, s'attache au col du biberon qu'on lui présente; le jeune chat séparé de sa mère, cherche la mamelle de la jeune chienne qui n'a pas encore porté et la suce en vain jusqu'au sang. Tout cela ne peut s'expliquer que par un travail spontané de l'intelligence, venant à propos ou hors de propos modifier dans une certaine mesure, différente chez chaque espèce, la révélation héréditaire et aveugle de l'instinct spécifique, qui n'est en réalité qu'une habitude intellectuelle acquise dans la suite des générations et devenue transmissible avec le sang, comme les autres facultés organiques. L'instinct n'est donc que de l'intelligence fixée, accumulée dans une race et devenue fatale, comme la forme de ses organes physiologiques. C'est le cerveau qui naît avec la faculté de produire spontanément de certaines séries d'idées et de raisonnements concrets, dont l'être qui les produit n'aperçoit pas les prémisses, mais seulement la conclusion qui seule lui importe. Il a pensé machinalement sans s'en apercevoir et agit en conséquence. Plus tard seulement, si les actes spontanés ne suffisent pas à satisfaire ses besoins, il reproduira, à l'aide d'un travail cérébral volontaire et réfléchi, d'autres séries de syllogismes dont il n'aura une conscience nette qu'à mesure qu'il les produira plus difficilement et que ses facultés d'analyser et d'induire prendront le dessus sur sa tendance à la synthèse déductive, pour ralentir la succession de ses actes intellectuels, afin de prendre mieux connaissance de leur mécanisme.

Si donc la sensation de l'existence est la première qu'il éprouve, c'est l'une des dernières dont il acquiert la notion réfléchie. Cette sensation, qui n'est nullement propre à l'homme, a été, est et sera toujours identique chez tous les êtres. Point de départ ou condition de toutes les sensations postérieures qui n'en sont que les modifications plus ou moins profondes, ce sont ces modifications seules qui sont perçues d'abord et d'autant plus vivement qu'elles sont plus extrêmes ou plus inaccoutumées : une sensation, même douloureuse, souvent ou toujours renouvelée, tendant à passer en habitude et cessant bientôt d'être perçue. Il résulte même de la continuité et de l'uniformité de la sensation pure de l'existence, qu'elle ne peut être perçue en quelque sorte que logiquement et par un effort intellectuel qui la déduit de sa nécessité logique, en la séparant, par abstraction, de tous ses modes successifs qui seuls sont de véritables sensations ; tandis qu'elle demeure en réalité pour nous à l'état de sentiment, se confond avec l'instinct héréditaire de conservation qui nous attache à la vie et nous inspire cet amour de nous-mêmes qui est le motif déterminant abstrait et général de tous nos actes.

Tel fut certainement, à l'origine et pendant de longues séries de générations, l'état incomplet de l'intelligence humaine, et tel il est encore aujourd'hui, non pas seulement chez les races inférieures, mais chez le plus grand nombre des représentants de nos races supérieures. Nos paysans français ou européens, même la majorité des habitants de nos villes, le grand nombre de nos artisans, commerçants, la presque totalité des femmes, aujourd'hui encore ont à peine dépassé cet état, d'ailleurs susceptible d'une foule de degrés. Si l'on pouvait dresser la liste statistique des individus humains qui sont arrivés une fois en leur vie à saisir le concept abstrait de l'existence, le concept psychologique du moi, séparé du non moi, leur nombre total ne formerait qu'une fraction insignifiante de l'espèce et peut-être tomberait au-dessous d'un cent millième, en faisant intervenir toutes les races connues dans l'appréciation générale.

Si quelques individus humains seulement aujourd'hui ont atteint ce niveau intellectuel supérieur de roseau pensant et sachant qu'il pense, existant et sachant qu'il existe, ce ne peut être que grâce à la lente évolution intellectuelle des races auxquelles ils appartiennent et dont les descendants arriveront sans doute un jour à atteindre tous ce même degré, aujourd'hui encore exceptionnel.

Quant à cette évolution même, c'est sous la loi de la

nécessité, de l'utilité, tout au moins, qu'elle s'est accomplie.

L'homme primitif, déjà devenu physiquement et doué d'un certain ensemble d'instincts héréditaires qu'une aube d'intelligence lui donnait la possibilité de modifier au besoin, n'eut d'autre but, en cherchant à appréhender plus ou moins complétement les objets de ses sensations par un commencement d'analyse, que de les approprier de mieux en mieux à ses conditions de vie. Mais aucun de ses besoins les plus primitifs et les plus simples ne pouvant être satisfait sans un travail, un effort d'esprit, à chaque génération les réactions de son intelligence sur son instinct héréditaire devinrent plus vives et plus efficaces. Et surtout, lorsqu'il se trouva placé en des circonstances telles, que ses instincts ethniques vinrent se heurter contre des obstacles tout nouveaux, c'est-à-dire lorsque les conditions de vie de sa race furent plus ou moins altérées par un changement de climat, un cataclysme local, ou par l'immigration ou la disparition de certaines espèces, dont les unes lui servaient de proie et dont les autres lui contestaient celles qu'il était accoutumé à poursuivre, son intelligence, amenée par là à une activité forcée, prit, du moins momentanément, le dessus sur ses instincts, devenus trompeurs, pour les modifier. Et si ces circonstances, se renouvelant plusieurs fois à des intervalles plus ou moins rapprochés, purent agir à plusieurs reprises sur la même race, cette race se trouva par là poussée au progrès intellectuel et, en partie du moins, affranchie à jamais des fatalités de l'instinct aveugle, mais placée dans la nécessité de rester d'autant plus intelligente.

L'instinct, même modifié puissamment, du reste, n'en conserva pas moins sa part dans la détermination de ses actes, et la réaction de l'intelligence eut plutôt pour effet de le transformer que de l'anéantir : c'est-à-dire de faire succéder aux habitudes héréditaires de la race, à ses passions, à ses sentiments ataviques, d'autres passions, d'autres sentiments et d'autres habitudes, bientôt elles-mêmes devenues héréditaires. Car l'homme sans passions, n'ayant plus aucun motif d'agir, serait absolument inhabile à exister comme être vivant et organisé [1].

L'homme moderne n'est donc, en résultante, ni plus ni moins passionné que l'homme primitif; mais il l'est autrement, c'est-à-dire que ses passions ne paraissent moins violentes que parce qu'étant plus complexes, plus diversifiées et susceptibles de rapides et promptes modifications, elles se limitent ou s'entr'aident mutuellement. C'est une même quantité de force qui, au lieu de quelques manifestations toujours les mêmes, produit les effets les plus variés, les plus inattendus et, pour cela, en apparence, les plus libres. Au lieu d'être entraîné invinciblement par quelques motifs déterminants d'action et souvent par un seul, les combinaisons complexes des raisons qui le sollicitent à agir et qu'il a pris l'habitude de peser, examiner, analyser plus attentive-

[1] Comparez Rousseau. *Disc.*, p. 49.

ment avant de se résoudre à vouloir, semblent le soustraire aux lois de la fatalité animale; tandis qu'en réalité il ne fait qu'être entraîné, après maintes oscillations, mais, en réalité, invinciblement, par la résultante de ses passions multiformes, physiques, morales et intellectuelles. C'est la balance qui, au lieu de tomber lourdement du côté où un seul poids la sollicite, oscille quelque temps autour de son centre de gravité et ne se laisse tomber qu'en hésitant du côté où la charge l'emporte en quelque chose et si peu que ce soit[1].

La liberté de l'homme actuel n'est donc, en réalité, qu'une différence dans la résultante de ses passions, une illusion provenant principalement de ce qu'à l'ensemble des instincts, des passions et des sentiments qu'il a reçus en héritage de ses ancêtres les plus reculés, et qu'il possède en commun avec les animaux, il a ajouté, durant des milliers de siècles d'existence sociale et des myriades de générations, une foule d'autres sentiments moraux, d'instincts esthétiques, de passions intellectuelles qui, étant venues faire équilibre à ses instincts brutaux, à ses passions animales, le font, à chaque moment, osciller, indécis, pesant le pour et le contre, à chaque motif d'agir qui se présente, bien que, en somme, il se détermine toujours par l'impulsion passionnelle la plus forte. Ce que nous appelons suprématie de la raison n'est donc, en réalité, que la suprématie de nos instincts nouveaux

[1] *Disc.*, p 49.

sur les anciens, c'est-à-dire de notre passion pour la vérité, la justice, le beau et autres abstractions morales de création humaine, qui ne sont pas seulement pour nous des idées, mais des sentiments et qui, comme tels, sont autant de forces déterminantes qui agissent sur notre volonté.

Mais cet état d'équilibre, qui n'a pas toujours existé pour l'homme et qui même est différent chez chaque race et chaque individu, peut un jour s'altérer et finir comme il a commencé. C'est-à-dire que nos passions animales peuvent s'affaiblir, se résorber à tel point qu'elles laisseront un empire indisputé aux passions morales et intellectuelles d'origine récente, qui tendent à se développer rapidement chez toutes les races civilisées. De sorte que l'homme pourrait devenir beaucoup plus moral et plus intellectuel, tout en devenant, en apparence, moins libre; c'est-à-dire qu'à chaque occasion d'agir, cette sorte de combat qu'on appelle la réflexion ne se livrerait plus dans sa conscience, entre les motifs déterminants de l'homme primitif, du vieil homme animal et ceux de l'homme nouveau, exclusivement social.

Mais s'il a fallu des siècles pour faire arriver la conscience humaine à son équilibre actuel, une période non moins longue d'années et de générations sera sans doute nécessaire pour l'altérer sensiblement. Et s'il nous est permis de concevoir un temps où sera réalisé cet état nouveau de l'humanité, il ne peut être donné à aucun de nous de le voir, car il ne peut être atteint que par les efforts intermittents de notre lente perfectibilité[1].

Cependant, si quelque chose peut encourager nos espérances, c'est que si la perfectibilité humaine, dépendant, ainsi que nous venons de le voir, de la réaction modificatrice de l'intelligence sur l'instinct, n'est en réalité que la continuation de la perfectibilité animale, encore beaucoup plus lente ; aujourd'hui que l'intelligence en est arrivée à équilibrer l'instinct, du moins chez nos races humaines supérieures, il nous est permis d'admettre que nos progrès vers la suprématie des passions d'ordre moral s'accélèreront désormais selon une progression géométrique.

Cette supposition est appuyée sur ce fait évident et d'une si haute importance : c'est que, tandis que la perfectibilité intellectuelle ou la transformation des instincts ne se manifeste chez les animaux qu'entre espèces ou variétés, elle est certaine chez l'homme de race à race et chez les races supérieures d'individu à individu, sur chaque individu l'intelligence manifestant son action modificatrice sur les instincts héréditaires.

Mais il faut tenir compte aussi de cette loi qui n'assure à chaque espèce le triomphe dans la concurrence générale qu'autant que ses instincts répondent à ses conditions de vie actuelles et locales ; de sorte que la transformation des instincts humains, toujours subordonnée à la loi de nécessité, ne peut s'accomplir que par les moyens imposés par cette nécessité même et dans le

[1] Comparez Rousseau, *Disc.*, p. 48.

temps et la mesure où elle sera utile à chaque race. Si une subordination trop complète et trop rapide des instincts égoïstes et animaux aux instincts sociaux ou intellectuels pouvait, en quelque chose, être nuisible à la collectivité humaine, elle se ralentirait par suite même de son action nuisible, et l'espèce, pour continuer à pouvoir se propager, éprouverait un temps d'arrêt dans ses progrès ou serait même conduite à une évolution en arrière, c'est-à-dire à un affaiblissement des instincts nouveaux et à une recrudescence des vieilles passions ancestrales.

Ces mouvements d'arrêt ou de recul ont déjà eu leurs exemples dans l'histoire; ils peuvent se reproduire encore. L'avenir de l'humanité ne peut donc s'induire *à priori*; car il dépend de la résultante des forces contre lesquelles elle sera contrainte de lutter à chaque instant donné de son existence.

CHAPITRE IX.

NATURE ET LOIS DU LANGAGE.

Nous touchons ici au problème le plus important et le plus complexe de l'anthropologie : celui de la nature du langage et de l'origine de la parole humaine. Il faut faire cette remarque étrange que ce sont jusqu'à présent les philologues de profession, presque tous trop exclusivement adonnés aux études littéraires purement verbales, et imbus des principes d'une philosophie qui méconnaît les vrais principes logiques de l'intelligence, comme les lois physiques du monde, qui, au lieu d'aider à l'éclairer, ont au contraire le plus contribué à l'obscurcir. Et cependant, tant qu'il ne sera pas scientifiquement et philosophiquement résolu, toutes les autres questions concernant l'origine même de l'humanité resteront ouvertes.

Si nous savons déjà beaucoup sur l'état actuel du langage, sur la loi de ses développements à des époques rapprochées de nous, nous n'avons encore, quant à sa nature et à son origine, que des théories incomplètes et contradictoires et des conjectures plus ou moins plausibles, mais qui cependant sont désormais assez bien appuyées d'un vaste ensemble de faits constatés et d'analogies constantes avec d'autres phénomènes naturels pour nous aider à choisir notre chemin entre elles.

Les mythologues de tous les temps ont tranché ce problème de l'origine du langage, comme ils ont tranché tous les autres, par l'intervention arbitraire des puissances extra-naturelles. Non-seulement Dieu a donné la parole à l'homme, mais la parole a été faite Dieu [1]. C'est reculer la question, non la résoudre. Car il reste à savoir comment une faculté peut devenir une personne, ou comment une personne même divine pourrait douer l'homme d'une faculté qu'il n'aurait pas, qui ne dériverait pas nécessairement de sa nature et de son organisation : or, c'est ce que les mythologues n'ont jamais pu dire.

Quelques esprits plus ardents à croire qu'à comprendre m'ont fait un crime de ne point faire intervenir Dieu dans cette recherche des origines humaines. C'est que Dieu n'y a rien à faire absolument. Nous sommes contraints aujourd'hui de reconnaître que l'homme n'a jamais fait intervenir la puissance divine dans la science que pour s'épargner l'aveu pénible de son ignorance, ou, du moins, lui donner une couleur plus poétique. Le prêtre de tous les temps, interrogé sur un fait inex-

[1] Voy. Max Miller, *Science du Langage*, leç. III, p. 87; trad. franç. de G. Harris et G. Perrot. Paris, 1864.

pliqué de la nature, n'a pu dire : je ne sais. Il eût perdu son prestige. Il a répondu, le doit levé, le regard inspiré : c'est Dieu; courbez-vous, mortels. Et les mortels se le sont tenus pour dit, et n'ont pas cherché davantage. Partout, en effet, où la science curieuse rencontre Dieu dans son enquête du vrai, elle n'a plus qu'à se retirer, à se taire. Si elle ne veut briser ses tablettes, brûler ses bibliothèques avec Omar, détruire ses collections, exiger amende honorable de ses Galilée et livrer l'homme à la fatalité divine qui le conduit, sans autre ressource dans sa résignation que de répéter : C'est écrit; Allah a parlé; qu'alors elle s'impose la loi de se passer d'une hypothèse dont elle n'a nul besoin, et à laquelle elle ne peut recourir qu'en se fermant tout chemin devant elle.

Ce n'est donc point aux mythologies que nous devons demander la solution des problèmes de la nature. Si nous voyons aborder de front et franchement, dès l'antiquité classique, ce problème ardu de l'origine du langage, c'est par ces philosophes grecs, dont l'esprit ne fut jamais enchaîné par leurs mythes poétiques ni par leurs divinités abstraites. La Grèce est la vraie patrie de la science, parce qu'elle a été celle de la liberté de penser; mais elle n'a joui de la liberté de dire sa pensée que parce que seule, au milieu des nations antiques, elle a su échapper de bonne heure à l'empire des sacerdoces. Socrate n'a point succombé, comme on l'a dit, à la haine des prêtres d'Éleusis, mais aux intrigues des partis politiques. S'il a bu la ciguë, c'est pour avoir outragé les tyrans d'Athènes. Ses prétendus outrages aux dieux nationaux ont été le prétexte mais non la cause de sa mort. Car Platon, après lui, reprend sans danger ses doctrines; c'est lui qu'il fait parler quand, recherchant l'origine de la parole humaine, il la voit surgissant de la nature humaine elle-même [1]. De même Lucrèce [2], expliquant aux Romains la doctrine d'Épicure dans son poème immortel, montre l'homme créant lui-même son langage par une évolution lente et pénible.

Mais la civilisation grecque s'écroule bientôt sous la double invasion des barbares et du christianisme, et durant tout le moyen âge, la solution du problème est abandonnée, comme elle doit l'être, puisqu'une théocratie nouvelle, s'emparant des esprits, se réserve désormais de donner ses solutions mythiques à toutes les questions posées par l'esprit en quête du vrai. Cependant, l'heure de la Renaissance a sonné. Bacon, de nouveau, mais encore bien timidement, proteste contre le dogme de la révélation du langage. Locke, Leibnitz, tous en passant jettent un regard profond sur ce mystère et déclarent qu'il est soluble, qu'il est matière de science, que l'homme a créé son langage, et que ce langage s'est développé avec et par ses autres facultés. Le XVIIIe siècle aborde à son tour le problème, mais entraîné en sens contraire par une réaction naturelle contre les idées mythiques, il tend à admettre, non pas que le langage est né spontanément de la nature humaine, d'un instinct, d'un besoin manifesté chez elle,

[1] Cratyle.
[2] De *Nat. Rerum*, liv. V, v. 1027 et suiv.

mais qu'il est l'œuvre d'une convention réfléchie et délibérée; comme si, pour délibérer sur cette convention et pour fixer les formes, les signes du langage, il n'était pas nécessaire qu'il eût existé antérieurement un langage déjà susceptible d'exprimer les nuances les plus délicates de la pensée et d'en analyser tous les éléments logiques. Le langage n'est donc ni une invention réfléchie de l'homme ni une révélation surnaturelle; c'est une phase dans le développement de l'humanité, qui, à un moment donné de de son évolution généalogique et progressive, a acquis à la fois l'instinct et la faculté d'interprétation par des signes, c'est-à-dire la faculté du langage[1].

Si l'homme, avec toute la succession de formes plus ou moins anthropoïdes qui lui ont donné naissance et l'ont fait successivement arriver à l'être, a toujours eu de l'intelligence, dans cette mesure du moins où cette faculté s'observe chez les autres formes animales, et si cette intelligence n'a acquis chez lui que successivement et tardivement une puissance directrice et dominatrice sur ses instincts brutaux originels en le douant d'instincts nouveaux d'un tout autre ordre, devons-nous penser qu'il a toujours eu un langage pour exprimer, sinon ses idées, au moins primitivement ses sentiments et ses besoins?

Si par langage il faut entendre en général une série de signes quelconques, au moyen desquels un être vi-

[1] Voyez M. E. Renan, *Origine du Langage*, ch. II, et M. Max Muller, *Science du Langage*, leç. I et II.

vant fait comprendre ses besoins ou ses sentiments aux autres êtres de son espèce, on peut affirmer que l'homme a toujours joui de cette faculté, bien qu'à des degrés divers, puisqu'elle existe, nous l'avons vu[1], sinon chez tous les animaux, du moins chez tous ceux dont l'organisation est assez élevée pour rendre possible la vie de relation : c'est-à-dire chez tous ceux qui, étant capables de mouvement volontaire, présentent des sexes différents qui sentent le mutuel besoin de se rapprocher et qui doivent pourvoir, alternativement ou ensemble, au soin de leur progéniture. Partout enfin où existe un rudiment de famille, existe aussi un rudiment de langage, comme un commencement de morale, c'est-à-dire des besoins, des sentiments, passions, affections, et des moyens de les exprimer.

Nous avons vu également[2] que la loi logique qui gouverne le monde est universelle et immuable, qu'elle régit le monde physique comme le monde moral, qu'elle n'est que le reflet de la réalité objective dans le sujet ou être vivant. Si elle était autre chose que cette réalité même perçue par notre esprit, toute notre science serait vaine : réduits à ne jamais rien connaître que le vain travail de notre cerveau, nous n'aurions pas même la certitude de notre existence. Concevoir de deux façons le rapport de l'idée à l'être et de la pensée au signe destiné à l'exprimer, est donc non-seulement absurde, contradictoire, mais impossible. Dès qu'un animal pense, et

[1] Part. I, chap. v.

[2] Part. I, chap. iv.

dans la mesure où il pense, il pense comme nous, et la loi qui gouverne sa pensée étant identique à celle qui gouverne la nôtre, son langage pour l'exprimer doit avoir les mêmes éléments logiques que le nôtre.

Quelles sont donc les lois générales et fondamentales de la pensée et du langage?

Si la nature est prodigue de variétés, a dit il y a bien longtemps Linnée, le premier des vrais philosophes de la nature, elle est avare de types; et si ces types ou moules primitifs se modifient à l'infini et des plus diverses façons, ils ont une remarquable constance dans leur plan fondamental. Dans chaque type ou plan fondamental, un très-petit nombre d'éléments anatomiques primitifs tous similaires, en se transformant successivement pour s'adapter à des fonctions physiologiques de plus en plus variées, arrivent à produire toutes les formes vivantes. Tout squelette vertébré est composé de vertèbres, tout articulés d'articules, tout rayonné de zoonites, tout végétal de segments foliacés; et tous les tissus de ces vertèbres, articules, zoonites ou segments, sont formés eux-mêmes des transformations de la cellule ou élément anatomique primitif.

Ces vérités, induscutables aujourd'hui au point de vue de l'organisation anatomique et physiologique, ont leurs analogues au point de vue psychologique. C'est-à-dire qu'un très-petit nombre de facultés psychiques primitives, qu'on pourrait ramener à deux, peut-être à une seule, sont le point de départ commun de la vie de relation chez tous les êtres, mais chez chacun d'eux se modifient et se développent diversement. Sentir, raisonner, vouloir, tels sont les trois actes ou plutôt les trois moments de cette faculté interne qui a pour but de déterminer l'action, de manière à la mettre en rapport logique avec le besoin, soit de l'individu, soit de l'espèce. Si cet organisme n'arrive à son plein développement que chez les êtres supérieurs, si chez ceux-là seulement il devient conscient de lui-même, se voit fonctionner, s'observe, s'analyse, il existe virtuellement en germe chez tous, bien qu'il ne se manifeste en fait, en acte, que chez les types organiques doués de cet appareil nerveux qui ne crée pas la sensibilité, mais la développe, et qui rend l'organisme capable de manifester cette action reflexe, appelée volonté, qui aboutit au mouvement déterminé par un but.

Ces deux rouages externes et visibles de toute organisation vivante ne communiquent l'un à l'autre, ne se transmettent l'un à l'autre la force, l'action, la direction, qu'au moyen de cette grande roue régulatrice qu'on nomme la raison, la loi logique, sorte de chaîne d'engrenage qui se déroule fatalement dès qu'elle est mise en mouvement par la sensation actuelle, conservée ou renouvelée, et qui seule, à son tour, communique ce mouvement, par la volonté, aux muscles moteurs. C'est l'action et la réaction mécaniques toujours égales l'une à l'autre, loi générale et inflexible qui régit tout l'univers physique et gouverne la matière comme l'intelligence, les corps vivants, comme les corps bruts. De même que la lumière réfléchie est en raison directe de la lumière incidente, de même qu'une balle vivement jetée rebondit vivement, de même l'être qui sent vivement pense et veut puissamment.

Ces trois facultés primordiales : sentir, penser, vouloir, ou plutôt ces trois moments successifs d'une même force ou action, ces trois temps de la décharge psychologique, qui commence à la sensation pour aboutir à l'action, sont le point de départ, l'origine, la cause et la règle de tout langage.

Le langage existe donc, à l'état latent et comme possibilité psychique, chez tous les êtres chez lesquels ces trois facultés se manifestent ou seulement existent à quelque degré. Chez tous, il est vrai, les signes de ce langage diffèrent; mais, si les signes sont divers, la grammaire demeure toujours identique dans ses éléments logiques primordiaux; car la grammaire vraiment générale, c'est-à-dire la science philosophique des éléments du langage, celle qui convient à toutes les langues humaines ou animales, n'est que la loi logique elle-même, sorte d'algèbre renfermé dans un très-petit nombre de formules qui, remplies par des chiffres différents, peuvent donner toutes les solutions possibles.

Je sens, je veux : ces deux pensées primitives, éternellement latentes dans tout organisme, forment le fonds primitif de toutes les autres; et si elle ne sont que rarement exprimées, c'est qu'elles sont toujours sous-entendues. La sensation pénible excite l'être vivant à vouloir s'y soustraire, à la fuir; la sensation agréable à vouloir la chercher, la renouveler. Le besoin se révèle;

l'instinct, qui n'est que de l'intelligence spontanée et héritée, l'explique, le traduit, la volonté réfléchie et volontaire s'efforce de le satisfaire; l'intelligence vient en aide à l'instinct pour lui en indiquer les moyens. Tout cela est élémentaire, et cependant ces éléments abstraits de l'action psychique sont déjà si compliqués, si subtils dans leur succession, si bien voilés sous les diversités concrètes de leur application pratique, que même nos langues analytiques semblent manquer d'exactitude et de précision pour les exprimer.

C'est que l'acte de la pensée est si instantané, si rapide que toute notre attention faillit à le suivre pour le décomposer en ses moments successifs. Et plus on descend vers les degrés inférieurs de l'échelle des êtres, plus cet acte complexe est synchrétique et rapide, plus ses moments divers se confondent en un seul, plus la sensation est instantanément et spontanément suivie de la réaction volontaire: la chaîne logique, plus courte, plus serrée, bien que composée du même nombre d'anneaux, se déroule plus rapidement. Bien penser, réfléchir, ce n'est en réalité que penser plus lentement, de manière à ce que chacun des anneaux serrés du raisonnement instinctif vienne à son tour et à son rang fixer l'attention de l'intelligence reployée sur elle-même et se regardant fonctionner. Or, ce regard réfléchi sur le mouvement de son propre esprit, non pas même tout homme, mais un petit nombre d'hommes, parmi nos races les plus élevées, en sont capables. De l'intelligence de Descartes ou de Kant à celle d'un Hottentot, d'un Lapon ou d'un Papou, il y a plus loin que du langage du singe à celui de l'hélix qui rampe vers la feuille de laitue que flaire son appétit, ou vers l'individu de son espèce avec lequel elle sent le besoin de s'accoupler.

On a souvent agité ce problème : si la parole est condition de la pensée ou la pensée de la parole [1]. Mais si on en est arrivé à poser une telle question, c'est par suite de l'abus, l'excès où l'habitude instinctive et héréditaire de la parole est arrivée chez notre espèce qui, à mesure qu'elle a multiplié les signes phonétiques de ses idées, est arrivée à identifier tellement l'idée avec son signe, qu'elle ne peut plus l'en séparer. Cette impuissance d'abstraire la pensée du mot, la chose du son, la pensée de sa forme verbale est aujourd'hui le plus grand de tous les obstacles aux progrès d'une philosophie rationnelle; et nous osons dire que tout homme qui n'est pas arrivé à vaincre en lui cette funeste habitude psychique, désormais passée dans la race, de raisonner avec des mots au lieu d'idées, est incapable de réagir contre les nombreuses erreurs qui dérivent fatalement de l'imperfection de nos langues. C'est la parole, toujours inadéquate à la pensée, qui rend le sophisme possible; l'esprit qui raisonne avec les idées mêmes et non avec leurs signes n'y peut tomber : la loi même de sa pensée l'en préserve.

[1] Ballanche (*Essai sur les institutions sociales*, p. 179, Paris, 1818) séparait les individus humains en deux classes : ceux qui ne peuvent penser qu'avec la parole, et ceux qui ont la faculté de penser indépendamment de la parole. Cette remarque est parfaitement juste et le nombre de ceux qui pensent directement avec les idées, indépendamment de leurs signes, est encore très-petit.

Si l'animal pense moins activement que l'homme, c'est-à-dire si, étant privé de l'accumulation traditionnelle d'idées qui résulte de l'existence d'un langage très-développé, il ne peut penser, réfléchir qu'à ses propres sensations personnelles, aussi, il échappe à l'influence des erreurs accumulées par la tradition, ou qui dérivent de l'imperfection des formes verbales. Il en résulte que, pensant beaucoup moins, il pense en réalité beaucoup plus juste; notre erreur consiste à faire honneur à son instinct de la merveilleuse justesse et de la rapidité de son intelligence dans la mesure bornée où elle s'exerce.

De même l'animal, ayant des besoins, des passions, des sentiments aussi vifs, mais moins variés, moins nuancés, n'a besoin, pour les exprimer à ses congénères, que d'un nombre très-restreint de signes, mais qui sont plus nettement définis pour lui que ne le sont les mots divers de nos langues. De sorte qu'à la fois il pense et s'exprime avec plus de justesse que nous, justement parce qu'il parle et pense moins. Et la gradation se continue dans l'espèce elle-même. Rien n'est si clair, si nettement déterminé, si aisé à interpréter que ce qu'un paysan ou un sauvage vous dit avec quelques mots de son patois ou de son dialecte; bien que sachant fort mal sa langue, vous vous faites également entendre aisément de lui; tandis que, chaque jour, mille disputes verbales éclatent entre gens cultivés d'une même nation, d'un même temps et d'un même milieu social, parce que, sous les mêmes mots, se cachent des idées diverses et nuancées à l'infini. Mais si les philosophes disputent longuement sans s'entendre, sur les mêmes questions où les gens du peuple s'entendent sans discuter, c'est que ceux-ci descendent aussi moins profond dans l'analyse des détails d'un fait, d'une idée, d'un principe. La supériorité est-elle du côté de l'homme du peuple, du paysan, du sauvage? Nullement; cette clarté apparente est de l'indétermination; cette simplicité est de l'impuissance; car, si vous voulez entraîner l'homme du peuple, le paysan, le sauvage, à la suite du philosophe, jusque dans l'analyse des éléments abstraits de l'idée concrète qu'il exprime si clairement, sa langue même n'aura plus de termes pour exprimer des séries de pensées qu'il est incapable de produire.

Loin donc que le langage puisse créer la pensée, il faut que la pensée existe pour créer le langage, et le signe ne peut jamais être que l'expression de l'idée préexistante. Mais aussitôt que l'idée existe, l'être pensant qui sent le besoin de la communiquer, cherche spontanément un signe pour l'exprimer et le trouve, mais en hésitant, et tant que l'idée flotte incertaine, le signe reste indéfini, indéterminé, flottant.

Les langues, même sous leurs formes les plus perfectionnées, parmi lesquelles au premier rang je placerai certainement la nôtre, pour sa précision, sa clarté, sa netteté, sont donc loin d'être des instruments assez parfaits de communication de la pensée pour faire croire, soit à leur origine divine, soit même à la nécessité d'une invention réfléchie et mûrement délibérée par une académie. Toutes les académies au contraire ont maintes fois prouvé leur impuissance même à les réformer; et si un dieu avait révélé la parole à l'homme, il n'est pas un peuple qui ne pût avec droit se plaindre d'avoir reçu de ce grammairien céleste de très-mauvaises leçons.

Toutes les langues, sans exception, sont défectueuses, incomplètes, insuffisantes à rendre toutes les nuances de la pensée. Toutes portent les traces du lent travail des siècles, des marques d'enfance ou de décadence; ce sont des instruments usés, même avant d'avoir été achevés. Toute grammaire a ses lacunes, ses irrégularités capricieuses; tout lexique a ses vides et ses trop pleins. « Toutes disputes sont grammairiennes, » disait cet excellent esprit appelé Michel Montaigne. Aucun mot n'est assez nettement défini, assez fixé en effet pour ne pas laisser prise au doute chez celui qui l'emploie comme chez celui qui l'entend.

Tous nous avons eu fréquemment l'occasion d'assister à ces vives disputes sur les notions de droit, de justice, de liberté. Tous nous avons eu l'occasion de constater à combien d'interprétations différentes elles donnaient lieu selon les esprits, et combien de fois, sous les mêmes noms, chacun des adversaires confond souvent les concepts les plus divers. Si chacun d'eux devait les définir, toutes les définitions qu'ils en donneraient seraient différentes, peut-être même en quelques cas contradictoires. C'est qu'en effet ces notions répondent aujourd'hui à des instincts, à des sentiments naissants dans l'humanité, plutôt qu'à des idées déjà bien fixes et bien définies.

Tous les mots d'une langue n'ont jamais pu naitre tous à la fois, parce que l'acquisition des idées a toujours été successive chez chacun des peuples qui l'ont parlée. La langue d'un peuple a donc son développement historique, parallèle à l'évolution de ses destinées. Elle change de siècle en siècle, de jour en jour; elle est différente en quelque chose chez chacun des individus qui la parlent, et chacun de nous coopère à la réformer, à la créer constamment. Les mots changent de sens, les idées changent de signe; c'est une décomposition et une recomposition éternelle et constamment inachevée. L'idée, chez les hommes de génie, cherche toujours le mot, l'expression; chez la foule c'est le mot, l'expression qui suscite et crée l'idée qu'elle eût été impuissante à formuler seule.

On pourrait trouver mille exemples de ces altérations du mot, de ces changements de valeur du signe? j'en choisirai un qui fait le fonds de toute cette grande dispute entre le matérialisme et le spiritualisme, qui force aujourd'hui presque chacun à s'enrôler bon gré mal gré dans l'un ou dans l'autre camp. Rien ne serait plus curieux à écrire que l'histoire de ces mots d'esprit et de matière. Identiques à l'origine, ils ont l'un et l'autre exprimé l'essence, le fond des choses; puis, peu à peu, en sont venus au contraire à représenter deux idées différentes, antithétiques : la matière inerte, l'esprit seul actif. Mais aujourd'hui, pour les spiritualistes eux-mêmes, ces deux concepts sont encore altérés; ils n'ont plus rien de commun avec leurs équivalents anciens, soit dans la même langue, soit dans des langues plus anciennes. La matière des anciens représente nos corps d'aujourd'hui; c'est la masse matérielle, configurée, étendue, ayant forme, dimension, poids, couleur et autres propriétés physiques; mais chacun sait aujourd'hui que chacun des éléments de ces corps matériels est animé de forces toujours actives et de mouvements incessants. Notre concept actuel de la matière embrasse donc dans sa signification l'ancien concept de l'esprit, qui après avoir signifié d'abord souffle, puis force, en est venu d'abstraction en abstraction, de quintessence en quintessence à signifier le sujet de la force elle-même, l'être inétendu animant l'être étendu.

Si même dans notre belle langue française, si forte chez Pascal, si claire et si limpide sous la plume de Voltaire, si abondante et si flexible chez nos écrivains actuels, les signes des idées morales, comme les signes des concepts abstraits de la métaphysique sont si mal déterminés, si vagues, qu'on ne peut jamais savoir si celui qui les entend les conçoit de même que celui qui les prononce, que devons-nous penser d'idiomes moins travaillés, moins développés, et restés flottants dans la tradition orale des peuples, sans jamais avoir été fixés par l'écriture?

Mais ce ne sont pas seulement les notions morales et métaphysiques qui sont sujettes, dans nos langues perfectionnées, à ce degré d'indécision. Ce sont parfois les noms des choses les plus vulgaires, les plus usuelles de la vie domestique. C'est que l'indétermination est dans la nature des choses elles-mêmes, et que toute langue, étant en réalité une classification par genres et espèces des choses dont nous avons connaissance, change à mesure que la connaissance que nous en avons se modifie.

Nos langues, même les plus parfaites, sont donc très-imparfaites encore. Ce ne sont que de très-défectueux instruments pour l'expression de la pensée, et s'il faut reconnaître que le langage a dû aider au développement de la pensée en permettant l'accumulation traditionnelle, il faut reconnaître aussi que, corrélativement, il fait souvent obstacle à sa communication et tend fatalement à en fausser la transmission orale. Combien d'erreurs peut-être l'humanité ne doit-elle pas ainsi au défaut ou à l'abus des formes verbales!

Et cependant, cet instrument du langage, quelque défectueux qu'il soit, paraît à la fois si nécessaire et si merveilleux qu'on ne peut ni concevoir comment l'humanité a pu exister sans lui, ni comprendre comment, née sans lui, elle aurait pu l'inventer.

Donc, l'humanité n'a jamais existé sans un langage, et cependant c'est elle-même qui se l'est créé. Mais elle l'a créé successivement, par une lente évolution. A mesure que son intelligence s'est formé une notion nouvelle, elle a trouvé un nom nouveau pour l'exprimer, au moins à peu près; mais les procédés ont varié constamment avec la race, les milieux, les civilisations et les temps.

On peut dire même que le langage se forme sans cesse; il se forme au milieu de nous, à Paris, où chaque profession, chaque corps d'état a son argot particulier. À la halle ou à Bercy, à la Bourse et parmi les artistes, dans la finance comme dans le journalisme, dans les coulisses de nos théâtres et dans le troisième dessous social où grouillent nos truands modernes, autant de dialectes particuliers s'élaborent spontanément et se transforment constamment. Il n'est ni un collége ni un couvent de jeunes filles qui n'ait son contingent de mots particuliers qui naissent, grandissent, meurent, par une perpétuelle et capricieuse fluctuation dont rien ne peut rendre compte et qui n'est surpassée que par la fluctuation perpétuelle des patois dans nos campagnes, différents de clocher à clocher et qui se transforment d'une génération à l'autre, au point que les vieillards qui y reviennent après une longue absence ne comprennent plus qu'à peine leurs petits-enfants.

Si quelque chose doit nous étonner, c'est donc moins la diversité, cependant si grande, des diverses langues parlées par l'humanité, que la ressemblance, l'analogie, l'air de famille que nous constatons entre un certain nombre d'entre elles. Des extrémités de l'Islande et de l'Écosse aux bords du Gange, toute une famille de peuples, comprenant les nations les plus civilisées et peut-être les seules perfectibles, parlent les dialectes d'une même langue : c'est la langue dite aryenne, morte aujourd'hui, et que nos savants s'efforcent de reconstituer à l'aide des éléments épars trouvés dans les idiomes qui en dérivent, c'est-à-dire dans les langues grecque, latine et néolatines, celtiques, germaniques, slaves, persanes et sanscrites.

L'arabe, l'hébreu, le syriaque et quelques autres forment une autre famille de langues; c'est le groupe araméen dont la souche mère nous est encore moins connue, et qui nous met en face d'un lexique nouveau et d'une grammaire différente, mais non sans analogies avec le groupe aryen.

Des bords du Danube et des côtes de la Baltique, aux confins de l'Asie septentrionale et méridionale et même à travers les îles océaniques, s'étend le règne immense et immensément diversifié des langues dites touraniennes. Le chinois et quelques dialectes voisins forment un groupe à part dans cette collection de dialectes divers, au milieu desquels une science plus approfondie trouvera certainement de nombreuses sous-divisions.

Quant au reste de l'Australie, à l'Afrique, à l'Amérique, c'est un dédale linguistique dans lequel, jusqu'à présent, il nous a été impossible de tracer des routes. C'est le règne du polysynthétisme qui n'est peut-être qu'une phase de développement équivalente au système agglutinatif des langues touraniennes.

Quelque vérités, quelques lois ressortent cependant déjà de l'étude encore si incomplète de cet immense ensemble. C'est d'abord que toute langue, au point de vue du signe, son ou vocable, est assujettie à la loi que M. Max Muller a nommée *loi d'altération phonétique* [1], en

[1] M. Max Muller. *Science du langage*, leç. VIII, p. 333 et suiv.

vertu de laquelle le mot ou la proposition elle-même tend à se contracter, à s'abréger, laissant tomber là des voix, là des articulations, là des syllabes entières. Puis articulations et voix permuttent : une voyelle en remplace une autre, un articulation douce en remplace une rude, ou réciproquement, sous l'influence d'un climat plus dur ou plus doux. C'est ensuite la *loi de renouvellement dialectal*, qui se manifeste sous l'influence des migrations, des mélanges ethniques, des transformations sociales et politiques. De même, au point de vue de l'idée logique elle-même, toute langue suit dans son évolution naturelle l'évolution même de l'esprit et marche constamment comme lui de la synthèse à l'analyse, ou plus exactement d'un état synchrétique primitif à l'état analytique.

Plus elle arrive à une analyse complète et délicate des éléments de la pensée, plus son vocabulaire s'étend, se complique : les mots sortent des mots par une faculté de génération aussi rapide que féconde. Et en même temps que les mots se multiplient, ils se déterminent, se fixent dans leur signification d'abord flottante; mais en se contractant, ils se simplifient dans leurs vocables par une sorte d'usure inévitable qui tend à effacer la trace de leur origine et le sens primitif des éléments qui les ont formés. La grammaire en même temps se simplifie, c'est-à-dire que les lois du discours deviennent plus fixes et plus générales. Et cela doit être, en effet, si la loi logique qui régit la pensée est une loi fort simple, mais en même temps immuable et universelle.

Ainsi dans nos langues modernes néo-latines ou néo-germaniques, telles que le français, l'italien ou l'anglais, tous les éléments de la pensée sont analysés, distincts, séparés, représentés par des signes successifs ayant tous une signification abstraite, générale. La proposition se décompose en sujet, en verbe, en régime, et chacune de ces trois parties est elle-même formée d'un ensemble de noms, pronoms, substantifs, adjectifs, adverbes, articles, prépositions, qui les déterminent en se modifiant l'un l'autre, en vertu de règles plus ou moins fixes ou savantes, très-capricieuses parfois, parce qu'elles sont l'héritage d'une tradition, spontanément formée au hasard et non le résultat de conventions réfléchies.

Mais nous savons bien aussi que certaines propositions elliptiques, pour ne renfermer qu'un ou deux de ces termes, n'en sont pas moins claires pour l'esprit accoutumé à les interpréter. Et nous sommes tous d'accord enfin que, dans la plus simple interjection, dans le cri que nous arrache un sentiment de douleur, de crainte ou de surprise, tous ces éléments logiques sont contenus, bien qu'à un état confus et exprimés tous ensemble au lieu de l'être successivement.

Ce sont là en effet les deux termes extrêmes de l'évolution du langage. En principe, le cri, l'articulation spontanée, plus ou moins compliquée du reste, suffit à exprimer la pensée tout entière dans son synchrétisme originel. Et peu à peu on la voit, sous le travail de la réflexion, continué à travers les siècles et de génération en génération, se décomposer en ses éléments divers.

Prenons donc le langage tel qu'il est actuellement pour nous, et suivons rétrogressivement ses phases de transformation, d'abord vers une forme seulement plus synthétique, et jusqu'au synchrétisme primitif.

Nous aurons ainsi :

La période des particules ou la distinction de tous les éléments du discours ;

La période des flexions ou synthétique ;

La période d'agglutination et autre part du polysynthétisme ;

La période monosyllabique ou de juxtaposition ;

La période interjective ou synchrétique.

Car le monosyllabe juxtaposé lui-même ne s'est formé que par la contraction ou l'usure phonétique des séries d'articulations interjectives ou synchrétiques primitives, qui certainement ne furent pas plus monosyllabiques que le gazouillement ou cri de l'oiseau, le miaulement du chat, le rire de l'hyène, le hennissement du cheval, le bredouillement du singe, le chant singulier de la grenouille. L'agglutination touranienne et le polysynthétisme africo-américain résultent également d'articulations déjà contractées en monosyllabes, juxtaposés d'abord, puis encore contractés ensuite. La flexion n'est qu'un degré de contraction encore plus complète de la phrase agglutinée ou polysynthétique. Et si nos langues modernes ont dû, lors de leur période de renouvellement dialectal, recourir aux particules prépositives ou déterminatives, c'est parce que, sous la loi d'altération phonétique, elles ont d'abord laissé tomber peu à peu les longues flexions latines, grecques ou sanscrites.

Toutes les langues, du reste, n'ont pas nécessairement traversé toutes ces phases ; aucune ne les a parcourues complétement ; et l'on peut même dire que toute langue qui s'est fixée dans la tradition écrite ou même orale, sous l'une de ces formes transitoires et a pris sous cette forme un développement littéraire, est par cela même devenue incapable d'autres transformations ultérieures. Si donc le néolatin s'est formé, ce n'est pas du latin classique, mais des dialectes ou patois locaux restés flottants à côté de lui, et si la langue aryenne a traversé la phase polysynthétique ou agglutinante, c'est avant d'avoir été la langue d'un peuple civilisé, d'une société déjà fortement constituée.

Les formes les plus analytiques que le langage ait atteintes sont représentées par l'anglais et le français, l'italien et quelques autres. Les déclinaisons du mot substantif se font dans ces trois langues, presque sans flexion du mot lui-même, à l'aide de particules prépositives; mais l'anglais garde au génitif une forme appartenant à un état linguistique antérieur. Comme grammaire, l'anglais semble arrivé au dernier degré de simplification et de logique possible ; les langues néolatines, au contraire, ont gardé encore bien des formes grammaticales dont l'anglais est arrivé à se passer, et par exemple la flexion du verbe jointe au pronom, la distinction du genre en ce qui concerne les êtres inanimés ou neutres. L'allemand au contraire, avec le pronom analytique, garde les flexions du verbe et les déclinaisons ou cas du substantif jointes aux particules prépositives et aux articles.

Le latin et toutes les langues, dites mères, de la famille aryenne ont, au contraire, une grammaire plus savante, mais plus compliquée. Dans le verbe infléchi le pronom est sous-entendu, l'analyse ne l'en a pas encore détaché. Le système des déclinaisons est plus varié, et les particules prépositives n'existent pas ou sont d'un rare emploi. C'est par ces deux caractères surtout qu'elles sont moins analytiques ou plus synthétiques que leurs filles, les langues néolatines et néogermaniques.

Dans le groupe des langues araméennes c'est la conjugaison du verbe qui disparaît; il n'est plus susceptible d'aucune modification de temps: L'analyse n'est pas encore arrivée là. Des termes juxtaposés, des adverbes en tiennent lieu, mais laissent subsister la plus grande indétermination dans la pensée, qui flotte sans cesse entre le présent, le passé, le futur et tous leurs degrés possibles. C'est encore un reste du synchrétisme primitif ou de la juxtaposition antérieure.

Au contraire, dans certaines langues du groupe touranien, comme le turc, on trouve déjà un assez haut degré d'analyse. Le pronom sujet n'est pas exprimé et le verbe s'infléchit comme dans les langues synthétiques du groupe aryen; mais tandis que dans ces derniers un puissant travail de contraction et d'usure a réuni la flexion à la racine verbale, de manière à les rendre inséparables, au contraire, dans le turc, la racine reste toujours distincte, séparable, et la flexion, toujours reconnaissable et uniforme, est un vrai pronom agglutiné après le verbe, au lieu de le précéder et d'en être séparé. Un savant système de pronoms régimes et d'adverbes aide ensuite à modifier le verbe, c'est-à-dire l'action du sujet sur l'objet; et tous ces termes agglutinés, mais distincts, entiers, reconnaissables ne forment qu'un seul mot complexe, synthétique, sous un seul accent vocal. C'est peu poétique, mais d'une logique rigoureuse, et l'on croit voir dans ce système le travail de révision d'un corps savant sur une langue antérieurement plus libre[1] plutôt que l'expression spontanée du génie linguistique d'un peuple. C'est la langue d'un camp, d'une armée; elle porte avec elle tous les caractères de la discipline qui a si longtemps pesé sur les fils d'Olhman.

Mais dans tous les autres dialectes si divers, classés en désordre dans le groupe touranien, qui sont parlés dans toute l'Asie et la Malaisie, on peut voir la forme logique du discours passer par tous les degrés inférieurs de l'agglutination, jusqu'à la juxtaposition monosyllabique, pure et simple, que nous trouvons chez les Chinois et les quelques peuples qui les entourent. Ici toute flexion disparaît, le mot est immobile, immuable. La grammaire n'existe pas, dit-on. On a raison si, par grammaire, on entend un système de flexions, de déclinaisons ou de conjugaisons. Jamais le Chinois n'a rien connu de semblable. Toute sa grammaire est un algèbre; sa langue

[1] M. Max Muller, *Science du langage*, leç. VIII, p. 333 et suiv.

porte l'empreinte toute mathématique de sa pensée; les mots, comme les chiffres, ont leur valeur absolue attributive, mais sont susceptibles de prendre une valeur de position déterminée. Tout mot, selon son emploi, peut donc être sujet, verbe, attribut, substantif, adjectif, adverbe, selon sa place dans la phrase. Ils ne diront pas : *le soleil brille*, ils diront : *soleil* et *briller*; mais, par contre, *briller* et *soleil* voudra dire : *briller comme le soleil.*

Ce singulier état linguistique que nous constatons chez le chinois, et seulement là, ne nous offre pas le premier moment d'évolution du langage humain, mais le second; et s'il est arrêté là, c'est sans doute que ce fut la première de toutes les langues qui se fixa par l'écriture et qui, une fois enfermée dans son alphabet idéographique, n'a jamais pu franchir cette phase de son évolution qui, chez tous les autres peuples, a été transitoire. En général, du reste, dès qu'une langue se fixe par l'écriture, elle cesse de se développer. Ce peut être encore une langue parlée, mais, relativement, c'est une langue morte ou destinée à mourir et qui ne pourra revivre que dans ses dialectes. Et, en effet, si la langue chinoise classique est restée enfermée dans sa grammaire algébrique, dans sa phase de juxtaposition pure et simple, les dialectes populaires parlés dans les diverses provinces de l'empire ou dans les contrées voisines ont, au contraire, continué leur évolution et peu à peu passé à de véritables flexions grammaticales que la langue écrite repousse. On peut donc dire que c'est sa fixation trop hâtive dans une écriture idéographique immuable qui a momifié le chinois, l'a immobilisé et nous l'a conservé, jusqu'à ce jour, sous une forme primitive que nous ne retrouvons que là, parmi les langues littéraires parlées et écrites dans de vastes sociétés depuis longtemps constituées.

Dans le chinois, nous voyons donc à peu près la phase par laquelle les langues touranienne ou d'agglutination ont dû passer, comme l'agglutination turque nous montre l'état qui a précédé l'âge des flexions. Car la flexion grecque, sanscrite ou latine n'est que la contraction de l'agglutination touranienne, comme l'agglutination touranienne n'est que la contraction de la juxtaposition monosyllabique des Chinois.

Si chaque phase successive n'a été que le résultat de la contraction de vocables précédemment plus nombreux, plus compliqués, ne faut-il pas penser que le monosyllabisme chinois a résulté lui-même de la contraction d'éléments vocaux antérieurs? Quand le chinois dit *yn* ou *yang*, chacun de ces mots n'a-t-il pas eu toute une longue histoire qui l'a réduit à l'état de monosyllabe, ou est-il né spontanément dans sa forme monosyllabique, avec la race qui l'a conservé sans altération depuis déjà de si longs siècles?

Ici se posent de graves questions que l'hypothèse ou tout au plus des inductions hâtives peuvent résoudre. C'est la question de la pluralité ou de l'unité des souches linguistiques et de la forme primitive que la parole a revêtue.

Or, dans toute langue, nous avons deux éléments, la

grammaire et le vocabulaire, et des lois bien diverses en régissent la transmission ou l'altération généalogique. Chaque race humaine paraît très-fidèlement et presque fatalement attachée à ses formes grammaticales; mais si les races elles-mêmes changent et se transforment, leur transformation peut porter sur la faculté du langage comme sur toutes les autres; elles peuvent passer d'une forme grammaticale à une autre et, en effet, on a des exemples de races, très-certainement bien distinctes au point de vue physique, qui sont arrivées à prendre le même système grammatical, en l'altérant cependant toujours un peu. Ainsi, le nègre américain parle l'anglais, mais le parle encore en nègre : la différence des souches était trop grande. Mais le Hongrois, le Finnois, le Turc, dont la grammaire naturelle est agglutinante, arrivent à parler soit le grec et le latin, soit nos langues analytiques modernes. La population primitive de la France est celte et elle parle aujourd'hui un dialecte néolatin; l'Anglais-Breton a pris un idiome germanique, importé par un très-petit nombre relatif d'émigrants. Une race peut donc passer au système grammatical d'une autre race; mais, en abandonnant son vocabulaire, elle change alors de langue.

Si elle garde son vocabulaire, pourra-t-elle également changer son système grammatical? Pourquoi non, si la faculté mentale nécessaire à cette transformation existe en elle? Seulement, on peut presque affirmer que chaque langue alors aura une évolution qui lui sera particulière ; elle développera son système toujours en marchant du synchrétisme à l'analyse, mais elle passera par des phases qui lui sont propres et qui permettront de reconnaître leur filiation. C'est ainsi que nous pouvons suivre la filiation des formes grammaticales de la famille aryenne et de la famille sémitique ; mais il reste à résoudre la question du changement de vocabulaire.

Or, un peuple change bien de vocabulaire, comme il change de grammaire, par suite de la conquête ou de l'émigration ; mais il n'en change jamais spontanément. Il le modifie, l'altère, le contracte des plus diverses façons, mais toujours selon des lois fixes pour chaque race et qui paraissent dépendre de l'organisation de l'organe vocal lui-même. Ainsi, il altère ou adoucit les voix, permutte les consonnes douces ou dures, laisse tomber les finales ; mais une fois la loi d'altération trouvée, elle reste la même pour tous les éléments de l'alphabet. Et c'est par ces lois de permutation, d'altération phonétique, qu'on a pu reconstruire la filiation des langues aryennes, encore beaucoup plutôt qu'à l'aide de leurs analogies grammaticales. Toutes les langues aryennes se laissent réduire à environ cinq cents racines primitives et en général monosyllabiques, éléments premiers qui permettent de reconstruire en partie le vocabulaire de la langue primitive dont ces dialectes sont dérivés. Le même travail sur les langues araméennes donne le même résultat. Seulement, chacun de ces groupes de langues aboutit à des racines absolument différentes et, sauf de très-rares exceptions, irréductibles les unes aux autres. Le vocabulaire, en apparence si changeant, est donc, en réalité, l'élément linguistique le plus fixe dans ses éléments premiers. Il est, en philologie, ce que nos corps composés variables à l'infini sont à nos substances élémentaires, indécomposables et irréductibles.

Il ressort de cela avec évidence ce fait important, c'est que la souche araméenne, la souche arienne, la souche chinoise, et sans nul doute beaucoup d'autres, ont pris spontanément naissance en des points différents du globe et chez des races diverses, que conséquemment l'origine d'un langage déjà fixé, c'est-à-dire susceptible de se transmettre traditionnellement, ne remonte pas jusqu'à l'origine même de l'homme physique, mais que diverses races ont acquis séparément en des lieux et des temps divers la faculté de le produire.

Et sous quelle forme le langage s'est-il produit? sous la forme la plus synchrétique, assurément. En remontant toute la série des langues aryennes, on voit les mots sortir les uns des autres, devenir successivement verbes, substantifs, adjectifs, adverbes, et par contraction pronoms, particules, affixes, etc.; mais tous remontent à une racine primitive qui, comme le monosyllabe chinois, peut être et devenir tout cela, mais n'est rien de tout cela : c'est l'interjection, et où tout est confondu dans un état synchrétique exprimant un sentiment, une passion plutôt qu'une image, une idée. C'est enfin l'émission de voix, le cri, l'articulation pure et simple jaillissant spontanément du sentiment éprouvé, de la sensation perçue, par le fait de l'action reflexe nerveuse; c'est le langage tout animal, car c'est la phrase logique dont les éléments sont confondus; ce n'est pas le mot qui peu à peu en sortira par l'analyse. Et ceux de nos savants qui veulent voir un verbe dans chacune de nos racines linguistiques me semblent tenir peu de compte de l'état embryonnaire de l'intelligence des peuples qui les premiers en ont fixé le sens.

L'enfant qui sait à peine encore dire quelques mots, voit un objet qui le frappe, un chien par exemple; s'il sait déjà ce mot, il montre l'objet du doigt, et il dit *chien*. Mais ce mot signifie aussi bien *je veux le chien* que *j'ai peur du chien*. Son geste expressif, sa figure animée ont interprété son sentiment, sa phrase tout entière. De même l'homme animal encore, à la vue de chaque objet, a exprimé son émotion par un cri articulé; ce cri articulé, entendu par d'autres, s'est associé dans leur mémoire avec l'objet qui l'avait excité; et à la vue du même objet ils l'ont répété à leur tour, spontanément, sans réflexion ni convention. Mais de même que l'enfant dira aussi bien et mieux *toutou* que chien, il n'est pas nécessaire de croire que chacun de ces cris articulés, primitifs, ait été monosyllabique. Au contraire, il a dû l'être rarement, et si les rares interjections conservées dans nos langues le sont toutes, c'est que toutes expriment des sentiments soudains dont elles sont l'expression la plus rapide et la plus expressive; mais toutes n'ont probablement atteint et gardé leur état monosyllabique que par suite d'un lent travail d'usure et de contraction phonétique qui les a toutes réduites à une voix plus ou moins aspirée, c'est-à-dire jointe à un esprit rude.

Deux faits psychiques joints à l'influence de la différence des races et des climats ont présidé au choix de ces premiers vocables, devenus peu à peu et par un lent travail le nom des choses : c'est la sensation extérieure des objets de l'univers, c'est le sentiment intérieur qu'ils nous inspirent, c'est l'émotion, le besoin, l'instinct, la passion.

On s'est demandé souvent si les langues s'étaient toutes composées à l'origine d'onomatopées, d'articulations imitatives ; mais on peut se demander quelle articulation pourrait rendre la forme ou la couleur, si une idée n'y était déjà auparavant attachée? La peinture des objets, le mot image n'a donc dû paraître que très-tardivement dans les premières langues, nées spontanément chez les races primitives. Tout le bagage linguistique de l'homme primitif s'est composé d'interjections articulées exprimant un sentiment intérieur de joie, de peine, de plaisir, de haine, d'amour, de désir, de colère, de vengeance, de crainte, etc. La gamme entière des passions, je ne dirai pas humaines, mais animales, a dû s'y peindre, et chaque sentiment s'est traduit, non par une interjection rapide, un cri, une seule émission de voix, mais par une suite de ces articulations redoublées ou alternatives que nous entendons encore dans le même cas répéter à nos enfants. Elles ne peignent rien, ne nomment, ne désignent rien; elles expriment l'état intérieur du sujet, sentant et pensant, la modification que la vue, la sensation des objets excite en lui. Ces sons ou articulation primitives voilà les vraies racines de toutes nos langues; il a pu s'y joindre dans la suite quelques onomatopées, quelques bruits imitatifs; mais l'homme, créateur de la parole, n'imita les autres animaux ou les bruits divers de la nature qu'après avoir acquis dès longtemps l'habitude de s'écouter lui-même, et conséquemment d'écouter les sons, rendus par lui ou par ses congénères, et de leur attacher un sens, une signification.

Cette première forme du langage, était-ce déjà la parole ou n'était-ce encore que le cri? Nous revenons encore ici à cette question des limites entre l'homme et l'animal. La parole, c'est-à-dire un langage phonétique exprimant plus ou moins complétement et idéographiquement les éléments analytiques distincts de la proposition logique et les rapports des objets entre eux: voilà ce qui est propre à l'homme intelligent. Mais quant au langage n'exprimant que des sensations, des passions, les rapports des objets sentis au sujet sentant, il est commun certainement à l'homme et à l'animal.

Tout animal susceptible d'avoir des rapports plus ou moins durables ou accidentels avec d'autres individus de son espèce a certainement un langage, c'est-à-dire la faculté d'interprétation par des signes qui peuvent différer, quant à leur nature. Le cri, le chant, le geste, le regard, tout est langage chez l'animal comme chez l'homme, et plus que chez l'homme qui, par l'habitude de la parole, a plus ou moins perdu l'usage des autres instruments ou signes du langage[1].

[1] Voy. Tylor, *Early history of mankind*, ch. II, III et IV.

CHAPITRE X.

ORIGINE DE LA PAROLE.

Si donc on appelle langage cette série plus ou moins compliquée de signes divers, habituels d'abord, puis instinctifs et héréditaires, au moyen desquels tous les êtres de même espèce se communiquent leurs besoins et leurs sentiments; il est évident qu'il y a toujours eu un langage, non-seulement chez l'homme; mais aussi chez toutes les espèces anthropoïdes de plus en plus dégradées; inférieures et embryonnaires qui lui ont servi de souches ou moyens transitoires pour arriver à son développement actuel et qui, par une série continue de progrès successifs, l'ont amené à sa forme spécifique actuelle.

Mais ce qu'il est plus difficile de savoir, c'est si les signes du langage humain ont toujours été des signes articulés, phonétiques, et depuis quelle époque, par quelle suite de transformations, sous quelles influences ces signes ont pris leurs formes actuelles, en un-mot, quand et comment le langage de l'anthropoïde primitif est devenu la parole humaine.

Il serait prouvé que tous les bimanes ont toujours eu la faculté de produire des sons articulés, c'est-à-dire que leur larynx a toujours été à peu près conformé comme aujourd'hui, on n'aurait rien gagné; car on n'aurait pas découvert en cela un caractère distinctif absolu de notre espèce et tracé une ligne de démarcation tranchée entre elle et les autres êtres, puisque, comme nous l'avons vu [1], beaucoup d'animaux articulent.

Le larynx de beaucoup d'oiseaux produit à peu près les mêmes sons que celui de l'homme [2]. Plusieurs articulent plus vite et plus distinctement que de jeunes enfants, que beaucoup de peuples sauvages et sifflent ou chantent même plus juste qu'eux. On a dit à tort que la faculté d'articuler est chez eux une sorte de luxe inutile de leur organisation et que cette faculté ne se développe que par l'éducation et les soins de l'homme; car, entre eux, ils s'en servent également, bien qu'autrement, pour s'entendre, et les signes articulés ou phonétiques de leur langage sont joints, comme chez l'homme, à d'autres signes, tels que le cri, le chant, les attitudes ou mouvements de la tête, de la queue, des ailes et de tout le corps. Le gazouillement de la plupart d'entre eux ressemble parfois à une causerie familière, intime, animée de mille sentiments variés, de vives passions et qui, peut-être, exprime des idées d'une complexité que nous

[1] Voy. Part. I, chap. v.
[2] Voy. Part. I, ch. v, p. 72 et suiv.

ne soupçonnons pas et qui n'ont de commun avec les nôtres que l'analogie générale de leur enchaînement logique parfait et toujours fatalement le même, puisqu'il est une de ces grandes lois de la nature qui ne souffrent pas d'exception dans leur universalité. La loi logique, du reste, suffit à nous révéler qu'avec une vie de relation aussi compliquée que celle de l'oiseau, des affections de famille aussi puissantes et des instincts variés qui élèvent beaucoup d'entre eux jusqu'à la vie sociale, leur langage doit être compliqué et leur permettre d'exprimer plus ou moins analytiquement un grand nombre de sentiments, d'affections, de rapports, c'est-à-dire, en somme, d'idées représentatives plus ou moins nettement déterminées : la faim, la soif, l'amour, la haine, la crainte, l'inquiétude, la tristesse de la séparation et de l'absence, la joie du retour, le bonheur de vivre, de s'enivrer d'air, de lumière, de mouvement, de rosée ; tout cela doit être représenté par des signes, sinon par des mots.

Les perroquets, ces anthropoïdes de la classe des oiseaux, qui vivent en sociétés nombreuses, dans un immense nid commun, véritable république ayant ses lois et ses mœurs, expriment ces idées, ces mots par les mêmes signes articulés que dans la domesticité nous leur faisons reproduire en nous imitant : c'est-à-dire en leur faisant parler, par imitation, une langue qui leur est étrangère, que d'abord ils ne comprennent pas plus que nous ne comprenons la leur, même en en reproduisant les sons, mais dont bientôt ils apprennent à saisir plus ou moins le sens, ou, du moins, aux sons de laquelle ils s'accoutument à donner un sens défini et fixe qui leur est propre et qui correspond à leur propre organisation passionnelle et intellectuelle, nécessairement différente de la nôtre. Ainsi, quand un perroquet répète une chanson qu'on lui a apprise, il ne comprend certainement pas plus le sens des mots qu'il prononce que l'enfant ne comprend la messe qu'on lui fait chanter en latin; mais, comme l'enfant attache l'expression d'un sentiment de respect, de vénération, d'amour, de prière au chant religieux qu'on lui a appris, le perroquet qui chante *Au clair de la lune* ou *J'ai du bon tabac*, exprime, par cette suite d'articulations chantées, certains sentiments qui lui sont propres, tels que l'exultation, le plaisir à la vue du soleil qui brille sur sa cage, ou cherche à se faire bien venir de la personne qui prend soin de lui et à laquelle il sait complaire en répétant docilement ses leçons.

L'instinct d'imitation, d'émulation a, du reste, une grande part dans le chant ou la parole articulée des oiseaux, qui, presque tous sans exception, y sont excités par la parole humaine ou le chant d'autres oiseaux. Chacun a pu expérimenter l'entêtement de nos serins ou autres oiseaux chanteurs à lutter de tapage vocal avec nous; de sorte que toute conversation les anime au point qu'on devient, grâce à leur bruit, incapable de s'entendre. Cet instinct ne leur est point particulier. Nous lui devons l'animation de la causerie entre des interlocuteurs nombreux qui s'excitent l'un l'autre. Entendre chanter nous donne envie de chanter nous-mêmes; et peu de jeunes gens sortent le soir d'un de nos théâtres lyriques sans éprouver le besoin de frédonner les mélodies qu'ils ont entendues. Lors même qu'elles ne montent pas jusqu'à leurs lèvres ou qu'elles y sont retenues par ces habitudes de la bonne compagnie qui proscrivent aux gens bien élevés de chanter dans la rue, elles résonnent intérieurement dans la mémoire et sont, en quelque sorte, chantées *in petto*. Nul doute que cet instinct d'imitation vocale n'ait joué un grand rôle dans la formation du langage et l'origine de la parole humaine.

Plus près de l'homme, la grande famille des mammifères n'a, avec le geste, que le cri pour langage. Ce cri, modifié selon les espèces, n'a en général qu'une gamme d'intonations et d'inflexions peu étendue.

Mais au sommet de la série, chez les espèces les plus proches de l'homme par leur conformation anatomique, nous trouvons, avec les rudiments d'un langage, la faculté d'articuler. Nous avons déjà vu que rien n'est plus varié que l'organe vocal ou plutôt la voix des primates[1]. Elle est tour à tour sifflement, ricanement, grognement, hurlement, bredouillement. La voix du gibbon résonne à plusieurs milles; les sacs laryngiens de l'orang-outang sont et ont été surtout un organe vocal d'une grande puissance, mais dont il paraît perdre peu à peu l'instinct de faire usage : tout est comme en décadence

[1] Part. I, ch. v, p. 71.

chez cette espèce. En somme, l'organe vocal du singe est conformé comme celui de l'homme et, à un certain degré, nous l'avons déjà vu, tout singe articule, c'est-à-dire que son cri est toujours à quelque degré un son ou une répétition de sons parfaitement analogues à plusieurs des articulations les plus familières à certaines races inférieures. Certes, si nous demandons aux singes de prononcer nettement nos voyelles, nos consonnes liquides, nos dentales, nos labiales surtout, nous demandons trop de lui; mais tout singe a son système d'articulations comme l'homme a le sien. Celui de l'homme est seulement plus varié, plus étendu, étendue et variété susceptibles de plus ou de moins dans les limites de l'humanité, puisque certaines langues, même écrites et savantes, telles que le chinois, ont un nombre très-restreint de sons ou de voix, qu'aucune de nos nations civilisées ne les a toutes et que certaines tribus sauvages n'en ont que quelques-unes.

En somme, sans sortir des limites de l'animal vivant, le grognement ou le bredouillement de certains singes fait aussi bien le dernier le terme de la série des langues articulées humaines, que son crâne fait série avec toute la série des crânes d'hommes connus: c'est-à-dire qu'il y a plus de différence entre les langues analytiques de nos races supérieures modernes, entre la langue de Corneille ou de Shakespeare et la langue du Papou qui hennit sa phrase où tout est confondu, qu'entre ce nasillement hideux et le bredouillement d'un singe en colère qui gronde sa femelle ou son petit.

Et pour franchir cet intervalle, immense, je l'avoue, nous avons toute la série des peuples antéhistoriques, sur le langage desquels nous ne savons et nous ne saurons jamais rien.

Si le système d'articulations phonétiques des divers primates nous semble peu varié, monotone, en sentons-nous bien toutes les nuances? Quand nous entendons pour la première fois un sauvage australien, africain, un nain lapon ou un géant patagon parler sa langue, ne nous paraît-il pas bredouiller avec autant de monotonie que de passion? Il est bien certain qu'à mesure que la race humaine s'élève et progresse dans l'art du langage, sa faculté d'articuler se développe comme celle de penser. Son alphabet s'enrichit, se modifie de nuances nombreuses. En même temps que chaque son et chaque voix se fixent plus nettement, l'oreille s'habitue à les saisir plus rapidement, comme la bouche à les prononcer plus distinctement; de sorte que la netteté, la précision des articulations d'une langue quelconque indiquent toujours le degré de culture et de développement du peuple qui la parle. Autre chose, en effet, est d'entendre parler la langue française sur nos premières scènes, autre chose de l'entendre dans nos faubourgs de Paris ou nos provinces normandes.

Du reste, la netteté et la précision des sons d'une langue ne sont pas toujours en rapport exact avec sa richesse phonétique. Ainsi la langue chinoise, avec un nombre presque infini de mots ou plutôt de signes idéographiques, est restée très-pauvre d'articulations fondamentales; mais elles sont nettes et distinctes. Certains peuples sauvages en ont bien moins encore, et, de plus, elles sont indistinctes, vagues, passent constamment de l'une à l'autre et de l'esprit doux à l'esprit rude, tandis que les voix, également flottantes, s'ouvrent ou se ferment au gré de celui qui les prononce. Chaque peuple, même chaque race, paraît affectionner particulièrement certaines consonnes: ainsi le nègre d'Afrique ou d'Australie met partout un désagréable son nasal; le son nasal prédomine également dans le Chinois, tandis que l'Américain affectionne particulièrement l'articulation douce et mouillée *tl*. L'Hindou, comme tous les peuples des climats doux, multiplie les voyelles, surtout les *a*; toutes ses syllabes sont allitérales, c'est-à-dire composées d'une voyelle et d'une consonne. En Europe, le *gh* guttural, prononcé *rh*, se retrouve chez les Toscans, les Espagnols, les Allemands; le son mouillé *gl* chez tous les Italiens et les anciens Celtes; le *th* doux ou dur dans l'anglais et le grec. Fait curieux : toutes ces articulations, propres seulement à quelques langues européennes mortes ou vivantes, se retrouvent dans le russe qui les a toutes.

La série des articulations d'une langue se complique et se modifie encore par la force ou la douceur des voix qui y sont jointes, par l'accent tonique, la longueur ou la brièveté des syllabes, l'inflexion de voix, l'intonation, la rapidité ou la lenteur du discours, les ellisions, contractions, les formes grammaticales, les accidents ou caprices de syntaxe.

En dépit ou à cause de toute cette richesse et de ces complications infinies de nos langues, œuvre du temps à laquelle ont travaillé depuis des siècles le génie de cent nations et de vingt races mêlées, quand un paysan allemand rencontre un conscrit français, bien qu'ils parlent l'un et l'autre deux langues de souche aryenne, non-seulement ils ne s'entendent point, mais s'étonnent et s'accusent l'un l'autre de bredouillement barbare. On ne peut donc, en de pareils problèmes, se mettre trop en garde contre l'influence de nos jugements instinctifs, habituels, héréditaires, concernant les langues qui, plus ou moins, diffèrent de la nôtre. La langue maternelle devient pour nous, par le long usage, le cri de l'instinct, le seul langage vraiment humain; et même, après une longue étude de plusieurs autres langues, toutes nous restent, malgré nous, plus ou moins étrangères et antipathiques. Quant à celles que nous n'avons jamais étudiées et que notre oreille n'est pas accoutumée à entendre, elles ne nous paraissent qu'autant de jargons sauvages, de gazouillements intraduisibles.

Ce n'est rien encore, tant que nous ne sortons pas du cercle restreint des langues de même origine et de même souche. La difficulté est bien autre lorsque, passant d'un dialecte européen à un dialecte sémitique ou mongol, nous voyons, non plus seulement les articulations, les mots, la syntaxe changer, mais plus encore les formes grammaticales elles-mêmes; et nous sommes atterés d'étonnement en voyant de combien de manières diverses, non pas diverses espèces, mais une seule, c'est-à-dire l'homme, modifié par l'habitude ou le climat, peut exprimer un même fait, une même pensée, et obéir à une même loi logique, toujours inaltérée à travers tant de diversités.

Tandis que le Mongol jette ses mots comme des exclamations en monosyllabes pressés qui s'accouplent et s'enchaînent en se modifiant mutuellement par une variation du sens que n'indique aucune variation du son, au contraire le Grec, le Latin, le Slave, l'Allemand, en un seul mot, traînant mais harmonieux comme une phrase mélodique, joint à l'idée principale qu'il exprime toutes les idées accessoires que les Néo-Latins modernes, plus analytiques, tendent à en séparer. Aux deux extrémités de l'Europe et avec des génies très-différents, le Lapon et le Basque multiplient à l'infini les cas et les nuances, et, nous transportant encore dans un autre monde intellectuel, semblent devoir servir d'instrument et d'expression à des cerveaux autrement conformés.

A mesure qu'en s'éloignant des races civilisées on aborde les idiomes des peuples de plus en plus sauvages, le vocabulaire diminue, les mots disparaissent par troupes, par catégories, avec les idées qu'ils expriment et que n'ont pu nommer des peuples qui ne les ont jamais connues. On arrive à ne plus trouver de signes pour exprimer les nombres au-dessus de cinq, de quatre et de trois, qui même s'exprime deux et un; tandis qu'on trouve parfois, au contraire, en outre du singulier et du pluriel, un autre nombre, le duel, comme chez les Latins.

L'équivoque règne dans ces vocabulaires mal fixés, dans ces grammaires saugrenues, nées au hasard des habitudes acquises sans aucune lente révision de l'intelligence en travail. Des analogies capricieuses et enfantines ont présidé à l'invention des noms, avec des légendes, des croyances superstitieuses, et parfois une sorte de cabale mystique qui, chez plusieurs, tend à donner aux mots la valeur des choses, et non pas toujours de la chose qu'ils désignent ou nomment, mais de quelque autre toute différente et contraire [1]. C'est ainsi que, comme l'écume d'autant de flots, s'est formée, d'alluvions successives, cette chose incroyable, incomprise, merveilleuse et absurde qu'on appelle un langage, et dont pas un seul, même parmi les plus parfaits, ne résiste à l'examen critique d'un esprit logique, bien que le plus logique des esprits soit incapable d'en créer un.

Comment donc s'est accompli ce miracle de la création de la parole humaine ; comment a commencé cet épellement de l'idée à l'aide des sons, cette traduction toujours infidèle de la pensée par des signes dont l'absurdité ou la précision réagit sur la pensée elle-même?

Que l'origine première du langage, soit antérieure ou postérieure, dans la race humaine, à la fixation de ses caractères physiques, ce qui reste certain, en tout cas, c'est que le langage a commencé : c'est-à-dire qu'il a

[1] Voyez Tylor. *Early hist. of mankind.*; ch. IV, *Images and names.*

existé un temps où certains ancêtres de l'homme actuel ont acquis d'abord la voix, la faculté d'émettre des sons, puis celle de les varier, puis enfin, celle d'employer les articulations qu'ils étaient encore très-imparfaitement capables de produire, pour communiquer entre eux ou manifester à eux-mêmes leurs émotions intérieures.

Il n'est pas même indispensable à l'apparition première d'un langage phonétique que les individus de l'espèce chez laquelle il se manifeste aient entre eux des rapports fréquent et obligés. L'oiseau chante pour sa compagne, mais il chante aussi pour lui-même et pour le plaisir de s'entendre. Il est impossible d'expliquer beaucoup de cris d'animaux autrement que comme l'expression d'une émotion ou d'une passion qui ne s'adresse qu'à eux-mêmes. Si le hennissement du cheval est un appel adressé à sa cavale, à son troupeau, ou un défi jeté à son rival, le miaulement du tigre affamé ne peut s'adresser à sa proie qu'il prévient ainsi de son approche.

De même, chez certains singes, le bredouillement ressemble à une sorte de divertissement qu'ils se donnent et auquel ils trouvent peut-être un étrange plaisir. Au fond, l'homme qui chante seul dans la nuit, sur mer, ou pour charmer les ennuis d'une garde nocturne, fait un acte aussi irrationnel pour les autres espèces qui ne peuvent comprendre la volupté qu'il y trouve.

L'enfant, du reste, parle pour le plaisir de s'entendre, autant que pour exprimer ses désirs, et souvent parle seul des heures entières, sans attacher d'idées bien nettes à ce qu'il dit; mais toujours l'accent de sa voix, sinon la série de ses mots, rend fidèlement, comme une musique expressive, l'état de son esprit, la nature de ses sentiments ou des émotions qui le dominent.

La faculté d'articuler, sans qu'aucune idée précise se joignît à chaque articulation, peut donc avoir existé dans la souche humaine longtemps avant que ses progrès intellectuels et sa réunion en sociétés plus ou moins nombreuses rendissent l'existence d'un langage déjà compliqué, possible et nécessaire.

Le cri, les pleurs, le rire, l'accent tonique, l'inflexion de voix, tout cela existait sans doute, bien longtemps avant les langues; et quand les langues commencèrent à se former, comme une action reflexe de l'intelligence en progrès, elles ne furent composées, sans nul doute, que de quelques exclamations, formées d'articulations simples, répétées ou alternantes, exprimant des émotions et des sentiments plutôt que des idées: la peur, la joie, la colère, la menace, l'admiration, l'étonnement, furent ainsi rendus par une ou plusieurs syllabes répétées, propositions elliptiques mais synchrétiques, d'où le langage devait peu à peu sortir à mesure que l'intelligence devenait plus capable d'en analyser et d'en séparer les éléments divers.

Si le cri et la voix servirent à exprimer les sentiments, les émotions, les passions de l'homme primitif, la faculté d'imiter, au moyen d'articulations diverses ou répétées, les bruits de la nature, les cris ou les actes des animaux et de l'homme lui-même, fournirent par onomatopée les premiers noms des choses et des actions, exprimées par leurs qualités ou modes les plus frappants. Le cheval fut désigné par le bruit de son galop ou de son hennissement; la foudre par l'imitation du tonnerre. Chaque nom fut donc primitivement un adjectif substantialisé, et tous nos substantifs, aujourd'hui encore, n'expriment en réalité que l'ensemble des modes et qualités les plus spéciales des objets sous lesquels l'entendement seul sous-entend l'idée de substance ou de réalité objective et concrète. Quant à l'adjectif abstrait, à la qualité, l'attribut, considéré en lui-même et séparé de son sujet substantiel, il a fallu, pour arriver à le créer, une puissance d'analyse dont l'homme ne devint sans doute que bien tard capable.

Mais ce serait une erreur profonde que de croire avec Rousseau et beaucoup d'autres que tous les premiers noms des choses furent individuels et que l'esprit humain ne fut que tardivement capable de s'élever aux idées génériques [1]. Au contraire, dans la masse des objets qui attirent l'attention de l'esprit et diversifient à l'infini la sensation, le premier besoin est de saisir des ressemblances générales qui permettent de les diviser en grands groupes. L'arbre reçut un nom bien avant que le chêne n'eût trouvé le sien, et l'homme désigna l'animal en général, avant de trouver des mots pour exprimer les diverses espèces. Mais on conçoit aussi que les espèces

[1] *Disc.*, p. 60.

de plantes ou d'animaux qui eurent pour lui une utilité immédiate ou l'exposèrent à des périls fréquents furent nommés assez vite d'un nom spécial désignant la qualité principale qui leur donnait leur importance relativement à l'homme; tandis que toutes les autres restèrent bien longtemps confondues dans des désignations génériques indéfinies[1]. C'est ainsi qu'il se passa des siècles de siècles avant que nos milliers d'espèces d'insectes fussent divisées même en larges groupes par des noms particuliers; tandis que le cheval et l'âne, la chèvre et le mouton, le chien et le loup, si voisins, eurent dès l'origine chacun leur nom, et que chacune de ces espèces elles-mêmes donna vite lieu à des divisions et subdivisions nombreuses. L'homme trouva un nom pour appeler son chien peut-être avant de songer à en avoir un lui-même; il sut distinguer les fruits de chacun des arbres cultivés par ses soins, avant de distinguer ses compagnons, peut-être ses propres enfants.

Quant aux rapports de lieu, de temps, de possession et tant d'autres, le signe de la main, le regard, l'attitude suffirent bien longtemps à les exprimer, comme ils servaient également, avec le cri, à exprimer les sentiments et les passions. Les noms de nombre eux-mêmes eurent une apparition tardive, comme les pronoms, et les premiers dialectes durent avoir longtemps besoin de l'interprétation de signes visibles pour compléter et déterminer le vague du signe parlé.

[1] Voy. Tylor. *Early., Hist. of man.*, p. 24, et M. Max Muller, *Science du langage*, leç. IX, p. 403.

Si c'est dans la famille et dans les relations sexuelles que le langage prit naissance[1], il ne se développa qu'avec les rapports sociaux et ne dut s'enrichir que lorsque, les vieillards voulant faire profiter leur progéniture de leur expérience, une tradition commença à se former et que le récit nécessita un nombre suffisant de mots assez nettement déterminés pour représenter et peindre à l'imagination des auditeurs des objets absents, ou leur faire concevoir, par analogie, des êtres ou des objets complétement étrangers à leur expérience personnelle.

En somme, les premières langues formées comptèrent peut-être seulement une dizaine d'articulations et une centaine de mots qui, pendant des siècles de siècles, suffirent aux besoins de la pensée humaine, enfermée dans le cercle étroit de l'expérience de chaque génération. Aujourd'hui encore les idiomes de certains peuples sauvages n'en possédent pas davantage, après une existence qui compte peut-être plusieurs périodes géologiques, mais qui s'est perpétuée sans progrès et sous les mêmes conditions depuis la formation de ces races endormies dans leur immobilité spécifique tout animale.

Ce n'est pas à dire que leurs idiomes n'aient point varié. Rien de plus variable, au contraire, que les signes de la pensée avant qu'ils soient fixés par une tradition écrite. Et si, parmi nos races les plus civilisées, chaque langue, même après qu'elle a produit des monuments

[1] Rousseau, *Discours*, p. 55 et 92.

écrits, prend, à chaque siècle, une empreinte différente et se modifie, en dépit de toutes les académies instituées pour entraver ses évolutions naturelles, il faut admettre que, chez les peuples les plus arriérés, au point de vue de l'intelligence, la fluctuation du sens des mots, toujours mal déterminés, est incessante et le travail de contraction et d'effacement des voix et des articulations constant, comme l'invention de nouveaux signes et leur modification par flexion ou agglutination.

Les migrations des races, en les plaçant sous de nouvelles conditions et en face de nouveaux objets, durent modifier leurs langues; leur mélange par le voisinage, la guerre et ses fléaux, l'extermination des vaincus, leur esclavage, celui des femmes et des enfants, dut avoir pour résultat des emprunts réciproques d'un dialecte à l'autre et l'enrichissement de tous deux, quand la conquête n'eut pas pour résultat l'extinction d'un des deux peuples et de son idiome, dont quelque chose, même alors, demeura toujours dans celui des vainqueurs.

Mais il résulte de ces faits, comme de l'ensemble des lois établies par la philologie, que, de toute façon, la formation des langues est une conséquence de la sociabilité humaine, et que l'homme isolé, ou seulement groupé en familles éparses et sans lien entre elles, ne fût jamais arrivé à les produire. Conséquemment, s'il faut regarder la faculté de parler, c'est-à-dire de produire un langage idéologique, comme spécifiquement distinctive de la race humaine, il faut conclure qu'avant l'existence d'un état social quelconque et antérieurement à l'apparition de l'instinct de sociabilité, il pouvait bien exister un animal anthropoïde quelconque, que ses instincts sauvages et son caractère féroce ou craintif maintenaient isolé, sous l'ombre profonde des forêts impénétrables, comme aujourd'hui l'orang ou le gorille; mais l'homme véritable, capable de réagir volontairement par son intelligence sur ses instincts, pour les modifier, et de traduire, par des signes fixes et définis, une ombre de pensée raisonnée, n'existait pas : il était encore, pour employer une expression d'Owen, dans l'éternel devenir des choses vivantes.

Mais ici se pose une question aussi obscure qu'importante. La formation première des dialectes primitifs est-elle antérieure ou postérieure à l'apparition de l'homme physique et à la fixation de ses caractères spécifiques? En un mot, l'homme parla-t-il quand il n'était encore qu'un singe bimane et ne devint-il homme que parce qu'il parlait, ou devint-il homme avant de parler?

Nous avons vu précédemment [1] comment la philologie nous prouve aujourd'hui, par les démonstrations les plus évidentes, que les langues se classent en plusieurs groupes irréductibles entre eux, c'est-à-dire qui, n'ayant absolument rien de commun, ne peuvent provenir par évolution ou filiation les uns des autres. Articulations et voix, combinaison des unes avec les autres, groupement des syllabes et des idées, construction du discours, vo-

[1] Part. II, ch. IX, p. 303.

cabulaire et grammaire, tout est différent et semble attester des diversités cérébrales chez les races qui les ont parlées et écrites et qui doivent les avoir produites chacune spontanément et séparément.

Or, il se déduit de ce fait que si l'homme physique, considéré comme un animal muet ou simplement bredouilleur, comme le singe, peut avoir une souche unique, une origine commune et provenir d'une seule espèce anthropoïde antérieure, cet animal humain doit avoir eu le temps de se multiplier et de se répandre sur toute la surface de la terre en variétés physiques diverses, avant que l'une ou l'autre de ces variétés fût arrivée à ce développement intellectuel et social qui a été nécessaire à la production d'un langage fixe, déterminé et transmissible par tradition. En ce cas donc, les monogénistes pourraient avoir raison, au point de vue anatomique et physiologique; mais la vérité resterait toujours du côté des polygénistes, au point de vue intellectuel, qui nous semble celui où il faut surtout se placer, quand on veut chercher la ligne de démarcation vraiment spécifique entre l'homme et l'animal.

On observe aussi ce fait que les classifications anthropologiques, déduites des recherches des philologues, s'accordent, du moins dans leurs groupements les plus généraux, avec les classifications des anatomistes et des physiologistes. Ainsi, la race jaune a un autre système linguistique que la race blanche, elle-même divisée philologiquement, plutôt que physiologiquement, entre les trois rameaux Touraniens, Araméens et Aryens.

L'Australien, le Nègre africain, l'Américain semblent aussi avoir chacun leurs systèmes spéciaux de signes linguistiques, dont les particularités ne semblent s'effacer que sous le vague infini de formes grammaticales à peine ébauchées et saisissables.

Il résulte évidemment de cet accord des physiologistes avec les philologues que la formation spontanée et primitive des premiers éléments des langues est, chez toutes les races humaines connues, postérieure à la séparation géographique et ethnique de ces races: c'est-à-dire qu'elles étaient déjà devenues des variétés locales et avaient acquis les différences anatomiques et physiologiques qui les distinguent aujourd'hui, avant d'avoir acquis la faculté de parler. Il faut donc en conclure qu'en tant du moins que races humaines, elles ont des origines absolument diverses et proviennent, par évolution, d'espèces animales anthropoïdes distinctes, bien qu'étroitement alliées, ou que, provenant de la même espèce animale anthropoïde, elles ont plus ou moins rapidement divergé de leur type commun pour prendre des caractères distincts qui, sauf la faculté de croisement, suffiraient à les faire classer comme espèces et mêmes genres différents, et se sont répandues et cantonnées dans les diverses parties du monde, non-seulement avant d'avoir une langue faite, mais avant d'avoir acquis les facultés cérébrales propres à produire spontanément chacune ses formes philologiques spéciales.

Au fond, les deux suppositions retournent à une seule. Si l'on voit dans la parole un caractère spécifique humain, l'anthropoïde qui peut avoir donné naissance au Nègre, au Mongol, à l'Aryen, n'était pas un homme; car certainement il ne parlait pas un langage humain, idéologique, transmissible: son langage, s'il en avait un, se bornait à des cris, des voix, des interjections, sans lien grammatical saisissable, c'est-à-dire à une faculté de produire un bredouillement articulé qui n'exprimait que ses émotions ou sensations individuelles, sans dessein d'y attacher des idées distinctes pour les communiquer aux autres individus de son espèce. Un tel être ne pouvait donc mériter le nom d'homme, et il aurait pu s'accoupler avec une quelconque de nos races parlantes, qu'il eût fallu en conclure à l'hybridité ou au métissage.

Mais, bien plus, nous avons vu [1] que l'origine du langage, chez l'Aryen et l'Araméen, paraît devoir être postérieure à la séparation de ces deux rameaux de la race blanche; et si, un jour, des documents certains nous permettaient de saisir historiquement l'époque où cette séparation ethnique s'est effectuée, nous saurions approximativement depuis combien de temps l'homme parle, c'est-à-dire en réalité depuis combien de temps il est homme; et il nous serait permis de rejeter en dehors de la série des races humaines presque toutes les variétés d'anthropoïdes dont nous découvrons aujourd'hui les traces dans des dépôts et géologiques antérieurs à cette époque, vrai point de départ initial de l'homme intelligent et perfectible [2].

[1] Part. II, ch. IX, p. 304.

[2] Rousseau. *Disc.*, p. 54 à 63.

Cependant, nous pouvons affirmer chaque fois que les débris archéologiques nous montrent la trace d'une société humaine déjà constituée, que cette société avait un langage, quelque rudimentaire qu'il pût être. Ainsi les peuples de l'âge de bronze agglutinaient peut-être déjà leurs mots comme les Touramiens, s'ils ne les infléchissaient pas déjà comme les Araméens ou les Ariens. Les peuples de l'âge de la pierre polie étaient peut-être arrivés au polysynthétisme américain, c'est-à-dire à fléchir la phrase entière pour lui faire exprimer un rapport de temps ou de personne.

Mais, au delà, était-ce déjà la juxtaposition chinoise ou le synchrétisme initial, l'interjection prolongée, l'articulation répétée de l'enfant qui bégaie?

Enfin, si nous partons de ce fait, que plus on remonte vers l'antiquité plus l'accent tonique a de force, plus le langage est rhythmé, on en vient à admettre que l'homme a chanté peut-être avant de parler, ou plutôt que chant et parole n'ont été en principe qu'une seule faculté. Le Chinois chante son monosyllabe sur deux notes, et la différence de l'accent change la signification du mot; le paysan chante son patois; la langue est chantée dans toutes nos provinces; mais la langue chante d'autant plus que le peuple est en général plus méridional.

Il faut donc admettre que le premier ancêtre commun de toutes les races humaines articulait et chantait, mais que, si cette faculté d'articuler en chantant, jointe au geste expressif et imitatif, suffisait à le doter d'un langage, ce langage a flotté longtemps de race en race, d'espèce en espèce, se fixant ici, s'altérant là, modifiant ses signes, augmentant ou contractant ses séries d'articulations, changeant ses rhythmes et l'accent de ses interjections pendant une période de temps incommensurable, durant laquelle toutes nos races principales, aujourd'hui vivantes, ou leurs souches, ont pris leurs caractères physiologiques distinctifs. Et seulement lorsque ces races ont été fixées, arrêtées dans leurs caractères physiques, le langage animal est devenu la parole humaine, séparément, en divers points du globe : c'est-à-dire que diverses races ont spontanément fait choix d'un certain nombre de racines, déjà devenues peut-être plus ou moins monosyllabiques par suite de contractions antérieures, ou au contraire formées d'une série plus ou moins longue d'articulations alternantes ou répétées, et ont fait franchir à ces racines la distance qui sépare le cri articulé de la parole, en analysant les premiers éléments logiques du discours et en donnant à leur vocabulaire déjà traditionnel un premier linéament de règles grammaticales.

Depuis cette aube de l'intelligence vraiment humaine, depuis ce jour où la parole est née comme un balbutiement encore brutal, que de millions de siècles écoulés, et que de formes du langage ont disparu dans l'oubli, qui auraient peut-être été, plus que tant d'autres, qui se sont conservées jusqu'à nous, propres à se développer et à donner à la pensée plus de précision et de clarté. Que d'Iliades de moins et que de mythologies qui ne sont jamais nées; mais aussi que de pensées fausses, nées de formes verbales irrationnelles nous auraient peut-être été épargnées, si des instruments plus parfaits de l'expression de la pensée avaient mieux préparé, mieux aidé à son développement!

Cessons donc de nous extasier follement sur la perfection de cette parole humaine dont nous voulons à tort, cette fois encore, faire le privilége exclusif de notre race. Au contraire, reconnaissons ses vices, son imperfection. Avouons que le plus souvent nos pensées, prisonnières dans notre cerveau, s'agitent en vain pour se traduire en signes sensibles qui les expriment, et ne sortent que maculées, brisées, altérées, incomplètes ou adultérées en formes verbales qui ne rendent qu'imparfaitement ce que nous avons voulu dire et que celui qui les entend traduit encore plus imparfaitement. Nos esprits, loin donc de communiquer entre eux par de larges portes ouvertes, sont en réalité comme autant de prisonniers retenus dans des cachots cellulaires qui ne peuvent échanger leurs plaintes ou leurs désirs qu'à travers un étroit guichet tout entrecroisé de barreaux. Si nos langues littéraires, toutes formées d'analogies superficielles, se prêtent à l'expression poétique de la pensée, elles repoussent par leur indécision toute tentative de science. Une science n'arrive à se constituer qu'en se faisant d'abord sa langue, et comme il n'est pas un intérêt de l'humanité qui ne dépende d'une ou de plusieurs sciences, le sort de l'humanité tout entière dépend peut-être des progrès à venir de son langage. L'homme ne méritera réellement le nom d'animal raisonnable que lorsqu'il aura une langue bien faite, une langue logique, et lorsque cette langue, devenue unique, parlée par tous les membres de la grande association humanitaire, aura effacé toutes les barrières qui divisent aujourd'hui les peuples.

TROISIÈME PARTIE

ORIGINE ET DÉVELOPPEMENTS DES SOCIÉTÉS HUMAINES.

CHAPITRE I.

INSTINCTS DE SOCIABILITÉ ET DE FAMILLE CHEZ LES PRIMATES.

Si, comme nous venons de le voir, les premiers développements des langues, sinon l'apparition première de leurs éléments, eurent pour condition, chez l'homme, un état quelconque de sociabilité; corrélativement, un état social quelconque supposant un langage, il faut admettre que l'instinct de la parole et l'instinct de sociabilité apparurent, se développèrent ensemble et s'aidèrent, se causèrent réciproquement. Et si l'homme n'existait pas avant la parole ou n'acquit que par elle ses titres à l'humanité, il faut conclure également que l'homme n'existait pas antérieurement à tout état social, et que la sociabilité est un de ses caractères spécifiques nécessaires.

Ce raisonnement, qui tourne en cercle, enferme donc dans l'impossible et l'absurde cette hypothèse de Rousseau qui faisait de l'homme primitif un être capable de vivre isolé, errant dans les forêts, sans rapports obligés et constants avec ses semblables, et même sans liens de famille durables[1].

Mais Rousseau lui-même ne peut alors s'expliquer pourquoi l'homme serait sorti un jour de son isolement brutal, s'il avait été capable de le supporter et si cet état était si conforme à ses instincts et à ses besoins que, plus que tout autre, il pût assurer sa félicité comme individu et sa prospérité comme espèce[2].

Un autre fait implique que l'homme, dès son origine, eut toujours en quelque degré l'instinct et le besoin de la sociabilité, c'est que, de nos jours encore et sous nos yeux, les primates sont généralement des espèces vivant en troupes plus ou moins nombreuses, souvent sous la direction d'un ou plusieurs chefs reconnus, plus ou moins respectés ou obéis.

Le sentiment de la solidarité existe chez les singes, et plus encore chez les petites espèces que chez les anthropoïdes. Si dans une forêt d'Asie ou d'Amérique on attaque ou seulement irrite un individu de la troupe, l'on a aussitôt à se défendre contre ses compagnons, et ce n'est que par une prompte fuite qu'on peut s'épargner des horions nombreux et plus ou moins rudes : noix et noyaux ou drupes visqueuses, cônes rugueux, pesantes courges, branches d'arbres plus ou moins grosses, tout ce qui tombe sous la main de ces combattants aériens et agiles pleut dru comme grêle autour de l'ennemi qui les a menacés, lancé par des bras habiles guidés par un sûr

[1] *Disc.*, p. 63 et suiv., et p. 78, 88, 93, 95.
[2] *Loc. cit.*, p. 45, 54, 63, 82.

coup d'œil. Que de peuples pourraient envier aux sapajous cet instinct pratique de mutuelle défense, ce courage civique qui fait que tous combattent pour un seul, menacé ou seulement injurié. Cette solidarité sociale, du reste, se retrouve jusque chez les perroquets, et il n'est personne qui ne l'ait pu soi-même constater chez les fourmis et les abeilles.

Chez les primates anthropoïdes, l'instinct social est moins développé. Chaque espèce, du reste, présente sous ce rapport des diversités remarquables dans le même genre. Ainsi, tandis que plusieurs espèces de gibbons vivent isolés, sauf le temps des amours, d'autres vivent par troupes plus ou moins nombreuses.

Des différences dans l'instinct de sociabilité doivent en entraîner dans l'instinct de famille. Ainsi, dans une troupe de mâles et de femelles, la promiscuité sexuelle est presque inévitable. Pour que les jeunes n'en souffrent pas, il suffit que chaque femelle puisse à elle seule pourvoir à la nourriture de ses petits et les défendre contre les périls qui peuvent les menacer, ou que chaque individu de la troupe soit poussé par une sorte de bienveillance et de sympathie instinctive à les protéger au besoin, et même à les nourrir et à les adopter dans le cas où la mère leur ferait défaut. Le salut et la perpétuité de l'espèce étant assurés suffisamment par cette solidarité des générations successives, les liens de famille, devenus moins nécessaires, presque inutiles, ne peuvent guère manquer de se relâcher et de disparaître. Et telles sont les mœurs de beaucoup de petits singes qui vivent par troupes et que leurs habitudes frugivores et arboricoles n'amènent que rarement en lutte avec des ennemis puissants.

Du reste, même chez les singes qui vivent en troupes, l'instinct maternel est très-développé. Duvaucel rapporte [1] qu'il a souvent vu des siamangs femelles porter leurs enfants à la rivière, les débarbouiller malgré leurs plaintes, les essuyer, les sécher et donner à leur propreté un temps et des soins que, dans bien des cas, nos propres enfants pourraient envier.

D'ailleurs, chez beaucoup de petites espèces de singes, l'enfance est relativement courte, et les petits sont vite assez agiles pour se procurer eux-mêmes leur nourriture sur ces arbres où ils gambadent en se jouant dans un exercice continu qui développe leur force et leur souplesse. Mais, sous ce rapport encore, il existe, de genre à genre et d'espèce à espèce, de remarquables différences. Ainsi, tandis que certains gibbons ont dans leurs mouvements la lenteur et la gaucherie de l'orang, d'autres [2] l'emportent par leur agilité même sur les plus souples sapajous américains. De même, si l'enfance est courte chez les petites espèces, elle est, chez d'autres, aussi longue et plus longue que chez l'homme, relativement à la durée totale de la vie, puisque l'orang, qui vit, à ce qu'on croit, cinquante ou soixante ans, n'arrive à l'âge adulte qu'à quinze ans et croît encore après cet âge. Jusqu'à l'âge adulte, le jeune orang reste en so-

[1] Huxley, *Loc. cit.*, p. 131 et 135, note du traducteur.
[2] *Loc. cit.*, p.

ciété de sa mère[1]. Pendant qu'elle grimpe, son petit se maintient sur son sein en s'accrochant à ses poils ou sa ceinture, de sorte que, très-tard, elle l'emporte ainsi avec elle. Lorsqu'elle a déjà d'autres petits plus jeunes, il la suit et l'accompagne encore. Aussi rencontre-t-on généralement les femelles et les mâles impubères par troupes de deux ou trois, sans compter les jeunes que les mères portent enlacés à leur corps. C'est seulement, dit-on, quand elles sont pleines et jusqu'à la parturition, que les femelles vivent isolées; mais cette assertion présente quelques improbabilités, car, si les jeunes orangs adolescents se retrouvent en compagnie de leur mère lorsqu'elle en porte avec elle d'autres plus jeunes, il semble difficile qu'ils l'aient jamais quittée. Il faut donc croire que les femelles pleines qu'on a rencontrées isolées n'avaient pas encore eu de progéniture ou, au contraire, l'avaient perdue ou en étaient déjà séparées par l'âge adulte. Quant aux mâles adultes, sauf le temps de l'accouplement, ils vivent d'ordinaire isolés[2].

« L'orang, dit Huxley[3], est paresseux et ne montre rien de cette merveilleuse agilité qui caractérise certains gibbons. La faim semble seule le mettre en mouvement; une fois rassasié, il rentre dans le repos. Quand il est assis, il courbe son dos et penche sa tête de façon à regarder le sol, dans la situation d'un fakir qui médite; quelquefois il laisse pendre flegmatiquement ses

[1] *Loc. cit.*, p. 140.
[2] Huxley, p. 140.
[3] Huxley, p. 145.

mains à ses côtés; d'autres fois il les soutient à une branche plus élevée. C'est dans l'une de ces attitudes que l'orang restera pendant des heures entières au même lieu presque sans bouger, poussant seulement de temps à autre son grognement profond. Le jour il grimpe habituellement du sommet d'un arbre à un autre, et ne descend à terre qu'à la nuit. Si alors quelque danger le menace, il cherche refuge sous le taillis. Quoiqu'il habite principalement parmi les branches des grands arbres pendant le jour, on le voit rarement accroupi sur une branche volumineuse à la manière des autres singes, et particulièrement du gibbon. Au contraire, l'orang se borne aux branches grêles et touffues, qu'il entrelace rapidement lorsqu'il veut s'y asseoir. D'autres fois, on le voit tout droit au sommet d'un arbre, mode de station étroitement lié à la conformation de ses membres inférieurs et à celle de son siége, dépourvu de callosités, et dont la charpente osseuse, servant à la station assise, analogue à celle de l'homme, est moins développée que celle des autres singes. L'orang grimpe lentement et prudemment, comme un homme, plutôt que comme un singe, prenant grand soin d'assurer ses pieds et d'éviter ce qui pourrait les blesser. Sans faire jamais le moindre saut, il meut alternativement une main et un pied, et n'enlève les deux pieds simultanément que lorsqu'il a saisi des deux mains un point d'appui solide. En passant d'un arbre à l'autre, il choisit toujours un point où les branches se réunissent et s'enlacent, essayant chacune d'elles avec circonspection, pour voir si elles peuvent le porter, ployant les branches pendantes et s'en servant comme de pont de l'arbre qu'il veut quitter à l'arbre voisin. L'orang-outang fuit la montagne et se complaît dans les taillis, les fourrés épais des vallons ou plaines humides, où les lianes et les orchidées grimpantes enlacent leurs mille sarments fleuris autour des troncs élevés et entrecroisés. Du reste, quelques vieux orangs, par faiblesse ou paresse, renoncent complétement à grimper aux arbres, trouvant moins fatigant de vivre des fruits qui en tombent ou des herbes qu'ils trouvent sur le sol [1].

L'orang-outang, assure-t-on, s'apprivoise aisément et semble réellement rechercher la société des hommes, bien qu'il soit timide et mélancolique. Quoique doué d'une force énorme, il est rare que l'orang essaie de se défendre, surtout quand il est attaqué avec des armes à feu. Il s'efforce seulement de se cacher ou de fuir, se réfugiant au sommet des arbres, brisant et jetant en fuyant des branches d'arbre à ses ennemis [2]. Mais, forcé dans sa retraite ou sa fuite sur le sol, il se défend vigoureusement par de redoutables morsures. Les Dayaks de Bornéo affirment même que, lorsque de vieux mâles ne sont blessés qu'avec des flèches, ils quittent quelquefois les arbres et se précipitent avec rage contre leurs ennemis, dont l'unique salut est alors dans une fuite rapide, car ils sont assurés d'être tués s'ils sont saisis.

Les observations qu'on a pu faire semblent indiquer cependant que la femelle est plus aisément apprivoisée

[1] Huxley, p. 140.
[2] Huxley, p. 145.

que le mâle et d'un tempérament plus tranquille, plus affectueux et plus doux. Les jeunes sujets, également, ont montré la plus grande analogie de caractère avec les enfants, par leurs jeux, leurs caprices singuliers et puérils, leurs colères inoffensives et leurs larmes vite essuyées. Car l'orang pleure, il semble donc participer en cela à l'un des caractères les plus humains et les plus sociaux : les larmes, étant un signe de souffrance qui s'adresse à la pitié d'autres individus, paraissent devoir être un signe de sociabilité absolument inexplicable avec les mœurs actuelles de l'espèce.

Il est donc permis d'admettre que l'orang-outang peut avoir eu autrefois des mœurs moins solitaires, et que c'est seulement depuis qu'il a été pourchassé au fond des retraites les plus inaccessibles par l'immigration ou la multiplication d'autres grands animaux ou peut-être de l'homme lui-même, que son espèce, en décadence et en voie d'extinction rapide, a été contrainte à chercher un refuge dans l'éparpillement et l'isolement de ses individus qui, un temps, durent sans doute vivre par troupes comme le gibbon, sinon par familles comme le chimpanzé et le gorille.

Le chimpanzé, entre tous les singes, paraît doué d'une nature douce, affectueuse et éminemment sociable. On le rencontre généralement par petites troupes qui ont le caractère de tribus patriarchales et dont tous les individus sont d'un même sang, ou, du moins, à quelques générations en arrière, ont une origine commune. Entre les sexes les liens sont étroits et durables. Chaque mâle et chaque femelle veillent ensemble et avec tendresse sur leur progéniture et se bâtissent pour eux et leur famille dans l'angle des plus fortes branches d'un arbre une sorte de hutte ou de nid qui les protége la nuit, soit contre le froid, soit contre les animaux ennemis. Parfois, bien que rarement, deux de ces nids se rencontrent sur un même arbre [1] ou dans un même voisinage. On en a même trouvé exceptionnellement jusqu'à cinq, tous en général élevés au-dessus du sol, à plus de vingt et à moins de quarante pieds. Habiles grimpeurs, dans leurs gambades, ils se lancent de branche en branche à de grandes distances et sautent avec une agilité étonnante. Au dire d'un observateur, il n'est pas rare de voir les vieillards assis sous un arbre, se régalant de fruits, jacassant amicalement, tandis que leurs enfants sautent autour d'eux et vont d'une branche à l'autre avec une bruyante gaieté [2]. « Chaque troupe se compose au plus de cinq à dix individus; mais ces troupes se réunissent souvent en plus grand nombre. On en a vu parfois, assure Savage [3], une cinquantaine jouer ensemble, luttant, hurlant et battant la caisse avec des bâtons sur de vieux troncs d'arbre, ce qu'ils exécutent avec une égale facilité avec les quatre extrémités. » Surpris dans leur jeux, ils ne semblent jamais prendre l'offensive et ne se défendent que lorsqu'ils se voient au moment d'être pris. Mais alors ils luttent énergique-

[1] Huxley, *Loc. cit.*, p. 153.
[2] Huxley, *Loc. cit.*, p. 151.
[3] Huxley, *Loc. cit.*, p. 152.

ment, enlaçant leurs adversaires de leurs bras et cherchant à les attirer en contact avec leurs dents. « Mordre, dit Savage, est leur principal moyen de défense. Le développement de la canine, précoce chez le jeune et considérable chez l'adulte, en fait un puissant moyen de défense et semblerait indiquer des dispositions carnivores. A l'état de liberté, ils ne les manifestent jamais; mais en domesticité, s'ils rejettent d'abord la chair, ils en acquièrent rapidement le goût.

« Les chimpanzés, ajoute Savage [1], montrent un très-remarquable degré d'intelligence et la mère témoigne beaucoup d'affection pour ses petits. » Il raconte qu'une femelle, étant sur un arbre avec son compagnon et ses deux petits, son premier mouvement fût d'en descendre pour fuir dans le taillis voisin avec sa petite femelle et son compagnon ; mais s'apercevant bientôt que le jeune mâle était resté en arrière, elle revint à son secours, grimpa de nouveau sur l'arbre et le prenait dans ses bras pour l'emporter au moment où elle fut tuée d'un coup de feu. Dans une autre circonstance, quand la mère se vit découverte, elle resta sur l'arbre avec sa progéniture, suivant anxieusement les mouvements du chasseur. Quand il visa, elle fit un mouvement avec sa main, précisément de la même façon qu'un être humain, comme pour dire de ne pas tirer et de s'en aller.

Un chimpanzé atteint par la balle pousse un cri semblable à celui d'un être humain dans une détresse soudaine et violente. Lorsque les blessures qu'il a reçues

[1] Huxley, *Loc. cit.*, p. 153.

ne sont pas subitement mortelles, il en arrête le sang en pressant avec la main sur la région frappée et quand cela ne suffit pas il y applique des feuilles et du gazon.

Les chimpanzés ont donc déjà dépassé de beaucoup les mœurs primitives de l'homme de la nature selon Rousseau et atteint à peu près à cet état idéal qu'il rêvait pour l'espèce humaine et auquel, selon lui, elle aurait dû s'arrêter [1].

Quant au gorille, ses mœurs rappellent également une autre forme des mœurs humaines : il est essentiellement polygame. S'ils vivent en troupes, en général moins nombreuses que les chimpanzés, les femelles y sont plus nombreuses que les mâles; tous les témoignages s'accordent pour affirmer qu'on ne voit dans une bande qu'un seul mâle adulte, que quand les jeunes mâles grandissent un conflit s'élève pour savoir qui dominera et qu'en tuant ou en chassant les plus faibles le plus fort s'établit comme chef de la communauté.

« Ils sont extrêmement féroces, ajoute Savage [2], et prennent toujours l'offensive. Ils ne fuient pas comme le chimpanzé devant l'homme, et sont un objet de terreur pour les naturels, qui jamais ne les combattent, si ce n'est pour s'en défendre. Le petit nombre de ceux qui ont été pris ont été tués par les chasseurs d'éléphants et les trafiquants indigènes au moment où ils se précipitaient sur eux.

« On dit que quand le mâle est découvert le premier,

[1] *Disc.*, p. 96.

[2] Huxley, *Loc. cit.*, p. 159, d'après Savage.

il pousse un cri terrible qui retentit au loin à travers la forêt : quelque chose comme *kh-ah! kh-ah!* prolongé et vibrant! Ses mâchoires énormes sont largement ouvertes à chaque expiration ; sa lèvre inférieure tombe sur son menton; la crête chevelue qui recouvre son aponévrose occipito-frontale, est contractée sur ses sourcils, offrant un indicible aspect de férocité.

« Au premier cri, les femelles et les petits disparaissent en s'enfuyant. Le mâle s'approche de son ennemi avec fureur, en poussant rapidement une série de cris horribles. Le chasseur l'attend, le fusil tendu, et s'il n'est pas sûr de son coup, il permet au gorille d'en saisir le canon ; au moment où celui-ci, selon son habitude, le porte à sa bouche, le chasseur fait feu. Si le coup rate, le canon, au moins celui d'un fusil ordinaire, est broyé entre les dents de l'animal et le combat est bientôt fatal au chasseur. »

Cette description du docteur Savage est confirmée en ces termes par celle de M. Ford [1].

« Quand le gorille attaque, il se dresse toujours sur ses pieds, bien qu'il approche de son adversaire en se tenant courbé. Quoiqu'il ne fasse jamais le guet, dès qu'il entend, voit ou flaire un homme, il pousse immédiatement son cri caractéristique, se prépare au combat et prend toujours l'offensive. Son cri est plutôt un grognement qu'un hurlement; il ressemble à celui du chimpanzé en colère. Il emmène d'abord à une petite distance les femelles et les petits qui l'accompagnent d'ordinaire,

[1] Huxley, p. 161.

puis revient avec sa crête chevelue redressée et dirigée en avant et sa lèvre inférieure abaissée. Il lance en même temps son cri habituel, qui semble avoir pour but de terrifier son adversaire. Soudain, à moins qu'il ne soit mis hors de combat par une balle bien dirigée, il se jette sur son antagoniste et, le frappant avec la paume de ses mains ou bien le saisissant d'une étreinte à laquelle nul ne peut échapper, il le précipite sur le sol et le déchire de ses dents.

« On dit que, s'il saisit un fusil, il en brise immédiatement le canon avec ses dents. Le naturel sauvage de cet animal s'est bien révélé par la fureur indomptable d'un petit qui avait été amené ici. Il avait été pris tout jeune et élevé pendant quatre mois; plusieurs moyens avaient été employés pour l'apprivoiser, mais il resta incorrigible et me mordit encore une heure avant de mourir. »

Du Chaillu raconte également plusieurs combats avec des gorilles (1). « Quand je surprenais un couple de gorille, dit-il, le mâle était d'ordinaire assis sur un rocher ou contre un arbre, dans le coin le plus obscur de la jungle; la femelle mangeait à côté de lui, et c'était presque toujours elle qui donnait l'alarme en s'enfuyant avec des cris perçants. Alors le mâle, restant assis un moment et fronçant sa figure sauvage, se dressait ensuite avec lenteur sur ses pieds, puis, jetant un regard plein d'un feu sinistre sur les envahisseurs de sa retraite, il commençait à se battre la poitrine de ses poings, à redresser sa grosse tête ronde et à pousser un rugissement formi-

1 Huxley, p. 161.

dable. Le hideux aspect de cet animal à ce moment est impossible à décrire. »

En somme, le gorille nous représente, sous une forme quasi-humaine, les mœurs de beaucoup d'autres animaux polygames; et, sauf son aspect brutalement hideux, sa force musculaire qui lui tient lieu d'autres armes et sa haine instinctive de l'homme, il diffère assez peu dans ses coutumes du sauvage féroce et courageux qui, à l'aspect d'un péril qui menace sa famille, l'affronte, seul, pour la défendre. L'homme est pour le gorille un ennemi, comme le lion ou le serpent est un ennemi pour nous, et la haine instinctive de sa race pour notre race ne diffère pas de la haine mutuelle de l'hyène et du lion, qui présentent à peu près, au point de vue anatomique, des différences de même ordre que le gorille et l'homme.

Quant à la lubricité, à ce que nous appelons l'obscénité du singe, elle a été fort exagérée et ne nous révolte tant que par le rapprochement involontaire que nous faisons de ses formes avec les nôtres et de ses mœurs réelles avec nos mœurs affectées; car les mêmes mœurs chez d'autres formes animales nous sembleraient toutes naturelles, et si tous les voiles hypocrites qui recouvrent les nôtres étaient enlevés, bien des différences s'effaceraient dans une presque identité de fait, sinon d'apparence, de fond, sinon de formes.

En somme, les liens de famille sont, en général, chez les singes, étroits, puissants et présentent à peu près toutes les diverses formes qui se retrouvent dans l'humanité vivante, aux diverses phases de son développement.

Chez la plupart des primates la promiscuité des sexes n'existe pas, à l'état de nature du moins ; chez les autres, c'est un fait douteux sinon faux et certainement exceptionnel plutôt que général, comme on le croit trop généralement. Il faudra peut-être un jour reconnaître même qu'il est beaucoup plus rare chez le singe que chez nous. Leurs unions sont durables, constantes, sinon indissolubles, aussi fidèles que parmi nous, peut-être, et ne sont pas, comme chez nous, précédées, du moins pour les mâles, d'une époque de licence stérile. Aucune femelle n'y est spécialement consacrée à une prostitution contre nature, et s'il était vrai qu'ils fussent nos ancêtres ou collatéraux éloignés, au point de vue des mœurs, ils auraient plus à rougir de nous que nous d'eux, à n'en juger que d'après nos propres règles morales que nous semblons, il est vrai, n'avoir faites que pour ne pas les suivre. Si aucun singe n'écrit de livre ou ne fait de discours sur la famille, en revanche l'instinct paternel et maternel, sans coercition de la loi ou de l'opinion, et par la seule impulsion spécifique héréditaire, est aussi puissant, plus puissant, peut-être, chez les primates que chez l'homme; car nul n'a trouvé un jeune siamang ou un jeune chimpanzé vagissant délaissé au coin d'un bois, et aucune espèce de singe n'a, comme nous, senti le besoin d'hospices d'enfants trouvés. Ils n'ont point de code déclarant le père irresponsable et la recherche de la paternité interdite, et s'ils ne sont point préoccupés d'assurer un héritage à certains de leurs enfants, il n'en déshéritent aucun.

Enfin jamais on n'a vu une femelle de singe tuer elle-même sa troisième fille, comme les femmes australiennes [1], ou la donner à manger aux porcs, comme les femmes chinoises.

En somme, beaucoup de mères pourraient prendre exemple sur les femelles de siamang ou de chimpanzé dans les soins de leur progéniture, et beaucoup de nations, non pas seulement sauvages, sont au-dessous de leur propreté; car si singes et guenons s'entre-nettoient devant nous sans vergogne dans la captivité où nous les retenons, combien d'hommes et de femmes n'ont jamais songé à se rendre mutuellement les mêmes services et croupissent dans leur saleté et leur vermine.

Soyons donc plus réellement fiers en étant plus justes, et, au lieu d'abaisser l'animal pour nous grandir, grandissons-nous en nous élevant réellement au-dessus de lui, et faisant trève aux hypocrisies de notre vanité, remplaçons-la par les nobles franchises d'un légitime orgueil.

Ce n'est pas à l'homme moderne, livré à ses habitudes sociales, aux sentiments que développe son éducation et jouissant de ses droits et de sa liberté, que notre imagination, trop prévenue, doit comparer le singe domestiqué ou captif dans une étroite cage; c'est au prisonnier cellulaire, au forçat enchaîné dans nos bagnes, à l'esclave soumis au régime de l'ergastulum antique ou dompté par le fouet du planteur américain; et, dans ces termes, seuls équitables, la comparaison est-elle au bénéfice de notre espèce?

[1] Voyez Salvado, *Loc. cit.*

CHAPITRE II.

SOCIABILITÉ DE L'HOMME PRIMITIF.

Les mœurs que nous venons de constater chez les primates appuient donc cette assertion, d'ailleurs évidente *à priori*, que chez tout animal construit selon le type anthropoïde il ne paraît pas y avoir d'existence spécifique possible en dehors de la vie sociale par troupes ou tout au moins par familles.

De plus, tous les primates connus, anthropoïdes ou autres, sont frugivores ou seulement carnassiers. Des insectes, mollusques ou reptiles, quelques oiseaux peut-être, mais plutôt leurs œufs, avec des fruits ou d'autres végétaux de choix, voilà le gibier qu'ils poursuivent d'arbre en arbre, dans les buissons des forêts, les hautes herbes des savanes ou sur le bord des fleuves et des lacs. Or, tout fait supposer, au contraire, que le bimane anthropoïde qui a servi de souche à l'homme, sans doute d'une taille égale ou supérieure à celle de l'homme actuel et peut-être comparable au gorille pour la force, dès un temps très-reculé et dès la multiplication des grands mammifères herbivores, a dû poursuivre d'autres proies et, le premier peut-être entre tous les mammifères terrestres, devenir ommivore, avec prédominance des goûts carnivores. Sa nature d'animal coureur indique que c'est sur terre et parmi des animaux agiles qu'il a toujours dû choisir ses victimes et sa nourriture. Ses conditions de vie ont donc, dès cette époque, exigé, plus impérieusement que celles des primates grimpeurs, un instinct de sociabilité au moins rudimentaire qui le portât à vivre, soit par troupes composées d'individus des deux sexes, comme vivent les gibbons, soit par familles, comme le gorille, soit par tribus alliées par le sang, comme le chimpanzé, et comme sans doute a long-temps vécu l'orang.

On ne voit pas en effet pourquoi les mœurs des primates auraient été autrefois différentes de ce qu'elles sont aujourd'hui et pourquoi elles n'auraient pas été également variées selon les espèces. Mais on voit bien moins encore pourquoi les mêmes diversités d'habitudes et de mœurs n'auraient pas existé de tout temps entre les diverses espèces ou variétés, successives ou contemporaines, de bimanes coureurs qui ont vécu avant l'homme et qui lui ont servi de souche, puisque, de nos jours encore, non-seulement chaque race humaine, mais chaque groupe social nous présente les mœurs les plus différentes et les habitudes les plus contraires.

La seule hypothèse impossible, c'est qu'à une époque quelconque la série des bimanes qui ont été les ancêtres de l'homme ait été privée complétement, soit de l'instinct social, soit de ces instincts de famille que nous constatons aujourd'hui chez toutes les espèces de primates et qui semblent, au contraire, avoir dû toujours exister, avec une force croissante chez toutes les variétés humaines éteintes et actuelles.

D'ailleurs, l'instinct de sociabilité n'est pas seulement observable chez les quadrumanes; il est constaté jusque chez les oiseaux et les poissons; les insectes en donnent des exemples aussi merveilleux que variés. Parmi les mammifères, il existe en général à quelque degré chez toutes les espèces faibles et inermes et plus généralement chez tous les herbivores. Car on sait que les chevaux à l'état sauvage vivent par troupes sous des chefs, comme les moutons, les antilopes, les chamois et tant d'autres.

On peut même dire, en général, que l'homme n'est parvenu à dompter et à domestiquer à son usage que des espèces déjà naturellement sociables, et que toutes celles qui, au contraire, vivent par paires ou par individus isolés, ont échappé, sinon à l'asservissement, du moins à la domestication. Ainsi, le chien est sociable à l'état sauvage, comme ses congénères le loup et le chacal. Au contraire, le chat, qui vit isolé à l'état sauvage, comme le tigre et le lion, n'a jamais été qu'imparfaitement soumis à notre domination. S'il nous sert, c'est dans son propre intérêt, et, emporté par ses instincts, il déserte encore chaque nuit, et parfois durant de longs jours, le toit même sous lequel il est le plus choyé.

Cet instinct de sociabilité a-t-il existé à toutes les

époques chez les herbivores? Ce serait imprudent de l'affirmer. Tout instinct correspondant en général à un besoin et se développant sous son influence longtemps continuée, il est probable que l'instinct social ne s'est développé chez les espèces où il existe que sous l'influence du besoin de mutuelle défense. Presque tous les herbivores sont, sinon inermes, du moins dépourvus d'armes efficaces contre l'attaque des carnivores, eux-mêmes mieux pourvus pour l'attaque que pour la défense. Ainsi les cornes du bélier et la ramure du cerf peuvent être opposées à la ramure d'un autre cerf ou aux cornes d'un autre bélier dans les combats d'amour entre les mâles d'une même espèce; mais on n'a jamais vu un cerf combattre un bélier, et l'un et l'autre se contentent de fuir devant le chien, à moins qu'à la tête du troupeau, soutenus par le nombre, excités par la présence des femelles ou forcés et aux abois, ils ne lui fassent tête avec le courage du désespoir. Tout porte donc à croire que l'instinct social de mutuelle défense est, chez l'herbivore, un instinct relativement récent, c'est-à-dire acquis sous l'empire de la nécessité, à cette époque, pourtant déjà si lointaine, mais néanmoins bien postérieure à la fixation des caractères anatomiques de ces espèces, où les premiers carnivores parurent, se multiplièrent et disputèrent aux herbivores la domination du sol. Car il est évident que, dès que ceux-ci parurent, les espèces herbivores, qui jusque-là avaient vécu par couples isolés, furent les premières détruites, et que les variétés de ces espèces chez lesquelles se développa l'instinct social, c'est-à-dire qui vécurent en troupes rassemblées sous des chefs, avec une tactique pour la mutuelle défense, se conservèrent presque seules et purent seules envoyer des représentants jusqu'à nous.

Il dut en être de même des anthropoïdes. Car si les premiers primates, bimanes ou quadrumanes, mais surtout les bimanes coureurs, purent vivre d'abord par paires, par familles ou même isolément, comme Rousseau le suppose de nos premiers ancêtres, il faudrait reculer ce temps jusqu'aux époques géologiques où ils représentaient encore anatomiquement les formes les mieux armées de la vie terrestre. C'est-à-dire qu'il faudrait faire remonter l'homme jusqu'au delà de l'apparition des premiers mammifères quadrupèdes, admettre qu'il fut un des habitants des premières terres émergées et vécut au milieu des forêts immenses de la période carbonifère, époque où il n'aurait eu pour se nourrir que des végétaux encore presque cryptogames, des mollusques, des crustacés et des poissons. Même à cette époque, il lui aurait encore fallu savoir se défendre contre les puissants reptiles qui commençaient à dominer; et, dès l'époque secondaire, l'existence de l'homme isolé aurait été souvent menacée en face de l'immense et vorace téléosaure et des autres sauriens, monstres que les vagues d'un océan sans bornes vomissaient incessamment sur les rivages d'îles rares, étroites et basses où la fuite même n'avait pas d'issues. Comme cependant, dès cette époque lointaine, la souche originelle dont l'homme et les autres primates sont sortis en divergeant doit avoir existé sous une forme quelconque, dès cette époque, sans doute, elle ne dut son salut et la possibilité de se multiplier et de progresser dans la suite qu'à la faculté qu'elle avait sans doute déjà acquise de grimper plus ou moins aisément, d'abord en se traînant, rampant et sautant sur les rochers couverts de mousse et de mollusques, puis plus tard aux arbres à l'aide de membres déjà armés de griffes crochues, sinon déjà préhensiles. Or, cet animal quelconque, qui devait plus tard devenir le singe et l'homme, n'était encore ni l'un ni l'autre, mais quelque chose de flottant entre des types divers, d'indécis, comme l'ornithorynque, entre le reptile aquatique et le mammifère aérien.

Et quand les descendants de cet animal acquirent peu à peu leurs caractères anthropoïdes, les autres types animaux, également développés, leur firent une guerre encore plus acharnée, qu'ils ne purent soutenir certainement qu'à l'aide de la solidarité des forces spécifiques et de l'instinct social.

L'homme est donc bien un animal social dès sa naissance. Il a été social avant d'être homme et bien avant de parler un langage articulé, fixe et idéologique, bien qu'il eût déjà certainement un langage phonétique et mimique, c'est-à-dire composé de signes et de sons, exprimant des sentiments, besoins et passions, comme les autres animaux plus ou moins sociables.

Ce sont ces éléments primitifs de sociabilité que nous retrouvons, à des degrés divers et sous diverses formes, chez tous les primates. Si, parmi les anthropoïdes, l'orang, à peu près seul avec une espèce de gibbons, rappelle les habitudes de ce que Rousseau nommait l'homme de la nature, nous avons dû reconnaître que ces habitudes étaient chez lui en corrélation avec des signes certains de décadence cérébrale et sans doute présageaient sa disparition prochaine comme espèce vivante.

Mais, chez les formes primitives des sociétés humaines, pouvons-nous espérer retrouver au moins quelque chose de cet âge d'or, de cet état d'innocente simplicité, de bonté, sinon de justice native, d'humanité, d'apathie indifférente tout au moins, où Rousseau voyait son idéal social et auquel il eût souhaité nous faire revenir?

Ici nous n'avons plus à conjecturer, nous savons; car, si nous n'abordons pas encore le champ de l'histoire, nous entrons du moins dans le domaine de l'archéologie, éclairé des lumières que nous donnent la géographie et l'ethnographie vivante de notre globe.

Aussi loin que nous puissions remonter à travers les âges les plus reculés de l'histoire humaine, des documents certains, des inductions évidentes tirées de faits incontestables, nous font voir l'homme vivant par tribus, hordes ou troupes, et ayant à lutter pour vivre, s'abriter, se nourrir, se défendre, se perpétuer, d'une part, contre les éléments ennemis, contre la rigueur extrême des climats, contre l'avarice de la nature, et, de l'autre, contre de nombreuses espèces d'animaux puissants, de reptiles, de pachydermes, ruminants et carnassiers redoutables.

On ne saurait donc plus caresser ce rêve d'un Éden

qui aurait servi de premier berceau à notre espèce, d'un âge d'or d'une durée quelconque où le loup aurait été le gardien de la brebis et où le lion aurait léché les pieds de l'homme.

Les documents des plus anciens âges nous montrent l'espèce humaine vivant par tribus rivales ou alliées plus ou moins nombreuses, ou tout au moins par groupes de familles, dans des campements plus ou moins rapprochés et sans doute se connaissant entre eux et communiquant au besoin pour la commune défense; la chasse et la pêche furent la première et la principale affaire de ces races primitives. En guerre continuelle, soit entre elles, soit contre les animaux féroces qui leur disputaient leur proie ou menaçaient de les dévorer, soit contre les grands pachydermes, les grands et petits herbivores qu'ils contribuaient à détruire en s'en nourrissant, bien loin de songer encore à les protéger et à les multiplier par la domestication, leur existence fut sans cesse en proie à mille périls. Dans cette lutte, les premières variétés humaines ne s'aidaient encore que de leur agilité, de leur force musculaire plus ou moins puissante, de leur nombre surtout et de l'effort combiné des membres de toute une tribu, aidés d'outils et d'armes de pierres d'un travail encore tout rudimentaire. Le silex est alors grossièrement taillé en hache ou plutôt en casse-tête; mais la flèche est inconnue ainsi que toute autre arme. Et cependant c'est là déjà un progrès immense, un saut franchi par l'humanité, s'élevant par ce premier pas vers l'industrie, vers la civilisation. C'est une première conquête de l'intelligence en travail sur l'instinct routinier, héréditaire. C'est une première occasion aussi et une première marque d'inégalité; car toutes les tribus humaines, toutes à la fois et le même jour, n'inventèrent pas le moyen de tailler un silex en forme de hache ou de râcloir, d'emmancher une pierre dans une branche d'arbre pour en faire un marteau. De longues séries de siècles sans doute s'écoulèrent avant que cette mère de toutes nos inventions, cette réforme primitive, cette révolution sociale eût fait le tour du monde, sans routes ouvertes pour la faire traverser les continents, sans navires pour la porter d'île en île.

Et cependant l'immigration du progrès eut lieu; l'idée nouvelle voyagea, s'étendit, se divulgua avec une vitesse relative; car, partout où nos fouilles ont avec soin interrogé le sol, nous avons trouvé la trace de l'homme armé de silex grossièrement taillés au-dessous des vestiges de l'homme armé de silex polis, et seulement au-dessus de ceux-ci les vestiges de l'homme armé du bronze.

Il est même permis de dire que, sans arme d'aucune sorte, l'homme n'a jamais pu soutenir avantageusement la lutte contre les animaux, ses rivaux dans le festin de la vie, et encore moins contre cet ennemi toujours menaçant qui s'appelle la faim; car, tandis que partout nous trouvons la trace de l'homme de l'âge de la pierre taillée, nous en sommes réduits encore à conjecturer l'existence d'une race antérieure qui aurait vécu sans ce secours. Elle doit avoir existé pourtant : c'est une nécessité logique, c'est une de ces inductions rigoureuses que nous contraint de faire la loi générale de développement des choses vivantes qui veut que tout état soit la suite et la conséquence d'un état antérieur qui le contient en germe et qui le rend possible; mais elle a sans doute duré peu de temps et eu des représentants peu nombreux pour lesquels la difficulté même d'échapper à la faim ou aux périls fut un puissant aiguillon de progrès.

Du reste, comment saurions-nous quelque chose de l'homme antélithique, puisque nous ne savons guère l'existence de l'homme qui tailla les premières armes de silex ou d'os que par ces armes elles-mêmes, qui attestent l'existence d'une main humaine pour les tailler, d'un cerveau au moins semi-humain pour les concevoir? N'est-ce point l'homme antélithique que nous avons découvert dans le caveau de Neanderthal avec ce crâne énorme et aplati surmontant un squelette d'une énorme puissance? Car, en effet, une variété humaine, à l'époque diluvienne ou post-pliocène, n'a pu exister, sans autres armes que ses quatre membres et sa mâchoire, qu'à la condition que cette mâchoire soit elle-même une arme et que ces membres soient d'une force herculéenne. Encore cette variété a-t-elle dû être constamment assiégée, décimée, pourchassée et sans doute restreinte en quelque point isolé et protégé du globe; peut-être se serait-elle éteinte sans laisser de descendants, si un jour elle n'avait donné naissance à ce rejeton illustre qui, le premier, en se créant une arme, mérita le nom d'homme, et assura, par sa découverte, le règne du monde à sa postérité multipliée.

Il se peut donc réellement que l'homme antélithique n'ait existé que sur quelques points ou même un seul point du globe; mais cet unique Adam n'aurait eu aucun des traits ni de l'Adam biblique, ni de l'homme de la nature de Rousseau. Puissante bête brute par sa force, sauvage d'instinct, peureux et féroce, redoutable aux êtres plus faibles, fugitif devant les forts, cachant sa rage ou sa faim impuissante dans de profondes cavernes ou cherchant un abri sur les rochers ou les arbres, affamé de proie et proie pourchassée lui-même, sans autres armes que la branche qui la nuit lui a servi d'abri ou le caillou qu'il rencontre sur son chemin, sa vie dut être un long supplice de frayeurs réelles et d'alarmes vaines, de besoins non satisfaits, de joies horribles, de festins sanglants, d'orgies affreuses, selon qu'il entendait autour de son antre ou de son arbre le rugissement du lion, le rire de l'hyène, le miaulement du tigre, le grognement de l'ours ou du rhinocéros, et les cris indescriptibles de l'éléphant; ou bien que, rassuré par le silence des solitudes, il parvenait à forcer à la course quelque aurochs affaibli par l'âge, quelque chèvre alourdie par la progéniture qu'elle portait en ses flancs, ou à surprendre au nid quelque couveuse trop tendre pour sa nichée.

Or, dans de telles conditions, l'homme, s'il a réellement pu exister, n'a pu du moins se perpétuer longtemps, encore moins se multiplier, se répandre en variétés, en races nombreuses; et l'instrument, l'arme de pierre qui l'a délivré de ses terreurs impuissantes, de ses appétits inassouvis, de ses colères vaines contre une création de tous côtés ennemie, doit remonter nécessairement jusqu'au berceau de la race humaine; elle doit en avoir signalé, accompagné, causé les premiers progrès, les premiers développements; car, si elle n'avait pas été trouvée, inventée dès les premiières générations d'anthropoïdes qui eurent à lutter en rase campagne contre le nombre d'énormes ennemis dont les dépôts diluviens et post-pliocènes recèlent les restes, ces générations, décimées et bientôt détruites, eussent disparu sans descendance, et l'homme, resté dans le possible, ne serait jamais venu à être.

Car si l'on peut concevoir encore que l'homme adulte ait pu parvenir à se défendre contre les bêtes fauves, comment la femme aurait-elle échappé à tant de périls? Comment, avec son enfant suspendu à ses mamelles, ou traînant après elle ses pas encore mal assurés, aurait-elle pourvu à sa nourriture?

De toute manière il faut donc, pour avoir réussi à se perpétuer, que la souche primitive de l'homme, sous quelque forme qu'on la conçoive, ait eu des moyens de défense pour protéger non-seulement ses individus adultes, mais ses femelles et ses petits. Pour cela il faut, de toute nécessité, que l'homme, même armé et bien armé, ait vécu en troupes nombreuses, afin d'accabler, sous le nombre des forces combinées des ennemis dont un homme seul n'aurait pu triompher; et que, si dans une tribu un certain nombre d'individus tombaient victimes du combat, leurs veuves et leurs enfants eussent pour protecteurs tous les survivants. Il faut enfin que, de tous temps, l'homme ait vécu en société; autrement il n'aurait pu arriver à se perpétuer. Au lieu de triompher de la nature, il fût tombé accablé par elle, vaincu dans la lutte de ses forces opposées, dont nous ne le verrons se rendre maître, à travers toute l'histoire, qu'à l'aide de la force collective d'individus disciplinés et hiérarchisés pour une action commune. L'homme sauvage, c'est-à-dire isolé, comme l'entendait Rousseau, n'a jamais existé, parce qu'il n'a jamais pu être. Et l'état de nature de l'homme, c'est avant tout, plus que tout, c'est exclusivement et nécessairement l'état social.

CHAPITRE III.

INSTINCT DE FAMILLE CHEZ L'HOMME PRIMITIF.

Si l'homme a toujours été une espèce sociale, si une de ses plus impérieuses conditions d'existence, au milieu d'espèces rivales mieux armées, lui a toujours fait une loi de vivre par groupes d'individus plus ou moins solidaires dans les diverses fortunes de la vie, néanmoins les formes de sa sociabilité ont pu varier à l'infini et varient encore avec les temps. De sorte que l'on peut concevoir que les variétés successives de bimanes anthropoïdes ont pu avoir des mœurs sociales différentes, comme on l'observe encore chez le groupe allié des quadrumanes.

L'homme a ce caractère commun avec l'orang que son enfance est très-prolongée. Sa progéniture naît inerme, incapable de se défendre, de se nourrir, même de se mouvoir. L'enfant humain a besoin d'être nourri du sein de sa mère et longtemps porté dans ses bras, comme, du reste, le petit du singe, comme celui de la chauve-souris, du sarigue ou du kanguroo. Plusieurs naturalistes peu philosophes, ou philosophes peu naturalistes, ont cherché là un caractère de supériorité; c'est en réalité une infériorité bien évidente, un défaut d'adaptation aux conditions de vie; et, sous ce rapport, la grande famille des félides, celle des canides, beaucoup d'oiseaux, de reptiles, de mollusques et d'insectes sont plus perfectionnés que le groupe des primates et que l'homme qui en fait partie. Mais de cette imperfection organique, qui laisse si longtemps le jeune primate ou l'enfant humain dans l'incapacité de pourvoir lui-même à ses besoins, ont dérivé les perfectionnements moraux et intellectuels des divers représentants de ce type. C'est dans l'impuissance inerme et prolongée de l'enfant qu'il faut chercher la source de l'instinct de famille, si fort chez l'homme de tous les âges, comme chez tous les primates; car il a de tous temps fallu à ce jeune être, non-seulement la protection exclusive et constante de sa mère, mais aussi, en général, celle d'un mâle mieux armé qu'elle et capable de défendre l'existence de l'une et de l'autre contre les dangers qu'elle courait à chaque instant. De là, très-généralement, sinon sans exception, l'union plus ou moins durable entre la mère, chargée de veiller sur la couvée, et le père, chargé, comme chez les oiseaux, de la pourvoir de nourriture et d'abris et de la défendre en cas d'attaque.

Cependant nous avons vu que, parmi les orangs, le mâle adulte vit isolé et la femelle seule pourvoit au soin des jeunes générations et les groupe autour d'elles jusqu'à l'âge adulte; mais nous avons vu aussi que l'orang est à tous égards en décadence, et cette décadence peut être attribuée, au moins en partie, à cette adaptation imparfaite de l'instinct de famille aux conditions de vie de l'espèce. L'orang est de nos jours une espèce rare et qui disparaît peu à peu; tandis que de nombreuses espèces de gibbons prospèrent, ainsi que beaucoup de genres de pithéciens et de cébiens. Si l'espèce des orangs se maintient, en dépit de ses instincts de famille si mal adaptés et si défavorables à sa conservation, c'est grâce à la force de la femelle qui lui permet de défendre ses petits, grâce aussi à la puberté tardive des jeunes mâles qui, restant jusqu'à cette époque près de leur mère, peuvent la défendre, elle et ses petits plus jeunes, et remplir ainsi dans l'association la place du père absent; c'est enfin surtout grâce aux habitudes arboricoles et frugivores de l'espèce qui ne l'exposent pas à entrer en lutte contre des ennemis trop puissants.

Mais dans ces conditions, avec de pareils instincts, une race de bimanes coureurs et carnivores ne saurait se perpétuer longtemps; puisque chaque jeune femelle serait presque invariablement détruite, exterminée dans la lutte vitale avant que ses premiers enfants mâles eussent acquis la force de la défendre.

Sauf cette forme particulière et imparfaite de l'instinct de famille, toutes celles que nous trouvons réalisées chez les divers genres de primates ont pu se prêter au développement des races primitives de bimanes anthropoïdes.

Certaines variétés ont donc pu vivre par familles polygamiques comme le gorille, par petites tribus de proches parents comme le chimpanzé, ou enfin en troupes plus ou moins nombreuses comme plusieurs gibbons et la plupart des autres singes.

Dans ce dernier cas seulement, une certaine promiscuité des sexes aurait été possible, du moins au point de vue social, et en admettant qu'elle ait trouvé ses limites dans l'instinct spécifique même. Dans tous les autres, la famille, plus ou moins étroite, plus ou moins fortement constituée, était la base de l'ordre social, mais pouvait présenter tous les types, toutes les formes que nous lui voyons encore conserver aujourd'hui dans nos sociétés plus ou moins civilisées.

S'il est, du reste, aujourd'hui un terme dont beaucoup de gens font abus, faute sans doute de le bien comprendre : c'est celui de promiscuité. Ils parlent de promiscuité animale, sans se rendre compte que nulle part la promiscuité des sexes n'existe autant que dans l'espèce humaine, au point qu'elle semble en être un des caractères distinctifs, spécifiques ; bien plus, la promiscuité semble se développer avec la civilisation, qui seule, on peut dire, la rend possible, sans mettre en danger l'existence même de la race. Chez l'animal elle n'existe pas ; car on ne saurait la confondre avec l'accouplement animal, à époques fixes, régulier, normal, fécond. L'animal, mâle ou femelle, est sollicité du besoin sexuel, il le satisfait, la fécondation s'opère, le cycle de la génération se recommence et la loi spécifique s'accomplit :

tout est dit jusqu'à la saison ou même la génération prochaine.

Parmi le plus grand nombre des animaux d'ordre inférieur, il n'y a qu'un accouplement dans une vie; et certes que bien peu de nos déclamateurs moralistes s'arrangeraient de cette rigoureuse chasteté. Cette règle cependant souffre de nombreuses exceptions : ainsi chez beaucoup d'insectes on a pu constater plusieurs accouplements successifs, soit entre les deux mêmes individus, soit avec d'autres, au hasard des circonstances, plutôt que par un choix volontaire et conscient de l'animal. Ce fait peut s'observer aisément chez les vers à soie, et il n'est pas exclusivement le résultat de la domesticité, car je l'ai observé chez des coléoptères, entre autres chez le hoplie du rosier. De même, c'est à tort que l'on a dit que la chienne et la chatte, une fois fécondées, refusaient les approches du mâle; l'excitation sexuelle ne s'éteint pas toujours après un premier accouplement, même fécond, et il est probable qu'il en est de même à l'état sauvage chez les genres analogues. En somme, l'imagination des savants a établi, sur des faits particuliers, une foule de règles générales qui, en réalité, souffrent beaucoup d'exceptions. Il y a des espèces plus chastes, plus ardentes dans leurs amours que d'autres; mais, dans chaque espèce, il y a, sous ce rapport, comme sous tant d'autres, une grande somme de différences individuelles. Il y a des tourterelles infidèles et des chattes constantes. Il y a des chiennes qui ne veulent, en aucun temps, souffrir l'approche du mâle, en dépit des opinions contraires si longtemps proclamées comme des vérités.

En somme, l'ardeur sexuelle semble s'accroître à mesure que la fécondité diminue et que l'organisme s'élève. Par une conséquence de cette loi, elle atteint son dernier terme connu chez l'espèce humaine, et chez l'espèce humaine civilisée. L'homme seul, du reste, avec les primates, n'est point sujet au rut périodique; mais comme lui, les primates peuvent toujours engendrer; comme la femme, la femelle du singe peut toujours concevoir; et la menstruation, qui semble liée avec cette faculté, existe chez les femelles de la plupart des espèces de primates, comme chez la femme.

Mais l'ardeur sexuelle, comme tous les autres instincts organiques, tend, par son excès même, à outrepasser son but, ou plutôt à le détruire; et tandis que l'accouplement unique de l'insecte donne chez l'abeille, par exemple, un maximum de fécondité; l'accouplement répété jusqu'à la prostitution, tel qu'il existe chez l'homme civilisé, arrive à une stérilité complète. La promiscuité est donc le mélange anormal et infécond des germes provenant d'accouplements successifs et, s'il passait en fait général chez une espèce, il aurait infailliblement pour effet de la détruire. Or, entre ce degré absolu et dernier de la promiscuité inféconde et le maximum de fécondité dérivant chez l'insecte d'un seul accouplement en une vie, tous les degrés sont possibles et sont réalisés dans la nature, non-seulement chez chaque espèce, mais souvent chez une même espèce et en particulier chez l'espèce humaine. Ce n'est point seulement chez les nations civilisées modernes qu'on trouve très-généralement la vestale et la prostituée; l'un et l'autre abus font leur apparition chez les peuples barbares, mais ne se retrouvent pas jusque chez les peuples sauvages. A quelques égards ce sont cependant les peuples sauvages qui nous montrent, sous le rapport des mœurs, les exemples de la sévérité la plus extrême et parfois les usages les plus irrationnels, inexplicables autrement que par les caprices de l'instinct héréditaire aveugle. Ainsi, chez les anciens Germains, comme chez les Hindous, la veuve qui se remariait était taxée d'infamie, souvent même châtiée cruellement, et l'adultère était condamnée à mort. Chez un grand nombre de peuples sauvages il y a interdiction de mariage entre membres de la même tribu, entre familles portant le même nom[1]. Parfois les règles les plus étranges président à ces coutumes enfantées des préjugés de peuples ignorants, dont l'intelligence en travail cherchait sa loi à l'aveugle au milieu de faits mal expliqués. Il est évident que cette interdiction du mariage entre parents proches, ou même éloignés, est née de cette observation que dans les mariages consanguins entre individus affectés de principes morbides ou de particularités défectueuses ou extrêmes de l'organisme, il y a une fâcheuse accumulation d'hérédité qui fait que chez les produits les caractères anormaux ou morbides des parents se reproduisent

[1] Voyez Tylor, *Early history of mankind*, chap. x.

avec une sorte de progression géométrique croissante. De là l'infamie attachée, chez certains peuples, d'abord à l'inceste entre ascendants et descendants, entre frères et sœurs, puis bientôt entre cousins ; et une fois sur cette voie l'instinct, toujours prédisposé à l'excès, ne s'arrêta plus. Au contraire, le mariage entre frères et sœurs devint, chez d'autres peuples, le privilége sacré, la loi obligatoire des races royales qui, en effet, durent à cet usage une fixité de type qui, chez les descendants, fit reparaître les traits physiques et intellectuels d'aïeux dont la mémoire était révérée et souvent divinisée.

En somme, toutes les règles morales possibles ont été successivement, ou en des lieux divers, appliquées aux mariages, et se sont toutes trouvées plus ou moins compatibles avec la prospérité de la race et la perpétuité de l'espèce. Une seule aurait pour résultat nécessaire, fatal, d'arrêter le développement d'une race humaine ou animale quelconque : ce serait justement une promiscuité aveugle, sans règle ni frein, et telle qu'elle existe en réalité dans les bas-fonds de notre vieille société civilisée sous le nom de prostitution. Lors donc que nos ignorants déclamateurs littéraires, qui, sans avoir jamais voulu étudier ou même entendre les lois de la nature, prétendent à la science infuse de la morale, croyant qu'il suffit pour en parler pertinemment d'aligner les lieux communs de leur éducation classique, toute empreinte de nos vieux préjugés héréditaires, parlent de promiscuité animale, ils attribuent aux autres espèces vivantes un instinct qui n'a jamais été jusqu'ici que le triste lot de notre propre espèce, affolée à la recherche de sa loi et toujours prompte à arriver à l'excès nuisible de chacune de ses passions utiles.

L'animal ne connaît en réalité aucun des deux instincts opposés et également excessifs qui sont toujours venus périodiquement arrêter l'extension des races humaines, signaler pour elles une ère de décadence et menacer leur avenir ; c'est, d'un côté, le respect abusif de la virginité, du célibat, de la viduité, même du mariage indissoluble qui enchaîne à jamais l'un à l'autre deux êtres antiphathiques ; c'est, de l'autre, l'abus croissant et de plus en plus généralisé de la prostitution. L'état des mœurs qui se prête le mieux à la libre expansion des races, soit humaines, soit animales, à leur rapide développement, à leur progrès physique et moral, c'est, en réalité et universellement, le mariage plus ou moins constant et durable : c'est-à-dire l'*union exclusive* d'un mâle et d'une ou plusieurs femelles pendant une période donnée qui peut varier d'une seule saison reproductrice, ou cycle générateur complet, à une série plus ou moins longue de ces mêmes cycles, mais qui ne se continue plus ou moins longtemps, et même durant toute la vie des individus, que par l'effet de leur libre choix et volonté.

Telles sont les lois de la nature, et les lois humaines ne s'en sont jamais écartées en un sens ou l'autre et vers l'un ou l'autre des deux excès extrêmes possibles que sous l'influence fatale des dogmes religieux et des préjugés aveugles de la conscience héréditaire qui en ont dérivé, influence qui a toujours nui en quelque chose au développement de la race qui l'a subie, et, en somme, au progrès normal de l'espèce entière.

On peut donc affirmer avec toute certitude que la promiscuité des sexes n'existe pas et n'a jamais existé comme loi et instinct spécique durable, et propre à assurer la perpétuité d'une race, ni chez les animaux, ni chez les singes, ni à plus forte raison chez l'espèce humaine. Tout au plus elle a pu se produire chez certaines races, comme une exception temporaire, et une sorte d'affollement spécifique qui dût souvent résulter des croisements métis ou hybrides, durant de courtes périodes et sous l'influence de circonstances locales toutes particulières, parmi lesquelles il faut compter au premier rang la domesticité chez les animaux, les grandes agglomérations urbaines ou militaires chez l'homme et enfin l'excès de ces civilisations anormales, tourmentées, surexcitées, qui, marquant l'apogée du développement d'une race, en annoncent aussi fatalement la décadence et le renouvellement sous d'autres formes et avec d'autres mœurs mieux adaptées à ses conditions d'existence et de perpétuité.

Et en effet, nul ne l'a jamais constatée d'une manière certaine chez aucune tribu sauvage; tandis que les voyageurs ont observé toutes les autres formes de la famille. Monogamie absolue, perpétuelle ou temporaire, divorce plus ou moins facile, polygamie, concubinage, polyandrie même : tout a été essayé, réalisé, et chacune de ces formes de la famille s'est montrée plus ou moins, mais toujours en quelque degré compatible, soit avec l'état le plus sauvage, soit même avec un certain degré de développement social. Seulement nous verrons un peu plus loin que certaines formes de la famille semblent être à la fois la condition et la conséquence de certaines formes sociales [1]. Mais la promiscuité, comme fait universel, n'a jamais été attestée sérieusement dans une race, et quand elle s'est montrée plus ou moins générale chez une nation, elle en a signalé le déclin et en aurait bientôt causé l'extinction si l'immigration de races nouvelles ou de profonds bouleversements publics et sociaux n'avaient amené bientôt la réforme des mœurs et la réorganisation de la famille sous une de ses formes quelconques.

Si on a signalé la promiscuité des sexes dans certaines îles océaniques, on a négligé de faire ressortir les causes spéciales qui peuvent l'y avoir produite et l'y entretenir. La population d'une île étroite, sous un climat tempéré, surtout chez une race de mœurs douces, qui n'a ni l'occasion, ni l'instinct de faire la guerre, et dont l'industrie agricole est bornée et les moyens d'échange avec d'autres peuples à peu près nuls, doit bientôt devenir surabondante. La promiscuité est certainement le meilleur de tous les moyens de l'empêcher de se multiplier au delà des ressources dont elle dispose; mais encore faut-il dire que, si elle y était un fait universel et sans exception, cette population finirait par s'abâtardir

[1] Voir IIe Partie, ch. XI.

et décroître jusqu'à ce que, par sa décroissance même, elle soit ramenée à reconstruire la famille. Et en effet, les voyageurs, presque tous matelots ou commerçants, qui ont visité Otahiti, par exemple, parce qu'ils ont vu des mœurs très-libres, surtout chez les jeunes gens des deux sexes, ont conclu que chez ces peuples la licence était passée en loi et que l'abus était la règle. Mais lorsque des observateurs plus sérieux sont aller vérifier leurs récits, ils ont constaté que cette licence, tolérée chez la jeunesse des deux sexes, comme elle l'est chez nous seulement chez l'un d'entre eux, n'empêchait point plus tard la famille de se constituer sur des bases plus solides, et que le mariage, un vrai mariage, sévèrement exclusif de toute infidélité, succédait à cette période d'amours légères et généralement infécondes; qu'il en était enfin des libres filles d'Otahiti comme de nos prostituées qui restent stériles tant que dure leur vie de prostitution, mais qui, après quelques années d'une sagesse même relative, retrouvent parfois leur fécondité dans une union constante.

D'ailleurs, à l'état sauvage, bien plus encore qu'aux diverses périodes de la civilisation, le secours du père ou du moins d'un homme adulte qui en tienne lieu, est indispensable aux enfants et même à leurs mères. C'est pourquoi de nos jours et dans nos sociétés urbaines, où le travail divisé et l'échange facile et rapide des services mettent à la portée des femmes un grand nombre de professions, qui, bien que peu lucratives, leur permettent cependant de vivre, des veuves avec leur seul travail parviennent à élever parfois même une nombreuse famille; tandis qu'aux époques de législation barbare, elles tombaient, avec leurs enfants, sous la tutelle d'un agnat ou d'un cognat, qui, bien que parfois très-rude et presque égale à un esclavage, n'en était pas moins pour elles une protection nécessaire.

Se figure-t-on une femme traînant après elle, comme le supposait Rousseau [1], trois ou quatre enfants en bas âge, abandonnée seule au milieu d'une vaste solitude, et n'ayant pour abri qu'un tronc d'arbre creux ou tout au plus une caverne où incessament retentit la nuit le cri des bêtes fauves et où elle devra laisser tout le jour sa jeune famille, pendant qu'elle ira lui chercher, à travers mille périls, une nourriture qu'elle devra disputer à cent rivaux aussi affamés et mieux armés, et peut-être à l'homme lui-même. L'hypothèse tombe devant son absurdité même. Si une Geneviève de Brabant, à la rigueur, peut avoir existé, c'était à une époque où déjà les forêts de Belgique avaient été dépeuplées de leurs hôtes les plus farouches par les grandes chasses des hordes Germaines et les chasses à courre des grands seigneurs féodaux; autrement, elle, sa chèvre et son enfant auraient été cent fois pour une la proie des loups affamés.

Si, dans la succession des temps et des générations, il s'est produit, par exception, des individus, des variétés humaines chez lesquelles cet instinct nécessaire de la famille n'existait pas, ces variétés ne purent se

[1] *Disc.* p. 75 et suiv.

perpétuer en race, de manière à transmettre leurs instincts contradictoires à leurs besoins. Ces individus ne firent pas souche ; ils apparurent de loin en loin dans l'espèce, mais ils ne purent y laisser que de rares descendants, sauvés par quelque combinaison du hasard et qui, s'ils héritèrent des instincts de leurs pères, sujets d'étonnement ou de mépris pour leurs congénères, furent partout flétris par le sentiment moral spécifique du nom d'*êtres dénaturés*.

Si donc la promiscuité sexuelle est possible en une certaine mesure, du moins à l'espèce humaine et aux autres espèces sociales, où l'instinct social peut quelquefois suffire au défaut de l'instinct de famille ; si même on peut admettre comme possible, à certains égards, un état social n'ayant pas pour base le groupe familial, c'est-à-dire l'union plus ou moins durable de l'homme et de la femme qui ont procréé ensemble un ou plusieurs enfants, cet état social n'a pu exister que transitoirement chez quelques bimanes anthropoïdes vivant par troupes. Loin d'avoir été général et permanent dans l'humanité près de son berceau et chez les variétés successives qui lui ont servi d'échelon pour se développer en souches nombreuses et fortes, il peut au contraire tout au plus se placer dans l'immense série des possibilités futures, et parmi les formes de civilisation qui n'ont point encore été expérimentées, mais que l'avenir peut voir se réaliser un jour sous l'influence d'un ensemble de faits nouveaux que nous pouvons à peine imaginer.

La condition essentielle d'équilibre d'un état social où le père ne connaîtrait pas ses enfants, où la mère seule serait chargée à tous les âges de les nourrir et de les protéger, serait que les femmes y fussent douées d'un ensemble de facultés physiques et intellectuelles supérieures ou au moins égales, à celles des hommes; qu'elles y fussent aptes à remplir toutes les professions lucratives ou utiles aujourd'hui réservées aux hommes. Si elles n'étaient seules à agir, seules à posséder, il faudrait du moins qu'elles seules pussent hériter, afin de transmettre cet héritage à leurs enfants, ou plutôt exclusivement à leurs filles. Du reste, des lois civiles analogues ont existé dans le Malabar et quelques autres contrées. Mais on conçoit que, si la loi ne compensait pas ce privilége accordé aux femmes en les assujettissant à l'homme par le mariage, il en résulterait presque inévitablement que bientôt elles seules exerceraient, sinon le pouvoir, du moins l'influence politique, la domination sociale. Ce n'est pas dire que ce renversement soit en soi impossible; il ne serait peut-être même pas un fait absolument nouveau. Les traditions conservées par Hérodote et Diodore concernant les Amazones tendent à faire admettre en fait qu'à une époque éloignée, mais déjà presque historique, les bords de la Méditerranée et de la mer Noire, depuis les colonnes d'Hercule jusqu'au Thermodon et même en Scythie, ont été occupés par une race guerrière chez laquelle les rapports de la population mâle et femelle étaient intervertis. Quelques traditions, quelques usages singuliers, rattacheraient cette race aux Ibères en Espagne et aux Guaranis américains [1].

Autre est la question de savoir si le renversement des rapports des sexes serait utile ; car on ne voit pas bien ce que l'espèce humaine y gagnerait. Si cependant il était établi que dans un tel état social il y eût économie réelle de forces, c'est-à-dire une moindre perte d'activité individuelle, un plus fécond emploi du temps, un même résultat total atteint, avec moins d'efforts, enfin, en langage technique, une quantité de travail et de vie plus considérable produite avec une moindre dépense de capital consommé, il y aurait des chances pour qu'une variété humaine puisse un jour se former et prospérer sur ce plan, réalisant alors, au haut de l'échelle animale et dans l'embranchement inférieur des mammifères, ces mêmes merveilles du génie femelle qui ne nous étonnent nullement chez les insectes, et que nous trouvons toutes naturelles chez les abeilles et les fourmis.

Mais, en tous cas, Rousseau a étrangement erré en attribuant à l'homme dans le passé et sur notre planète, encore livrée à l'empire des brutes, des mœurs qui, tout au plus, lui seraient possibles aujourd'hui que partout le bras mécanique de la vapeur rend inutile la supériorité de force du bras de l'homme, mais qui ne pourraient lui devenir avantageuses que bien loin dans l'avenir, quand sur le sol, défriché d'un pôle à l'autre, il faudra compter avec une exactitude mathématique la place au

[1] Voyez *Encyclopédie générale*, article 1er, facicule Amazones et Atlantide, et *Revue d'ethnographie*, migrations atlantiques.

soleil de chacun, comme l'espace des alvéoles de l'abeille dans son rayon. Rousseau a donc pris, pour l'état de nature de notre espèce, un état qui n'a jamais été, jamais pu être le sien, puisqu'il l'aurait infailliblement conduite à sa totale destruction ; et il a cherché son idéal moral dans l'absence de ces instincts mêmes qui ont été la source première, le principe de toute la loi morale humaine, et le commencement et la cause de tous ses progrès ultérieurs.

La supposition qu'à une époque quelconque du passé, l'homme et la femme, réunis fortuitement par le hasard, se seraient aussitôt séparés pour ne plus se reconnaître, dès que les appétits de leurs sens étaient satisfaits, ne tient donc pas devant la critique la plus superficielle. C'est une impossibilité logique et une erreur de fait. L'humanité n'existe, elle n'a pu se perpétuer à travers les temps, elle n'a pu commencer à être sous la forme physique et physiologique qui la constitue et l'a faite ce qu'elle est, qu'à la condition qu'un instinct puissant d'amour ou de domination, peu importe, ait attaché l'homme à la femme qui portait dans son sein un fruit de leur union; que cette femme, par affection ou crainte, se soit dévouée à le suivre, à l'aider, même à le servir, plutôt que de s'en séparer; et que l'un et l'autre aient ressenti pour les enfants nés de leur union un amour instinctif, naturel, aveugle, irréfléchi, plus fort que toutes leurs autres passions, plus violent que tous leurs autres appétits, plus clairvoyant que tous leurs autres instincts.

Il y a un lien étroit entre le sentiment de l'amour exclusif et le fait même de la famille. Dès que l'existence de la famille, c'est-à-dire l'union prolongée du même homme avec la même femme, devint, par suite des périls auxquels l'espèce était exposée, une loi nécessaire de conservation, il dut se développer chez l'homme un sentiment répondant à cette nécessité; autrement l'idée vague et générale de cette nécessité de conservation, plutôt spécifique qu'individuelle, n'eût jamais suffi à maintenir la famille. Ainsi, chez toutes les espèces où, comme chez les oiseaux et chez beaucoup de mammifères, la famille se maintient unie plus ou moins longtemps, et chez plusieurs perpétuellement, il faut absolument admettre l'existence de sentiments moraux, c'est-à-dire d'une affection, d'une passion capable d'inspirer à certain degré aux membres de cette famille un dévouement réciproque. Si l'oiseau n'était entraîné par la passion à se joindre à une compagne, si tous deux n'étaient sollicités par un sentiment instinctif et tout spécifique à se construire un nid et à y couver et nourrir leurs petits, jamais l'idée de conserver leur espèce ne les déciderait à tant d'actions fatigantes qui entraînent souvent leurs perte.

Il en est de même pour l'homme, dont l'espèce s'éteindrait bientôt, si un sentiment, aussi impétueux que le besoin même, ne le poussait à s'unir à une compagne et ne lui inspirait pour elle une affection, une passion assez durable pour qu'elle persiste même après la naissance des enfants.

Ce sentiment d'amour exclusif s'est du reste compliqué d'éléments très-divers, durant le cours des âges et la succession des races, et a revêtu les plus diverses formes. L'instinct de propriété y a ajouté la jalousie, elle-même modifiée peu à peu. Partout à l'état sauvage, la femme est plus ou moins réduite à l'état d'esclave; elle est pour l'homme une propriété utile, un animal domestique dont il reçoit des services précieux à sa paresse et à son orgueil. Ses enfants, après elle, sont des serviteurs dont la valeur économique augmente surtout avec les premiers progrès de l'industrie, de l'élève du bétail et de l'agriculture. Mais s'il faut chercher dans l'ordre de ces faits, très-réels, la cause originaire de la constitution de la famille et de sa perpétuation, ces froides raisons d'utilité fussent restées inefficaces pour déterminer la volonté humaine, si des passions, des instincts corrélatifs ne s'étaient simultanément développés, d'abord faibles chez quelques individus, qui les transmirent à leur descendance, chez laquelle ils se fortifièrent par l'accumulation héréditaire; de sorte que les familles chez lesquelles les passions et les instincts correspondirent à ce besoin de vivre en famille, imposé par la nécessité, se perpétuèrent bientôt seules, tandis que tous les individus chez lesquels cet accord des instincts et des besoins n'eut pas lieu ou tarda trop à ce manifester ou se manifesta trop faiblement, ne laissèrent qu'une postérité incapable de soutenir la lutte contre les familles constituées et qui ne tarda pas à s'éteindre.

On peut donc affirmer que l'amour, sous sa forme

primitive la plus brutale d'appropriation exclusive et jalouse d'une ou de plusieurs femelles par un mâle, est aussi ancien que la famille elle-même, qui, sans lui, n'aurait eu ni raison, ni possibilité de se constituer. Et comme la famille remonte, nous l'avons vu, jusqu'à l'origine et peut-être au delà de l'origine de l'espèce humaine, telle qu'elle est organisée aujourd'hui avec ses caractères spécifiques fixes et déterminés, il faut admettre qu'il est anté-humain et qu'il est une des causes qui ont permis à l'espèce humaine de se produire avec ses caractères actuels. Il est donc bien loin d'être l'œuvre des lois et l'effet de la civilisation qui n'a pu que le transformer, l'adoucir, le régler, sans pouvoir lui enlever son caractère primitif de passion impétueuse et irréfléchie. Mais en le réglant, il faut reconnaître que ces lois l'ont souvent dénaturé et qu'en opposant à la passion des digues, souvent aussi fatales qu'irrationnelles, elles l'ont fait seulement changer de cours et déborder dans la prostitution.

L'amour est donc bien loin d'être, comme l'affirmait Rousseau [1], une invention des femmes; car il naquit d'abord autant contre elles que pour elles, et, s'il leur assura de tous temps la protection du bras de l'homme, il les soumit par contre à sa main qui, bien longtemps, pesa sur elles d'un poids assez écrasant pour empêcher, arrêter en elles ce développement, ce progrès de toutes les facultés qui devait se manifester d'une façon si remarquable chez l'homme.

[1] *Disc.* p. 76..

Disons encore que, dès que la vie urbaine et une civilisation raffinée, pourvue d'institutions protectrices, rendirent l'institution de la famille moins rigoureusement indispensable à la conservation des races, si l'amour, qui, primitivement, ne fut peut-être chez l'homme qu'une des formes de l'instinct de propriété, ne s'était pas transformé en un sentiment plus doux, il eût bientôt disparu devant l'avantage que les deux sexes eussent trouvé dans l'état social à vivre célibataires. Cette tendance fatale, du reste, qui ne manque pas de reparaître à toutes les époques de grandes civilisations, montre que l'instinct ou le besoin purement physique, que la promiscuité inféconde suffit à satisfaire, ne saurait assurer seul la conservation de l'espèce.

Rousseau, en refusant l'amour à l'homme primitif, le faisait en réalité descendre au-dessous des animaux, chez lesquels le choix individuel existe toujours à quelque degré, bien que chez chaque espèce il se manifeste différemment. Quand les sexes sont égaux en force, le choix est généralement réciproque, et l'on observe peu de différences entre les attributs physiques ou intellectuels du mâle et de la femelle, entre leur vêtement ou leurs instincts. Cependant, on observe qu'à égalité de force, l'avantage reste à la femelle. Ainsi, chez beaucoup d'oiseaux, c'est la femelle qui choisit son mâle à travers de nombreux compétiteurs. Il en résulte pour le mâle certaines qualités particulières de plumage, de forme, de voix, quelquefois aussi de force; mais, lorsque le mâle devient plus fort que la femelle, comme chez le coq, la femelle est dominée, choisie, et, dès ce moment, tend à son tour à revêtir un plumage de plus en plus brillant, comme la poule et toutes les faisannes. La supériorité de force du mâle, étant presque toujours le résultat de son instinct de jalousie guerrière contre les autres mâles ses compétiteurs, a pour conséquence également presque générale des mœurs de famille polygamiques.

De même, c'est la lionne qui choisit le lion vainqueur de ses rivaux; la tigresse, plus forte que le tigre, reste également maîtresse de son choix, comme aussi nos chattes domestiques qui ne s'abandonnent pas sans discernement, comme on le croit en général. Quant au chien, au cheval, à la vache, la domesticité a tellement transformé leurs mœurs, que nous ne saurions reconnaître celles que la nature avait imposées à leur type sauvage; et même, chez les troupeaux de chevaux et de bœufs d'origine domestique, mais redevenus sauvages en Amérique, on ne peut affirmer que les mœurs ne gardent pas l'empreinte des habitudes prises par leurs ancêtres dans la domesticité [1].

Chez l'homme, querelleur, guerrier et en général plus fort que la femme, on peut induire des faits connus que la femme fut toujours plus ou moins dominée, prise ou donnée, mais toujours choisie avec quelque discernement, et qu'à ce choix, à cette sélection sexuelle, elle doit la finesse et la supériorité de ses formes et de sa

[1] Rousseau, *Disc.*, p. 77.

beauté. Cependant ce fait ne peut être considéré comme résultat d'une loi absolue ou générale; car, si dans certaines races le type de l'homme a progressé, s'est affiné, poli, adouci, on ne peut l'expliquer que par la liberté plus ou moins relative que les femmes ont eu dans ces races de choisir le progéniteur de leurs enfants. De là, chez les races tartares, presque toutes polygames, et chez lesquelles la femme a été réduite de tous temps aux servitudes du harem et à toutes les duretés d'une loi qui les fait non-seulement esclaves, mais souvent prisonnières, la supériorité de beauté du type féminin sur le type masculin. Au contraire, l'égalité ou du moins l'équivalence de ces deux types, bien que sur deux plans différents, s'observe chez nos races européennes, chez lesquelles la polygamie ne s'établit jamais que comme un fait passager, exceptionnel, momentanément imposé par une loi civile ou une religion apportées par la conquête plutôt que par les instincts héréditaires de la race.

Bien que l'existence de liens de famille quelconques, ait toujours été une condition vitale pour l'espèce humaine, on peut cependant admettre [1] qu'il y a certaines races où ces liens sont assez lâches pour que la jalousie existe à peine. Mais on observe ces mœurs chez des peuplades habitant des îles étroites ou déjà en voie de décadence devant l'invasion européenne, et qui, en conséquence, ont intérêt à ne multiplier que le moins possible, pour ne pas diminuer la part déjà si étroite qui

[1] Rousseau, p. 76-91.

reste à chacun d'eux sous le soleil : c'est-à-dire dans des conditions toutes contraires à celles des souches humaines primitives, chez lesquelles durent exister des mœurs très-fortes et des coutumes spécifiques aussi fixes que celles des animaux.

Les deux sexes peuvent-ils avoir eu à l'origine des habitudes parfaitement identiques, comme le supposait Rousseau [1] ? Si cette hypothèse paraît incompatible avec l'organisation physique et morale actuelle des races humaines supérieures, elle ne paraît pas invraisemblable en ce qui concerne certaines races sauvages, et peut avoir été encore plus applicable à des variétés anthropoïdes autrement conformées, ayant d'autres instincts et d'autres besoins sous des conditions de vie différentes. Chez les singes actuels il existe sous ce rapport de grandes différences entre les espèces : chez plusieurs la différence de taille du mâle et de la femelle est considérable ; chez d'autres elle est nulle. Comme très-généralement chez les singes, la taille continue à croître longtemps après l'âge de puberté, on a pu prendre souvent pour des différences sexuelles de simples inégalités de développement.

En somme, s'il est possible et admissible que, chez les variétés anthropoïdes primitives qui ont donné naissance à nos races actuelles la différence des habitudes des deux sexes ait pu être à peu près nulle, il faut admettre par contre que, depuis une époque très-reculée,

[1] *Disc.*, p. 80, 91.

chez les souches ancestrales de nos races supérieures, la femme a eu dans l'espèce un rôle très-distinct de celui de l'homme et des habitudes différentes en corrélation avec des différences physiques.

Néanmoins, il est à croire que, chez la souche commune de nos races actuelles, la presque égalité d'aptitudes physiques et morales dut subsister longtemps entre les deux sexes, et si cette égalité s'est rompue depuis, c'est surtout chez certaines races guerrières et sous l'influence des mœurs polygamiques, qui, comme nous le verrons plus loin, ont résulté fatalement d'un certain état transitoire dans le développement des sociétés, qui en soumettant fatalement la femme au joug de l'homme, tendirent à lui donner une infériorité intellectuelle évidente.

Cette différence d'habitudes et d'aptitudes peut remonter jusqu'au moment où dans la souche ancestrale commune de tous les primates, il y eut résorption des glandes lactifères du mâle, qui, dès lors, n'étant plus retenu avec la femelle auprès de leur progéniture commune, put acquérir d'autres instincts. Ce fut entre les sexes humains la première division du travail social de laquelle dérivèrent toutes les autres. Cependant, comme on voit la gestation et la lactation gêner fort peu les femelles des autres mammifères terrestres, on peut concevoir un moment où également les soins de sa maternité n'empêchèrent nullement la femelle anthropoïde de partager avec le mâle les autres instincts et habitudes de l'espèce. Même lorsque, par une division croissante encore du travail et des instincts sociaux, chez les races anthropoïdes vivant en troupes, tribus ou familles, les mâles seuls allèrent à la chasse, les femelles durent les suivre en portant le butin et le gibier ou rester près du campement pour le défendre au besoin. Une pareille vie ne pouvait donc rien faire perdre de sa vigueur soit à l'un, soit à l'autre sexe et dût, au contraire, tendre à conserver longtemps entre eux une égalité fort approchée de force musculaire et d'intelligence.

En somme, il résulte de ces considérations que les différences d'aptitudes et de fonctions qui existent aujourd'hui entre les deux moitiés de l'humanité, n'ont rien de fatal, rien d'absolu; que, résultat contingent de la loi complexe des conditions de vie et de ses influences toujours muables, les rapports actuels des sexes peuvent s'altérer plus ou moins profondément dans l'avenir, jusqu'au point de devenir inverses, sous l'influence de conditions de vie contraires, qui peuvent toujours se produire et qui résulteront peut-être un jour de l'équilibre social. On peut affirmer aujourd'hui que la sujétion de la femme à l'homme est devenue aussi nuisible aux races humaines, chez lesquelles elle s'est perpétuée, qu'elle a été utile aux premiers développements des races primitives, et que les peuples chez lesquels la femme recouvrera, avec sa liberté, sa faculté de progresser intellectuellement, l'emporteront désormais dans la lutte vitale sur tous les autres au point de les contraindre à réformer leurs mœurs sous peine de disparaître bientôt de la surface du globe.

CHAPITRE IV.

PREMIÈRES ARMES.

L'homme a donc de tous temps vécu par troupes, tribus ou familles plus ou moins nombreuses d'individus solidaires, en quelque mesure, dans les périls et pour la satisfaction de leurs besoins, et qui, par cette coalition de leurs forces individuelles, impuissantes à les protéger s'ils étaient demeurés isolés, purent assurer la perpétuité de l'espèce, parmi tant d'autres espèces rivales, sur lesquelles ils n'avaient encore aucune supériorité marquée et décisive.

Quelle que fût leur agilité à la course pour fuir ou poursuivre les autres animaux et leur habileté à grimper sur les arbres pour y chercher au besoin un refuge, leur race eût probablement bientôt péri, elle eût vu successivement tous ses représentants s'éteindre, comme ceux du paléothère ou du lophiodon, leurs contemporains, si quelques variétés privilégiées n'avaient acquis rapidement l'intelligence nécessaire pour se créer des armes plus efficaces pour la défense ou l'attaque que leurs poings fermés à la rude détente ou leurs mâchoires dont la morsure, bien que plus terrible sans doute qu'elle ne l'est aujourd'hui, n'était que d'une bien faible ressource contre l'ours, le tigre ou l'hyène des cavernes, ou contre le dinothère, l'hippopotame et le mastodonte. La lutte en pareil cas n'aurait même été ni longue ni douteuse; car chaque individu qui se serait une fois laissé atteindre par un de ces ennemis, eût été mutilé, sinon dévoré, même en dépit de l'aide de plusieurs aussi inermes que lui. Lors même que la fuite sur les arbres eût toujours suffi à le défendre, elle ne pouvait le nourrir et il ne pouvait lui suffire d'échapper au danger de devenir la proie de quelque monstre affamé, s'il n'arrivait lui-même à pouvoir attaquer et vaincre, pour s'en nourrir, au moins quelque espèce plus faible.

La main de l'homme, telle qu'elle est conformée, n'est réellement un instrument de combat que lorsqu'elle est complétée par une arme quelconque. Il faut même croire que c'est l'arme elle-même qui a, sinon précédé, du moins perfectionné la main. Le bras, par la puissance de sa détente musculaire, peut être considéré comme un arc, mais il lui faut le javelot pour flèche; considéré comme la corde d'une fronde, il lui faut encore la pierre, et si, employé comme levier, il brise un tronçon d'arbre pour s'en faire une massue, c'est cette massue qui permet à sa force d'impulsion d'atteindre son but et qui par son poids en centuple l'effort.

On sait que le système d'attaque ou de défense des

singes consiste à faire pleuvoir perpendiculairement, plutôt qu'à lancer sur l'adversaire qu'ils veulent atteindre ou inquiéter, une grêle de projectiles que les forêts, leurs asiles, leur fournissent sans s'épuiser. Les jeunes branches, les fruits noueux ou épineux de la zone torride, qu'ils habitent presque tous, sont leurs projectiles; et bien que la direction perpendiculaire qu'ils leur donnent ou laissent prendre soit une marque de l'infériorité de leur intelligence, il faut au contraire reconnaître que pour un animal retranché sur la haute cime d'arbres touffus ou enchevêtrés, ayant à combattre un ennemi placé au-dessous de lui, c'est la seule qui soit rationnelle et mécaniquement possible. Les premières variétés de bimanes anthropoïdes, encore simiennes par leur cerveau, qui furent souvent, comme les quadrumanes, contraintes à se défendre, du haut d'un arbre, contre un ennemi qui en assiégeait le pied et les menaçait encore dans cette retraite, durent également donner la direction verticale aux tronçons de branches qu'ils dirigeaient vers eux, aidant ainsi l'énergie de leur impulsion de tout ce que pouvait y ajouter la pesanteur de la masse tombante.

Mais l'homme de ses deux mains ne pouvait briser que des rameaux encore faibles et dont la jeune sève augmentait la ténacité, ou l'extrémité de troncs ou de branches déjà mortes, en partie décomposées, et qui avaient perdu la plus grande partie de leur poids; de sorte que, s'il pouvait ainsi blesser et inquiéter un animal un peu vigoureux, il ne pouvait s'en défaire ni le mettre hors de combat. Bientôt contraint par la famine de descendre de son asile; il était exposé à la fureur d'un adversaire encore irrité par ses blessures. Si les arbres purent donc servir parfois de refuge momentané à l'homme épuisé déjà par la fuite ou par ses blessures, ce furent des asiles dangereux, un poste de retraite pour le vaincu du haut duquel il ne pouvait attendre que la mort, mais non la possibilité de la victoire.

Le vrai terrain du combat pour l'homme fut donc toujours le sol. Les premières armes dont il apprit sans doute l'usage furent des pieux, des fragments de roche plus ou moins pesants, mais surtout la branche d'arbre encore verte et tenace, dont l'aubier flexible lui permettait d'atteindre à distance un ennemi par la rotation terrible d'un moulinet qui, à volonté, frappait le crâne de son ennemi de côté ou de haut en bas. En un mot, l'homme primitif, c'est Hercule armé de sa massue, lisse, mince et forte à la poignée, pesante, élargie et noueuse à son extrémité. La massue, ce n'est en somme que la branche d'arbre plus ou moins dégrossie. Elle pouvait être façonnée par l'homme sans le secours d'aucun instrument, car il pouvait briser par éclats, près de leur point d'attache, les ramifications secondaires les plus grosses et enlever les jeunes rameaux plus récents en les déchirant violemment jusqu'au nœud vital qui réunit leur moelle à la moelle de la branche mère. Un homme vigoureux pouvait même, à la rigueur, se façonner son arme sur l'arbre même où il avait cherché refuge; la seule difficulté était de rompre assez près du tronc un branche assez forte pour être déjà ramifiée à son tour ou la cime de l'arbre elle-même. Elle n'aurait eu que peu de volume et peu de poids, qu'il suffisait de la laisser hérissée des nœuds de ses ramifications principales, pour qu'elle fût une arme terrible, comparable pour la forme et les effets à la masse d'armes à pointes d'acier des chevaliers du moyen âge, à la redoutable *morgen stern* restée si célèbre dans les annales héroïques de la Suisse.

Ainsi armé, un homme assiégé sur un arbre par un tigre pouvait se hasarder à en descendre, ou du moins, encore suspendu par une main aux branches inférieures, de l'autre il pouvait asséner à son ennemi un coup assez terrible pour s'assurer sur lui un avantage décisif et, au besoin, remonter aussitôt dans son asile, par un effort vigoureux des muscles contractés de son bras.

Mais que de temps et de générations peut-être pour arriver à ce premier progrès qui dut précéder tous les autres ! C'est ce qu'il ne nous sera jamais donné de supputer exactement. Et pendant cette longue période, le simple caillou que le bimane, avant de devenir homme, pouvait ramasser à chaque pas sur son chemin, et qui avait servi d'abord à lapider de coups multipliés la bête fauve qui s'attaquait à la horde humaine, unie et déjà disciplinée par le danger commun, était devenue entre les mains des plus intelligents une hache ou un marteau et plus tard une tête de lance ou de javelot, pareille à celles qui jonchent si abondamment tous nos dépôts quaternaires et dont les premiers types, encore bien grossiers, se retrouvent jusque dans les couches de l'époque tertiaire.

Car une fois que l'homme eut appris, d'un hasard mille fois renaissant, avec quelle facilité le silex s'éclate ou se taille, qu'il l'eut vu se briser en éclats en tombant sur un autre silex et l'eut brisé et divisé lui-même par jeu et occupation inconsciente dans ses moments de loisirs, il lui devint bientôt aisé et en quelque sorte naturel et habituel de lui donner diverses formes dont son expérience de chaque jour lui révélait l'utilité.

Et une fois le silex taillé en hache, en grattoir ou dentelé en scie, il pouvait servir à façonner plus aisément, plus promptement la branche d'arbre en massue, à lui donner une forme plus commode et des effets plus terribles en augmentant, avec sa longueur, la différence de masse de ses deux extrémités, comme la massue perfectionnée put servir à briser en éclats multiples et anguleux d'énormes blocs de silex qui, sans cela, fussent restés sans utilité.

Il est aussi naturel de croire que les deux industries du bois et de la pierre se sont, dès l'origine, aidées réciproquement dans leurs progrès simultanés.

Le couteau de pierre obtenu par la rupture de longs éclats de silex, il devenait possible de tailler les os des animaux, les bois des ruminants et d'obtenir ainsi d'abord des manches solides et maniables pour ces couteaux eux-mêmes, pour les haches ou marteaux primitifs, puis successivement des flèches, des poinçons, des aiguilles, déjà bien fines si on les compare aux mains qui les façonnaient et les maniaient. L'art même du sculpteur et du graveur n'attendait plus que le génie assez inventif pour observer les formes vivantes et inciter la main à les retracer plus ou moins fidèlement sur l'os ou la pierre.

Mais du premier au dernier de ces pas successifs faits par l'homme dans la voie lente de ses progrès, il s'écoula des siècles de siècles, des millions de générations, toute une série de variétés et races successives, qui se chassèrent, se supplantèrent l'une l'autre sur la surface elle-même changeante du monde, plusieurs fois, en chaque point de sa surface, transformé et bouleversé par des cataclysmes locaux plus ou moins étendus, par les retours périodiques de grands cycles astronomiques dont la loi et la durée nous échappent encore et par les changements de climats qui en étaient la conséquence [1].

Ainsi, c'est vers le milieu de l'époque tertiaire, dans l'étage miocène que nous rencontrons les premiers silex, ébauchés de main d'homme, qui ont laissé leur trace sur les ossements des animaux vivant à cette époque, tels que l'halithère, le dinothère, le mastodonte. Dans l'étage supérieur pliocène, ces vestiges humains se retrouvent identiques : l'industrie de l'homme n'a point changé, conséquemment son intelligence n'a pas fait un pas de plus. La faune s'est transformée autour de lui, et lui-même sans doute avec elle ; mais son cerveau

[1] *Disc.* 55, p. 79.

s'arrête aux mêmes manifestations d'une intelligence endormie dans une immobilité tout animale. Ce n'est qu'avec l'époque quaternaire que les silex prennent des formes définies, géométriques. En voyant les silex tertiaires on peut se demander s'ils ne sont point l'œuvre inconsciente de quelque brute à mains préhensiles, s'ils n'ont pas été plutôt employés que réellement taillés ; tandis qu'à la première vue des haches du diluvium de la Somme ou de la Seine, trouvées à Abbeville, Amiens, Saint-Acheul, jusqu'aux portes de Paris et dans Paris même, on s'écrie, comme cet ancien philosophe grec, qui abordant une plage inconnue, voyait des figures géométriques tracées sur le sable : je vois des pas d'homme.

A partir de ce moment, les formes se multiplient, le progrès s'accélère, bien que lentement encore ; ce n'est plus chaque époque géologique qui mesurera la durée d'une des phases du développement humain ; mais ce sont les phases du développement humain qui serviront désormais à établir des sous-divisions chronologiques dans chaque époque géologique. Car à l'époque des haches, seulement éclatées, du bassin de la Seine succédera celle des haches taillées du bassin de la Somme ; puis viendra l'époque de la pierre éclatée et retaillée de la grotte du Moustier, d'Aurignac, des Eyzies ; enfin l'époque de civilisation relative, dite âge du Renne, quand, sur les bois de cet animal, l'art imitatif apparaît, avec le poinçon, l'aiguille, le harpon barbelé, la flèche à ailerons. Enfin la pierre polie succédera à la pierre taillée et nous montrera toutes les traces de l'existence de l'homme, social, agriculteur, pasteur, constructeur, c'est-à-dire pourvu de tous les caractères vraiment et exclusivement humains, mais qui tous sont loin d'exister chez tous les hommes de toutes les races même actuellement vivantes : car l'homme qui habita les habitations lacustres des Alpes et les monuments mégalithiques laisse déjà bien loin derrière soi un grand nombre de nos races sauvages actuelles.

CHAPITRE V.

DÉCOUVERTE DU FEU.

S'il est une condition de vie sans laquelle on peut à peine concevoir aujourd'hui la possibilité de l'existence humaine, c'est le feu, dont l'usage a été constaté à peu près chez toutes les peuplades, même les plus sauvages, dont les voyageurs ont décrit les coutumes [1]. Cependant, le feu est loin d'être pour l'homme sauvage d'une nécessité aussi absolue qu'on le pourrait penser, et, si l'on en croit certains témoignages, tous contestés il est vrai, le feu aurait été inconnu de certains habitants des îles australes à l'époque où nos premiers marins les ont visitées. Le père Gobien assure [2] que, dans l'archipel des Larrons, le feu était entièrement inconnu aux indigènes, jusqu'au jour où Magellan, pour les punir de leurs vols continuels, brûla l'un de leurs villages. Quand

[1] Rousseau, *Disc.*, p. 52.

[2] *Histoire de l'île des larrons*, par le père Gobien, cité par Lubbock, *préhistoric times*, p. 453, à comparer Tylor, *Early history of mankind*, ch. IX. page 228 et suiv. London, 1865.

ils virent leurs huttes en flammes, ils crurent d'abord que le feu était un animal qui se nourrissait de bois, et quelques-uns d'entre eux s'étant brûlés pour s'en être approchés trop près, les autres se tinrent à distance de peur d'être dévorés ou blessés par le souffle de ce terrible monstre. Comme cependant le fait n'est pas relaté dans le récit du voyage de Magellan, on peut douter de cette assertion, d'autant que Freycinet assure que leur langage contient des mots pour exprimer feu, brûler, charbon, griller, bouillir, et qu'avant l'arrivée des Européens ils connaissaient la poterie.

Il est cependant difficile, observe Lubbock, de négliger complétement l'assertion si affirmative du père Gobien, qui, d'ailleurs, est appuyée par les faits analogues rapportés par d'autres voyageurs. Ainsi, Alvaro de Saavedra raconte[1] que les habitants de quelques petites îles situées dans le Pacifique, et qu'il appelle *îles des Jardins*, avaient été frappés de terreur à la vue du feu parce qu'ils ne le connaissaient point jusque-là. De même, Wilkes[2] prétend que, dans l'île de Fakaako, il n'existait pas trace de feu; et les indigènes furent fort effrayés quand ils virent jaillir des étincelles du briquet de silex et d'acier. Lubbock pense qu'on peut ajouter foi à un fait avancé par un officier de la marine des États-Unis, dans sa relation d'un voyage d'exploration scientifique. Cependant on l'a révoqué en doute sur ce que dans le vocabulaire de Fakaako, Hale donne le mot *afi* pour

[1] *Hackluyt soc...* 1862, p. 178.
[2] *United states, expl. expéd.* vol. V, p. 18.

feu, mais comme il signifie également chaleur pour les indigènes de cette même île, il peut n'avoir pris qu'après l'arrivée des Européens son acception de feu.

Ce qui n'a pas été contesté, c'est que les Tasmaniens, quoique connaissant le feu et son usage, ignoraient la manière de le produire. Ainsi dans leur vie nomade à travers les forêts, leur soin le plus important était de le transporter avec eux. C'était la fonction spéciale des femmes de porter à la main une torche allumée, qu'elles renouvelaient avec soin de temps en temps de peur qu'elle ne s'éteignît. Comment le feu leur avait-il été apporté d'abord? c'est ce qu'ils ignoraient. Qu'il fût le don de la nature ou le produit de l'art, ils n'avaient pas l'idée d'un temps où il leur eut manqué [1].

Il est remarquable que ce soient les peuples confinés dans les plus froides latitudes, aux deux extrémités du monde, qui fassent moins que les autres usage du feu. Ainsi, bien qu'il soit connu aux habitants de la Terre-de-Feu, qui l'allument par la percussion d'un silex sur un fragment de pyrite de fer, il paraît ne leur être en aucune façon nécessaire. Ils ne l'emploient, ni pour chauffer leurs huttes, ni pour cuire leurs aliments, mais seulement de temps à autre, et comme une satisfaction de luxe, pour se chauffer les pieds et les mains. Ils en seraient privés qu'ils n'en seraient guère plus misérables .

De même, les Esquimaux usent du feu pour s'éclairer

[1] Lubbock, *loc. cit.* p. 18.
[2] Lubbock, p. 438.

plutôt que pour se chauffer, et leur lampe, alimentée d'huile de baleine ou autres graisses, leur sert à fondre la neige mais non à cuire leurs aliments. D'ailleurs, il est indispensable que, dans leurs huttes de neige, la température soit toujours maintenue au-dessous de celle de la glace fondante. Les Esquimaux qui tirent leurs principaux aliments des rennes, ayant moins de graisse que ceux qui vivent de veau marin ou autres animaux aquatiques, font très-peu usage du feu [1].

Quant aux moyens de se le procurer, ils diffèrent de peuple à peuple. Les Australiens l'obtiennent par le frottement de deux pièces de bois, ce qui exige une longue fatigue quand le temps est humide, aussi ont-ils grand soin de ne pas le laisser éteindre, et [2], comme chez les Tasmaniens, chaque famille emporte partout avec elle un cône de *banksia* qui brûle lentement comme de l'amadou. Les habitants d'Otaïti employaient le même procédé pour obtenir du feu, dont ils n'usaient guère du reste, puisque, n'ayant pas de poterie, ils ne pouvaient bouillir leurs aliments que dans des vases de bois, à l'aide de pierres préalablement chauffées ou seulement les rôtir [3].

Au contraire, les Esquimaux produisent le feu par la percussion en tirant des étincelles de fragments de pyrites de fer, comme nous l'avons déjà vu précédemment des habitants de la Terre-de-Feu; seulement, tandis que ceux-ci emploient le silex, ceux-là emploient plutôt des

[1] Lubbock, *Loc. cit.* p. 400.
[2] Id., p. 353.
[3] Id., p. 380, comparez Tylor, *loc. cit.* ch. IX.

fragments de quartz. Ils savent, du reste, également l'obtenir par friction; mais on ne peut s'empêcher d'être frappé de ce fait étrange qu'une même manière de produire le feu se retrouve aux deux extrémités de l'Amérique et ne se retrouve que là. Il est vrai que presque toutes les îles de l'Océan Pacifique étant dépourvues de silex comme de quartz, et plus généralement de toute pierre provenant de roches primitives, leurs habitants n'ont pu y recourir pour produire le feu; mais sur nos grands continents ces roches ne manquent pas, et cependant, ni en Amérique, ni en Afrique, ni en Asie, aucune peuplade sauvage ne paraît en avoir fait usage pour rallumer ses foyers. Il semblerait cependant tout naturel de penser que ce moyen de produire le feu ait dû être en quelque sorte primitif dans l'humanité.

Car, si, comme tout le prouve, l'homme, dès les époques les plus reculées, a taillé le silex, et surtout le silex pyromaque de préférence, partout où il l'a rencontré, il semble que l'une des conséquences les plus immédiates de l'usage de tailler le silex ait dû être la découverte du feu qui en jaillit par étincelles à chaque percussion. Ces étincelles, tombant sur des amas de feuilles ou de mousse sèche, ont dû plus d'une fois y mettre le feu et faire connaître aux peuplades, témoins de ce phénomène, à la fois ses qualités et les moyens de le produire à volonté. Et si le silex frappant le silex ne produit que peu d'étincelles, rapidement éteintes et rarement capables de décider la combustion des corps auxquels elles touchent, il est naturel de penser que l'homme, en quête de pierres propres à se façonner des armes, les essaya toutes et dut conséquemment connaître bientôt leurs diverses propriétés. Et non-seulement les adultes, pressés d'abord par le besoin et bientôt après sollicités par l'habitude, eurent fréquemment occasion de rencontrer des fragments de ces pyrites de fer dont usent les Esquimaux et les habitants de la Terre de Feu ; mais les enfants eux-mêmes, dans leurs jeux, purent, en les frappant avec des fragments de silex, en tirer du feu qui certainement dut fixer leur attention.

Pour expliquer la découverte du feu et les moyens de le produire à volonté, il n'est donc nullement nécessaire de recourir à quelque accident ou événement extraordinaire, ou rare, bien que naturel, tel que les éruptions volcaniques, ou la foudre venant incendier les forêts. Ces phénomènes n'eussent guère fait connaître de feu à l'homme que comme une puissance destructice dont l'utilité lui aurait échappé, et qui lui aurait inspiré trop de terreur pour qu'il songeât à se la soumettre et à s'en servir.

Il est donc bien plus simple de penser que la découverte du feu, comme auxiliaire de l'homme et non comme son ennemi, fut la suite toute naturelle de l'usage des armes de silex ; puisque deux guerriers ennemis combattant l'un contre l'autre durent souvent voir jaillir des étincelles du tranchant de leurs haches, chaque fois qu'elles venaient à se rencontrer dans la lutte.

Mais le feu peut avoir été longtemps connu, avec les moyens de le produire, avant que l'homme primitif en eût reconnu l'utilité, avant qu'il eût senti le besoin d'en faire usage et qu'il se fût même accoutumé à son aspect qui effraie tous les animaux [1]. Un incendie naturel, allumé par la foudre ou par quelque autre circonstance, telle que le frottement de deux troncs secs poussés l'un contre l'autre et balancés par le vent, a pu, dans une froide nuit, lui donner occasion d'expérimenter le bienfait de la chaleur, près de quelques troncs encore fumants; comme on voit fréquemment les singes s'approcher des restes d'un foyer allumé par l'homme pour se réchauffer à sa chaleur [2]. Nul doute, du reste, que le premier usage du feu ne se soit borné, comme pour les habitants de la Terre de Feu, à tempérer parfois les rigueurs du climat, et bientôt, comme font les sauvages d'Australie, à protéger le sommeil de la tribu ou de la famille dans ses campements nocturnes. Car les premières peuplades primitives durent bientôt apprendre par expérience que le feu éloigne les animaux les plus redoutables à l'homme, et étonne par sa lumière tous ceux dont les habitudes nocturnes menaçaient surtout de troubler la paix de ses nuits au fond des forêts ou au milieu des hautes herbes des grandes plaines.

Mais à quelle époque faut-il faire remonter cette première conquête d'une élément qui soumettra successivement tous les autres à la domination de l'homme? Qui fut le véritable Prométhée de la race humaine? Quand

[1] Rousseau, *Disc.* p. 52.
[2] Huxley, p. 102.

et où vécut-il? Nul jamais ne saura le dire : Prométhée restera un Dieu immortel, parce qu'on ne connaîtra jamais ni son berceau, ni sa tombe.

Parmi les premiers silex taillés de main d'homme qu'on a trouvés dans des couches de l'étage miocène, plusieurs sont craquelés et portent la trace du feu; mais ce feu a-t-il été allumé et entretenu par l'homme et pour lui? On peut le croire sans l'affirmer, parce qu'il y a plus de probabilité qu'un silex taillé de main humaine ait été calciné dans un foyer humain, que de s'être trouvé par hasard, et seul, au milieu de beaucoup d'autres qui ne présentent pas les mêmes traces, exposé à quelque incendie accidentel. Cependant, comme jusqu'à présent on n'a retrouvé ni cendres, ni charbon dans les mêmes couches ou même dans tous les autres dépôts de même âge, nous devons suspendre notre jugement définitif devant cette preuve négative, que la preuve affirmative contraire peut venir détruire demain.

Mais, à l'époque quaternaire du moins, les doutes ne sont plus possibles. L'homme connaît le feu, il en dispose, l'allume à volonté, le conduit partout avec soi. Sinon les alluvions fluviales, peu propres à en conserver les vestiges, toutes les cavernes du moins montrent les traces de foyers d'âges successifs; et dès lors l'homme n'emploie plus le feu seulement pour se réchauffer ou se protéger la nuit, il s'en sert pour cuire ses aliments : car la plupart des ossements trouvés près de ces foyers portent la trace de cuisson.

Comment put s'accomplir ce nouveau progrès? Il semble naturel de penser que des os et d'autres débris des animaux dont la chair crue venait d'apaiser la faim de la troupe, jetés dans le foyer autour duquel elle était rassemblée, le firent pétiller et donner une plus vive lumière. En même temps, le parfum âpre qui s'en échappait dut frapper l'odorat peu délicat, mais subtil, de ces sauvages, et les exciter à porter à leur bouche ces fragments d'os encore revêtus de quelques restes de chair succulente. Si leur palais, autrement accoutumé, n'en fut pas d'abord flatté, les enfants et les vieillards, du moins, apprirent bientôt que la chair, ainsi macérée par la cuisson, est plus facilement triturée par des mâchoires déjà usées ou encore faibles, et qu'elle se détache plus aisément des os. Ce qui ne fut qu'une ressource utile pour le petit nombre, devint plus tard un goût prédominant pour tous. Une digestion plus facile pour des intestins d'omnivores rendit plus sains les hommes qui firent un plus grand usage de chair cuite. Ce seul avantage, tout physiologique, peut avoir à la longue, et à travers une longue série de générations, assuré la victoire dans la lutte vitale aux individus, aux familles, puis aux tribus chez lesquelles s'établit et se perpétua l'usage de faire cuire les aliments. Beaucoup de fruits, de racines, d'herbages, de graines, de mollusques, de poissons, indigestes, insipides ou même vénéneux, devinrent, par la cuisson, d'excellents aliments qui pouvaient être d'une grande ressource dans les jours ou les saisons de famine, quand la terre était dépouillée et que les intempéries rendaient la chasse infructueuse et impossible.

Si donc le feu ne fut pour l'homme primitif ni le premier, ni le plus pressant des besoins de la vie, si son usage et son utilité lui restèrent longtemps inconnus, une fois cette utilité constatée à quelques égards, une fois le foyer devenu le centre d'attraction du groupe social, il devait en résulter une profonde modification des coutumes et des mœurs : c'était la possibilité du progrès et le premier pas vers la civilisation.

CHAPITRE VI.

PREMIÈRES INDUSTRIES.

En effet, une fois l'homme en possession du feu, il avait à son service un élément qui, par des progrès lents, mais continus, devait peu à peu assurer sa domination sur la nature entière et ployer la matière à mille usages nouveaux, répondant à ses besoins réels, ou même à ses caprices.

A l'aide du feu et de ses haches de silex il s'ouvrit des routes dans les forêts, jusque-là impénétrables, ou à travers les hautes herbes, les joncs, les roseaux des savanes. Il put abattre des arbres pour jeter des ponts sur les torrents ou les précipices, et dans les troncs des arbres il put se creuser des vases, des canots et se tailler aisément la charpente solide d'une cabane, des palissades pour l'entourer de toutes parts, ou les pilotis de ces villages aquatiques qui, jetés au milieu des eaux, devinrent pour lui la retraite la plus inabordable à ses ennemis de toutes les heures, et durent en conséquence être préférés à tout autre asile.

Si tout cela ne se fit que successivement et bien lentement, c'est que l'intelligence de l'homme était trop inactive encore pour mesurer, embrasser le domaine immense ouvert dès lors à son activité; c'est qu'enchaîné par l'habitude, asservi à l'instinct héréditaire, tout progrès nécessitant un effort qu'il n'avait pas même l'idée de tenter, chaque découverte devait résulter du hasard, saisi sous la pression de la nécessité, et de l'initiative de quelques individus plus intelligents que les autres, mais qui, souvent sans doute, eurent à lutter contre la résistance de leurs congénères étonnés de les voir faire ce que nul avant eux n'avait fait. Ce n'est que par cette résistance de l'instinct, de l'habitude, de la routine héréditaire, qu'on peut rendre compte de la lente apparition de progrès qui sembleraient avoir dû naître rapidement les uns des autres et s'entraîner mutuellement, tandis qu'au contraire des époques entières les ont séparés, au point qu'ils ont pu en devenir le caractère distinctif, en même temps que l'attribut ethnique de races parfaitement distinctes. Une idée de plus ou de moins dans le cerveau, la faculté de la produire a donc suffi pour entraîner des formes sociales toutes différentes chez les diverses sociétés et variétés humaines.

Ainsi ce fut un pas immense de l'industrie quand elle arriva à construire des vases capables à la fois de contenir de l'eau et de résister au feu. Mais bien des séries de siècles s'écoulèrent avant que l'homme, armé de bois, de silex, ou d'os taillés, travaillés, soit arrivé aux premiers éléments de l'art du potier. Dans les plus anciens gisements où nous trouvons des armes de pierre mêlées aux restes d'une faune en grande partie éteinte, tels que les graviers de la Seine ou de la Somme, et même dans les cavernes, dont il faut attribuer les dépôts à la même époque ou à une époque bien postérieure, on ne trouve pas trace de poteries, bien que cependant la poterie ait certainement fait son apparition dans le monde européen avant l'époque de la pierre polie; mais elle ne fut connue, ni partout, ni de toutes les races qui occupèrent alors successivement ou simultanément l'Europe. Du reste, aujourd'hui encore, beaucoup de peuples sauvages n'en connaissent pas l'usage. Suivant la table donnée par Lubbock [1], elle aurait été connue seulement des Hottentots, des Vitiens et des tribus du nord-est de l'Amérique du nord, à l'époque où ces peuples entrèrent en rapport avec nos marins voyageurs; mais il cite par contre, comme n'en ayant eu alors aucune connaissance, les habitants de la Terre de Feu, les Australiens, les Néo-Zélandais, les indigènes des îles de la Société et des îles des Amis, arrivés sous d'autres rapports, à une civilisation avancée, et enfin les tribus indigènes du nord-ouest de l'Amérique et tous les Esquimaux. Rien d'étonnant donc si, à l'époque du Renne, très-comparable au développement social des indigènes d'Otaïti, par la douceur des mœurs et le goût de l'art, on peut douter que l'art du potier ait été connu.

[1] Lubbock, *préhistoric times*, p. 447.

Il n'eut fallu à l'homme de cette époque qu'un effort d'esprit de plus, peut-être, pour y arriver; mais cet effort il ne l'a pas fait, il a été incapable de le faire, son activité intellectuelle, dépensée autrement, s'est arrêtée épuisée avant de l'avoir produit; l'occasion peut-être lui a manqué pour l'exciter à le produire.

Mille circonstances toutes naturelles, et qui bien des fois peut-être purent se présenter inaperçues, sans exciter, ni l'attention, ni la réflexion de ceux qui en étaient témoins, pouvaient cependant amener cette découverte si importante; car il suffisait d'un foyer ardent allumé sur une terre argileuse détrempée de pluie et battue ensuite sous les pieds de la tribu, pour donner à un esprit observateur l'idée de changer la terre en pierre par la cuisson, après lui avoir donné telle ou telle forme. Bien des fois même, des masses d'argile humide ont dû se trouver cuites sous la cendre des foyers éteints; si l'intelligence humaine n'en a pas dès lors tiré parti, c'est par le défaut de son activité même.

L'usage de l'argile seulement pétrie et séchée, sans cuisson, paraît même avoir précédé, et peut-être pendant longtemps, celui des vraies poteries cuites. Il est vrai qu'une boule d'argile, pétrie et battue, aplatie d'abord en gâteau, puis plus ou moins profondément creusée à l'aide de la paume de la main ou d'une pierre, même sans aucune cuisson, pouvait suffire à conserver, sinon de l'eau ou d'autres matières liquides, du moins d'autres provisions. C'était déjà une précieuse ressource; mais les paniers ou corbeilles de joncs ou d'osiers entrelacés pouvaient rendre en partie les mêmes services et les vases de bois avaient l'avantage de pouvoir garder l'eau, si précieuse dans les campements éloignés des sources ou des rivières et qui, plus encore que la nourriture, fait souvent défaut au sauvage. Ces premiers ustensiles suffisaient à rendre possibles les premiers approvisionnements, et en conséquence à développer la prévoyance, cette faculté encore si bornée chez certains sauvages actuels, et sans laquelle cependant l'homme peut si difficilement lutter contre les chances de famine auxquelles l'expose le changement des saisons et les mille accidents d'une vie livrée à ces hasards météorologiques, qui de nos jours encore font tour à tour la disette ou l'abondance au milieu de nos sociétés civilisées.

Selon Tylor[1], le vase de bois ou la corbeille de jonc aurait même été le point de départ de l'art du potier. D'abord revêtus à l'intérieur ou à l'extérieur, d'un enduit d'argile qui en protégeait mieux le contenu contre l'air, l'humidité ou les insectes, cet enduit serait bientôt devenu le vase même. Et qu'en effet une de ces corbeilles ainsi revêtues ait été consumée par hasard dans un incendie, le jonc ou le bois combustible disparu, l'argile se sera retrouvée cuite à l'intérieur en conservant sa forme, protégée qu'elle était par son revêtement, contre les chances de craquelure. L'art du potier était trouvé par cela même; il ne fallait que le perfectionner, c'est-

[1] *Loc. cit.*, ch. IX, p. 69-72.

à-dire trouver l'argile à la fois la plus plastique, la plus tenace et la plus imperméable, ainsi que les modes de cuisson les plus propres à lui conserver ou lui donner toutes les qualités désirables. On peut même admettre que longtemps ce procédé a été employé et qu'il s'est perpétué jusqu'à la découverte du tour à potier. Nous aurions même là l'explication des premières traces d'ornementations constatées sur de très-anciennes poteries, et qui ressemblent à l'empreinte de tiges végétales, ou de cordes entrecroisées. Quant aux formes plus ou moins élégantes, à l'ornementation plus ou moins artistique, au vernis qu'elles prendront plus tard, ce fut l'œuvre d'un lent et inégal progrès à travers les siècles et les races.

Mais la poterie, même la plus grossière, la plus imparfaite, suffisait à rendre possible une plus grande variété d'aliments. C'étaient de nouvelles ressources assurées à l'homme toujours menacé par la faim, qui put ainsi utiliser un grand nombre de végétaux et de substances qui, jusque là, lui étaient restées inutiles. Il ne fut plus obligé de dévorer en un seul jour tout le produit de sa chasse ou de sa pêche, ni toute sa récolte de graines ou de fruits. Car ces fruits et ces graines, séchés au feu ou au soleil, de même que la chair salée, fumée ou séchée, des poissons ou des mamnifères, redevenaient mangeables à volonté dans l'eau en ébullition. Il était ainsi utile de les amasser dans les saisons d'abondance pour les saisons de disette.

Ce grand fait de la cuisson des aliments est donc un

des plus importants de l'histoire humaine. C'est pourquoi l'on peut dire que l'homme véritable ne commence qu'avec l'usage du feu; car aucune circonstance de temps, de milieu, de climat ne dut agir aussi énergiquement sur son organisation physiologique ou même cérébrale que ce changement fondamental d'hygiène.

Dès lors, s'il restait carnivore, c'était sous des conditions spéciales. Un travail digestif moins fatigant devait absorber moins ses forces physiologiques et laisser plus de liberté à son cerveau pour fonctionner. Végétale ou animale, sa nourriture, ayant déjà subi une coction préparatoire, était plus aisément et plus complétement assimilée, de sorte qu'une moindre quantité d'aliments suffisait à mieux réparer ses forces. Des repas moins copieux, mais plus réguliers, plus fréquents et qui n'alternaient plus avec de longs jeûnes, surexcitaient moins en lui cette férocité d'appétits, de passions et d'instincts qui devait être le résultat de fréquentes disettes alternant avec de sanglantes orgies de chair crue ou avec l'absorption débilitante d'une grande quantité de fruits sauvages, souvent à peine encore à maturité et dont il se hâtait jusque-là de profiter, soit faute de mieux, soit de crainte que le lendemain les oiseaux, ou d'autres hommes, n'en eussent profité au lieu de lui.

De ce seul changement fondamental dans son existence résultait donc toute une série de changements dans ses habitudes, ses mœurs, ses passions, son caractère moral tout entier. De sauvage, il devenait réellement sociable en acquérant avec la prudence et la prévoyance, la sécurité du lendemain et la tranquillité du jour présent. Son égoïsme trouvait plus aisé de partager avec sa famille, ou d'autres compagnons, des aliments que ne réclamait plus si impérieusement sa faim présente, et si, par l'habitude de les entasser, il risquait de devenir bientôt avare, il acquérait aussi le moyen de se montrer généreux.

De ce fait encore en découlait un autre non moins important : c'était la possibilité des premiers échanges. Il pouvait dès lors troquer les fruits qu'il avait de trop contre la chair fumée qui lui faisait défaut, ou l'une et les autres contre l'arme qui lui manquait et dont quelque autre chasseur pouvait se passer. C'était le germe du commerce qui, quoi qu'en puisse penser Rousseau, n'a point commencé par des dons purement gratuits et désintéressés. Le sauvage donne rarement ; seulement, comme sa manière d'estimer la valeur des choses n'est point la nôtre, qu'il a d'étranges caprices d'enfant, de plus étranges appétits et des passions plus vives, plus spontanées, plus irréfléchies, souvent dans ses échanges avec des nations policées, il paraît donner beaucoup et recevoir peu, tandis qu'en réalité il ne consent jamais à un marché que s'il croit y gagner une jouissance qu'il convoite et qu'il n'a aucun autre moyen de se procurer [1].

De la possibilité des échanges pouvait et devait naître le développement de la division du travail et la spécia-

[1] Rousseau, *Disc.* p. 96, 99.

lisation croissante des fonctions sociales. Il n'est nullement probable que, même dès l'origine des premières découvertes industrielles, tous les individus d'une race ou d'une tribu fissent eux-mêmes leurs armes de guerre ou de chasse, leurs engins de pêche ou leurs outils de toutes sortes; ni surtout que tous y fussent également habiles. Dès les temps les plus reculés, il y eut certainement, au moins entre les deux sexes, partage et différence de fonctions.

L'exemple des peuples sauvages actuels nous montre que les plus douces n'échurent pas toujours au sexe en général le plus faible, et que, si l'homme, parmi eux, met sa gloire à courir au devant du péril ou à supporter la douleur physique, c'est à condition de faire peser sur la femme le poids de la plus rude servitude et de se décharger sur elle de tous les travaux manuels. Si nous devons conclure de ce qui s'observe actuellement les coutumes de nos ancêtres, nous devons croire que peut-être l'homme confectionna ses armes et quelques instruments, mais que la femme eut charge de veiller au butin, de le conserver, de préparer les aliments et les peaux des animaux, de moudre le blé, qu'elle seule peut-être la première cultiva d'abord, de confectionner la poterie, de construire la hutte et de transporter le mobilier de la famille dans ses fréquentes migrations.

De même l'âge, en variant les aptitudes, dut varier les occupations. Les enfants aidèrent la mère dans ses travaux jusqu'à l'âge adulte. Enfin, même chez les races sauvages placées aujourd'hui au plus bas de l'échelle ethnologique, et chez lesquelles les différences individuelles sont beaucoup moins tranchées et beaucoup moins variées que chez les races supérieures, cependant, tous les individus sont loin de manifester absolument les mêmes goûts, les mêmes facultés, le même caractère.

Ceux-ci sont plus robustes et plus remuants : le métier de la chasse leur convient mieux; ils ont pour réussir un coup d'œil plus sûr, une main plus prompte. Ceux-là sont plus rusés, plus subtils que forts et agiles: ils savent mieux conclure un marché, un troc, un contrat. D'autres ont l'esprit ingénieux, la main adroite : ils réussissent dans les métiers. Nous devons supposer qu'il en fut de même chez ces races de l'âge de la pierre qui, dans notre Europe du moins, semblent avoir atteint déjà un état social comparable à celui des Australiens ou des Peaux-Rouges à l'époque où nous les avons découverts.

Nous devons croire, en conséquence, qu'il y eut des potiers dès qu'on inventa la poterie, et que peut-être jusqu'aux armes de silex furent taillées par des mains spécialement et exclusivement exercées à ce travail et arrivées à l'exécuter avec la sûreté et la promptitude d'instinct de l'abeille ou de la guêpe élevant les murailles de ses cellules hexagonales. Nous avons d'ailleurs un fait à l'appui de cette supposition, c'est que nos archéologues ont rencontré en certains lieux des gisements tout particuliers d'armes et d'instruments de silex complétement neufs ou seulement ébauchés et mêlés en nombre considérable à des éclats, à des débris de fabrication évidents, attestant par là l'existence, non pas seulement d'un magasin, d'un dépôt, encore moins d'un champ de bataille où seraient demeurées les armes des morts, mais d'une véritable fabrique de ces objets, en un mot, d'un atelier, d'un campement d'ouvriers en silex taillés.

Il est vrai que les gisements de silex propres à la taille étant localisés en certains terrains, on peut admettre que, de temps à autre, une tribu entière pouvait venir s'y approvisionner et, sur place, ébaucher ses outils, en abandonnant sur le sol les noyaux ou éclats inutiles, ainsi que les ébauches imparfaites; mais on n'expliquerait pas ainsi la présence, au milieu de ces débris, d'outils neufs achevés et d'un beau type. Du reste, ces débris peuvent signaler l'emplacement des campements prolongés d'une tribu, de véritables villages dont tous les habitants, plus ou moins habiles dans la confection des armes, en étaient arrivés à accomplir ce travail instinctivement, spontanément, par plaisir ou distraction, sans but utile, comme nos conscrits s'amusent à tailla-der des éclats de bois, en vertu d'une habitude déjà héréditaire. On expliquerait ainsi la presque similitude du travail, non-seulement en chaque arme du même temps et du même lieu, mais même entre tous les silex des dépôts appartenant approximativement à la même époque, époque qui a duré des cent milliers d'ans peut-être, puisque, pendant sa durée, des fleuves ont changé ou abaissé leur cours, des vallées se sont comblées, puis creusées de nouveau, et la faune même a changé avec les climats.

Quoi qu'il en soit, au moins un rudiment d'industrie et de commerce exista dès ces époques éloignées, sinon entre tribus voisines ou entre familles de la même tribu, au moins certainement entre les membres d'une même famille.

Pour trouver, dans le passé, l'homme de la nature de Rousseau, vivant sans aucune relation sociale, habituelle ou accidentelle, libre ou forcée par le besoin, avec ses semblables, nous serions donc contraints de remonter au delà, bien au delà, de ces temps déjà primitifs, et au delà même de tout fait connu, pour chercher dans la nuit des temps et à travers la série des générations en voie de devenir humaines, des races de bimanes anthropoïdes qui purent se défendre contre le tigre, l'ours, l'éléphant, avec la seule massue de bois façonnée par chacun d'eux, et mangèrent crue la chair des animaux qu'ils parvenaient à prendre à la course. Encore faudrait-il admettre qu'à cette époque il y eut entre l'homme et la femme division du travail et échange de services. Pour voir disparaître cette loi de nécessité spécifique humaine, il faudrait remonter nécessairement jusqu'au quadrumane grimpeur et frugivore vivant en sécurité sur les arbres, ou jusqu'à l'animal gauchement sauteur qui lui a donné naissance, ainsi qu'au bimane coureur, et qui seul fut capable de vivre en sécurité sur le sol de nos plaines d'Europe, parce qu'il y précéda peut-être tout autre mammifère rival ou ennemi.

CHAPITRE VII.

LE VÊTEMENT.

On peut se demander à quelle époque, comment et pourquoi l'homme prit l'habitude de se vêtir.

Entre tous les mammifères, sinon entre tous les animaux, l'homme seul est nu. Mais nous avons vu autre part[1] que, s'il est seul resté nu, il a dû autrefois, au contraire, partager ce caractère, non-seulement avec tous les primates, mais avec tous les autres groupes d'animaux. Le vêtement épidermique, bien que l'un des caractères les plus constants qui distinguent les grandes classes zoologiques, quant à la nature de ses éléments, n'a cependant rien en soi de fixe et de fatal, et a dû se développer dans le temps, comme tous les autres organes, sous l'empire de la loi de nécessité ou au moins d'utilité. Ainsi, des poissons revêtus de plaques d'émail ont précédé nos poissons revêtus d'écailles; et, chez les mammifères, le hérisson, le porc-épic, le fourmillier, le castor,

[1] IIe partie, ch. IV, p. 147.

diffèrent considérablement, par leur armure, des autres genres de la classe. Les pachydermes sont restés nus à peu près et en majeure partie, parce que leur peau est devenue elle-même une enveloppe protectrice, tandis que les ruminants, les carnivores se sont au contraire vêtus de poils comme les rongeurs et les primates.

Or, nous avons vu que le type humain, le type bimane, est au moins contemporain de l'apparition des premiers pachydermes, s'il n'était même antérieur. Le type commun des bimanes et des quadrumanes, sans nul doute, était donc nu et avait hérité ce caractère de ses ancêtres aquatiques à organisation semi-reptilienne. Si le quadrumane, comme la plupart des autres mammifères, s'est revêtu de poils, ce fut sans doute à l'époque où la température du globe, déjà considérablement refroidie et ne recevant plus sa chaleur que du soleil, subit l'alternative des saisons froides et chaudes selon les latitudes, et quand, même dans les contrées intertropicales, des nuits froides séparèrent des jours ardents.

Chez le bimane lui-même, cette transformation eut une tendance à s'opérer, mais demeura incomplète et circonscrite sur quelques points de son épiderme. Ce fut à cette époque sans doute que, sous l'influence de la sélection sexuelle, la chevelure couvrit son crâne d'un voile épais, que la barbe distingua l'homme de la femme, comme la crinière distingue le lion de la lionne, et que, par une loi étrange, les parties qui demeurèrent nues chez les autres primates et chez tous les animaux, chez l'homme se couvrirent d'un vêtement pileux. Même sur tout son corps ce vêtement avait une tendance à apparaître, et il faut croire que ce fut un instinct spécifique qui en arrêta le développement. Tout animal acquiert à la longue un certain idéal de son type et ressent de l'antipathie pour les individus de sa race qui s'en éloignent. Il est supposable que, chez l'homme, le concept de l'idéal spécifique l'éloigna des individus chez qui tendait à apparaître la livrée pileuse des autres animaux. Il suffit que, sous l'influence de cet instinct ou peut-être d'une recherche voluptueuse, les bimanes mâles aient choisi de préférence les femelles chez lesquelles le type ancestral se conservait dans sa nudité primitive, que réciproquement les femelles aient fui les mâles qui s'en éloignaient le plus, que les uns ou les autres aient détruit ou abandonné ceux d'entre leurs produits chez lesquels ce type tendait à s'altérer, comme chez les oiseaux on voit souvent la femelle jeter hors du nid ou laisser mourir de faim l'oisillon qu'elle ne reconnaît pas pour sien à son plumage naissant, pour qu'à jamais la tendance à produire un revêtement épidermique plus ou moins abondant ait disparu de la souche humaine primitive et chez tous ses descendants. Une preuve que, chez les races humaines primitives, il y eut répulsion pour les individus poilus, c'est qu'encore aujourd'hui plusieurs races sauvages, les Peaux-Rouges en particulier, ont conservé l'habitude de s'épiler soigneusement. D'autres se rasent plus ou moins complétement, habitude conservée du reste parmi nous ; quelques races seulement, les nègres en première ligne, gardent en entier la parure poilue, du reste très-avare, que la nature leur donne; mais c'est la grande exception. Presque tous les sauvages modernes arrangent et soignent leur chevelure ou leur barbe suivant un idéal ethnique aussi capricieux qu'étrange et parfois même sale et repoussant. Ainsi, l'Australien s'enduit la tête de graisse fétide; les Ibères, autrefois, comme les Parsis, s'enduisaient la chevelure et tout le corps d'urine de vache; nos ancêtres les Gaulois se la lavaient de cendres, et l'on pourrait attribuer à cet usage la couleur blonde exceptionnelle de leurs descendants. Toute race a donc eu, de tout temps, un certain idéal typique de la beauté qu'elle a cherché à réaliser; et il semble que toutes se soient accordées à considérer la nudité comme un des caractères essentiels de ce type spécifique humain, peut-être par un sentiment héréditaire de mépris et de rivalité haineuse contre les espèces sorties originairement de même souche, c'est-à-dire contre les quadrumanes.

Cependant l'homme nu, placé alternativement entre un soleil ardent et un sol qui en reflétait les rayons et sous un ciel glacé, étendu au-dessus de plaines blanches de frimas, aurait eu, par cela même, un énorme désavantage sur les familles rivales, s'il n'avait trouvé dans l'activité de son intelligence en progrès un moyen d'y porter remède. Mais comment l'idée de se vêtir a-t-elle pu germer d'abord dans son cerveau d'enfant capricieux et imprévoyant? Il aimait sa nudité, il en était vain. Il s'admirait dans son type, au point de s'imposer une opération douloureuse, plutôt que de laisser le poil animal envahir ses membres. Mais, s'il s'admirait trop pour se couvrir, sa vanité pouvait le pousser à se parer. Et, en effet, l'homme se pare avant de se vêtir. Lors même que, sous un climat toujours tempéré, il échappe au besoin d'un vêtement, on le voit décorer sa chevelure graisseuse des plumes brillantes enlevées à l'oiseau, s'en faire une ceinture, un pagne, et orner son cou, ses bras, ses pieds, de bracelets formés de dents d'animaux et de coquillages. De même nos ancêtres, les sauvages européens de l'âge de pierre, nous ont laissé des témoignages de leur vaniteux amour de la parure, qui semble avoir précédé chez eux tout usage d'un vêtement méritant ce nom. La collection de M. Boucher de Perthes renferme de nombreux fragments de colliers qui doivent avoir satisfait l'orgueil des tailleurs de haches de la vallée de la Somme. De semblables colliers ont été retrouvés dans les plus anciennes cavernes, avec les os de l'éléphant, du rhinocéros, de l'ours, et avant toute trace de poterie ou d'une industrie déjà développée. Si l'amour de la parure semble s'être surtout développé et conservé chez la femme, les témoignages archéologiques, comme les informations de nos voyageurs, nous obligent à admettre qu'il a surtout pris naissance chez l'homme, qui longtemps peut-être s'en est réservé le privilége. Cependant, dès cette époque aussi, apparaît le grattoir de silex qui doit avoir servi à tanner les peaux; mais les exemples des sauvages actuels nous obligent à admettre que le premier usage que l'homme fait des fourrures enlevées aux animaux n'est pas de s'en vêtir, mais de s'en faire des lits plus ou moins moëlleux, ou des tentes qui le préservent de la pluie et du rayonnement des nuits. Néanmoins, quand la saison est rigoureuse, il se jette parfois sur les épaules un manteau de fourrure qu'il laisse flottant; mais, si c'est un abri contre le froid ou le soleil, ce ne peut être considéré comme un vêtement. Le vrai vêtement ne commence qu'avec l'instinct de la pudeur.

De même, nous pouvons croire que, sous le rigoureux climat de l'Europe à l'époque glaciaire, nos ancêtres de l'âge de pierre ont tanné les peaux de l'éléphant, du rhinocéros, de l'ours, du cheval, du mégaceros, de l'aurochs, du tigre, de l'hyène, pour s'en faire des lits, des tentes, et des manteaux qu'ils portaient, comme Hercule, dont ils possédaient sans doute aussi la massue, portait la dépouille du lion de Némée. Mais il faut arriver jusqu'à l'époque du renne pour trouver les poinçons, les aiguilles d'os qui ont pu permettre de confectionner avec ces mêmes fourrures de vrais vêtements, fixés, fermés et retenus sur la poitrine ou autour des reins par des épingles ou fibules.

Quant aux autres matières propres à servir de vêtements plus légers, il n'y en a pas trace avant l'époque de la pierre polie où l'on voit apparaître, avec le lin, le peson du fuseau qui servait à le filer, et même des débris du tissu qu'il servait à produire. En même temps aussi apparaît la laine filée, dont peut-être l'usage a précédé de quelque temps celui du lin, mais sans avoir été tressée en tissu. Aujourd'hui encore les Australiens confectionnent avec de la laine d'opossum des cordes très-solides, mais ne savent point en fabriquer des étoffes. Jusqu'à cette époque, il faut donc admettre que dans la saison chaude l'homme restait nu, bien que paré; et seulement la nuit ou l'hiver, se protégeait d'un manteau de peau, pris ou laissé à volonté.

Ces usages étaient ceux de l'époque glaciaire et des âges qui l'ont suivie. Quant à l'homme tertiaire, vivant sous un climat plus doux, plus égal, il ne savait sans doute ni se vêtir, ni se parer; il n'avait encore ni l'instinct de l'un ni le besoin de l'autre. Nu et fier de sa nudité, alors son seul ornement, son caractère distinctif, son signe de reconnaissance spécifique, il n'éprouvait d'autre besoin ou d'autre instinct que de le conserver inaltéré, tel que ses ancêtres le lui avaient légué; et tout doit nous porter à admettre qu'il faut faire remonter jusqu'à cette période les diverses colorations de la peau qui distinguent les races humaines actuelles, et qui doivent certainement avoir une très-ancienne origine.

La race noire se serait donc bien certainement colorée à la longue, quelque part, entre le ciel brûlant de la zone torride et son sol aride et desséché. Par un chemin d'îles et de terres, aujourd'hui disparues, elle peut avoir passé de l'Afrique dans les îles australes ou réciproquement. Peut-être même a-t-elle occupé une aire géographique beaucoup plus considérable, s'étendant sur tout le bassin méditerranéen, où l'on a retrouvé ses traces, et dans tout le midi de l'Asie, d'où le chemin lui était ensuite ouvert jusque dans le continent australien, à cette époque peut-être relié à tous les archipels qui l'entourent. Mais quand la race jaune, plus récente et supérieure, se fut formée en Asie, elle en chassa le nègre et le poursuivit à travers les archipels de la mer du Sud; comme plus tard sans doute encore la race blanche, née en Europe, et nulle autre part, en chassa à la fois le nègre et le mongol, déborda sur l'un en Afrique, sur l'autre en Asie, jusque dans la Perse et l'Inde et peut-être envoya un rameau dans l'Amérique centrale par le chemin alors ouvert de l'Atlantide. Quant à l'américain du nord et du sud, il faut le croire fils de l'Amérique, bien qu'allié et sans doute collatéral assez proche de la race jaune asiatique.

Cette distribution, on peut l'affirmer d'ores et déjà, est sinon primitive, du moins antérieure à la formation des langues, antérieure à l'usage du vêtement, antérieure même aux premiers progrès industriels, antérieure peut-être à l'époque glaciaire qui a séparé l'âge quaternaire de l'âge tertiaire. De sorte que, jusque-là du moins, les polygénistes auraient raison de faire dériver le noir, le jaune, le rouge et le blanc de souches originelles distinctes; puisque chacun de ces types a dû descendre d'espèces de bimanes anthropoïdes tertiaires, déjà sans doute distinctes par leur couleur, mais dont les autres caractères flottaient encore indécis entre l'homme et l'animal, et dont nous serions en droit de faire autant d'espèces distinctes de l'homme actuel, au même titre que nous séparons spécifiquement l'éléphant d'Afrique et celui de l'Inde, des *Elephas primigenius*, *meridionalis et antiquus* de l'époque quaternaire, et ceux-ci du mastodonte et du dinotherium tertiaire.

En effet, M. Wallace, l'intelligent rival de M. Ch. Darwin, dans un travail remarquable sur le principe de sélection appliqué à l'homme [1], démontre que les principales différences physiologiques qui distinguent actuellement les races humaines vivantes doivent avoir précédé toute tentative de civilisation ; car ces différences physiologiques ne peuvent s'expliquer que par la sélection naturelle agissant sur ces races pendant longtemps pour les adapter chacune à des conditions climatériques locales très-différentes. Or, il démontre ensuite que, depuis que l'homme a acquis l'instinct de se vêtir et de s'abriter la nuit dans une habitation, il a plus ou moins complétement échappé à l'influence de ces conditions climatériques, et aux sévérités de la sélection qui devaient en résulter. Par la faculté de réagir contre le climat par le feu, l'habitation, le vêtement, la nourriture, il paraît donc avoir acquis cette possibilité de presque universelle acclimatation, qui est un de ses caractères les plus tranchés et les plus spécifiques, bien qu'il ne soit ni absolu, ni égal, ni général chez toutes les races et dans tous les climats.

En somme, toutes les races humaines proviennent sans doute d'un bimane anthropoïde à peau nue, fortement colorée d'un brun grisâtre devenu d'un beau

[1] Wallace, *The origine of human races and the antiquity of man deduced from the theory of natural selection*, Anthropological rewiew, May 1864.

noir d'ébène chez le nègre guinéen, mais resté plutôt d'un gris bleu et sale chez le négritos australien, passé au brun roux chez beaucoup de races polynésiennes, ou dravidiennes, au rouge de cuivre chez l'américain, et chez le malais à une nuance bistrée, qui s'est dorée chez le mongol et blanchit enfin chez l'européen sous le froid climat de la période glaciaire, qui lui fit presque aussitôt une loi de se protéger contre ses rigueurs, en empruntant la peau, dès lors devenue poilue, des autres mammifères.

Mais pour que la couverture de peau du tailleur de silex, contemporain des grands glaciers, devînt le vêtement, il a fallu qu'avec les instincts de famille, devenus plus délicats, ait apparu la pudeur, elle-même du reste résultat du vêtement. Car si, chez l'homme accoutumé à sa nudité, cette nudité ne pouvait exciter les passions; au contraire, chez l'homme déjà accoutumé à se couvrir contre le froid et à se parer par vanité, cette nudité spécifique, dont il avait été longtemps si fier et si jaloux, sembla comme une honte, un signe d'infériorité dont son orgueil rougit. De plus, l'expérience montra que l'homme ne pouvait plus voir avec calme ce que dès lors il s'était désaccoutumé de regarder avec indifférence. La jalousie, chez les hommes, une sorte de honte confuse chez les deux sexes, fit donc que l'obligation morale du vêtement vint s'ajouter à sa nécessité temporaire et en fit ainsi un caractère typique, un signe à jamais distinctif du tempérament moral et physique de l'humanité.

CHAPITRE VIII.

LE FOYER ET L'HABITATION.

Dès que l'usage de cuire les aliments fut devenu général dans une race humaine, chaque individu, au lieu de dévorer sa proie isolément dès qu'il s'en était emparé, dut l'apporter à son campement pour y être préparée et mangée en commun. Chaque repas ramena ainsi tous les membres d'une même famille autour du foyer, qui devint le centre de réunion où commencèrent les causeries, les récits. Là naquit l'histoire, sous la forme de traditions transmises des pères aux fils pendant de longues suites de générations, qui se la léguaient en l'altérant de siècle en siècle. Là commencèrent aussi les mythes, où la légende historique s'altéra de plus en plus en se mêlant aux premiers essais d'explication des phénomènes et des lois de la nature. Là, enfin, se forma la tradition morale, les préceptes de conduite légués par l'expérience des pères à leurs fils, ou révélés par l'instinct héréditaire. Là, les premiers mensonges se mélangèrent aux

28

premiers rêves, et la crédulité avide des uns excita la vanité des autres à dire ce que nul ne pouvait savoir, mais ce que plusieurs crurent réellement. Là le premier devin mérita la vénération en annonçant pour le lendemain de la pluie ou du vent. Là, le premier jongleur se mit en honneur en guérissant une plaie réelle par des remèdes naturels, découverts par un heureux hasard, soigneusement tenus secrets, et joints à des formules et des pratiques dont lui-même sans doute ignorait l'inutilité, mais auxquelles sa propre crédulité prêtait une vertu imaginaire. Là, enfin, naquirent les premiers dieux et furent sculptées les premières amulettes, les premières idoles, du même bois dont l'un faisait un canot, de la même pierre dont l'autre faisait une arme, du même animal dont la famille venait de dévorer la chair.

Dans les longues veillées, passées près de l'âtre flamboyant, à la lueur des tisons rougeâtres, aux reflets pâlissants des cendres près de s'éteindre, l'imagination s'éveilla lentement et mêla ses rêveries capricieuses, informes, merveilleuses ou monstrueuses, aux faits réels des temps lointains, pour les saturer de poésie et y mêler cet élément incertain et symbolique qui changea bientôt chaque récit en légende, les anciens guerriers de la race en héros et les forces de la nature en dieux à forme d'animal ou d'homme.

Tandis que les chasseurs se reposaient de leurs fatigues et que les vieillards racontaient les histoires de leur jeune temps ou celles de leurs ancêtres, les jeunes gens, en les écoutant, en s'instruisant à leur école, en vieillissant précocément aux rayons de cette expérience accumulée des aïeux, s'exerçaient à des métiers divers. Les guerriers chasseurs réparaient les avaries de leurs armes, les pêcheurs celles de leurs filets, les femmes tressaient des corbeilles, les enduisaient d'argile ou s'évertuaient péniblement à transformer en vêtements, en parures, la dépouille des animaux dont la chair avait fourni le repas. La longue toison des chèvres se tordait, se tissait entre leurs doigts déjà patients, et, pour rendre leur travail plus facile ou plus rapide, leurs jeunes fils s'ingéniaient à inventer, à perfectionner pour elles la quenouille ou le fuseau. Les joncs des marais entre-croisés devenaient d'épaisses nattes, plus fraîches que les fourrures, pour reposer durant les nuits d'été, et jusqu'aux filaments de l'écorce des arbres étaient feutrés en tissus par leurs mains, en attendant qu'ils fussent remplacés par les fibres plus tenaces et plus souples du lin. Non-seulement les habitations lacustres de l'âge de la pierre polie, mais d'anciennes alluvions du littoral de la Sardaigne, nous ont livré les vestiges de ces premiers et lointains essais d'une industrie dans l'enfance.

La découverte du feu avait été le point de départ de toute cette activité; tous ces progrès devaient naître successivement autour de l'âtre. Ce n'est pas par suite d'un capricieux hasard, mais de cette loi d'analogie qui régit la formation et le développement des langues, que, dans tous les idiomes européens, âtre et foyer ont été et sont encore synonymes d'habitation, et que le dénombrement même des familles a été longtemps celui des *feux*.

En effet, l'habitation devait dériver du foyer qui en fut d'abord la raison, l'occasion, qui en devint, en resta le centre, et qui tendit à la rendre à la fois stable et de plus en plus chère et nécessaire. Car le feu allumé en plein air s'allumait et se consumait vite; si le vent l'excitait trop, la pluie venait l'éteindre; à l'abri de la hutte de branches, de la tente de peau ou de la caverne, il se conservait, couvait lentement sous la cendre en répandant autour de lui une douce chaleur.

Quelques-unes des variétés de bimanes anthropoïdes qui ressentirent pour la nuit le besoin d'un abri sûr et commode, le construisirent peut-être sur les arbres, comme le font encore l'orang, le chimpanzé et le gorille lui-même, malgré sa pesante stature. Mais plus tard, les premières populations vraiment humaines, qui vécurent en troupes errantes et nomades, campèrent sans doute par groupes sous des tentes de peau ou des huttes de branchages. Seulement les variétés plus sédentaires durent choisir de préférence pour abri les cavernes ou les creux des rochers. Longtemps encore, à travers les époques historiques, des peuplades sauvages conservèrent leurs habitudes primitives de troglodytes et donnèrent occasion à des nations plus policées de les distinguer par ce caractère particulier de leurs coutumes. Un peuple troglodyte est placé par Hérodote sur les confins de la haute Égypte, c'est-à-dire de l'Abyssinie actuelle. M. le docteur F. Garrigou identifie les habitants des cavernes arriégeoises [1] de l'âge de la pierre polie avec les Sotiates qui vainquirent Manlius et arrêtèrent même Jules César à son arrivée dans le midi des Gaules. Ces peuples, selon lui, mélangés d'Ibères et de Celtes, tiraient leurs noms du vocable *Soto*, qui, en basque, signifie grotte ou caverne.

Du reste, l'archéologie nous montre aujourd'hui des peuples troglodytes à peu près partout répandus aux temps préhistoriques, du moins dans toutes les contrées où des montagnes calcaires leur offraient ces abris privilégiés où nous retrouvons aujourd'hui la trace de leur long séjour dans d'épais dépôts d'ossements de diverses époques, mêlés de poteries, de cendres, d'armes et autres vestiges, attestant un long, mais lent développement de l'industrie, avec une presque immuable permanence de coutumes [2].

En effet, le creux d'un rocher, une fente étroite, facile à fermer d'un tronc d'arbre ou d'une pierre, donnant accès à une grotte profonde ou à une série de cavités situées à divers niveaux, était l'abri le plus sûr qu'une famille humaine pût trouver contre les autres familles, ses rivales, ou contre les animaux féroces, en même temps que contre les intempéries des nuits ou des saisons extrêmes. Plusieurs de ces excavations souterraines sont assez spacieuses pour avoir pu contenir plusieurs familles, toute une tribu, et M. F. Garrigou a pu

[1] *Age de la pierre polie dans les cavernes des Pyrénées arriégeoses*, par le docteur F. Garrigou et H. Fillol. Paris, Baillière.

[2] Comparez Rousseau, *Disc.*, p. 90.

constater l'existence, dans plusieurs d'entre elles, de nombreux foyers parmi lesquels un foyer principal, mieux situé, semble avoir dû être celui du chef ou patriarche de cette association.

Sans le secours de ces repaires, du reste, il n'est pas certain qu'au milieu des périls auxquels nos premiers ancêtres étaient constamment exposés, leur race eût réussi à se perpétuer. C'était un asile, du moins, où les vieillards, les femmes avec les enfants pouvaient se réfugier et longtemps se défendre, lorsque la troupe des hommes jeunes et valides était absente pour de longues chasses ou avait été dispersée ou détruite en quelque combat contre d'autres tribus.

On conçoit donc que la possession de ces asiles dût être vivement disputée, et qu'après avoir souvent servi de tombe aux vaincus, cernés dans leur propre demeure, elle devenait le prix de la victoire. Mais si les cavernes durent ainsi toujours tomber au pouvoir des variétés primitives les plus habiles ou les plus fortes dans la guerre, plus tard, elles furent au contraire le dernier asile des races indigènes inférieures, en partie déjà détruites par l'immigration de races supérieures déjà policées. Le troglodyte, d'abord à la tête de l'échelle sociale humaine, plus tard en représenta au contraire le dernier degré.

En tous cas, à aucune époque, les grottes ou cavernes ne purent suffire à contenir et abriter toute la population humaine ou seulement anthropoïde d'une contrée ; car les grottes, les cavernes, même les enfoncements ou abris dans les rochers, sont choses relativement rares, dont des contrées immenses n'offrent pas un seul exemple. C'est dans les flancs des falaises élevées, au bord des océans, ou dans les hautes murailles qui enserrent les plateaux et les vallées profondes ouvertes dans les massifs montagneux, qu'elles se trouvent en plus grand nombre. Mais tandis que les bords de la mer et des lacs ou des rivières offraient à leurs habitants d'abondantes ressources dans la pêche, les grands plateaux arides des montagnes, leurs gorges étroites sont relativement stériles et la chasse y offre d'immenses fatigues et des périls souvent mal récompensés par le succès. Ce seul fait aide à comprendre pourquoi les rivages des mers, ceux des eaux douces semblent partout avoir été plus anciennement peuplés que les plaines, même les plus fertiles, hantées de préférence par les grands animaux carnivores qui, rarement, au contraire, s'avancent du côté des rivages. Il y avait donc sûreté et profit pour les premiers hommes à s'adonner à la pêche, au moins comme moyen de suppléer à l'insuffisance de la chasse. Une anse sablonneuse, toujours à sec, bien protégée par un demi-cercle de rochers à pic, formant de chaque côté un promontoire baigné par la basse mer, était un campement où toute une tribu pouvait s'abriter et vivre à peu près en sécurité, du moins quant aux attaques des animaux féroces; et si cette anse offrait quelques excavations profondes, c'était à la fois pour ces peuples primitifs une forteresse et un palais que leur avait préparé la nature.

Il ne faut donc point s'étonner si l'activité de l'intelligence humaine se porta de bonne heure vers les moyens de vivre d'une vie amphibie plutôt que terrestre, et si les stériles côtes danoises de la Baltique ont gardé les traces de populations primitives, plus stables et plus nombreuses que nos plaines les plus fertiles, et aujourd'hui les plus peuplées. On comprend dès lors aussi pourquoi le canot apparut peut-être avant la hutte et doit être rangé parmi les premières découvertes de l'homme auquel il servit en quelque sorte d'habitation. L'Esquimau, dans son canot presque insubmersible, se laisse, durant de longs jours, flotter au gré des vagues, au milieu desquelles il trouve une nourriture surabondante, et y vit avec moins de périls que sur la côte où le guette le féroce ours blanc. Aussi n'est-ce que lorsque la mer polaire se couvre de glaçons qu'il abandonne à regret les flots pour sa hutte souterraine où il s'enferme durant un long hiver de six mois, vivant des provisions que la mer lui a permis d'entasser durant l'été.

D'ailleurs, c'était chose aisée à faire que le canot primitif, tel qu'on l'a retrouvé enseveli dans les dépôts riverains de la Baltique et de la Méditerranée, ou au fond de nos lacs alpestres : un tronc d'arbre creusé au feu, c'était tout. Et des flottes nombreuses de ces navires rudimentaires, mais d'une solidité sans égale, contenant chacun un seul matelot, allaient d'île en île ou s'avançaient même dans la haute mer bravant les vents et leurs tempêtes. Car si le navire chavirait, il restait du moins flottant à peu de profondeur. Le marin avait la ressource de se jeter à la nage et, plongeant quelques moments, de retourner son bateau qui, tout au moins, lui servait d'épave pour se soutenir sur les flots, jusqu'à ce que ses signaux de détresse fussent vus des autres barques, ou que le courant ou le flux le rapportât au rivage.

Mais toutes les mers ne sont pas également fécondes; tous les rivages ne sont pas également propices; tous ne sont pas abrités de hautes falaises, et dans toutes les falaises ne s'ouvrent pas des cavernes protectrices; de longues lieues de dunes et de galets ne présentent pas un abri à l'homme. Lors donc que la population humaine multiplia, que tous les campements propices furent peuplés, toutes les grottes occupées, il fallut bien trouver d'autres ressources, et se construire des huttes plus ou moins solides. Quatre jeunes arbres ou un plus grand nombre, fichés en terre par leur pied, entièrement réunis au sommet avec un lien flexible, en fournirent la première charpente, sur laquelle des peaux, des nattes de joncs ou des treillis de branchages furent appuyés pour en former les parois. Bien plus tard seulement, des blocs de schiste entassés sans art en assurèrent les fondements et en protégèrent le pourtour; et les treillis des parois en furent mastiqués de boue argileuse mêlée de mousse, et recouverts d'herbes sèches ou de nattes de joncs. Ce fut d'abord un repaire, un antre plutôt qu'une cabane. Telle est encore l'habitation des indigènes australiens et polynésiens, sous laquelle trois ou quatre individus au plus peuvent nicher, parfois même sans pouvoir s'y tenir debout [1], ni même s'y étendre. De cette niche primitive au plus splendide palais, l'humanité vivante nous offre tous les degrés d'habileté architecturale. Déjà le toldos du Patagon, de forme rectangulaire, consiste en une charpente mobile transportable dans les voyages et de proportion à abriter convenablement une famille. Les wigwams circulaires des Mandans de l'Amérique du Nord ont de quarante à soixante pieds de diamètre. Ceux des Dacotales sont d'immenses cônes recouverts de peaux soigneusement cousues et qui présentent un parfait abri contre la pluie, le vent ou le soleil. Le foyer placé au centre laisse monter sa fumée par le sommet laissé entr'ouvert. D'autres huttes sont recouvertes d'écorce; d'autres de ramée revêtue d'argile [2]. Enfin, la maison d'hiver de l'Esquimau, construite de larges blocs de glace ou creusée dans la neige, est déjà un chef-d'œuvre du génie inventif de l'homme aux prises avec les rigueurs des lois de la nature [3].

Que de soucis, de soins, de peines, dépensèrent les premiers hommes avant d'arriver à imaginer cette architecture rudimentaire, à construire ces demeures assez solidement pour qu'elles pussent résister aux tempêtes, assez habilement pour que l'eau des orages n'y suintât, ne s'y accumulât pas de toutes parts! On conçoit de quel prix était une telle œuvre aux yeux de l'ouvrier, quelle

[1] Lubbock, *prehis. times*, trad. franç. p. 340, 348, 359, 370, 382, 398, 429.
[2] Lubbock, p. 430.
[3] Lubbock, p. 398 et suiv.

admiration elle dut inspirer pour le premier qui réussit à la parfaire, avec quelles jalouses colères il dut la défendre contre l'envie et quel soin il prit pour la transmettre aux enfants qu'il y avait mis au monde et y avait élevés, dès qu'elle eut assez de solidité pour résister plus d'une génération! Mais ce moment, on le conçoit, n'arriva que bien tard.

En somme, le palais du grand seigneur moderne, la ferme de l'agriculteur, la hutte du sauvage et le nid de feuillage du singe forment une série, une progression décroissante aussi parfaite que le cerveau de Cuvier, celui de la Vénus hottentote et celui d'un orang. Il y a même infiniment moins loin de l'abri de feuillage du chimpanzé à la cahute en forme de ruche d'un australien que de la cabane d'un bûcheron au Louvre ou à l'Alhambra.

Tous les singes anthropoïdes sans exception ont l'instinct de se construire un abri pour la nuit et plusieurs le font avec beaucoup d'adresse. Les gibbons seuls semblent faire exception : quoiqu'ils hantent tout le jour le sommet des grands arbres, ils en descendent vers le soir et s'abritent la nuit dans les fourrés où ils dorment, dit-on, assis. Ces mœurs, du reste, sont en rapport avec le peu de développement relatif de leur cerveau. Mais l'orang, si lent et si gauche, en tous ses mouvements, se construit au contraire un nid avec beaucoup d'adresse. « Quand on ne lui donne pas la chasse, dit Huxley [1], il demeure longtemps dans le même lieu et s'arrête

[1] *Loc. cit.*, p. 140.

plusieurs jours sur le même arbre, sur lequel il choisit pour lui servir de lit une place solide parmi les branches. Généralement il choisit un lieu peu élevé pour être mieux à l'abri du vent. A Bornéo, ce sont les palmiers nibongs et les pandani qu'il affectionne de préférence; il aime surtout à s'entourer de ces orchidées parasites qui donnent aux forêts de ce pays un aspect si frappant. Il entasse des branches et des feuilles autour du lieu qu'il a choisi, les ployant en travers les unes sur les autres et, pour avoir un lit plus doux, il étend sur le tout de grandes feuilles de fougères, d'orchidées, de *Pandanus fascicularis* ou de *Nipa fruticans*. Quelques-uns de ces nids offrent une épaisseur de plusieurs pouces de feuilles entassées. D'autres, au contraire, les forment plutôt de branches cassées qui, réunies en un centre commun, forment une plate-forme régulière. Ils les construisent avec une remarquable facilité. Muller vit une femelle blessée entrelacer les branches et s'y asseoir en une minute. Du reste, ces nids n'offrent ni charpente ni couverture quelconque, bien que lorsque la nuit est froide, venteuse ou pluvieuse, l'orang se couvre ordinairement d'un amas de feuilles de pandani, de nipa ou de fougères et a particulièrement soin d'en envelopper sa tête. Il quitte rarement son lit avant que le soleil soit assez élevé et ait dissipé les brouillards; il se lève environ à neuf heures et se couche à cinq; quelquefois il attend jusqu'au crépuscule. Il s'étend généralement sur le dos ou se retourne tantôt d'un côté, tantôt d'un autre, repliant ses jambes et reposant sa tête dans ses mains.

De même, c'est plutôt un nid qu'une hutte que se construit le chimpanzé et également à une petite distance du sol [1]. Ils sont formés de rameaux courbés ou brisés et entrelacés, le tout soutenu par une grosse branche fourchue, quelquefois même à l'extrémité d'une forte branche touffue. Les plus élevés ne s'élèvent que par exception à trente ou quarante pieds du sol, mais généralement pas au-dessus de vingt. Leur habitation n'est pas permanente, et se modifie selon que l'exige le soin de leur nourriture ou leur amour de la solitude. Il est rare de voir sur un même arbre plus d'un ou deux nids ; exceptionnellement on en a trouvé jusqu'à cinq.

Les habitations des gorilles sont semblables à celles des chimpanzés et consistent simplement en bâtons et branches touffues supportées par les grosses branches des arbres. Plus solides pour supporter le poids de l'animal, elles sont aussi plus grossières.

Faut-il croire que les premiers bimanes nichèrent également sur les arbres? Pour résoudre cette question il faut considérer que la crainte d'un péril nocturne peut seule avoir développé cet instinct chez les grands singes anthropoïdes ; que bien probablement la souche commune de l'homme et des primates supérieurs existait en un temps où, moins menacée par des ennemis moins nombreux et moins bien armés, cet instinct ne lui était pas nécessaire. De plus, nous avons vu qu'on ne pouvait expliquer la multiplication de la

[1] Huxley, *loc. cit.* p. 152 et suiv.

souche primitive du bimane essentiellement coureur qui devint peu à peu l'homme, qu'en le supposant doué, dès l'époque de l'apparition des grands carnivores, de l'instinct social et de l'instinct de s'armer de massues ou de silex. L'homme, ou plutôt le bimane primitif, armé et social, a donc pu faire son lit à terre, comme les grands singes, avec des feuillages et des branches d'arbres, ou sur les peaux des mammifères dont dès lors il se nourrissait, et, sous la protection de sa hache de silex, des forces coalisées de la troupe et des feux allumés autour de son campement, défier l'attaque des animaux nocturnes; tandis que le singe, même anthropoïde, ne put devoir son salut qu'à l'habitude, dès lors prise par lui, sans doute, de nicher la nuit sur les arbres. Le bimane anthropoïde primitif peut d'ailleurs avoir été troglodyte, comme beaucoup de ses descendants plus développés. De même que le singe a acquis graduellement l'instinct et la faculté de vivre sur les arbres durant le jour, il a également et corrélativement pris l'habitude de s'y réfugier la nuit; tandis que le bimane coureur, dominateur de plus en plus exclusif du sol, y campa la nuit comme il y chassait le jour.

Si donc il y a une gradation parfaite entre l'art avec lequel les singes se construisent un nid et celui des hommes se bâtissant une hutte, une cabane, une maison, un palais, la distinction tirée de leurs mœurs reste entière. L'architecture du singe est celle d'un quadrumane grimpeur, celle de l'homme est celle d'un bimane coureur. De cette différence primitive de leurs habitudes résulte peut-être la différence de leurs destinées : car sur un arbre il n'y avait place que pour le nid ; au contraire la hutte construite sur le sol, quelque grossière qu'elle fût à son origine, y pouvait devenir successivement chaumière, palais et temple. L'homme enfin, seul maître du sol, l'était de l'arbre où s'abritait son rival anthropoïde et d'où il saurait un jour, à l'aide de la flèche et du feu, le faire descendre, mort ou vivant. Bâtir sur le sol, c'est en réalité se l'approprier, le dominer ; c'est par une juste analogie que le nom même de la souveraineté (*dominatio*) a dérivé du nom de la maison (*domus*), qui seule pouvait devenir le foyer, et avec le foyer, le point de départ de toute civilisation humaine. Si l'homme eût donc eu un seul jour l'instinct de nicher sur les arbres, il n'en fût peut-être jamais descendu : son organisation physique s'adaptant peu à peu avec ses coutumes, de bimane coureur perfectible il fût devenu, comme les autres primates, un quadrumane grimpeur condamné à ne jamais franchir les limites de l'animalité. Ce hasard décida de sa destinée.

CHAPITRE IX.

LA PROPRIÉTÉ ET L'HÉRÉDITÉ.

« Le premier qui, ayant enclos un terrain, s'avisa de dire : *Ceci est à moi*, et trouva des gens assez simples pour le croire, fut le vrai fondateur de la société civile, » dit Rousseau[1]. Mais la société civile naquit auparavant; car elle commença du jour où un bimane anthropoïde, s'étant taillé une hache de pierre, prétendit s'en réserver l'usage et combattit à outrance celui qui prétendait la lui disputer. Dès lors l'instinct de propriété prit naissance, avec un nouveau principe moral, consistant pour chacun à le respecter en autrui, comme il voulait qu'il fût respecté en lui-même.

Mais cet instinct, d'abord en germe chez quelques-uns, ne se développa pas à la fois chez tous les individus de toutes les races; et ce ne fut pas sans longues contestations que la loi morale de réciprocité, dont il était le principe, s'établit dans la conscience humaine, si rebelle

[1] *Disc.*, p. 84.

au progrès. Durant longtemps, cette loi n'eut d'autre garantie que la force individuelle, et l'instinct de propriété pour se faire respecter dut pendant longtemps savoir se défendre.

Et si, comme le dit Rousseau, il faut voir dans cet instinct la cause première des crimes, des guerres, des meurtres, misères et horreurs qui souillent chaque page de l'histoire humaine, ces horreurs, ces misères, ces meurtres, ces guerres, ces crimes étaient inévitables, à moins que, dès l'origine, une législation sage n'eût été révélée à l'homme et que des pouvoirs politiques déjà constitués pour l'interpréter eussent pu lui donner, avec l'autorité du droit, la sanction de la force collective.

Qui pourrait contester aujourd'hui la légitimité de cette propriété née du travail, et qui, cependant, dès lors, constituait une inégalité sociale, une usurpation même, si l'on veut, sur les droits égaux des autres membres de l'humanité naissante? Car l'homme armé par son intelligence pouvait, par cela même, asservir ou du moins affamer l'homme assez inintelligent pour ne pouvoir, à son exemple, se créer des moyens de défense. C'est donc à la nature qu'il faudrait chercher querelle ici; c'est à elle qu'il faudrait reprocher d'avoir, de tout temps, distribué très-inégalement les facultés entre les diverses races et les divers représentants de chacune de ces races. Car il devait résulter fatalement de cette inégalité de facultés la disparition plus ou moins prompte des individus et familles les moins bien douées, et la domination croissante des familles et individus plus favorisés en intelligence, comme aujourd'hui le prolétaire, sans capital et sans éducation, est vaincu dans la lutte sociale par le capitaliste instruit à grands frais par une famille riche. Et pourtant cet état de choses, contre lequel aujourd'hui la conscience proteste et dont l'intelligence en vain s'étonne sans en pouvoir chercher le remède, n'est que le résultat de l'application continue du même principe de propriété qui assure à tout individu la jouissance exclusive et absolue des fruits de son travail. Si la loi civile l'a consacré, elle ne l'a pas inventé, car il lui est bien antérieur; la loi civile en a tout au plus toléré l'abus, causé et perpétué l'excès, en n'apercevant pas assez tôt ses naturelles limites.

La première propriété pour l'homme, après celle de sa proie et de ses armes, ce fut celle de sa demeure. Mais pendant de longs âges, lorsqu'une famille d'anthropoïdes, ayant découvert une caverne, prétendit s'en approprier l'usage exclusif, ce fut à condition d'être prête à la défendre contre ceux qui auraient eu la prétention de l'en expulser. L'homme qui eût dit : « Cette proie, ces armes, cette demeure sont à moi, » au lieu de trouver autour de lui d'autres hommes assez simples pour l'en croire sur parole, assez naïfs pour se contenter de cette affirmation et s'en aller autre part chercher asile et fortune sans lui contester ce droit qu'il affirmait sans le prouver, dut au contraire combattre pour le défendre au péril de sa vie, se fortifier dans son asile, en barricader l'entrée, en enclore même les abords pour en demeurer maître et pour faire passer l'envie de venir l'y attaquer à ceux qui eussent voulu l'en chasser pour s'y établir à sa place.

Et cette appropriation exclusive, était-ce un vol? Pas plus que l'oiseau ne vole l'emplacement de son nid sur une branche ou les matériaux qu'il emploie pour le construire, pas plus que le lapin ne vole le coin de terre où il creuse son terrier. C'est le droit d'appropriation par le premier occupant de ce qui n'est à personne, et le vol consiste à le lui ravir par ruse ou par force. Mais chaque être, en venant au monde, a droit à ses conditions de vie : c'est en vertu de ce droit que le gros poisson mange ses petits congénères, que l'oiseau dévore l'insecte, comme le lion l'antilope, et que l'homme domine tout ce qui lui convient ou détruit ce qui lui nuit. Tout homme a donc aussi droit d'exiger ses moyens de vivre des autres hommes; et, s'ils les lui refusent, de les combattre pour les obtenir. La victoire est au plus fort. C'est là le droit naturel dans son extension absolue, et la loi civile ne peut ou ne doit qu'assurer à chaque être, avant la lutte, la part de biens, de jouissances et de droits qui résulterait de la lutte même, dont elle épargne ainsi, à tous, les périls inutiles et les forces en vain perdues.

Mais si telle est la formule théorique de l'équité, difficile en est la mise en pratique. Aussi la loi naturelle de l'équilibre des forces en lutte a-t-elle toujours été et sera-t-elle toujours en demeure de corriger de temps à autre les errements des législateurs et ceux des magistrats chargés de faire respecter leurs décrets.

Donc, sous le droit naturel, le droit brutal, celui qui régit aveuglément toute la nature vivante, toute appropriation n'est légitime qu'autant qu'elle est défendue et sanctionnée par la force du propriétaire; qu'un plus fort se présente pour la nier, il est dans son droit. Si la bataille décide en sa faveur, il a raison, puisqu'il l'a emporté dans la balance de la destinée aveugle, véritable justice du monde avant la loi, née de l'intelligence humaine.

Ce fut donc seulement lorsque cette intelligence humaine commença à réagir contre l'instinct aveugle d'appropriation par la force que, par un accord spontané des consciences, le droit du premier occupant fut consacré comme seul légitime, et le droit du plus fort à le lui disputer flétri sous le nom de vol, comme un acte brutal, odieux, indigne de l'humanité en progrès.

Mais l'intelligence humaine, dont la réaction contre l'instinct procède toujours par sauts et bonds extrêmes, en consacrant d'une façon absolue et à jamais ce droit du premier occupant, d'un excès tombait dans un autre excès : car de ce principe consacré par la conscience devait résulter, un jour plus ou moins prochain, l'appropriation par quelques familles ou souches de tout ce qui était appropriable dans une contrée et l'exhérédation de toutes les autres familles ou souches qui pourraient vouloir venir s'y établir plus tard, ou même de ceux d'entre les représentants et descendants de ces premières familles privilégiées qui, par suite de mille circonstances diverses, auraient perdu leur part de droit.

Or, pour tous ces exhérédés, la justice, l'équité, c'était le retour au droit brutal de la force, qui pouvait seul leur rendre ces moyens de vivre auxquels tout être vivant droit prétendre et que leur refusait la loi civile, extrême dans l'application absolue d'un principe arbitraire abusif.

Telle est au fond l'histoire de toutes les guerres du monde, entre nations et entre individus; c'est l'histoire de toutes les conquêtes; c'est l'histoire des castes dans l'Inde; c'est l'histoire des patriciens et plébéiens romains; c'est notre histoire sociale actuelle.

Du reste, l'instinct de propriété à son origine n'avait rien de ces excès. L'homme, tant qu'ont duré les phases successives de sa transformation, de son évolution spécifique, en butte à mille périls et mille besoins, resta sans doute à l'état d'espèce rare, représentée par un petit nombre de variétés, elles-mêmes peu nombreuses en individus. Il y avait donc rarement entre eux occasion de contestation, et pas une intelligence humaine alors ne concevait la possibilité qu'un jour la terre devînt trop étroite pour suffire aux besoins des descendants futurs de l'humanité. La légitimité du droit de premier occupant était donc bien alors l'expédient le plus propre à éviter les luttes, à terminer les contestations, et l'idée que son extension absolue dans l'avenir dût nécessairement devenir un abus ne pouvait venir à personne. Ce fut donc rapidement un principe moral acquis; de génération en génération il s'imprima de plus en plus fortement dans la conscience héréditaire de l'homme et par son accumulation y prit la force d'un sentiment spontané, et bientôt d'une passion violente susceptible de tous les excès.

Si donc l'instinct de propriété est si puissant aujourd'hui chez l'homme, c'est qu'il est très-ancien dans la race, qu'il a pris origine dès ses premiers développements et qu'il s'est fortifié par les luttes mêmes auxquelles il a donné lieu; mais c'est surtout qu'il a été dès le commencement une condition de vie pour l'espèce. Savoir et pouvoir défendre sa proie, ses armes, sa caverne, ce fut une impérieuse nécessité pour les chefs des premières familles humaines. Il ne s'agissait de rien moins pour eux que de vaincre ou de mourir; car alors, être privé de ses armes, expulsé de son asile surtout, c'était être condamné à une mort presque certaine, puisque c'était être livré sans abri, sans défense, au milieu de troupes d'êtres ennemis, dont les brutes quadrupèdes n'étaient sans doute pas les plus dangereuses et les plus implacables dans leur rivalité haineuse. Or, c'est une aide à la force musculaire que l'élan donné par l'excitation nerveuse née de la passion, de la colère, et de ce sentiment exalté et puissant du droit tel que le conçoit la conscience, soit à tort, soit à raison. L'homme, convaincu de la légitimité de son droit de premier occupant, le défendit donc plus courageusement que s'il avait cru à l'égale légitimité du droit de vol de celui qui venait le lui contester; et ce fut une telle infériorité pour celui-ci, dès qu'il commença à douter de son droit de conquête par la force, qu'il fut par là même moins disposé à tenter le sort du combat. L'éveil de sa conscience endormait son audace et la changeait en peur.

Loin, néanmoins, que l'homme près de son origine sentît rien de cette bienveillance sympathique, de cette solidarité affectueuse qui, sous l'influence de longs progrès moraux, est devenue un sentiment très-général, sinon universel, chez tous les individus de l'espèce; au contraire les difficultés d'une vie toujours menacée, d'une existence toujours précaire, le nombre des ennemis ou des rivaux, la rareté des proies ou la difficulté de s'en saisir, la rareté plus grande encore des asiles, l'insuffisance des moyens de défense dut faire, sinon de tout homme l'ennemi de tous les autres hommes, du moins de chaque famille la rivale des autres familles et de chaque tribu l'adversaire jaloux des autres tribus.

De sorte qu'en même temps que l'instinct de propriété se développait chez chaque membre d'une association humaine et devenait de plus en plus mutuellement respecté entre les membres de la même association ou tribu, l'instinct du vol, chassé difficilement de la conscience, s'y transformait en instinct de conquête et semblait légitimé quand il accompagnait la vengeance. Ainsi, tandis que la proie, les armes, la demeure d'un ami, d'un camarade, d'un allié, d'un compatriote étaient respectées, tout était bon à prendre d'un ennemi, ou seulement d'un inconnu, s'il était possible de s'en emparer. Le tout était de bien peser si le butin à conquérir valait les périls à courir: le succès suffisait à justifier l'entreprise,

Et telle fut pendant longtemps la faible garantie de la paix; tel fut à l'origine tout le droit social, tout le droit civil, et tel était encore, il faut le dire, le droit de nos ancêtres barbares; c'est le droit mosaïque, tel qu'on le trouve écrit dans les livres hébreux, et tel qu'on le voit mis en pratique par eux dans toute la durée de leur existence historique.

Et cependant c'était déjà un immense progrès qu'une loi morale, même rudimentaire, un dictamen de conscience erroné et incomplet fût venu protéger du moins les membres d'une même tribu contre les périls incessants de luttes sans cesse renouvelées; puisqu'avant ce moment où l'instinct de propriété trouva sa garantie corrélative dans le respect des autres membres de la même tribu pour le droit de préoccupant, il n'y avait pas une heure de sécurité pour l'homme, sans cesse en crainte des autres hommes. Un chef de famille était-il absent? sa demeure était aussitôt envahie, pillée; à son retour, il trouvait sa femme et ses enfants chassés de leur foyer, faits esclaves d'un autre chef de famille, prisonniers de guerre enfin et destinés peut-être, comme bétail, à procurer à autrui quelque succulent festin.

Telle fut certainement, à l'origine et pendant longtemps peut-être, la constitution sociale de l'espèce; car on voit encore de pareilles mœurs régner chez certains sauvages contemporains ou très-récemment disparus. Seulement, on les constate en général comme faits exceptionnels dérogeant à une loi meilleure, à des coutumes supérieures, gouvernées par des instincts plus humains. Sans cela, la race disparaîtrait rapidement sous l'excès même de sa férocité.

Une espèce, en effet, ne saurait se perpétuer longtemps en de telles conditions, puisqu'elle se détruirait rapidement elle-même. S'il n'est donc pas douteux que l'humanité entière ait traversé un pareil état, les races qui l'ont traversé le plus rapidement ont été les premières à se multiplier, à se répandre, à établir sur les autres races leur domination stable et définitive.

Le mal, d'ailleurs, avait son remède dans son excès même. Car l'espèce, devenant plus rare à force de se détruire elle-même, les rivalités de la faim et du besoin devenaient aussi moins intenses entre ses divers représentants, et la vie, redevenue un moment au moins plus aisée, laissait se développer les sentiments moraux, ne fût-ce que le sentiment instinctif de sympathie spécifique commun à toutes les races animales, bien qu'existant chez chacune à des degrés différents[1].

Ce fut même peut-être d'une transformation ou évolution de cet instinct que surgirent les premiers linéaments d'une justice, d'une équité embryonnaire, sorte de contrat social réciproque, spontané, ou de traité d'alliance offensive ou défensive, tacitement conclu et juré entre un certain nombre de familles de même souche, qui donna naissance à la tribu et eut pour principe fondamental le respect du droit acquis de chacun, c'est-à-dire de ce que chacun possédait, soit par le fait du tra-

[1] Rousseau, p. 66 et suiv., 96 et suiv.

vail, soit en vertu de l'occupation ou de la conquête [1]. Un tel contrat ne fut certes point discuté théoriquement, ni laborieusement déduit de principes métaphysiques sur la nature de l'homme et du droit; c'était un fait consacrant un autre fait, pour la plus grande utilité commune, ou plutôt, c'était le besoin devenant loi pour sanctionner la légitimité de l'instinct existant chez chacun et en vertu duquel chacun s'interdisait le vol afin de n'être pas volé : rien de plus que cela ; la propriété légale, la loi civile qui la consacre n'ont pas d'autre origine.

Mais, jusqu'ici, nous avons considéré surtout la propriété mobilière, personnelle par nature. La propriété foncière dérive-t-elle absolument des mêmes instincts? A-t-elle les mêmes principes? Comment se fit l'appropriation du sol?

Tant que l'instinct de propriété restait circonscrit à quelques objets mobiliers, créés ou transformés plus ou moins par le travail et dont tout homme pouvait à son tour multiplier le nombre, le droit de propriété par préoccupation ne pouvait devenir abusif, parce que le droit d'un individu n'empiétait nullement sur le droit d'autrui. Déjà l'appropriation exclusive, par une famille, d'une caverne creusée par la nature, entraînant l'exhédération de toutes les autres familles, devenait plus contestable, parce qu'elle ne satisfaisait au droit des générations vivantes que par l'annihilation du droit des générations à venir. Bien plus encore, l'appropriation du sol lui-même,

[1] Rousseau, *Disc.*, p. 105.

c'est-à-dire de l'espace, de la terre et de ses produits, était contestable et devait être contestée, comme devenant fatalement abusive après un certain nombre de générations, par ce fait même que le sol est toujours une quantité limitée, comme sa force productrice, et que, plus une population humaine devient dense dans une contrée, plus chaque parcelle du sol prend de valeur. L'appropriation d'un champ, exclusive, absolue et perpétuelle, est donc en réalité autre chose que l'appropriation d'une arme, d'une caverne ou des quatre troncs d'arbres qui servirent d'appui et de charpente à la hutte de nos ancêtres. Ce n'est pas l'extension du même droit, mais en réalité un droit nouveau, d'une autre nature, ayant d'autres limites, parce qu'il a d'autres conséquences, relativement au droit d'autrui. Une fois ce droit d'appropriation du sol accordé en principe, le déroulement de ses conséquences était fatal : c'était le privilége constitué de quelques-uns aux dépens du plus grand nombre. Dès qu'il était sanctionné comme moral en soi et, dans son extension absolue, comme un droit naturel de l'homme exclusif de toute limitation, il n'y avait plus de condamnation possible de l'accaparement et de l'avarice. Surtout une fois que le principe d'hérédité indéfinie de la propriété constituée, établi d'abord par le fait, sanctionné par le long usage et plus tard par la loi, vint s'y joindre, le jour dut arriver fatalement où chaque contrée et la terre entière serait la possession de quelques familles dont le droit envahissant aurait pour conséquence la négation du droit du reste du genre humain, déshérité à jamais.

Car c'est un fait constaté que la propriété foncière a une tendance fatale à l'élargissement de ses limites, que toute grande propriété à la longue absorbe les petites propriétés qui l'entourent, que même le partage par portions égales de l'héritage paternel entre les enfants ne parvient pas à équilibrer cette tendance à l'agglomération, parce qu'entre les diverses branches d'une même famille l'une finit presque toujours par absorber les autres. Les *latifundia* sont donc inévitablement la conséquence de l'hérédité, et d'autant plus que, toujours, dans la série des générations, un certain nombre d'individus sont amenés à renoncer volontairement ou forcément à leur droit héréditaire. L'un vend sa propriété, elle est dérobée à l'autre ; et, dans ce mouvement, c'est toujours la richesse qui attire la richesse, si la force et la violence ne viennent périodiquement refaire les partages primitifs, contester cette appropriation exclusive, absolue, indéfinie, et limiter un droit de fait que les premiers occupants ou les conquérants postérieurs se sont arrogé dans un temps où nul n'avait ni l'idée ni la force de le leur contester.

La guerre était donc bien, en effet, renfermée en germe dans le premier fait de l'appropriation du sol, comme le dit Rousseau et comme Pascal l'avait dit avant lui [1]. Elle en devait découler fatalement, par une nécessité inévitable, et devra se perpétuer jusqu'à ce que, sous l'empire de la nécessité, le contrat social

[1] Ce chien est à moi. Voici ma place au soleil, disaient ces pauvres enfants tel est le commencement de l'usurpation sur la terre. *Pensées*.

de l'humanité intelligente y mette un terme en limitant ses abus par une disposition de la loi.

Mais, dès le principe, la loi civile elle-même ne fut et ne dut être longtemps que la consécration légale du droit primitif, du fait non contesté de l'appropriation. Et, plus tard, la loi civile fut également la consécration du droit de conquête d'une race sur une autre, ou d'une caste sur une autre caste.

Du reste, l'appropriation individuelle du sol ne peut remonter aux origines mêmes de l'humanité, car elle ne peut avoir précédé les premiers essais de culture dont elle fut la conséquence nécessaire. Or, la culture du sol, même la plus rudimentaire, et telle à peu près qu'on la voit encore pratiquée par beaucoup de peuples sauvages, n'a fait son apparition qu'à l'époque néolithique ou de la pierre polie. Toute la longue époque paléolithique ou de la pierre taillée n'en offre pas de traces. L'instrument lui-même n'existe pas. Pour trouver un soc de charrue, il faut arriver jusqu'à l'époque bien postérieure du bronze. Il n'est pas douteux que la culture des céréales ne soit relativement récente dans la vie des sociétés et que, longtemps auparavant, les races de l'époque de la pierre s'essayèrent à reproduire, multiplier et, à dessein ou inconscienment, améliorer certains végétaux culinaires ou certains arbres à fruits. Nul doute que plusieurs de nos légumes à feuilles, racines ou graines charnues, qu'en vain on chercherait à l'état sauvage, ne soient des créations très-anciennes de la culture humaine, mais, sur ce point, nous en sommes réduits à des hypothèses. Si l'on a retrouvé du blé et l'orge à six rangs dans les stations lacustres de la Suisse, ces stations ne peuvent remonter qu'à une époque relativement récente. Et à cette époque, avec le blé et l'orge, on ne retrouve que des vestiges de fruits ou de graines encore aujourd'hui indigènes dans les mêmes lieux ou peu améliorées depuis par la culture, telles, par exemple, que des noisettes, des faînes, des fraises et quelques autres. Quant aux végétaux herbacés, l'absence de leurs traces, impossibles à conserver, ne peut nous permettre de rien conclure.

Si le blé, déjà caractérisé par l'ampleur de ses épis, l'abondance du gluten nutritif de sa graine, remonte à une époque aussi ancienne, on pourrait l'expliquer peut-être par ce fait que les graminées, entre toutes les plantes, sont celles qui se propagent et se sèment le plus aisément d'elles-mêmes. En conséquence, des grains d'un blé sauvage, à peine aussi développés que la plus maigre graine d'avoine, tombés du bec d'un oiseau ou conservés intacts dans son jabot et mêlés aux détritus et autres immondices toujours amassés en quantité considérable près des habitations humaines primitives, ont pu, par cela même, produire, dans cet humus exceptionnellement fécond, des variétés presque monstrueuses dont les qualités nutritives, aussitôt appréciées, auront été reproduites, de préférence ou naturellement, dans les mêmes circonstances, de manière à devenir bientôt des races fixes. Il peut en avoir été de même du chou, du navet, de la carotte, de l'oignon, de toutes les plantes de nos jardins, qui ne se perpétuent que dans un sol bien amendé, mais dégénèrent rapidement abandonnées à elles-mêmes ou dans un sol maigre.

Les femmes, plus sédentaires que les hommes, ont peut-être été les premiers horticulteurs, les premiers créateurs de ces richesses si précieuses de l'humanité. De tous temps, Cérès, la déesse des moissons, fut une divinité féminine; Triptolème n'inventa que la charrue.

Mais on conçoit que, pendant bien longtemps, cette culture rudimentaire n'eut pas pour conséquence l'appropriation exclusive et personnelle du sol. Si les femmes, les enfants, les vieillards soignaient quelques plantes potagères dans le voisinage immédiat des campements de la famille, autour de la hutte ou de la grotte, la chasse et la pêche, l'élève des troupeaux, plus tard, durent rester longtemps l'occupation principale des hommes et la ressource la plus importante de la famille. Or, un tel état de choses était incompatible avec l'appropriation du sol par grandes étendues contiguës. La tribu de chasseurs qui l'aurait permise, soit à ses membres, soit à d'autres tribus voisines, se serait vue réduite à la famine, puisque partout la culture a pour première conséquence le défrichement et qu'avec le défrichement le gibier ne tarde pas à diminuer et à disparaître [1].

Si donc de bonne heure quelques individus eurent l'idée de clore un champ, ce fut pour en défendre l'entrée, moins encore aux autres membres de la commu-

[1] Rousseau, *Disc.*, p. LXI, 81, 97 et 99.

nauté, que contre les déprédations des animaux sauvages. Nul ne vit dans cette tentative une usurpation sur le droit de tous, tant qu'elle demeura bornée à d'étroits enclos potagers, que l'instinct du vol ou celui de la vengeance personnelle purent seuls donner parfois l'idée d'envahir et de piller, en dépit des protestations de la conscience morale du temps, qui jugeait déjà de tels actes injustes et coupables, sauf dans le cas d'une guerre de tribu à tribu préalablement déclarée. Et, en effet, ces premiers essais d'agriculture, sans rien enlever à personne, profitaient à tous, puisque chaque aliment nouveau qu'un des membres du groupe social se procurait ainsi, augmentait la part de tous et diminuait pour tous les chances de famine. L'appropriation du sol ne pouvait donc devenir un péril social, une menace contre les droits du plus grand nombre que, lorsque s'étendant sur de vastes espaces contigus, elle mettait obstacle à la chasse où à l'élève du bétail, de sorte que de bonne heure il fallut que la loi en réglât les excès et vînt sauvegarder les droits de tous les membres de la tribu.

Dans le tableau que Tacite nous a laissé de la vie des Germains, nous ne trouvons nullement l'appropriation personnelle et perpétuelle du sol, mais l'appropriation collective et temporaire. Chaque tribu ensemençait chaque année en commun un certain espace de terre que tous respectaient dans l'intérêt de tous. Quand, après un certain cycle de cultures, cette portion du sol semblait épuisée, elle était laissée en jachère et rendue aux pasteurs et aux chasseurs, et d'autres cantons à leur tour étaient cultivés.

Ces coutumes ont été longtemps, sans nul doute, celles des peuples chez lesquels un commencement d'agriculture ne pouvait fournir à la population que des ressources insuffisantes sans la chasse, que l'élève du bétail n'avait pas encore remplacée et qui, en vertu de l'accumulation héréditaire des instincts, demeura une passion et un droit commun, encore longtemps après qu'elle fut devenue inutile et même nuisible. La première appropriation du sol fut donc nationale et non individuelle, et nous trouverons peut-être un jour, dans ce principe originel de la propriété foncière les seuls moyens de concilier à l'avenir les droits et les intérêts de tous.

Chaque tribu primitive posséda ses cantons de chasse, délimités, il est vrai, plus souvent par le droit de la force que par la force du droit. Mais, une fois ces limites fixées, elles furent en général respectées. Ainsi, en Australie, chaque tribu ou famille a ses cantonnements dont aucun individu n'ose sortir, de crainte d'être rencontré et tué sur le sol d'une autre tribu par ceux qui ont un droit exclusif à l'occuper, à moins d'avoir dans cette tribu des alliances ou des liaisons d'amitié. Dans ce cas, on lui fait fête et partout il reçoit l'hospitalité. C'est donc, on le voit, la propriété dans toute sa jalousie; c'est le droit national d'aubaine contre l'étranger, toujours considéré et traité en ennemi. L'Amérique du Nord également était entièrement divisée, à l'arrivée des Européens, entre les diverses peuplades qui l'habitaient, et que des questions de territoire maintenaient en perpétuelles guerres. Le sol de nos colonies a été peu à peu acheté de ces tribus et non conquis, mais en vertu de conventions qu'en droit on pourrait accuser de dol ; car elles étaient conclues entre des contractants inégaux, où l'habileté d'un côté exploitait de l'autre l'ignorance. En sorte qu'une tonne d'eau-de-vie, qui procura un jour d'ivresse à une tribu, lui coûta une étendue de territoire qui la nourrissait depuis des siècles, et condamna les générations à venir à mourir de faim ou à changer ses mœurs. Les Peaux-Rouges aimèrent mieux mourir. Reculant toujours à l'ouest devant les colonies envahissantes, ils sont destinés à périr prochainement dans une lutte trop inégale.

De même, les tribus pastorales eurent chacune leurs pâturages, sur lesquels aucune autre tribu n'avait droit. Les cessions, les échanges entre chefs de tribus avaient lieu, du reste, comme plus tard entre les propriétaires individuels. Il faut même reconnaître que souvent la propriété individuelle résulta de l'usurpation de la propriété nationale ou familiale, le chef du groupe social s'attribuant à lui seul le bien de tous, dont il n'avait en réalité, à l'origine, que la gestion. C'est au fond l'histoire des empiétements du pouvoir royal. Le chef de tribu étant considéré comme chef de la terre, quand il se fit conquérant d'autres tribus, il prétendit également en posséder le sol ; et quand sa domination s'étendit sur une trop vaste contrée, pour que l'administration en pût demeurer concentrée entre ses mains, il eut des délégués, vice-rois, ducs, marquis, comtes, barons, feudataires ou satrapes, auxquels il concéda une partie de ces terres, avec la domination de ceux qui les cultivaient, afin d'exercer pour lui la souveraineté à charge de lui rendre hommage-lige, comme sujets, et de lui payer une redevance. C'est le patriarcat aboutissant à la féodalité ; et cette transformation abusive du droit de tous en droit d'un seul, puis en hiérarchies de despotismes superposés, s'est opérée successivement presque sur tous les points du globe en suivant partout les mêmes phases.

Si, pendant la durée de ce grand mouvement général de transformation, quelques parcelles de sol furent toujours individuellement appropriées, si quelques terres libres furent maintenues en possession de quelques familles de propriétaires indépendants, ce fut par une concession tacite ou explicite de la nation ou de ses chefs. Ces terres ne furent guère à l'origine qu'une dépendance de l'habitation, un jardin, peu à peu agrandi par des empiétements successifs, contre lesquels nul ne réclama, parce que tout le monde eût dû réclamer et que tout le monde n'est personne, quand la collectivité manque d'un chef intelligent de ses droits.

D'ailleurs à travers les guerres incessantes, les révolutions sociales, les migrations ethniques, des étendues de sol demeurées vagues se trouvèrent retomber sous la puissance légitime d'un nouveau premier occupant.

La transition de l'époque pastorale à l'époque agricole

aida partout à ces usurpations. Le sol de la tribu fut distribué chaque année entre les familles qui la composaient; mais les familles alliées du chef ou protégées par lui eurent les meilleures parts et cherchèrent à en assurer la possession à leurs descendants. En vain de nouveaux partages vinrent limiter ces empiétements; ils ne firent guère que changer de mains cette perpétuité abusive, qu'à chaque génération l'effort constant de tous les possesseurs tendait à renouveler, avec la complicité intéressée des patriarches ou chefs de tribus, et plus tard des rois conquérants ou de leur hiérarchie de suzerains subordonnés. De sorte que, le plus souvent, le droit national, l'intérêt de tous disparut, oublié, submergé sous la ligue des intérêts individuels, des ambitions de familles, des cupidités personnelles, des factions politiques rivales et des castes en lutte pour la domination.

Mais ce qui partout tendit à absorber plus ou moins le droit national, ce fut l'hérédité; ce qui triompha de l'intérêt de tous, ce fut l'intérêt de famille, légitime en soi, mais répréhensible dans ses abus.

Si la propriété, aussi ancienne que l'homme comme instinct et comme fait, dans ces limites du moins où elle n'était encore que l'appropriation exclusive de quelques armes, quelques ustensiles et ensuite d'une demeure, de quelques bestiaux et même d'un champ pour les faire paître, fût restée individuelle; si, à la mort de chaque individu, ce qu'il pouvait posséder était rentré dans le domaine commun de la tribu, pour être de nouveau distribué équitablement entre ses membres; limitée à ce qu'un seul individu pouvait acquérir pendant sa courte existence, la propriété n'eût jamais donné lieu à ces accaparements menaçants que, plus tard, la loi civile eut tant de peine à sauvegarder contre le sentiment légitime d'envie des foules déshéritées, par un réseau compliqué de lois et de pénalités terribles, que le juriste ne sait aujourd'hui encore comment défendre au point de vue de l'équité naturelle.

Si donc la propriété tendit sans cesse, à travers les siècles, à s'accumuler entre certaines mains, tandis que d'autres familles, en bien plus grand nombre, restaient les mains vides, à côté, parmi et au-dessous de ces possesseurs favorisés, c'est que, quelle que fût son origine, préoccupation, vol, dol, empiétement, concession de la nation ou de ses chefs plus ou moins légitimes, une fois la possession constituée en faveur du père, l'hérédité de cette possession aux enfants, aux neveux ne fut jamais un principe contesté, mais un droit en quelque sorte primordial, un instinct qui, chez l'homme, est aussi ancien même que celui de l'appropriation, et qui, en ce qui concerne du moins la propriété mobilière, est légitime en soi et indispensable à la constitution et au développement normal des sociétés.

La propriété n'est pas en réalité l'origine de la famille; c'est la famille qui a précédé la propriété et qui l'a rendue nécessaire. Le droit des enfants à la succession des pères a toujours été reconnu comme l'étroite et naturelle conséquence des instincts de famille. Il repose sur ce fait incontestable, que tout ce qui a été condition de vie pour les pères doit être, au même titre et en vertu de l'hérédité des facultés et des instincts, condition de vie pour les enfants. De sorte que l'enfant du pauvre, par cela même qu'il est né dans les habitudes de la pauvreté, n'a pas les mêmes besoins, les mêmes instincts, les mêmes passions, les mêmes habitudes innées et héréditaires que l'enfant du riche, né dans les habitudes de la richesse. Le riche ruiné souffre proportionnellement beaucoup plus que ne jouit le pauvre enrichi. Il y a également, chez celui-ci, changement d'habitudes et, conséquemment, étonnement et douleur, surtout si le changement est brusque et n'a pas été préparé par une transformation d'instincts. Ainsi un artisan des villes, accoutumé à voir le luxe des hautes classes bourgeoises, devenu leur égal par la richesse, grâce à quelque héritage ou coup du sort inattendu, pourra être déplacé et ridicule dans son nouveau rôle, et souffrira de ce ridicule; mais il jouira d'autres façons. Au contraire, si l'on prend un fils de paysan et qu'on le transporte soudain au milieu d'une famille noble pour le soumettre aux formes d'une éducation conforme à ce nouvel état, le pauvre être, arraché aux boues de la basse-cour originelle, où il se ruait en liberté avec les oies ou les moutons, aura une peine infinie à se faire à ses nouvelles conditions.

Il en est de même de tout sauvage amené au milieu de nous. S'il fuit volontiers notre civilisation pour retourner dans ses forêts natales, ce n'est point que l'état sauvage soit préférable en soi à l'état civilisé; c'est que pour un être, quel qu'il soit, le bonheur consiste à vivre selon ses habitudes héréditaires. S'il est flatté d'une augmentation des jouissances dont il a déjà le désir et d'une satisfaction de plus en plus facile de ses instincts déjà existants, il ne peut, sans lutte et sans souffrance, se faire à un bien-être qui le gêne dans ses habitudes, ni apprécier des plaisirs dont il n'a en aucune façon l'instinct, des joies qui ne sont pas dans sa nature.

Il en résulte donc que, si l'hérédité en ligne directe et descendante est en quelque sorte une nécessité naturelle de la société humaine, puisqu'elle assure en général aux enfants la continuation des habitudes et conditions de vie de leurs parents, l'hérédité collatérale ou ascendante ne peut être considérée comme légitime au même degré, puisqu'elle peut en certains cas venir changer, sans nécessité et nuisiblement, les habitudes d'un individu. Et cela se voit chaque jour, qu'un artisan sage soit transformé en sot parvenu par l'héritage d'un collatéral éloigné ou qu'un neveu, tout à coup enrichi par la mort d'un oncle, ne sache absolument faire autre chose que dissiper follement sa nouvelle fortune.

Il faut, du reste, reconnaître que l'hérédité de tous les descendants par portions égales, collatéraux ou ascendants n'a eu qu'une lente influence sur l'agglomération du sol dans les mêmes mains; on peut même signaler des exemples où elle a abouti au contraire à une division extrême de la propriété foncière. Mais il est une autre forme de l'hérédité qui a surtout influé considérablement sur les destinées des nations : c'est le droit de primogéniture.

Rien de moins naturel, de plus inexplicable au seul point de vue des instincts de famille, que ce droit; aussi est-ce un droit essentiellement social et politique par son origine. La famille primitive était une armée en guerre; elle devait avoir un chef et n'en avoir qu'un; la famille étendue en clan ou tribu n'avait également qu'un chef, le patriarche, le chef des chefs de famille. Le sol de la tribu étant possédé en commun, le patriarche, *sénior*, en était le souverain, *dominus*. Il y exerçait la domination, il était propriétaire; mais la possession, c'est-à-dire la culture, était à tous, comme les fruits qui en provenaient et dont il n'avait que l'administration et la dispensation. Si la tribu ne pouvait avoir qu'un chef, une fois le vieux chef mort, l'aîné de ses fils était choisi pour lui succéder et lui succéder seul; c'était naturel. Le droit de primogéniture, attaché à la transmission d'une terre, suffit à prouver que ceux qui en sont titulaires n'en sont pas les vrais propriétaires, mais seulement les suzerains féodaux, les chefs politiques; qu'ils peuvent en avoir la nue-propriété, mais que la possession et les fruits appartiennent à d'autres, c'est-à-dire au groupe social vivant sur ce sol et le cultivant; et que, par abus et usurpation seulement, ils se sont substitués à eux dans la possession des fruits. Cependant, en tout pays, cette substitution illégitime du dominateur féodal ou patriarcal du sol à ses vrais possesseurs et propriétaires s'est plus ou moins effectuée dans la succession des siècles et à travers la série des convulsions sociales et politiques; de sorte qu'un empiètement séculaire sur le droit public, consacré pendant plusieurs siècles par l'usage, l'assentiment de tous et le silence de la loi, a constitué finalement un droit privé dont, aujourd'hui, le législateur doit tenir compte.

Du reste, bien qu'en général partout les mêmes causes aient produit les mêmes effets, que d'un même point de départ chaque race à son tour ait évolué parallèlement aux autres races, cependant, la série des phénomènes sociaux n'a pu se succéder chez toutes exactement dans le même ordre et a pu présenter des phases diverses plus ou moins nombreuses, compliquées et particulières.

Bien que toute race primitive ait d'abord vécu de chasse et de pêche et mené une vie plus ou moins errante; que, chez presque toutes, l'état pastoral et nomade ait existé avant la période agricole et stable ; que la propriété nationale, collective ou patriarcale ait toujours précédé, en général, l'appropriation individuelle, exclusive et héréditaire du sol; cependant, en plus d'un cas, l'élève du bétail se développa concurremment avec la culture, et celle-ci put même précéder de quelque temps l'élève du bétail. Ce sont du reste deux progrès corrélatifs, dont l'un a toujours dû aider l'autre et n'a pu réciproquement se développer sans lui.

Les peuples véritablement, absolument nomades ne furent pas des peuples pasteurs, mais des hordes guerrières de chasseurs pillards qui n'eurent d'autres troupeaux que les chevaux ou les bœufs qui les portaient, eux, leurs familles, leurs tentes et leur butin. D'incessantes pérégrinations étaient donc une condition d'existence pour des hommes qui, par leur séjour prolongé dans les mêmes cantonnements, détruisaient ou faisaient fuir le gibier, et dont les montures, dans le même espace de temps, dépouillaient la terre de sa chevelure de fourrage.

Au contraire, les pasteurs aryas qui nous ont légué leurs antiques traditions dans les védas, s'ils laissèrent dans une longue et lente odyssée la trace de leurs migrations du nord-ouest au sud-est, partout séjournèrent plus ou moins longtemps, défrichant et cultivant le sol autour de leurs tentes plus stables, qu'ils ne déplaçaient que lorsqu'ils y étaient forcés, soit par leur multiplication même, qui ne laissait plus d'espace à l'établissement de nouvelles familles et de leurs troupeaux, soit par les invasions redoutées et dévastatrices des nomades équestres du Nord.

Partout notre race blanche, si féconde en progrès de toute nature, semble donc avoir porté, avec elle et la première, les mœurs pastorales et patriarcales, avec les rudiments de la culture. Mais tandis que chez le rameau touranien l'instinct nomade et guerrier s'est perpétué, le rameau araméen semble être resté fixé à l'état pastoral et agricole. Chez l'un et chez l'autre le principe de l'appropriation nationale et collective du sol a persisté. Chez l'Arya européen, au contraire, il a cédé de plus en plus devant l'appropriation personnelle, exclusive, absolue, héréditaire du sol dans chaque famille, c'est-à-dire devant la propriété romaine, telle que la constituait déjà la loi des Douze Tables. Que cette étape, cette phase sociale soit la dernière, c'est ce que nul n'oserait dire ; excès ou réaction contre un excès contraire, devenu abusif, elle a donné lieu elle-même à des abus évidents, et dont les peuples réclament aujourd'hui le remède à trop haute voix pour qu'ils n'arrivent pas un jour, plus ou moins éloigné, à le chercher et à l'appliquer.

CHAPITRE X.

ORIGINE ET TRANSFORMATIONS DE L'ORGANISATION SOCIALE.

Si l'on peut admettre que les espèces les plus anciennes de bimanes anthropoïdes aient pu exister, soit en troupes d'individus des deux sexes, vivant, sinon en complète promiscuité, du moins sans liens de famille fixes et durables, ou au contraire en familles ou petites tribus isolées, ces mœurs étant encore celles des espèces actuelles de quadrumanes et ne supposant que les instincts communs à la plupart des animaux supérieurs, il faut, pour trouver l'homme véritable, chercher plus haut et arriver jusqu'à l'époque où, chez certaines variétés, la troupe se subdivisa en familles et où, chez d'autres, les familles se confédérèrent en tribus et les tribus en sociétés.

De là peut-être originairement deux formes sociales distinctes qui séparèrent longtemps les diverses races entre elles et firent prédominer, chez les unes, le principe social de communauté et de solidarité, chez les autres, les instincts de famille, de propriété individuelle et aussi d'égoïsme sauvage et brutal.

La division en familles des troupes primitives d'individus des deux sexes ne peut remonter au delà des temps où le besoin d'une habitation plus ou moins sédentaire se fit sentir. Car tant qu'elles restèrent nomades, sans autres demeures que l'abri provisoire qu'elles trouvaient sur les arbres d'une même forêt, entre leurs racines, au milieu des fourrés, ou en commun dans une même caverne, il n'y eut aucune raison pour que les liens de famille prissent une certaine force et une durée plus ou moins constante. Au contraire, dès que les exigences du climat ou la nécessité de se pourvoir contre le péril amenèrent chaque individu à se construire un abri, les instincts nomades durent céder à la paresse qui sollicitait l'anthropoïde à profiter plusieurs nuits, plusieurs saisons ou même plusieurs années de suite, de la demeure qu'il s'était construite et à s'y fixer, avec sa femelle et ses petits, au moins jusqu'au moment où ceux-ci, atteignant l'âge adulte, étaient sollicités à s'apparier et à nicher à leur tour.

Il se peut donc qu'à ce moment le lien social se soit rompu ou relaché; mais il peut avoir subsisté chez certaines variétés, contraintes par la nécessité à conserver l'instinct de solidarité sociale devant le péril commun. Et ces variétés, joignant ainsi la supériorité résultant de l'instinct social et des forces unies et solidaires, aux avantages de l'instinct de famille, si favorable à la multiplication et à la conservation de la race et à l'éducation des petits, durent promptement l'emporter dans la lutte contre leur congenères moins favorisés.

Aussitôt même qu'une telle variété se fut fixée et multipliée, elle chassa devant elle toutes les autres variétés, avec lesquelles elle entra en compétition, ou les obligea à modifier à leur tour leurs habitudes pour les modeler plus ou moins sur les siennes. C'est ainsi peut-être que plusieurs variétés, vivant jusque-là par familles isolées ou petites tribus, furent amenées réciproquement à se confédérer, à s'unir, de manière à former des groupes sociaux plus nombreux [1].

Si, au contraire, ce fut une variété vivant en familles isolées qui eut la première l'instinct de se confédérer en groupes solidaires, elle l'emporta dans la concurrence générale sur les troupes d'individus vivant en sociétés nomades et sans liens de famille et les chassa en d'autres lieux, ou les contraignit à se fixer et à se constituer en couples élevant et protégeant en commun leurs petits.

Une résultante très-compliquée, dont les circonstances de temps et de lieu fournirent les données, dut assurer la victoire tantôt aux unes tantôt aux autres de ses variétés diverses. Dans les contrées où l'espèce était surtout menacée par la destruction des petits, les instincts de famille durent l'emporter sur les instincts sociaux et l'habitation, l'abri eut plus d'importance. Lorsqu'au contraire la nécessité de lutter contre la famine ou de se défendre contre de puissants ennemis par une action commune l'emporta sur le péril des petits, ce sont les instincts sociaux qui primèrent les instincts de famille ; l'habitation eut alors

[1] Rousseau. *Disc.*, p. 108.

moins d'importance que le campement et la discipline sociale plus que les mœurs conjugales.

De toutes manières, nous arrivons à conclure à la diversité de mœurs et de coutumes sociales chez les premières variétés humaines. De sorte que chercher un type moral uniforme sur lequel elles se seraient toutes modelées, serait une entreprise vaine, puisqu'elle aurait pour point de départ une hypothèse erronée. C'est donc à tort qu'on a avancé, comme règle générale, que la famille étendue avait donné naissance à la tribu, germe elle-même de la nation. La horde est aussi ancienne que la famille et remonte, comme elle, jusqu'aux origines de l'humanité ou même, comme elle, lui est antérieure. Il se peut même aussi bien que le progrès social ait procédé par désagrégation que par agrégation.

Si, dans notre époque actuelle, nous voyons l'humanité presque invinciblement poussée vers les vastes groupements nationaux ou ethniques et si le même phénomène s'est produit en d'autres temps par l'effet de causes analogues ou différentes, l'histoire constate que, plusieurs fois aussi, les grandes nations se sont subdivisées en sociétés plus étroites, pour lesquelles ce fut un avantage évident de retrouver leur indépendance.

En général, la configuration du sol décide de l'étendue des groupes qui vivent rassemblés sous un même pacte social. Ainsi, des contrées divisées par de hautes cimes de montagnes, des vallées qui n'offrent entre elles que des passages difficiles, sont en général occupées par des tribus de même race ou de races très-diverses qui conservent pendant longtemps leur indépendance et qui, arrivées tard à la forme fédérative, y restent généralement. Au contraire, dans des bassins étendus et peu accidentés, dans de vastes plaines, la coexistence de peuples indépendants ayant pour effet d'amener entre eux des rapports fréquents, d'où naissent aisément les occasions de compétition, il résulte des chances diverses de la guerre, qu'ils s'allient, se mélangent, se confondent promptement sous une autorité sociale commune et traversent, plus ou moins rapidement, la forme fédérative pour aboutir à s'englober tous dans une grande monarchie plus ou moins despotique. Ce que nous observons ainsi en grand, parmi les peuples modernes dont nous savons l'histoire, a dû se reproduire sur de moins vastes proportions parmi les populations primitives. De sorte que jamais les formes sociales des races de plaine n'ont pu être identiques aux formes sociales des tribus de montagnards sur les mœurs et le caractère desquels la configuration géographique de leur patrie a toujours plus ou moins laissé son empreinte.

En tous cas, pour trouver l'origine des formes sociales primitives de l'homme, il faut toujours remonter à la tribu composée d'un nombre plus ou moins grand de familles unies sous un ou plusieurs chefs par une sorte de lien politique lâche et mal fixé. Ce lien, que la révolte est toujours sur le point de briser, sans pouvoir l'anéantir ou même l'affaiblir, n'est en réalité qu'une des formes de l'instinct primitif héréditaire, une coutume établie par la force même des choses et maintenue servilement par les générations qui en ont reçu la tradition des ancêtres. Rien n'est fixe comme les mœurs sociales des sauvages : elles ont l'immobilité de l'habitude et toute la force des préjugés acceptés sans examen. Les générations se succèdent en se recommençant sans cesse et tournent dans un même cercle d'idées, en quelque sorte fatales dans leur succession et aboutissant à une série toujours constante des mêmes actes, sans possibilité de critique de la part de l'intelligence, incapable de réagir sur la coutume héréditaire pour la transformer ou la développer. La tradition nationale se continue inaltérée, comme une loi dont nul n'interroge le principe et qui s'impose de soi-même, parce que les fils sentent et croient ce qu'ont senti et cru les pères, comme si la pensée se transmettait en eux avec le sang : c'est un moule spécifique invariable dans lequel tous sont jetés ; et ce moule se brise plus aisément qu'il ne se modifie.

Ainsi les tribus des Papous et des Alfourons vivent aujourd'hui comme elles ont vécu durant des milliers de siècles dans le centre des îles océaniques, et y vivent maintenant à côté de la race malaise qui en occupe les basses terres et les rivages, sans lui rien emprunter, sinon à la longue quelques mots et quelques armes. Les Peaux-Rouges reculent, en Amérique, devant l'immigration européenne, se laissant décimer par la faim dans leurs districts de chasse, chaque jour dépeuplés et rétrécis, plutôt que de se faire au travail de la culture et d'adopter notre industrie, notre civilisation et nos lois protectrices, seules capables de les sauver d'une inévitable destruction. En Afrique, l'Arabe lui-même, bien que d'une race relativement supérieure, ne se mêle point à l'Européen et repousse ses mœurs et ses usages. A bien plus forte raison devons-nous croire que les sociétés humaines primitives, abandonnées à elles-mêmes, furent des variétés constantes qui, pendant des périodes infinies, demeurèrent dans un même état social, qu'aucun changement, aucun progrès ne vint modifier.

La plus légère de ces modifications, proposée par quelque individu en progrès, mais repoussée par les répugnances instinctives et les habitudes héréditaires de la masse ethnique, dut occasionner des guerres sanglantes, dont le résultat fut ou l'anéantissement d'une partie de la population par l'autre, ou la scission de la race en deux peuples dont le plus faible n'échappa à la destruction que par l'émigration en masse. Les réformateurs, les inventeurs de ce temps, plus encore que ceux de nos jours, durent être en butte aux suspicions, aux haines du plus grand nombre et contraints de fuir pour échapper aux conséquences d'une lutte inégale. Celui qui le premier tailla une pierre en forme de hache fut peut-être persécuté pour sa hardiesse, comme nos Galilée, traité de fou, comme nos Fulton, par les conservateurs des mœurs des ancêtres ou expulsé comme révolutionnaire par les autorités du temps. Même en admettant que sa découverte ait été bien accueillie, du moins est-il certain qu'elle excita l'envie, et que la possession des premières armes taillées ou polies ne fut rien moins que paisible entre les mains de leurs inventeurs ou de leurs propriétaires. Objets de convoitise, par suite de colères, de luttes individuelles ou de guerres entre tribus, elles durent bientôt devenir un signe de puissance et de commandement entre les mains des victorieux, sacrés chefs par leur victoire même, dans un état social où la force était la plus haute forme de la justice, la consécration du droit et le droit lui-même.

Ce n'est donc point à ces époques primitives, dans ces sociétés rudimentaires, sans cesse secouées par les rudes passions instinctives, qu'il faut chercher cet état d'équitable égalité entre tous les membres d'un même groupe social dont Rousseau a fait son idéal politique [1]. Le plus fort, le plus rusé ou le plus heureux y fut toujours maître, et le faible ou l'inintelligent n'eut qu'à opter entre l'obéissance, la fuite ou la mort. Tout chef y fut absolu comme la victoire, despote comme la volonté livrée aux caprices des passions sans frein. Il fut roi dès le premier jour que le sort du combat mit sous ses pieds ses adversaires; et la crainte de ses vengeances, le respect instinctif de sa supériorité, la vénération superstitieuse de la force perpétua entre ses mains l'autorité qu'il s'était conquise, au delà même du temps où il était capable de la défendre. Son rang devint pour lui une propriété que nul ne songea plus à lui disputer.

Qu'on dise que l'homme pourrait être constitué autrement, qu'il lui aurait été avantageux dans tous les temps

[1] *Disc.*, p. 81.

d'avoir des instincts moins serviles, d'être moins souple à la domination, d'avoir un sens plus élevé de sa dignité, un amour plus jaloux de ses droits et de son indépendance, ce regret ou ce désir ne changera rien à l'état des choses dans le passé, n'effacera pas l'histoire, n'empêchera pas d'être ce qui a été, ce qui est encore, et ce qui longtemps peut-être mettra obstacle à la rédemption totale de la grande masse de l'humanité.

En Afrique, les tribus nègres rampent toutes sous des chefs, roitelets infimes qui ne servent qu'à faire ressortir en pleine lumière toute l'infériorité de leur race, ses mauvais instincts et ses viles passions. C'est l'imbécilité d'un Claude, la folie d'un Caligula, la ruse d'un Tibère, la vanité d'un Néron, la férocité d'un Tamerlan, les appétits d'un Sardanapale, la lubricité d'un Louis XV, tout cela dans les proportions ridicules et sous les oripeaux d'un bateleur de foire. Toute femme qu'il convoite doit devenir sienne; toute proie qu'il exige doit lui être donnée. Sa vie se passe dans l'ivresse, dès que son palais a connu le goût d'une boisson fermentée, et si ses sujets ne lui en fournissent pas, il les vend pour s'en procurer. Sa joie est de voir couler le sang, de s'en abreuver même; la chair des vaincus est pour lui le plus délicieux des mets, et il se complaît à boire dans le crâne de son ennemi mort. Victorieux, il ne mesure sa victoire qu'à l'entassement de ses victimes, et ne demande à son intelligence que de lui révéler de nouveaux supplices. On dirait qu'il ne jouit de son pouvoir que lorsqu'il fait couler des larmes, arrache des cris, fait palpiter la chair vivante dans les tourments. Sa parole n'est qu'un perpétuel déguisement de sa pensée, ses serments un son vide de sens. Il se vante de ses parjures, se drape avec orgueil dans sa ruse, qui lui paraît la preuve de son habileté; et, s'il parvient à tromper un ennemi, même un ami, il en est plus fier que de l'avoir vaincu. Ses sujets ne l'approchent qu'à genoux, en léchant devant lui la poussière du sol; ils ne lui parlent qu'en lui donnant tous les titres d'honneur que l'adulation servile a pu inventer ou la folie du despotisme imposer. Il se croit grand, sur son siége élevé au-dessus des fronts qui se courbent, et se pavane, comme nos fous, dans les vêtements empruntés à nos civilisations et contre lesquels sa convoitise enfantine troque les armes, les aliments, la richesse, le sol, le sang, la liberté, la vie et les enfants de ses sujets.

Or, tel est le roi, tel est le peuple. Seulement, chez le roi, tous les vices du peuple se montrent sans contrainte; toutes ses passions s'exagèrent dans leur liberté que rien ne limite. Pour que chacun des sujets de ce monstre arrive à égaler sa folie, il suffit qu'une seule chose disparaisse : cette pression sociale que tous les individus d'une même communauté exercent les uns sur les autres, et d'où, à la longue, naît, avec le droit, le sentiment de la dignité égale d'autrui. Un roi nègre nous révèle donc ce qu'est la race à laquelle il appartient; de même, nos monarques absolus nous donnent la mesure de ce que chacun de nous pourrait être, s'il était posé sur ce pavois ou pilori qu'on nomme un trône, et du haut duquel l'individu humain, pris de vertige, s'abandonne, en quelque sorte fatalement, à ses instincts natifs, à ses passions innées, à son caractère ethnique; parce que, devant lui, autour de lui, aucune volonté contraire, aucun droit égal au sien ne lui fait équilibre en lui résistant. C'est que tout être vivant obéit à une loi égoïste d'expansion qui le sollicite sans cesse à agrandir sa place au soleil, tant qu'il ne rencontre pas la force d'expansion contraire d'autres êtres assez forts pour lui résister; c'est-à-dire à accumuler, varier, augmenter d'intensité les jouissances dont ses instincts lui donnent l'idée ou le désir, et à s'approprier la part de vie de tous les êtres rivaux qui ne trouvent pas dans leurs instincts égaux l'énergie de se défendre[1].

Nous ne prétendons pas soutenir, cependant, que l'instinct de soumission à un chef absolu et tyrannique se soit tout d'abord établi dans la race humaine, dès les premiers temps de son existence, ni qu'il ait eu la même force chez les diverses variétés. De nos jours, chaque race présente encore à cet égard des différences profondes : si la race nègre nous montre le maximum de la servilité, si le Mongol reste aussi tranquillement soumis à ses despotes héréditaires et paraît presque incapable de réagir contre ses antiques traditions monarchiques, d'un autre côté l'Arabe n'est pas moins attaché aux formes fédératives de son indépendance nomade, et l'Américain résiste à toute tentative de

[1] Rousseau, *Disc.*, p. 113 et 120.

domination, même de la part d'une autorité amie de ses droits et basée sur les principes de la plus large liberté [1].

Mais si l'Arabe et l'Américain résistent à la discipline de notre civilisation moderne, c'est moins par un amour jaloux de leur liberté sauvage que par un attachement instinctif à leurs propres coutumes ethniques et aux chefs qu'ils sont habitués à révérer, à servir et pour lesquels leur obéissance atteint à une passivité également superstitieuse. Ce qu'ils haïssent avant tout dans nos formes sociales, c'est l'activité laborieuse, la vie urbaine, l'intervention d'une police se substituant à la police individuelle dans la dispensation de la justice, et enfin nos mœurs et nos croyances contraires à leurs croyances et à leurs mœurs. Cet instinct d'immobile fidélité à leurs traditions nationales, à leur religion, à ses dogmes et à ses pratiques, est donc bien moins un signe de véritable indépendance qu'une des formes spéciales de l'asservissement intellectuel et moral, dont toute la race humaine est plus ou moins susceptible.

Rien n'est plus différent de la liberté, telle que nous sommes arrivés de nos jours à en concevoir la notion, que cette immobilité héréditaire qui porte chaque génération à recommencer les générations précédentes. La vraie liberté individuelle, la liberté politique, c'est au contraire la liberté de la conscience et de la raison,

[1] Rousseau, *Disc.*, p. 144.

c'est-à-dire la liberté pour chacun de réagir par son intelligence contre ses propres instincts ou contre les instincts de ses compatriotes, et de n'agir que d'après le dictamen de cette raison, essentiellement critique et progressive, qui sait rompre avec le passé pour se mettre en plus complète harmonie avec la nécessité ou l'utilité présente. Or, cette forme de la liberté, à peine aujourd'hui ébauchée, se chercherait en vain parmi les races inférieures actuelles. Encore bien moins a-t-elle pu exister chez les variétés humaines primitives, toutes plus ou moins fatalement asservies à la coutume traditionnelle, telle qu'elle résultait pour eux des progrès antérieurement accomplis, et enchaînées plus ou moins complétement dans les limites étroites et immobiles de l'instinct héréditaire et spécifique.

De sorte que cette même loi d'asservissement aux instincts héréditaires maintient le nègre à genoux devant son ridicule despote, le Mongol courbé sous son khan, l'Indien américain sous l'autorité de ses caciques et l'Arabe soumis aux chefs de sa tribu ou aux interprètes du Koran; c'est elle encore qui, parmi nos peuples européens, sert de principal et peut-être d'unique appui aux institutions religieuses et monarchiques, désormais condamnées par toutes les intelligences libres comme contraires au droit, à la justice, aux besoins actuels de l'humanité et au progrès de ses destinées.

Mais, pour qu'une autorité sociale quelconque se soit perpétuée assez longtemps pour devenir un besoin instinctif dans une race, il faut d'abord qu'elle ait réussi à s'établir. Nous sommes donc toujours ramenés à chercher quelles ont pu être les origines premières de cette autorité et les causes qui, en la rendant nécessaire, lui ont permis d'acquérir la force d'une coutume ou d'un besoin spécifique.

Chez les variétés primitives de bimanes anthropoïdes qui vécurent en familles isolées, le père, par le fait même de son expérience, devenait le chef incontesté de la troupe. La femelle, par sa faiblesse relative ou par la résultante de ses instincts spécifiques, acceptait ou subissait cette autorité durant tout le temps que durait l'union conjugale, sinon durant toute sa vie ; si elle passait à d'autres noces, elle ne faisait en réalité que changer de maître et de servitude. Les enfants, soumis avec elle à cette autorité, ne lui échappaient qu'à l'âge adulte, quand les mâles devenaient chefs de famille à leur tour et que les femelles échangeaient la passivité filiale contre la soumission conjugale.

Si tout cela, dès le principe, était affaire d'instinct, de sentiment, de passion et non de loi, si aucun code écrit ne réglait les rapports du père aux enfants, de l'époux à l'épouse, ils n'en étaient pas moins fixés, déterminés, et d'autant plus fatalement que, résultant de l'équilibre des instincts aveugles, la raison critique, qui seule pouvait limiter le devoir par le droit, n'avait aucune prise sur des actes accomplis avant toute réflexion. Le droit résultait pour le père de la coutume des générations et de son instinct qui lui en révélait l'usage, sans lui en prescrire les bornes, autrement que par d'autres instincts également puissants et aveugles. Le devoir était également dicté à la femelle et à sa progéniture par l'habitude héréditaire irraisonnée. Le sentiment de son droit ne s'éveillait chez elle qu'instinctivement et à l'état de passion ou de colère, quand l'autorité incontestée du mari dépassait le sien, également sous l'impulsion de quelque passion spécifique.

L'attrait naturel des sexes l'un pour l'autre, la faiblesse inerme des petits, l'affection née de l'habitude de se voir et de vivre ensemble, de partager les mêmes périls et les mêmes travaux, le besoin mutuel d'assistance, enfin, suffisaient à corriger tout ce qu'il y avait de mal déterminé dans cette législation, fatale comme une loi de l'organisme vivant.

C'est ainsi que l'étalon rudoie la cavale qui lui résiste et qui cède à la violence ce qu'elle a refusé aux caresses; c'est ainsi que le pigeon roucoule doucement autour de sa femelle, la suit, la supplie, tandis qu'elle fuit coquette ou rebelle; mais, sa passion satisfaite, si elle se montre trop indépendante, il ne lui épargne pas les coups de bec que, selon l'occasion, elle accepte sans rébellion ou lui rend avec usure. De même, nul n'a observé avec suite les mœurs d'une famille de singes, sans avoir remarqué des signes évidents d'autorité paternelle ou conjugale et de respect filial, entremêlés de vives disputes, aboutissant à des horions donnés et reçus, qui, terminant la querelle par des arguments, à ce qu'il paraît, sans réplique, ramènent presque immédiatement la paix et le bon accord. Sous cet aspect, l'homme actuel, mettant à part les formes de la politesse ou les euphémismes d'un langage assez analytique pour exprimer tous les sentiments sans en venir nécessairement aux coups, est encore assez voisin des singes, desquels on peut croire que nos ancêtres, les bimanes primitifs, pouvaient se rapprocher encore beaucoup plus.

Il existe donc, dans les instincts fondamentaux et organisateurs de la famille humaine, le germe d'un penchant à l'autorité, d'une part, et, de l'autre, au respect de cette autorité.

Remarquons encore qu'il ne fut pas nécessaire, pour que cette autorité arrivât à s'établir et à se faire reconnaître, qu'elle eût pour but et objet unique ou même principal le bien de ceux qui la subissaient ou l'acceptaient; qu'au contraire, il est de toute évidence qu'elle eut pour point de départ et origine première les besoins, les appétits, les passions instinctives du mâle, dont la personnalité se trouvait agrandie et étendue par la soumission de sa femelle et de ses petits. Car il suffit qu'en résultante les petits et la femelle aient profité de cette autorité paternelle et conjugale, même abusive et cruelle, plus qu'ils n'auraient fait de leur indépendance, et que la perpétuité de l'espèce fût mieux assurée par la tyrannie des mâles adultes que par leur indifférence pour leurs femelles et pour leur progéniture, pour que cette tyrannie se soit perpétuée, avec les races chez lesquelles elle s'était primitivement établie; tandis que toutes les races chez lesquelles les mâles abandonnaient leur famille et sa progéniture, aussitôt que leur instinct sexuel était satisfait, disparaissaient vaincues dans la concurrence vitale.

Le despotisme paternel originaire, despotisme brutal et instinctif, irrégulièrement tempéré par l'instinct, juste au point où il eût commencé à devenir destructeur au lieu d'être conservateur de l'espèce, doit donc être regardé comme un progrès, mais un progrès relatif, comme tous les progrès, et qui, utile à une époque et dans un certain moment du développement de l'espèce, peut au contraire lui devenir nuisible à la longue, dans un autre temps ou sous d'autres conditions [1].

De même, si certaines variétés de bimanes anthropoïdes vécurent en troupes d'individus des deux sexes, sans liens de famille fixes et constants, il est supposable que cette même nécessité de se défendre contre les périls par une discipline sociale, qui oblige les chevaux et les moutons sauvages à se reconnaître pour chef le plus vieil étalon ou le bélier le plus fort, dut amener également les troupes humaines à reconnaître l'autorité du chasseur ou du guerrier que son expérience ou sa force rendait le plus capable de diriger l'attaque ou la résistance commune. Ce qui ne fut, à l'origine, qu'une nécessité reconnue et subie par un effort d'intelligence ou de cette logique spontanée dont les animaux eux-mêmes nous montrent tant d'exemples, c'est-à-dire un accord fatal et forcé des volontés avec le besoin, devint, par la

[1] Rousseau, *Disc.*, p. 115.

continuité des mêmes causes agissant sur les générations successives, un instinct héréditaire ethnique. De sorte que, sous ces deux formes les plus primitives, on peut dire que les instincts corrélatifs de domination et d'obéissance ont dû préexister chez la race humaine à tous ses progrès intellectuels et moraux ultérieurs, et firent partie de l'héritage de sentiments et de coutumes héréditaires qui lui fut transmis par les variétés de bimanes anthropoïdes encore tout animales dont elle tire son origine.

Car tout fait penser que l'existence de ces instincts, conséquence des instincts sociaux et des instincts de famille et dérivant avec eux des périls auxquels l'espèce était exposée, remonte à une époque où l'homme, encore sans armes et presque sans langage, n'était qu'une brute un peu plus faible que les autres et, sinon déjà un peu plus intelligente, du moins un peu mieux organisée pour le devenir et pour trouver, dans cette faculté de progresser, les moyens propres à échapper à la destruction presque certaine dont elle était menacée.

Or, s'il est une loi générale de l'instinct, c'est de tendre sans cesse à l'abus par le fait même de son accumulation héréditaire à travers les générations successives. C'est-à-dire que l'instinct, né du besoin et d'abord inspiré et limité par lui, dépasse rapidement son objet, franchit ses limites et s'altère au point de devenir contraire à son but primitif.

C'est pourquoi tous les moralistes ont dû chercher la formule de la sagesse dans un juste milieu entre deux excès également mauvais, résumé dès le temps des Grecs par le *ne quid nimis* d'Aristote. Ainsi, la prudence a pour extrême la lâcheté, le courage la témérité; la prévoyance et l'économie aboutissent à l'avarice, la générosité à la prodigalité; l'ardeur sexuelle, nécessaire à la conservation de l'espèce, conduit rapidement à la luxure qui la détruit : et ainsi de toute passion qui n'est jamais que l'excès d'une vertu. Même nos vices les plus caractérisés, tels que l'instinct du vol et du meurtre, ne sont que des déviations nuisibles d'instincts autrefois ou même actuellement nécessaires. Ce sont des exagérations de l'instinct spécifique héréditaire, qui chez d'autres individus s'est trouvé modifié ou comprimé, sous l'influence des réactions individuelles de l'intelligence, se manifestant successivement dans nos sociétés sous forme de lois ou de préceptes moraux qui, bientôt, se gravent, à leur tour, dans l'instinct du plus grand nombre.

Il est donc aisé de comprendre après cela comment l'instinct de domination conjugale, qui ne fut d'abord peut-être que la passion violente de l'homme pour la femme et le désir jaloux de se réserver pour lui seul des jouissances que d'autres pouvaient lui disputer, dut aboutir rapidement à la tyrannie du propriétaire sur sa propriété. Passé en loi chez les Romains, il donna au mari un pouvoir de vie et de mort sur la femme et ses enfants, tandis que, devenue religion en Orient, il changeait la compagne de l'homme en prisonnière de harem. De même, si l'autorité paternelle fût, à l'origine, instinctivement protectrice et affectueuse pour les enfants de la femme aimée, elle devint passion dès que l'instinct de propriété vit dans l'enfant à la fois un ouvrier et un héritier. C'est alors que, dépassant ses justes limites, elle prétendit se perpétuer au delà de l'âge adulte, jusqu'à soumettre un consul de Rome à la juridiction sénile d'un père, même injustement irrité.

De même encore, le besoin d'une autorité sociale commune s'était à peine manifesté, que déjà cette autorité devenait un objet de compétition, d'envie, et que celui qui en était revêtu cherchait, par tous les moyens, à l'agrandir et à la perpétuer entre ses mains.

Par contre, l'adhésion de ses concitoyens, d'abord faible, hésitante, incertaine et commandée par le besoin, put se maintenir un moment dans la limite du besoin même; mais bientôt, devenue sentiment du devoir, obligation morale acceptée sans examen, elle arriva à dépasser son objet, qui était l'utilité sociale, et à devenir asservissement irréfléchi et spontané de la volonté à une volonté étrangère.

Cette tendance à la passivité, qui n'était que l'exagération et l'excès de l'obéissance nécessaire, dut être, on le conçoit, favorisée et exploitée habilement par tout dépositaire de l'autorité, ambitieux d'asseoir et d'agrandir sa domination. Les chefs, d'abord à peine et mal obéis, même quand la nécessité conseillait l'obéissance, employèrent bientôt le pouvoir disciplinaire qui leur était concédé, à faire ployer devant eux toutes les résistances, même les plus légitimes. Des abus de ce pouvoir, qui s'appesantit de plus en plus et de génération en génération sur tous les rebelles et plus tard sur tous les indépendants, résulta une lente mais sûre sélection qui arriva rapidement à transformer les instincts de la race. Dès lors, les révoltes capricieuses, et souvent illicites et injustes, des premiers temps firent place à ce calme passif des nations dont l'asservissement est consommé, parce qu'elles ne trouvent même plus dans l'ensemble de leurs instincts ces motifs de colère qui pourraient les soulever contre la tyrannie qui les opprime et que le sentiment héréditaire du devoir social se résume maintenant pour elles dans la vertu de soumission, d'abnégation de leur volonté et dans le respect aveugle d'une volonté étrangère dont l'autorité est devenue pour elle indiscutable.

Ces deux faits primitifs de la tyrannnie paternelle et conjugale du mâle sur sa femelle et ses petits et d'une autorité sociale commune reconnue par chaque troupe d'anthropoïdes, nous fournissent le point de départ de tous les phénomènes politiques de l'histoire qui semblent en apparence le plus inexplicables et qui restent inexpliqués, si on part de l'hypothèse que la paternité fut dès le principe une autorité tempérée, douce, affectueuse, n'ayant en vue que la protection des enfants et de leur mère et que l'autorité sociale commune fut établie par une sorte de contrat délibéré avec réflexion et, dès l'origine, limité par l'utilité des individus qui l'établissaient [1].

Car, de même que nous avons reconnu que le pouvoir

[1] Rousseau, *Disc.*, p. 105.

paternel n'avait eu besoin, pour s'établir et se perpétuer à l'état d'instinct excessif, que d'avoir une utilité toute relative, c'est-à-dire de donner aux variétés chez lesquelles il s'était développé et fixé un avantage sur les variétés rivales; de même, il a suffi que les troupes d'anthropoïdes, disciplinées sous des chefs l'emportassent en résultante dans la lutte vitale sur les troupes livrées en désarroi au courage individuel de leurs membres, pour que bientôt, à la surface d'un vaste continent, et plus tard du monde, il ne subsistât plus que les races chez lesquelles l'instinct d'obéissance hiérarchique et de discipline sociale s'était définitivement établi et fortifié de génération en génération, quels que fussent du reste les abus de pouvoir auxquels cet instinct pouvait donner lieu de la part de ces chefs devenus déjà des maîtres.

Mais si l'on voulait chercher dans cette ancienneté de la tyrannie paternelle ou sociale et de ses abus un prétexte d'en légitimer la perpétuité, il serait facile de répondre que, justement parce que cette tyrannie n'était que d'une utilité toute relative à l'époque et aux conditions de vie dans lesquelles vécurent les premières races humaines et lorsque, encore toutes brutales, elles subissaient les lois de la brute et étaient à chaque moment prêtes à succomber contre les forces liguées d'une nature ennemie, ce qui faisait règle alors pour elles ne peut servir de mesure aujourd'hui pour nous, peuples modernes, qui avons réussi à nous soumettre ces mêmes forces qui menaçaient et dominaient nos ancêtres; car ce qui était nécessaire pour eux serait pour nous nuisible, et les conditions de leurs premiers progrès arrêteraient infailliblement les nôtres.

Seulement, nous pouvons chercher à expliquer par cette nécessité, cette utilité primitive, comment l'humanité a pu accepter et supporter si longtemps des abus qui révoltent maintenant notre justice, comment ils sont arrivés à se produire et pourquoi ils réussissent à se perpétuer encore aujourd'hui que nous les reconnaissons dangereux.

C'est en cela que consiste, en définitive, toute la philosophie de l'histoire, qui peut se résumer tout entière dans cette grande loi de réaction progressive de l'intelligence individuelle contre l'instinct spécifique héréditaire et de fixation lente et traditionnelle dans cet instinct, à travers la série des générations, des règles pratiques révélées par l'intelligence individuelle. De sorte que moins cet instinct a de force acquise, plus l'intelligence a d'action sur lui et précipite d'autant le mouvement de transformation et de progrès, qui peut résulter plutôt d'une diminution réelle des facultés instinctives que d'une activité croissante des facultés intellectuelles. En un mot, moins un individu humain est fortement lié par son innéité aux traditions de race, plus il est apte à concevoir et à mettre en pratique des règles de conduite plus conformes au milieu et aux conditions diverses dans lesquelles il est appelé à vivre; de sorte que la théorie est ici d'accord avec les faits pour donner la prééminence, au point de vue des pouvoirs civilisateurs, aux races mêlées, provenant de groupes ethniques assez voisins pour que la chaîne des traditions instinctives soit affaiblie en elles sans être brisée par l'opposition de ses éléments composants et sans présenter des caractères qui, par leur nature contradictoire, tendraient à s'annuler l'un l'autre. Or, telles sont, entre toutes les nations, la France d'abord, puis l'Angleterre, la Belgique et l'Italie ; l'Allemagne, au contraire, plus homogène, se meut plus difficilement, obéit avec plus de lenteur à l'impulsion intellectuelle de ses politiques théoriciens ; et si les États-Unis d'Amérique s'élancent si rapidement dans la voie du progrès, c'est que, peuplés de tous les individus les plus actifs de nos nations européennes, la force instinctive s'est trouvée affaiblie chez leurs descendants par le mélange ethnique, en même temps qu'ils étaient emportés par la puissante impulsion de l'intelligence contemporaine. Ces peuples nouveaux ne se trouvent donc aujourd'hui en face d'aucune des résistances traditionnelles qui, parmi nos vieilles races d'Europe, sont les soutiens les plus puissants des institutions sociales et des pouvoirs politiques du passé.

Mais, par contre, si aucune nation mulâtre, provenant du mélange du Nègre ou de l'Américain avec l'Européen, n'a pu encore se constituer, c'est que la trop grande opposition de l'équilibre passionnel et instinctif des deux souches ethniques, n'a pu produire un ensemble d'innéités harmonieuses, d'accord avec les conditions élémentaires de la vie sociale, de la civilisation et du progrès autonome.

CHAPITRE X.

INFLUENCE RÉCIPROQUE DES FORMES SOCIALES SUR LA FAMILLE ET DES FORMES DE LA FAMILLE SUR LA SOCIÉTÉ.

Nous sommes autorisés à conclure de ce que nous savons avec une entière certitude des peuples modernes ou historiques que les formes politiques et sociales, ainsi que les habitudes, les mœurs et les instincts de famille des peuples primitifs, ont été différentes dans chaque race, dans chaque variété humaine successive; que toutes les formes possibles de l'association humaine ont été plus ou moins complétement réalisées, dans la mesure et sous la loi suprême de la nécessité ou de l'utilité spécifique, que par conséquent toutes les innovations apparentes à cet égard ne seront toujours que des développements ou des plagiats plus ou moins fidèles de ce qui a existé déjà.

Nous avons vu précédemment [1] que toutes les formes

[1] Part., ch. I, p. 337 et suiv.

de l'instinct de famille, constatées dans l'humanité, se retrouvent chez les animaux et, notamment, chez les divers genres de singes anthropoïdes. Si l'orang-outang représente aussi exactement que possible l'état des mœurs de l'homme de la nature, selon Rousseau, le gorille est polygame, comme les Chinois, les Hébreux, les Turcs, les Mormons; le chimpanzé, au contraire, paraît vivre par couples fidèles et prendre long soin de sa progéniture; certains gibbons vivent isolés et d'autres en troupes où les enfants sont ceux de tout le monde, comme dans la république de Platon.

Il est donc présumable que, de même, chacune des formes de l'instinct de famille a toujours été réalisée chez un certain nombre de souches humaines ou qu'elles ont succédé les unes aux autres chez les mêmes races, selon que la loi des conditions de vie rendait l'une ou l'autre plus propre à assurer la perpétuité de l'espèce et la prospérité du groupe social.

Si nos jugements n'étaient toujours plus ou moins sous la dépendance de nos habitudes ethniques et ne portaient fatalement l'empreinte de notre conscience héréditaire, nous reconnaîtrions, sans étonnement, sans épouvante, que, contrairement à l'opinion dominante, chacune des formes de la famille est indifférente en soi, c'est-à-dire que l'une n'est moralement supérieure à l'autre qu'à condition de répondre mieux aux convenances de lieux, de temps, de climat, de race, de sociabilité, de développement intellectuel de chaque nation. On peut même affirmer que chacune de ces formes est intimement liée à certaines phases sociales; qu'une nation qui se transforme économiquement ou politiquement, doit au même moment changer ses mœurs, ses coutumes et que l'immobilité des formes traditionnelles de la famille a tué plus de peuples que leur altération, ou même leur destruction par la licence.

Mais, au milieu de ces diversités ethniques d'instincts, de sentiments, de mœurs, de coutumes, il devient impossible de ressaisir un type unique qu'on puisse considérer comme celui de l'homme social primitif, parce qu'il y a eu autant de types sociaux qu'il y a eu de variétés ou de races humaines successives. Même la filiation généalogique de ces races échappe et échappera toujours à nos recherches, non-seulement parce qu'un nombre infini de variétés et de races, aujourd'hui éteintes, ont formé les anneaux pour jamais disparus et inconnus de cette chaîne infiniment ramifiée; mais surtout parce que ces variétés successives se sont produites l'une l'autre par des changements, des variations insensibles, et qu'elles se sont mélangées à l'infini et réciproquement altérées dans la suite des temps et des générations. Nous ne pouvons donc espérer ressaisir que les lignes générales d'une classification ethnique; mais ses groupements principaux, suffisamment détachés comme grandes masses bien caractérisées, se confondront toujours plus ou moins sur leurs limites et s'embrancheront diversement avec les groupes voisins, ne laissant subsister d'incontestable pour notre science que l'infinie variété des différents membres de la grande famille humaine et les nuances aussi insaisissables que diversifiées qui les relient ou les séparent.

Une loi qui ressort aussi avec évidence de l'observation et qui doit servir de norme dans toute philosophie de l'histoire, c'est qu'il ne faut jamais chercher dans un seul des instincts de l'homme la raison de certaines particularités individuelles ou ethniques, parce que l'homme ou la race résulte de l'ensemble de ses instincts qui réagissent constamment et en chaque circonstance différemment les uns sur les autres, et sont eux-mêmes susceptibles de modifications constantes ou capricieuses, selon les temps et les lieux, sous l'empire prédominant de cette loi de nécessité, qui s'appelle les conditions de vie et qui gouverne fatalement les peuples et les individus. Deux peuples de même race et doués conséquemment d'instincts héréditaires semblables, prendront donc des formes sociales toutes différentes, sous des climats, dans des milieux différents, et, à diverses époques, subiront tous, plus ou moins, mais souvent en sens très-divers, l'influence des autres peuples avec lesquels ils se trouvent en rapport forcé de voisinage ou de commerce.

Il suffit d'ailleurs qu'il naisse quelque part des hommes tels qu'un Alexandre ou un César pour bouleverser complétement les destinées du monde. Qu'Alexandre fût mort dans le Granique et César dans le Rubicon, l'histoire eût certainement été tout autre. En admettant qu'un homme quelconque ne peut que profiter des événements et des prédispositions des hommes de son temps, un autre homme en eût profité autrement ou dans un but différent; il eût donné d'autres effets aux causes de transformation alors virtuelles et en puissance et auxquelles sa main a imprimé la direction, si elle ne leur a donné la force.

Mais il faut de toute nécessité renoncer à l'idée que l'organisation première des sociétés tire son origine d'une convention, d'un contrat ou pacte social librement délibéré et inventé tout d'une pièce par un groupe d'individus humains vivant jusqu'alors isolés, sans liens, sans rapports communs, sans mœurs fixes, sans coutumes héréditaires et sans un vague sentiment de certains droits ou devoirs réciproques. Tout état social donné ne fut que la réforme plus ou moins intelligente ou le développement anormal et violent ou naturel et légitime d'un état social antérieur. Lorsque chez une race sauvage ou même barbare se sont accomplies soudain de grandes révolutions sociales, elles ont toujours résulté, soit de l'initiative de quelques individus de race différente et supérieure, qui sont devenus pour elle les révélateurs d'instincts sociaux plus développés, soit de la conquête en masse de ces races par des nations plus civilisées. Au contraire, chez les races supérieures, plus ou moins longtemps opprimées par la conquête ou l'invasion de races inférieures, les révolutions ou réformes sociales sont presque toujours la suite de la revendication violente de leur indépendance et de la résurrection de leurs instincts nationaux qui, quelque temps comprimés, reprennent la série interrompue de leurs développements progressifs, dès que, par la révolte, le peuple, rendu à lui-même, a chassé les maîtres qui étouffaient son génie ethnique [1].

On a souvent discuté sur les formes primitives du pouvoir social. Les uns ont soutenu, comme Rousseau, qu'à l'origine toute autorité ou magistrature dut être élective; d'autres, sans être plus proches du vrai, ont prétendu qu'elle fut héréditaire. C'est qu'en réalité le pouvoir social a eu l'une ou l'autre source, selon les circonstances de temps, de lieu et surtout de race. Ainsi, chez les races qui vécurent originairement en troupes dont les individus n'étaient reliés entre eux par aucun lien de famille, il est évident que les chefs furent électifs. Au contraire, chez les variétés où prédomina de bonne heure l'autorité paternelle, et où par suite s'établit dans chaque famille l'hérédité des biens avec celle du nom, du sang, l'autorité sociale, bientôt considérée elle-même comme une propriété, une dignité transmissible, tendit fatalement à devenir héréditaire et le devint presque toujours [2].

Mais on conçoit à combien d'exceptions et de modifications diverses cette règle, si simple et si générale à l'origine des sociétés, dut donner lieu par suite du mélange des races par le métissage, l'immigration ou la conquête; et comment, chez nos races modernes, issues d'un nombre infini de croisements et mélanges successifs, l'instinct ethnique, toujours hésitant entre ses deux

[1] Rousseau, *Disc.*, p. 108 et 120.

[2] Rousseau, *Disc.*, p. 124.

formes opposées qui se détruisent l'une l'autre, erre indécis, au gré des révolutions et des influences locales ou individuelles, entre l'hérédité et l'éligibilité du pouvoir. Cependant, si l'hérédité semble prévaloir chez les races latines, en dépit des réactions de l'intelligence, on peut en chercher la raison dans la prédominance des instincts de famille et du respect de l'autorité paternelle ; tandis que si, chez les races germaniques, la monarchie, toujours secouée et instable, bien qu'en général tyrannique et absolue, a le plus souvent eu pour base l'élection, en dépit des efforts des élus pour en établir l'hérédité, c'est que, chez les Germains, les instincts de famille, toujours maintenus dans leurs limites par la rivalité des instincts sociaux, ne sont jamais arrivés aux formes abusives qu'on leur voit revêtir chez les races latines. De même, si les peuples de race araméenne n'ont jamais ployé que temporairement sous le joug monarchique, si le despotisme royal n'a jamais pu implanter chez eux de profondes racines, c'est grâce sans doute à la puissance de l'instinct patriarcal, à l'habitude ethnique des institutions fédératives, fondées sur la famille étendue en tribu ; tandis que les hordes touraniennes ont toujours passé avec la plus grande facilité du despotisme de leurs petits khans sous celui des monarques conquérants de l'Asie.

Si la famille n'a pas été nécessairement et toujours le point de départ et la première forme de la société, puisque la société a pu être aussi fréquemment, selon les races et les circonstances, le point de départ et la première forme de la famille, chez les espèces primitives de bimanes anthropoïdes en voie de lents progrès ; néanmoins, une fois la famille constituée, sous l'une quelconque de ses formes possibles, la société s'est plus ou moins modelée sur elle et a subi son influence, comme réciproquement la famille a subi l'influence des formes diverses et variables de la société.

Ainsi, là où le chef de famille devint despote et tyran, on a vu en général la tyrannie et le despotisme s'implanter facilement dans l'État; quand, au contraire, la justice et la liberté, ou du moins une loi écrite ou instinctive, réglant l'arbitraire paternel, a été introduite au foyer, elle a également adouci les mœurs publiques et inspiré les institutions sociales.

Ce rapport entre la constitution de la famille et celle de l'État, vrai très-généralement et depuis longtemps constaté du reste, souffre néanmoins bien des exceptions de détail, mais que toutes peuvent s'expliquer par la résultante toujours complexe des circonstances locales, des mélanges ethniques, des influences étrangères ou individuelles agissant sur le groupe national.

Ainsi, chez les peuples sauvages, où nous voyons les liens de familles arbitraires et lâches, où le mari renvoie la mère et garde les enfants, ou les vend, les troque, comme une marchandise dont on a de trop, où la femme, de son côté, passe sans formalités ni plaidoiries d'un toit conjugal à un autre et met au monde dans le lit d'un second mari l'enfant conçu du premier, on voit également les chefs tour à tour adorés ou honnis, obéis par crainte ou chassés avec mépris, et le caprice, l'arbitraire, mêlés au respect superstitieux de certaines coutumes tout extérieures, de certains rites inexpliqués, gouverner l'État comme la famille.

Du reste, tout peuple exclusivement chasseur est presque fatalement polygame, du moins dans toute vaste contrée assez abondante en gibier. Pour le sauvage chasseur, la femme est une bête de somme, un animal domestique qui veille sur son butin, prépare sa nourriture, dresse sa tente, porte ses fardeaux en voyage : plus il en a, mieux il est servi. En cas de famine, enfin, ce peut être un secours : l'Australien a deux femmes, parce que, lorsque tout autre gibier lui manque, il a la ressource d'en tuer une pour la manger et en nourrir l'autre [1].

Chez les barbares nomades et guerriers du centre de l'Asie, le chef de famille a un harem de femmes esclaves dont il est le maître despote et absolu; mais ce maître obéit servilement lui-même à quelque despote terrible dont le sceptre est un glaive toujour levé et qui d'un signe peut à tout instant faire rouler sa tête à ses pieds. Car ce tyran supérieur commande à des hordes de soldats, harems d'hommes condamnés à vivre sans femme pour demeurer plus libres de se faire égorger pour lui et à son ordre, armée de mâles inféconds, de bourdons voraces et destructeurs, que doivent nourrir de leurs sueurs ces chefs de famille polygames

[1] Salvado, *loc. cit.*

dont les nombreux enfants ne parviennent qu'à peine à combler les vides incessamment faits dans l'état par la rage des conquêtes et les incessantes guerres d'un Tamerlan ou d'un Gengis.

Sous la tente des peuples pasteurs de l'Iran et de l'Inde, de même que chez les patriarches sémites, on voit également régner la polygamie. Elle a ici de tout autres causes et d'autres résultats. Toutes les fois que l'élève des troupeaux est la principale ressource et l'occupation dominante d'une race humaine, chaque famille a besoin de disposer d'un grand espace de sol pour suffire en toutes saisons à nourrir son bétail. De plus, elle doit pouvoir se déplacer aisément et selon les saisons, descendre l'hiver dans les vallées, au bord des fleuves, et l'été fuir la sécheresse des plaines sur le penchant des montagnes, que l'hiver couvre de frimas, mais que la chaude saison décore d'une végétation luxuriante. De là l'impossibilité pour une telle race de vivre agglomérée en tribus trop nombreuses, et plus encore de vivre dans des villes. La tente est son habitation et, par une suite nécessaire, sa forme sociale est le patriarcat. Le chef de famille est par droit d'ancienneté suzerain pour ses frères, monarque absolu pour ses fils et ses femmes qu'il multiplie à volonté. Assuré de ne manquer jamais de subsistance au milieu de ses troupeaux, qui lui donnent en toutes saisons leur chair et leur lait, il a besoin d'avoir beaucoup d'enfants pour en faire ses bergers et au besoin les défenseurs de sa tente. Plus la famille est nombreuse, plus elle devient riche et plus elle est respectée des autres familles voisines. Mais que faire des filles qui naissent en nombre au moins égal, à moins que leurs frères consanguins, sinon utérins, ne les épousent? Ceux-ci iraient-ils chercher des femmes autre part? Ils devraient les acheter à leurs pères, comme Jacob acheta successivement à Laban Lea, puis Rachel. D'ailleurs, s'il y avait échange entre deux familles voisines, elles deviendraient par cela même alliées et, après plusieurs mélanges de leur sang, toutes les unions entre elles seraient encore entre parents à des degrés plus ou moins prochains. Enfin, quand sous une tente le nombre des filles dépasse celui des hommes, il est plus simple qu'elles passent dans la maison d'un frère, d'un cousin, déjà pourvu de compagne, que de vieillir stériles, ce qui chez les peuples sauvages est en général une honte pour une femme, en attendant qu'il leur arrive de loin quelque épouseur.

Si, au contraire, le nombre des garçons à pourvoir dépasse celui des filles, ceux qui ne trouvent pas à s'apparier chez eux ou dans le voisinage, peuvent aller chercher fortune au loin et ravir au besoin quelque fille à une tribu ennemie, si on refuse de la leur accorder, comme les enfants d'Hébron firent de Dinah, la fille de Jacob.

Mais lors même que filles et garçons naîtraient toujours dans la race humaine en proportion égale, les périls auxquels les mâles seuls sont exposés dans la guerre aux autres tribus ou aux autres espèces, puis les passions plus vives, les querelles qui en suivent, la jalousie, les luttes auraient toujours pour résultat de diminuer le nombre des hommes adultes, relativement à celui des femmes. De plus, la vie adulte de l'homme est longue, celle de la femme est courte, surtout chez les races orientales et dans les climats chauds. Tout a donc dû concourir à faire de la polygamie une sorte de nécessité, physique et économique chez les peuples pasteurs d'Orient ; et on la verra renaître chez tous les peuples placés dans des conditions physiologiques et sociales analogues, comme elle renaît de nos jours encore chez les colonies patriarcales des bords du lac Salé.

On conçoit aussi qu'avec la polygamie le divorce soit admis et que la répudiation, même fréquente, soit sans fâcheux résultat pour la femme qui retrouve aisément un autre mari, tant qu'elle est encore jeune. Or, il faut remarquer que, chez presque tous les peuples polygames, la répudiation n'est admise contre la femme que jusqu'à l'âge où elle est capable de procréer. Au delà, celui qui la possède doit la garder. Au contraire, si, jeune encore, elle reste stérile, il peut en général la renvoyer à sa famille comme inutile et comme ne répondant point à l'objet du mariage, qui est avant tout, pour les peuples nomades, pasteurs ou guerriers, la procréation de nombreux enfants.

Chez les peuples essentiellement agricoles, on voit au contraire prédominer, en général, la monogamie absolue. L'homme s'attache à une seule compagne, comme à la glèbe de son champ.

Tandis que chez le peuple pasteur, toujours un peu

nomade, les mœurs elles-mêmes changent au caprice du chef et avec le changement de milieux, de races et d'époques, chez le peuple agriculteur tout s'immobilise, se fixe, s'enracine en quelque sorte et le divorce disparaît. L'homme et la femme, une fois unis, sont liés pour la vie. Plus égaux dans la mutualité de leurs devoirs, esclaves l'un de l'autre, rivés à la même chaîne, ils s'avancent dans la vie, luttant de leur deux fronts contre la nécessité. Le couple agriculteur, c'est l'attelage de bœufs liés au même joug et tirant la charrue d'un même courage. C'est que l'agriculture veut avant tout la stabilité; c'est que le laboureur ne peut emporter avec lui son sillon, comme le pasteur pousse devant lui ses troupeaux; qu'il a besoin que le lendemain, à son foyer muré, recommence la veille; que sa famille ne peut augmenter ou diminuer sans jeter le désordre dans l'économie sordide de sa vie, parce que la quantité de blé qu'il a semée au printemps doit pouvoir lui suffire à vivre jusqu'à la récolte prochaine et que de trop nombreux enfants dévoreraient trop de semence dans les années de disette.

La tente devenue la maison est attachée au sol fécondé par les générations qui s'y sont succédé en se nourrissant de ses produits et dont les descendants ne peuvent s'éloigner, sans renoncer à la richesse accumulée dans chaque sillon par le travail des ancêtres. A l'autorité patriarcale transmise sur tout le clan par droit de primogéniture, on voit se substituer l'égalité des droits entre les frères et le partage plus égal du patrimoine de famille. Si la case, la hutte ou la maison demeure en possession de l'aîné, si quelquefois, au contraire, comme au Malabar, on la voit passer par la fille aînée entre les mains de son mari, chaque enfant, chaque fils ou fille, tout au moins, a sa part du sol cultivé jusque-là en commun par tous et dont tous ont contribué à accroître la fécondité. Sur ces étroites portions d'héritages des familles trop nombreuses ne pourraient plus vivre; plusieurs femmes ne sauraient s'accorder sous un même toit avec leur peuple d'enfants rivaux. La guerre éclaterait et, sur un trop petit champ de bataille, serait désastreuse par sa continuité. Au contraire, les tentes patriarcales, groupées autour de celle du chef commun, pouvaient abriter, en les fractionnant, les membres multiples d'une même famille, contenus d'ailleurs dans leurs querelles par la main d'une autorité absolue et sévère. De là donc la monogamie des races agricoles, dont leur pauvreté leur fit un besoin, une impérieuse loi, dans une vie de travail constant toujours exposée à la misère par les intempéries des saisons et la guerre des éléments, qui menace cent fois chaque année de changer en déception l'espoir de la récolte. L'agriculteur est contraint d'être sobre en tout; et son rude labeur, en atténuant ses passions, lui rend ce devoir relativement facile.

Il n'a pas, d'ailleurs, comme les pasteurs polygames, le loisir de trancher chaque jour les différends et les querelles de ses épouses de divers degrés. Sa hutte, moins hospitalière que la tente, ne peut s'ouvrir à tout venant, parce que sur sa table il ne peut à tout moment servir un veau gras pour fêter le passage d'un voyageur, et, le soir, il n'est pas tenté d'amener dans la couche de celui-ci une de ses femmes ou de ses filles, parce qu'il en pourrait résulter un enfant de plus, qui serait pour lui une charge plus encore qu'une aide. Il veille, au contraire, avec jalousie à la fidélité de son lit conjugal et malheur à celui qui tenterait de le violer; malheur à l'épouse qui transmettrait à l'enfant d'un étranger une des parts toujours trop étroites de son héritage. Le crime, qu'en ce cas il se sent le droit de punir, c'est avant tout un vol. Si lui-même peut être tenté parfois de manquer à la réciprocité de son contrat conjugal, il se croirait voleur à son tour de tenter de séduire la femme d'un autre, ou de déshonorer une de ses filles qui, devenue mère d'un enfant sans père et sans espoir d'héritage, ne trouverait plus d'époux pour l'adopter. Si ses passions sont trop vives et sa femme trop vieille, pour les éteindre dans des amours stériles il a inventé, de concert avec les voyageurs, les peuples marchands, les populations urbaines, la ressource de la prostitution, de tous temps existante chez celles-ci, bien que toujours condamnée au mépris, comme destructive des vraies mœurs de la race humaine.

C'est que, parmi les populations urbaines, agglomérées, industrielles, commerçantes, la nécessité amène encore une autre transformation des mœurs. La polygamie y est plus que jamais impossible : elle y serait trop coûteuse et n'y aurait plus aucune utilité. Nonsens pour le peuple, ce serait un luxe que quelque riche caste aristocratique pourrait seule se permettre et pour laquelle elle serait encore un embarras constant et une cause rapide d'appauvrissement et de déchéance. La monogamie doit donc s'y établir, y prendre sa forme la plus absolue; mais, en même temps, elle doit fatalement s'y plier aux conditions d'une vie sociale plus active, plus remuante, c'est-à-dire admettre largement le divorce, et permettre la dissolution de la famille, comme sa reconstruction sur d'autres bases. Le lien conjugal, encore resserré, tant qu'il dure, dans le foyer de plus en plus étroit, doit pouvoir se rompre.

Dans la cité, l'unité sociale, ce n'est plus la tribu, ce n'est plus le couple, c'est l'individu, homme ou femme, qui sent son droit à l'indépendance. C'est la personne humaine qui s'affirme dans sa liberté, sous la sauvegarde du pacte social; l'homme des champs, agriculteur, pasteur ou chasseur, est l'esclave des forces triomphantes de la nature. Pour le citoyen, la famille n'est plus une chaîne fatale des intérêts, c'est un lien libre du cœur. Elle n'a plus ses racines dans le sol, mais dans l'être humain. Le mariage tend donc à devenir muable, temporaire. L'autorité paternelle et conjugale diminue, s'efface; la femme tend à n'être plus une propriété, mais une associée libre de l'homme, une compagne. L'enfant, lui-même, garçon ou fille, se sépare plus vite de ses parents pour vivre de sa vie propre. Il est à peine adulte qu'il exerce une profession, qu'il vole de ses propres ailes. Et la jeune fille qui a vécu une fois de la vie individuelle, qui a connu l'indépendance, a senti sa responsabilité, ne se laisse plus aussi aisément conquérir, absorber, dominer. Elle a le sentiment plus ou moins vif de ses droits, de sa dignité, et si le mari qu'elle a choisi librement l'opprime, elle le quittera pour un autre.

Les mœurs urbaines tendent donc fatalement à l'union conjugale dissoluble et temporaire, à l'égalité des droits des époux devant la loi et, en vertu d'une loi de nature, à la prédominance de l'influence maternelle dans l'éducation des enfants et la gestion même des intérêts privés de la famille. Et cette tendance est bien forte, bien irrésistible, puisqu'elle se manifeste en dépit de toutes les lois, de toutes les traditions contraires et qu'on la voit reparaître chaque fois qu'un même état social en reproduit les causes. Nier que ce soit une loi de nécessité morale serait aller contre l'évidence. En vain, en pareil cas, les coutumes ou du moins les formalités antiques se conservent parmi les hautes classes aristocratiques, mises à l'abri par leur fortune de la rude loi des fatalités économiques; en vain les philosophes classiques, les moralistes traditionnels du temps, les Juvenals, les Catons du jour crient à la corruption, à l'oubli des saintes coutumes antiques, à la violation de l'arche sainte des lois et de la religion des ancêtres, la masse populaire les écoute, les croit, même les applaudit tant qu'ils parlent, parce que ses instincts héréditaires sont d'accord avec ces voix du passé ; mais une force irrésistible l'entraine à agir autrement et son obéissance aux lois de la nécessité est plus morale que l'éloquente résistance des théoriciens sociaux qui, au lieu d'étudier les lois de la nature pour s'en inspirer et les suivre, veulent lui imposer les leurs et qui, sans le savoir, prêchent l'immoralité en défendant une morale vieillie, qui a cessé d'être conforme aux nécessités du temps, aux conditions de vie de la race.

C'est pour avoir méconnu cette condition vitale des sociétés civilisées que, presque toujours, les législateurs, exclusivement préoccupés de conserver sans altération les mœurs antiques, ont poussé les peuples civilisés à la décadence des mœurs en s'opposant à leur naturelle transformation et jeté les populations urbaines dans la licence, en mettant obstacle à leur légitime liberté. C'est ce qui est arrivé en Grèce, à Rome, et c'est ce qui arrive encore de nos jours chez les peuples modernes où l'impossibilité du divorce n'a d'autre résultat que de pousser les hommes au célibat et de détruire la famille en multipliant les courtisanes.

Non-seulement donc l'état économique des peuples, mais leurs institutions politiques influent puissamment sur la constitution de la famille et tendent à la modifier profondément.

Dans les aristocraties, par exemple, où chaque famille doit transmettre intact, de génération en génération, l'héritage d'un patrimoine, d'un nom, de titres ou de dignités, qui ne peut être partagé sans s'anéantir, non-seulement le mariage doit être sacré, solennel, unique, indissoluble, mais de plus, un seul des enfants pouvant succéder aux droits du père, comme chez les patriarches pasteurs, les autres, réduits à la portion congrue des cadets, doivent vivre du reflet de leur nom et de l'influence de leurs aînés dans l'État. La famille, colonne de cet édifice, dont la condition première d'existence est la stabilité, l'immobilité, doit participer à sa nature stable, immobile. Fondée sur le droit de primogéniture, c'est-à-dire sur le privilége, c'est le privilége qu'elle fait régner dans l'État où la justice, l'équité n'ont rien à faire: c'est une digue dont le but est de se défendre contre le flot.

Les démocraties, au contraire, dont l'essence est le mouvement et le premier besoin la liberté, ont des nécessités tout autres et trop méconnues jusqu'à présent. L'égalité et la liberté qui doivent régner dans l'État ne peuvent pousser leurs racines que dans la famille. Tous les enfants sont égaux en droits, mais de plus le droit de la mère est égal à celui du père. Ici plus d'autorité jalouse imposant l'obéissance sans mériter le respect. Plus de tyrannie consacrée; plus d'injustice qui ne porte avec soi sa pénalité. Le contrat conjugal est mutuel, ses obligations réciproques; celui qui l'enfreint est coupable, quelles que soient les suites de son infraction ; le divorce, est la sanction pénale nécessaire de sa violation, en même temps qu'une condition de sécurité et de dignité pour les deux parties. Mais, de plus, la loi qui en garantit l'exécution doit s'abstenir d'en régler les formes. Elle n'est plus la gardienne jalouse du droit d'hérédité; elle n'a plus à défendre entre les mains de quelques souches privilégiées des biens domaniaux, des titres, des dignités, conférant dans l'État un pouvoir politique héréditaire ; c'est pourquoi le contrat familial doit y devenir, ou plutôt y rester, comme tous les autres, un contrat civil, librement débattu, librement consenti, en vertu duquel chaque partie n'est obligée que dans la juste mesure où elle a consenti à l'être. C'est ce principe, toujours méconnu de nos législateurs, qui fait que, si les démocraties ont parfois trouvé d'heureuses lois politiques, elles n'ont encore jamais trouvé leurs mœurs, c'est-à-dire leurs conditions vraiment essentielles d'existence.

CHAPITRE XII.

L'INSTINCT GUERRIER ET L'ESPRIT DE CONQUÊTE.

On peut aussi se demander quelle est l'origine de l'esprit de conquête; ce qui peut l'avoir rendu possible comme fait et développé à l'état d'instinct; enfin en quoi il a été utile ou nuisible aux progrès de l'humanité.

Nous avons déjà eu plusieurs fois l'occasion de poser ce principe que la lutte, la guerre et non la paix, est la loi fatale de la vie. Les espèces luttent contre d'autres espèces, les variétés contre d'autres variétés, et dans la variété, dans le groupe social, la tribu, la famille elle-même, les individus luttent contre les individus. De deux lions nés de la même lionne, le plus fort, le mieux armé ou le plus heureux, celui que les circonstances serviront le mieux ou qui saura le mieux en profiter, l'emportera, vivra, laissera une postérité; tandis que l'autre, vaincu dans le premier combat auquel la passion génératrice l'aura conduit, ou tué par quelque représentant d'une autre espèce, s'éteindra sans laisser aucun représentant de sa race, héritier de son infériorité physique ou instinctive.

Il n'en est point autrement de l'homme. En admettant que la première souche de bimanes anthropoïdes, qui revêtit tous les caractères physiques humains; ait été douée d'un tempéramment moral relativement très-doux, ce tempérament dut se modifier nécessairement et devenir violent et irascible, dès qu'elle entra en lutte avec des ennemis dangereux, même d'espèce très-différente. Parmi les variétés auxquelles elle donna naissance, les seules qui parvinrent à se perpétuer furent celles qui joignirent à une force ou une agilité de plus en plus grande, un courage de plus en plus indomptable, non seulement pour se défendre, mais pour attaquer; parce que, si la défense suffisait à leurs représentants pour ne pas mourir dévorés, l'attaque seule pouvait leur donner les moyens de dévorer pour vivre.

Mais le courage et les autres instincts violents, une fois développés, devaient, par l'accumulation héréditaire, tendre à dépasser leur objet et à se tourner, à l'occasion, contre les intérêts de la race elle-même. Ainsi le dédain de sa propre vie conduisit l'homme, devenu guerrier, au dédain de la vie de l'homme; la constance dans la souffrance se changea en une joie féroce à la vue de la souffrance d'autrui; et celui dont l'ancêtre s'était vautré avec volupté dans le sang du tigre déchiré par ses mains, en arriva à boire avec délices dans le crâne de son ennemi scalpé vivant. Cette transformation du courage en cruauté, de l'intrépidité en férocité n'eût peut-être pas été si prompte, ni si complète, elle eût été ralentie ou arrêtée par la loi de nécessité, conservatrice des espèces, si la famine ne lui fût venue en aide pour l'accélérer. L'homme ou le bimane primitif peut donc avoir gardé envers ses congénères ce respect indifférent que les animaux montrent généralement l'un pour l'autre, toutes les fois que la passion sexuelle ou la rivalité de la faim ne les pousse pas à se combattre, tant que, l'espèce étant pauvre en variétés et en individus, les occasions d'un conflit entre eux étaient rares.

Mais, d'un autre côté, plus une espèce est rare et plus elle est menacée de destruction. D'ailleurs, nous avons vu que l'homme, pour triompher des espèces rivales, n'avait d'autre moyen que de s'assembler en troupes; et si la concurrence vitale dut rapidement avoir pour effet la destruction des troupes formées d'individus qui tournèrent contre eux-mêmes leurs instincts guerriers, au contraire elle décida la victoire de celles qui dirigèrent leurs colères, leurs jalousies, leurs vengeances contre d'autres troupes rivales plus faibles. De sorte que, si la guerre d'individu à individu eût eu rapidement pour conséquence la destruction de l'espèce, la guerre de variété à variété assura sa conservation et précipita ses progrès.

Si, en effet, de deux troupes humaines, cantonnées dans une même forêt, l'une détruit l'autre, celle qui est victorieuse a, pour prix de la victoire, une chasse plus facile, un gibier plus abondant, et, en vertu de la loi d'équilibre entre la population et les subsistances, au bout de quelques générations ou même de quelques années, l'abondance a doublé le nombre de ses individus. Et si, à mesure qu'elle se multiplie, l'abondance où elle vivait diminue, en revanche elle a doublé ses forces en doublant le nombre de chasseurs, de guerriers qu'elle pourra opposer aux tribus cantonnées dans d'autres forêts plus éloignées, et avec lesquelles la loi de famine la fera bientôt entrer en conflit.

L'instinct de conquête est donc donné tout entier en germe par ce seul fait ; il est donné comme utile, comme nécessaire, comme condition de vie des sociétés humaines primitives, livrées aux fatalités naturelles.

Cependant, que fût-il advenu si la première fois que deux troupes d'anthropoïdes primitifs en vinrent aux mains pour se disputer l'une à l'autre la possession exclusive de leur forêt, un ange du Très-Haut, un prophète inspiré, suscité par lui, un organe quelconque de la Providence, fût venu leur dire : « Au lieu de vous détruire mutuellement, unissez-vous ; chassez en commun ce gibier que vous vous disputez et, après quelques années, le résultat sera pour tous ceux qui survivront exactement le même que si la moitié d'entre vous avait réussi à tuer l'autre moitié ? » L'instinct guerrier eût peut-être été étouffé dans son germe par cet utile avis du ciel, au grand profit de l'espèce entière. Et, lorsque les deux tribus unies auraient rencontré dans leurs chasses ou leurs migrations annuelles d'autres tribus également humaines, si le même ange fût redescendu, si un autre prophète eût été suscité, si une seconde intervention providentielle eût fait comprendre à ces troupes, encore au moment d'entrer en conflit, les bienfaits de la paix et l'inutilité de la guerre, même pour les victorieux, l'humanité primitive, cessant dès lors de tourner ses forces contre elle-même, n'eût pas perdu des milliers de milliers de siècles à s'entre-détruire vainement. Elle aurait pu, à mesure qu'elle se multipliait, peupler de proche en proche de nouvelles contrées et couvrir le monde d'une immense confédération de peuples libres et indépendants, n'ayant d'autre terme fixé à leur multiplication et à leurs progrès que la quantité limitée des subsistances. Ses instincts héréditaires, prenant un autre cours, se seraient dirigés dès ce moment vers la recherche des moyens propres à dompter les forces ennemies de la nature, c'est-à-dire vers la domestication des espèces sauvages et la multiplication des plus utiles, vers l'agriculture et l'industrie, et peut-être que l'intelligence humaine en travail, lancée dans cette voie du progrès pacifique, en fût arrivée, il y a cent mille ans, au point où elle en est aujourd'hui.

L'instinct guerrier, l'instinct de conquête n'était donc à l'origine pour l'homme primitif que d'une utilité toute relative, c'est-à-dire qu'il n'était une condition de vie que comme suppléant d'autres instincts supérieurs, ou seulement différents, que le hasard des naissances, d'heureux accouplements entre quelques individus bien doués ou la moindre circonstance physique aurait pu développer. Sans envoyer ses anges, ni susciter ses prophètes, la Providence n'avait donc qu'à faire naître ces circonstances heureuses, qu'à conduire l'un vers l'autre ces deux individus propres à produire cette heureuse variation morale chez leur progéniture commune, et les destinées du monde eussent été toutes changées : la terre aurait vu paisiblement s'établir le règne de l'homme, arrivé sans luttes à cet état social qu'aujourd'hui même nous n'entrevoyons encore que comme un idéal irréalisable. Devons-nous donc croire, ou que la Providence, qui n'était pas encore connue alors sur la terre, n'a été inventée que plus tard, ou qu'étant en ce moment occupée à régenter quelque autre planète, quand elle a jeté ses regards sur la nôtre, le mal était fait et arrivé au point d'être à peu près irréparable ?

Car une fois cet instinct établi, par le fait de son utilité relative à chaque race chez laquelle il se développait et dont il assurait la perpétuité aux dépens des autres races, la guerre ne pouvait que grandir et s'étendre. Elle devenait une éternelle fatalité, entraînant après soi tout un cortége d'autres fatalités. C'était l'invasion dans le monde de la discorde suivie des furies.

En effet, dès que la guerre de tribu à tribu fut devenue une règle, une loi, une nécessité ou plus encore une habitude sociale, elle éclata à tout propos avec ou sans utilité et sous le plus futile prétexte. D'abord, suite des contestations sans cesse renaissantes entre tribus voisines, au sujet des limites toujours mal fixées de leurs domaines de chasse et plus tard de leurs pâturages, une légère insulte à l'un des membres de l'association en devint bientôt l'occasion, et l'ambition croissante des chefs la véritable cause.

C'est que ces chefs qui, à l'origine, devaient avoir été choisis, selon l'usage traditionnel établi dans l'intérêt social, parmi les plus forts, les plus courageux ou les plus rusés, pour mieux assurer le triomphe de la troupe dans son action commune contre les animaux féroces ou contre les autres troupes humaines, ne pouvaient manquer d'être poussés par l'ensemble de leurs autres instincts brutaux, à faire servir leur ruse, leur courage et leur force à la satisfaction de leurs propres passions. Ainsi, il est fort douteux que la Grèce se fût précipitée sur l'Asie, si Hélène avait été la femme de quelque pasteur obscur, au lieu d'être la femme de Ménélas, et que Troie eût refusé de la rendre, si son ravisseur n'avait été Paris, fils de Priam. Les peuples se trouvèrent donc inféodés aux passions de leurs chefs et contraints d'épouser leurs querelles. Et plus la guerre passa dans leurs mœurs et devint un instinct ethnique puissant et irréfléchi, plus les chefs, qui en avaient la conduite, virent croître leur influence et étendre les limites de leur autorité. Du chasseur au guerrier, il y a la différence de l'homme privé à l'homme public, disons plutôt de l'animal au citoyen : le premier poursuit la satisfaction d'un besoin individuel, le second remplit une fonction sociale. Mais, pour cela, l'homme, avec ses intérêts individuels, ne disparaît pas; il subsiste avec ses passions transformées. Il ne lui suffit plus d'atteindre la proie qu'attend sa faim ; car d'autres appétits se sont éveillés en lui : c'est l'amour de la gloire et celui du butin; c'est je ne sais quelle rage féroce qui emporte le soldat à la destruction, au mépris des périls qu'il court lui-même et qui n'est satisfaite que par ces récompenses d'une nature étrange que donne la victoire et qui semblent n'avoir de prix que pour des âmes façonnées depuis un nombre incalculable de générations aux instincts guerriers.

Ces instincts, du reste, sont encore bien loin d'être particuliers à l'homme. On les retrouve en germe, avec tous leurs éléments principaux, chez beaucoup d'autres espèces : le coq et le chien de combat en semblent animés, et l'instinct sexuel ne suffit pas à expliquer les combats de tous les animaux sauvages. Enfin, chez les fourmis, l'instinct guerrier existe, avec la guerre et toutes ses péripéties et conséquences, et rien ne nous autorise à supposer qu'il donne lieu chez l'insecte à des phénomènes moraux totalement différents de ceux que nous pouvons observer chez le mammifère humain.

L'instinct guerrier, l'esprit de combat, soit entre individus, soit entre variétés ou espèces, n'est donc qu'une des formes générales de la concurrence universelle des êtres vivants. Mais cette concurrence fatale, qui résulte nécessairement sur notre planète des lois de l'organisation et de la vie, n'est que d'une utilité toute relative au progrès de la vie et de l'organisation terrestre, et pouvait être suppléée par d'autres lois plus harmoniques et moins cruelles, arrivant aux mêmes résultats par d'autres moyens. Elle peut donc ne pas exister en d'autres mondes, dont un ensemble différent d'instincts peut régir les êtres vivants soumis à d'autres lois.

Si chaque espèce terrestre était providentiellement douée d'instincts parfaits, si même la concurrence vitale avait pour effet de produire cette perfection, comment expliquer que l'instinct guerrier, d'une nécessité et, conséquemment, d'une moralité si contestables dès l'origine, ait pu encore dévier de son but au point de devenir un danger permanent pour les races supérieures les plus civilisées, sans cesse exposées à voir leur paisible et savante organisation troublée par les incursions des conquérants barbares et de leurs hordes qui, parmi tous les instincts sociaux, semblent le plus souvent n'avoir conservé que celui de la discipline guerrière.

Mais comme la concurrence vitale n'a d'autre effet, sur notre globe, que de réaliser la perfection nécessaire et non toute la perfection possible, l'instinct guerrier ne s'est perpétué, en grandissant et se développant sans cesse, à travers toute l'échelle des êtres organisés, pour aboutir chez l'homme aux derniers excès de la plus inutile férocité, du plus illégitime et du plus nuisible emportement, que parce qu'à son origine et par la résultante de ses effets, il a concouru pour quelque chose au progrès constant ou intermittent des formes vivantes.

Ainsi, bien que, chez les premières variétés d'anthropoïdes, la guerre, presque permanente, qui décimait constamment les groupes humains et en a détruit dans la suite des temps le plus grand nombre, fût, en dernier résultat, sans aucune utilité, même pour les survivants, lorsque les sociétés en litige étaient d'égal degré, comme développement physique ou intellectuel;

bien qu'elle fût même très-nuisible au progrès de l'espèce, lorsqu'elle avait pour résultat la mort prématurée des individus de quelque chose supérieur à leurs congénères; elle avait, au contraire, des effets stimulants sur l'humanité entière et la poussait à des progrès définitifs, quand, éclatant entre des variétés de degrés inégaux, elle avait pour résultat la mort des individus les plus mal doués ou la destruction des races inférieures et en retard sur l'état moyen de l'espèce, au profit exclusif des variétés en quelque chose supérieures.

Par la destruction des variétés les plus voisines de la souche animale primitive s'élargissait, en effet, rapidement et constamment l'hiatus, aujourd'hui si profond, qui sépare l'homme des brutes de même souche originelle. En rendant ainsi impossible le mélange du sang entre ces races de divers degrés, l'inimitié, la rivalité qui les divisait et qui éclatait fréquemment en compétitions violentes, ayant pour résultat la destruction des unes et la victoire des autres, s'opposait aux variations rétrogressives qui auraient pu résulter des forces ataviques par le croisement de ces races qui s'étaient inégalement éloignées de leur type primitif. Si, donc, aujourd'hui toutes les races humaines vivantes, restant plus ou moins fécondes entre elles, ont cessé de l'être avec les espèces de quadrumanes, même les plus voisines, l'humanité doit cette délimitation définitive de sa forme spécifique à la prompte destruction de toutes les formes primitives de bimanes anthropoïdes qui, intermédiaires entre elle et les quadrumanes du temps, pouvaient être restées fécondes avec ceux-ci. Sans l'instinct guerrier, sans l'esprit de combat, sans la conquête progressive du sol par les races supérieures sur les races inférieures, l'humanité fût donc encore restée pendant une période beaucoup plus longue dans son état brutal primitif. La transformation de ses instincts spécifiques héréditaires en intelligence individuellement progressive aurait été si lente qu'elle fût devenue inefficace ou nulle; parce que chaque progrès accompli, chaque idée ou faculté nouvelle, acquise par l'intelligence de quelques individus en voie de variation, aurait eu le temps de se fixer dans leur postérité et, par le mélange du sang, de devenir instinctive et héréditaire dans la variété, c'est-à-dire d'acquérir toute la fixité et l'immobilité de l'instinct animal.

Nous sommes même conduits à admettre, comme évident, que telle fut, pendant des milliers de siècles et de générations, l'état des variétés primitives de l'humanité, qui conservèrent toutes, pendant des périodes très-longues, les mêmes habitudes, les mêmes mœurs sociales et dont plusieurs, par la durée même de cet état d'immobilité, virent s'éteindre en elle la faculté progressive et tournèrent enfermées dans le cercle de leurs instincts acquis sans pouvoir les franchir, jusqu'à ce qu'une variété en progrès vint les détruire et se substituer à elles.

Tel est réellement aujourd'hui l'état d'immobilité instinctive de diverses races sauvages, sur lesquelles l'exemple de notre civilisation est sans aucune prise et qui, du moins relativement à nous et à notre puissance de transformation, sont arrêtées pour jamais dans la voie de leur développement. Impuissantes même à comprendre les causes de notre supériorité, elles ne peuvent que nous céder la place et reculer devant l'immigration de nos colons, sans pouvoir se mélanger à eux. Ce mélange du reste serait plus à craindre qu'à désirer pour ceux-ci, puisqu'il aurait pour inévitable effet l'affollement de leurs instincts sociaux supérieurs, définitivement acquis, sous l'influence d'autres instincts trop différents, et la diminution dans la race mètis de la force de réaction intellectuelle sur les facultés instinctives, c'est-à-dire une variation en somme rétrogressive de la race mixte qui en sortirait.

Si la guerre et la conquête entre variétés de même souche ou de même rang, c'est-à-dire équivalentes, sinon semblables, par la résultante de leurs facultés, est donc évidemment, certainement, et à tous égards, nuisible à l'espèce, qu'elle appauvrit sans utilité ; si elle est destructive de ces variétés mêmes au profit des variétés étrangères, de quelque rang qu'elles soient, et conséquemment immorale au double point de vue de l'utilité de la race et de l'utilité de l'espèce ; au contraire, la guerre entre variétés inéquivalentes et la conquête du sol et des subsistances par les variétés supérieures sur les variétés inférieures est d'une nécessité relative au progrès de l'espèce et à la victoire définitive de ses rameaux supérieurs. Conséquemment dans notre monde, et à défaut d'une loi meilleure, elle est morale, étant donnée par l'utilité et la nécessité même.

Puisqu'en somme un nombre limité d'êtres vivants et, parmi ces êtres vivants, une proportion donnée d'êtres humains, peuvent vivre à la surface de notre planète, il y a utilité résultante à ce que ces êtres humains soient choisis parmi les plus élevés dans la série, c'est-à-dire les plus parfaits, les plus aptes à réaliser pour eux et leur postérité les conditions d'un bonheur croissant. Seulement, dans le cas général ou exceptionnel où une plus grande quantité résultante de vie humaine peut s'accumuler sur le globe par une hiérarchie plus ou moins nuancée de races ou castes diverses, il y a alors un intérêt spécifique à ce qu'une certaine proportion de variétés ou d'individus inférieurs demeurent à côté ou parmi les variétés ou individus supérieurs. Si, par exemple, il est prouvé que la race indo-germanique, qui représente aujourd'hui le rameau supérieur de l'humanité, ne peut assez complétement s'acclimater dans quelques parties de la zone torride pour en féconder le sol, alors il y a un intérêt humain à ce que, dans ces mêmes contrées, les autres races subsistent à côté d'elle en nombre suffisant pour y remplir les fonctions sociales dont notre race est incapable, et mélangent leur sang avec le nôtre en proportion justement suffisante pour donner à la race mêlée qui en sortira les qualités et facultés physiques qui nous manquent.

Mais, en tout autre cas, le mélange de sang entre les races supérieures et inférieures est immoral, bien plus véritablement immoral que les accouplements, dits contre nature, entre espèces différentes, puisque de ceux-ci il ne résulte rien, tandis que les premiers ont toujours pour conséquence un abaissement du type supérieur.

On voit donc que, selon les circonstances, l'esprit de conquête, l'instinct guerrier, sous la loi fatale de concurrence universelle qui régit la vie sur notre globe, est une nécessité, une fatalité logique; mais il est non moins évident malheureusement que, comme tous les autres instincts aveugles, brutaux, que la faculté intellectuelle ne retient pas constamment dans leurs limites, l'esprit de conquête a été le plus souvent dirigé contre son but, et, par son exagération même, il a peut-être autant nui à l'humanité qu'il ne l'a servie. Dans les temps historiques surtout, il est trop aisé de constater qu'il a retardé plutôt qu'aidé ses progrès.

Ainsi, l'on peut admettre que notre espèce a gagné quelque chose à ce que les tribus de pasteurs aryens, descendant des hauts plateaux de l'Asie, se soient substituées par la conquête aux races dravidiennes de l'Inde. Mais si l'humanité a réellement profité à ce que les autres migrations indo-germaniques soient venues se substituer et se surajouter aux populations ibéro-pélasgiques, établies avant elles sur les bords du bassin méditerranéen et dans ses trois péninsules, ce n'est nullement peut-être parce que la race aryenne était supérieure aux habitants de l'Europe d'alors, mais seulement parce que, de cet heureux mélange entre deux races équivalentes et peut-être proches parentes, il est sorti une race mixte évidemment mieux douée que les deux races mères dont elle est issue.

De même, si l'on peut accorder que les conquêtes d'Alexandre et de ses armées helléno-pélasgiques sur l'Orient aryano-sémitique ont poussé celui-ci dans la voie du progrès, il est plus douteux que la subordination de tout l'univers, déjà civilisé par les Grecs, à cette poignée de soldats laboureurs, qui avaient fondé et étendu la république de Rome, ait eu d'aussi heureux résultats. Mais ce qui est bien moins certain encore, en dépit de tant d'assertions contraires, émises par des historiens peu philosophes, c'est que l'invasion de l'empire romain par les hordes germaniques ait eu quelque heureux résultat pour la race aryenne tout entière, dont au contraire elles ont si évidemment arrêté pendant mille ans les progrès politiques et intellectuels.

Il faut donc admettre que, si l'esprit de conquête et l'instinct de combat ont eu parfois une rôle utile dans la vie de l'humanité, ils ont eu encore beaucoup plus souvent des effets nuisibles et rétrogrades. Il faut donc les considérer comme des instincts qui, déjà développés dans la race au moment de la fixation de sa forme spécifique actuelle, ont fait partie de l'héritage de sentiments et de passions que lui ont légué les espèces animales antérieures, au sein desquelles elle a pris son origine. Ces instincts ont été pour ces races une condition de vie; ils sont devenus pour l'humanité, sinon une cause, du moins une menace d'extinction et de mort. En un mot, ils sont arrivés à dépasser chez l'homme, par l'accumulation héréditaire, les limites de leur utilité relative, de manière à devenir chez lui passion et vice, c'est-à-dire danger permanent. L'antique vertu guerrière doit donc être considérée aujourd'hui comme le vice guerrier; c'est-à-dire comme une tendance immorale, parce qu'elle est contraire au but premier et souverain de tout instinct spécifique, qui est la recherche du plus grand bonheur possible pour la masse des représentants de l'espèce et des moyens d'assurer la perpétuité de plus en plus heureuse de ses générations futures.

Mais il y a lieu aussi de bien distinguer entre la victoire légitime des variétés supérieures sur les inférieures et les conquêtes inutiles ou nuisibles que les groupes sociaux équivalents entreprennent les uns sur les autres : celles-ci n'ayant jamais d'autres résultats qu'une destruction plus ou moins considérables d'hommes ou de choses, c'est-à-dire une perte nette de forces sociales.

De plus, il faut distinguer encore entre les moyens de conquête, ceux qui sont le plus utiles ou le plus créateurs de ceux qui sont le plus destructeurs et le plus nuisibles. Or, l'histoire nous montre que les invasions armées, venant apporter chez une race de nouvelles formes sociales, n'ont jamais que partiellement atteint leur but, si même elles ne l'ont manqué complétement. Si César a soumis la Gaule et détruit en partie son état social, la Gaule s'est révoltée sous ses successeurs ; et sans qu'elle pût reprendre la chaîne de ses traditions nationales brisées, on la vit passer, de convulsion en convulsion, sous le joug de tous les chefs de hordes qui tentèrent de l'assujettir, et dont chaque pas sur son sol ne marqua pour elle qu'un nouveau degré vers la décadence, jusqu'au moment, du moins, où tous ces éléments étrangers, absorbés dans la race indigène, eurent rendu celle-ci à son développement autonome.

La conquête n'a donc absolument de valeur que comme prélude à la colonisation, et autant vaudrait la commencer par la colonisation pacifique ; à condition toutefois que les colonies de race supérieures, établies au milieu de races inférieures, se conservent à peu près pures ou du moins ne mêlent leur sang au sang indigène que dans la proportion nécessaire à une complète acclimatation. Telle est la cause du succès des colonies européennes en Amérique, qui ont refoulé devant elles les Indiens indigènes sans se mêler à eux. Il faut, au contraire, chercher la cause de la longue agonie, toujours agitée et tourmentée, des colonies espagnoles et portugaises au Mexique et dans l'Amérique du sud, dans le métissage de la race européenne avec un élément indigène, dont les instincts rebelles à nos formes sociales altèrent trop profondément les instincts européens. D'un autre côté, si la colonisation anglaise dans l'Inde reste toujours menacée et ne se maintient que par un appoint annuel de forces venues de la métropole, c'est que la race anglaise conquérante se tient trop séparée de la race indigène. Un mélange du sang, en quelque proportion, entre l'Anglais et l'Hindou de caste supérieure aiderait, non-seulement à l'acclimatation physique du premier, mais à la transformation des instincts héréditaires du second et, entre deux races de même souche, bien qu'inégalement développées, loin d'avoir à craindre que des variations rétrogressives ne résultent du métissage, on pourrait espérer voir se manifester des variations avantageuses. Mais, comme tout ce qui est utile est bien loin de se produire, il se trouve au contraire entre les deux races, anglaise et hindoue, un désaccord d'instincts et de coutumes héréditaires qui les tient séparées et divisées, tandis que le fatal mélange du blanc et du nègre s'opère facilement en tant d'autres points du globe et donne naissance à des métis qui n'ont, en général, de la race blanche que les ambitions et la ruse et de la race noire que la bassesse et la férocité.

Ces quelques considérations suffisent à établir que l'esprit de conquête, abandonné à l'aveugle instinct spécifique, sous l'impulsion des passions égoïstes de l'individu, a rarement des résultats heureux pour l'humanité, à laquelle même il nuit le plus le souvent; que cet instinct, dévoyé comme tant d'autres de son but originel, ne peut rentrer dans ses limites et atteindre son objet qu'éclairé par la critique de l'intelligence; qu'enfin la conquête et la colonisation ne sont légitimes et morales qu'à la condition d'être dirigées par les principes les plus élevés et les plus larges de l'équité, en un mot d'être des déductions réfléchies de la science politique, éclairée par l'histoire, et non le résultat d'emportements populaires, de préjugés nationaux, de coalitions de partis ou de cupidités et d'ambitions individuelles de la part des chefs des nations ou de leurs émigrants et fugitifs.

CHAPITRE XIII.

DE L'ORIGINE DES INÉGALITÉS SOCIALES.

Nous venons d'étudier, aussi rapidement qu'il nous a été possible, l'homme primitif, son origine, c'est-à-dire ce qu'il a pu être au moment incertain où, l'espèce humaine, ayant acquis ses caractères physiques distinctifs et définitifs, ses instincts moraux et ses facultés intellectuelles, a dû, sous l'empire de l'inéluctable loi de nécessité, subir des modifications corrélatives pour accorder son organisation totale avec ses conditions de vie. Maintenant, il nous sera aisé de résoudre la question connexe de l'origine des inégalités sociales, de leurs causes nécessaires et de leurs exagérations fatales à travers l'histoire, exagérations qui les ont fait dévier et si souvent s'éloigner de leur but primitif, qui n'était autre que l'utilité sociale, la nécessité spécifique.

Il suit, de tout ce qui précède, que l'homme, physique et mental, étant le produit des variations successives d'espèces animales antérieures, est le résultat d'inégalités individuelles, ethniques et spécifiques, qui peu à peu l'ont constitué comme espèce, race ou individu. Et il nous reste à prouver que tout progrès ultérieurement accompli par l'espèce ou la race est également dû à des inégalités primitivement individuelles, puis, sociales, puis ethniques, qui de degré en degré ont sans cesse contribué à élever le niveau supérieur de l'humanité. Car le premier bimane anthropoïde, qui accusa quelques caractères exclusivement humains, acquit par là quelque supériorité sur ses congénères et transmit cette supériorité à plusieurs de ses descendants, sinon à tous. Ces individus, avantagés par le fait fatal de leur naissance, transmirent leurs avantages à une postérité de plus en plus nombreuse, parmi laquelle certains individus progressèrent encore, élargissant de plus en plus les différences et inégalités qui séparaient leur premier ancêtre progressif de ses congénères.

Quand ces individus supérieurs, avantagés par leur supériorité, demeurèrent au milieu de leurs congénères, ils eurent une tendance fatale et utile à les dominer, à les supplanter, à les exterminer dans la suite des générations par le seul fait de la concurrence vitale. Au contraire, lorsque, sous l'empire des mœurs patriarcales, chacun de ces individus supérieurs forma la tête d'une souche distincte, d'une tribu séparée, et que ces familles en progrès s'unirent pour former un groupe social distinct, séparé de sa souche restée immobile, ce groupe put être un moment composé d'individus à peu près égaux entre eux; mais il se distingua de plus en plus des autres groupes par des caractères évidents de supériorité ethnique. Car il dut à sa séparation d'avec ses congénères de fixer définitivement chez ses descendants l'héritage de ses supériorités acquises, soit dans l'ordre physique, soit dans l'ordre intellectuel ou moral. Et si cette race en progrès subit plus tard quelques mélanges avec sa souche, il résulta du croisement d'individus inégaux une série plus complète encore d'inégalités individuelles et de variations nouvelles, les unes rétrogressives, les autres progressives, qui, dans le groupe total élargirent de plus en plus les limites extrêmes de ces différences et inégalités.

L'action sélective, agissant de nouveau sur ces individus inégaux dans le même groupe, tendit plus ou moins à faire disparaître les races et les individus restés en retard dans le développement total de leurs facultés. S'il en résulta, pour un moment du moins, une homogénéité plus grande parmi les représentants de la même race, cette homogénéité ethnique, provenant de la disparition des individus inférieurs, restés analogues aux représentants des autres races endormies sans variations sensibles dans leur immobilité spécifique, rendit plus apparente et plus réelle la disparité des races elles-mêmes et tendit à affaiblir, entre ces variétés diverses, ce naturel sentiment de sympathie qui les pousse à se mélanger, à s'unir et à se reconnaître des droits égaux dans la vie. La répugnance au mélange du sang se manifesta d'abord chez les races supérieures et chez les femelles plus encore que chez les mâles. De nos jours, c'est un fait universel que, si des croisements s'opèrent entre la race blanche et les races inférieures, l'union, à moins qu'elle ne soit le résultat de la violence, s'opère entre le blanc et la négresse, l'indienne ou l'australienne ; et ce n'est qu'exceptionnellement que l'on trouve des exemples de métissage entre la femme blanche et l'homme d'autres races.

Et cette répugnance au mélange du sang ne se manifeste pas seulement entre des termes aussi extrêmes. Chaque race a sous ce rapport un préjugé dominant contre les races voisines, même très-proches parentes et certainement de même souche. Ainsi, bien que parmi nos populations urbaines, le mélange soit fréquent, et nous dirons même très-fécond et très-heureux, quant à ses produits, entre néo-latins et néo-germains, il est profondément antipathique à nos populations agricoles, du centre ou du midi de la France ou du centre et du midi de l'Allemagne. Même sur les frontières, l'Alsacien préfère l'Alsacienne à l'Allemande de l'autre côté du Rhin. Et il ne faut qu'entendre les conversations de nos jeunes filles bourgeoises ou paysannes pour être convaincu qu'il existe au fond de chaque nation, c'est-à-dire chez chaque fragment de race, une antipathie instinctive contre les unions avec des individus appartenant aux fragments voisins ou autres groupes nationaux. Chez nos paysans, cette antipathie se manifeste de province à province, parfois de village à village ; comme chez le sauvage, elle existe de tribu à tribu et parfois est assez puissante pour empêcher absolument tout mélange, bien que cette loi, très-générale, souffre de nombreuses exceptions locales, ethniques ou individuelles. On conçoit qu'entre des races ainsi divisées par l'antipathie du sang, au point de se refuser au mélange, sous l'influence d'un mépris, en général, réciproque, la moindre occasion de conflit aboutit à des guerres qui ont pour conséquence la destruction ou l'assujettissement de la variété la plus faible par la plus forte.

L'apparition même de l'homme sur la terre et ses premiers développements se trouvent donc en corrélation nécessaire avec des inégalités individuelles et des inégalités ethniques, inégalités qui n'ont jamais cessé d'exister, de se produire, de devenir de plus en plus profondes. De sorte qu'aujourd'hui une partie de l'espèce humaine est encore restée, à fort peu de chose près, ce qu'elle était lors de la fixation définitive de ses caractères physiques; tandis que, de degré en degré, se sont élevés, autour de ces branches primitives immobiles et, en quelque sorte, atrophiées, une multitude de rameaux différents et divergents, au-dessus desquels une race unique s'élance, comme une cime destinée à couvrir de son ombre, sinon à étouffer complétement, toutes les branches inférieures, anciennes ou nouvelles, ses rivales trop inégales.

C'est-à-dire que des Mincopies des îles Andaman, des Maories de la Nouvelle-Zélande, des Tasmaniens de Van-Diemen, des Hottentots et Boschmens du sud de l'Afrique, des habitants de la Terre-de-Feu ou des Esquimaux; au premier bimane anthropoïde qui eut trente-deux dents et trente-deux vertèbres, marcha debout sur ses deux pieds et ne grimpa que par occasion aux arbres, il y a une distance infiniment moins grande que de ces hordes infimes à nos peuples européens. On peut même dire, sans crainte, qu'au point de vue intellectuel, un Mincopie, un Boschmen, un Papou ou même un Lapon est plus proche parent, non-seulement du singe, mais du kangouroo, que d'un Descartes, d'un Newton, d'un Gœthe ou d'un Lavoisier. Car si, par l'organisation physique, il a le même squelette et les mêmes muscles que ces puissants et récents génies de l'humanité, par son organisation mentale, où l'intelligence sommeille encore, complétement dominée par l'instinct héréditaire, il est à peine égal et peut-être inférieur à certains de nos animaux domestiques, dont nous avons transformé la race par l'éducation.

Si donc la supériorité mentale de certaines variétés humaines sur la brute semble nous autoriser à faire, pour l'homme, une classe distincte, un règne humain, la difficulté serait d'en tracer les limites inférieures ; car on ne pourrait y admettre toute l'humanité physique, sans être amené à y donner une place, qui ne serait pas la dernière au point de vue moral, au chien, au cheval, à beaucoup d'oiseaux et à nos intelligentes et sociales sœurs du monde des insectes, les hyménoptères.

Personne, du reste, pas même Rousseau, n'a songé à nier l'existence, dans l'humanité, d'inégalités individuelles ou ethniques, soit physiques, soit morales ; mais ce que Rousseau a nié, c'est l'utilité de ces inégalités.

Ce qui a toujours échappé au coup d'œil, souvent entravé de préjugés systématiques ou de passions personnelles, de nos philosophes, moralistes ou politiques, ce sont les mille liens divers, nécessaires et étroits, qui unissent ces inégalités naturelles, c'est-à-dire innées, originelles, aux inégalités sociales garanties ou instituées par la loi.

A la doctrine de l'égalité absolue, insoutenable, c'est en vain que Proudhon a voulu substituer la doctrine de l'équivalence. Si les services d'un Papou, dans l'humanité, équivalent à ceux d'un Aristote ou d'un Newton, alors nous n'avons plus aucun droit d'affirmer la supériorité de la race humaine sur la brute, dont elle ne diffère que par de plus hautes facultés. Alors un insecte coprophage, une hideuse méduse, un infusoire microscopique est équivalent, dans l'économie du monde, à un Proudhon lui-même; il a droit aux mêmes jouissances, aux mêmes libertés; nous attentons au droit équivalent du mouton ou du bœuf que nous conduisons à l'abattoir, et péchons contre la justice en réduisant en servitude le chien ou le cheval. Car si, dans l'humanité, l'être supérieur en facultés n'a qu'un droit de vie égal à son représentant le plus infime, l'humanité elle-même n'a plus aucune raison de prétendre à la domination du globe qu'elle s'est soumis. Elle doit en partager le sol également avec toutes les espèces animales, leur donner, du moins dans ses produits, une part égale à leurs besoins et se réduire elle-même à sa portion congrue de nourriture, d'espace et de soleil, pour ne pas empiéter sur le droit équivalent des autres vies, qui ont sur elle, de plus, le droit des préoccupants.

Au fond, il n'est donc point d'inégalité de droit qui ne puisse trouver sa raison dans une inégalité de fait; point d'inégalité sociale qui ne doive avoir et n'ait, à l'origine, son point de départ dans une inégalité naturelle. Telle est la loi que nous osons formuler.

Corrélativement, toute inégalité naturelle qui se produit chez un individu ou s'affirme et se perpétue dans une race, doit avoir pour conséquence une inégalité sociale correspondante, surtout lorsque son apparition et sa fixation dans la race correspondent à un besoin social, à une utilité ethnique plus ou moins durable.

En un mot, l'équité n'est point l'égalité, mais la proportionnalité du droit : la justice consiste en ce que, dans l'humanité, chaque service rendu soit récompensé proportionnellement à sa valeur utile.

Seulement, reconnaissons bien vite que toute inégalité sociale, constituée et garantie par la loi, ou seulement établie par la coutume et la possession héréditaire, a une tendance à survivre aux inégalités naturelles qui ont motivé son établissement, conséquemment à dévier du but utile qu'elle avait à son origine, quand elle était la récompense d'un service ou la reconnaissance d'une supériorité de nature, et à devenir dès lors nuisible, en empêchant de se produire d'autres inégalités ou supériorités nouvelles, qui, à leur tour, réclament une part de vie proportionnelle à leurs facultés. C'est alors que, du reste, par la résultante des forces en lutte, ces inégalités sociales qui, contre le droit et l'équité, prétendent se survivre à elles-mêmes, sont bientôt supprimées par l'excès et l'évidence même de leurs abus et remplacées par d'autres inégalités, correspondant à des besoins sociaux actuels, à des utilités vivantes, à de nouveaux droits conquis et reconnus.

Si telle est la loi, voyons maintenant, par quelques exemples, comment elle s'accorde avec les faits et les explique.

En supposant qu'à une époque très-reculée, très-éloignée de nous, les diverses variétés d'anthropoïdes primitifs, au milieu d'une nature plus généreuse qui ne leur opposait encore pour rivaux que des types organiques inférieurs et aisément vaincus, aient pu se perpétuer dans un isolement bestial, sans liens de famille constants, sans association des forces individuelles dans un groupe social plus ou moins étendu; tous les représentants de ces diverses variétés locales, subissant l'influence des mêmes conditions de vie, purent conserver entre eux cette égalité, cette presque identité qui est le caractère commun de beaucoup d'espèces animales; et les différences sexuelles elles-mêmes pouvaient être à peu près nulles, comme celles qu'on observe chez le lièvre ou le kanguroo, chez le loup ou le tigre.

Mais une fois que la famille ou l'association devint pour les anthropoïdes un besoin, une condition de vie, il fallut qu'il se manifestât parmi eux des variations correspondantes à ce nouveau besoin. Toutes celles chez lesquelles ces variations ne se produisirent pas, périrent dans leurs luttes contre d'autres espèces et furent vaincues, dans la concurrence des variétés entre elles, par les races chez lesquelles apparurent ces variations utiles de l'organisme physique et des instincts moraux.

Car si, jusqu'à cette époque, les mâles et les femelles avaient pu avoir à peu près les mêmes habitudes, ces habitudes, devant changer, durent correspondre à des changements corrélatifs de l'instinct et de l'organisme.

Ainsi, tant que la famille ou la troupe n'eut ni campement, ni habitation fixe, les femelles pouvaient encore suivre les mâles à la chasse et y prendre part. Mais comme, dès la première apparition des instincts de prévoyance, de propriété, d'industrie, chaque famille ou chaque individu eut à porter avec soi un bagage, léger d'abord, puis de plus en plus lourd, de provisions, d'armes, d'ustensiles, une première division du travail social dut avoir lieu entre les membres de la même association. Lors même qu'à cette époque la femme eût été aussi forte, aussi agile que l'homme et aussi habile à la chasse, déjà périodiquement ou constamment gênée dans un exercice aussi violent par les devoirs de la maternité, c'est-à-dire déjà chargée du fardeau de ses plus jeunes enfants et préoccupée des soins à donner aux autres, elle dut être réduite au rôle, fatalement subordonné, de valet de chasse ou d'armée, c'est-à-dire de porteuse de fardeaux dans les migrations et de gardeuse de bagages dans les campements.

Soit dans la troupe, soit dans la famille, les mâles seuls conservèrent donc les instincts chasseurs et guerriers pour pouvoir défendre le groupe social dont ils étaient membres contre les agressions ennemies et pourvoir à sa nourriture; et les femelles durent demeurer auprès des enfants et surtout du butin, pour le protéger en l'absence de la troupe des mâles.

Une nouvelle nécessité sociale développait ainsi de nouveaux instincts chez les deux sexes, en atrophiant, modifiant ou fortifiant les anciens; et de nouvelles habitudes devaient avoir pour résultat, presque immédiat ou plus ou moins prochain, de modifier leur organisation physique. Ainsi la femme, dès lors condamnée à une vie plus sédentaire que l'homme, devait perdre de sa force et de son agilité, et acquérir plus d'adresse dans les travaux manuels commis exclusivement à ses soins. Dans une vie plus calme, plus retirée, plus craintive, passée tout entière sur la défensive, vis-à-vis des autres espèces ou tribus, et dans la subordination passive vis-à-vis de l'homme dont elle devait seconder les plans ou les projets, puisque de leur réussite dépendaient sa vie et celle de ses enfants, elle perdait toute initiative, voyait diminuer son courage et s'effacer ses instincts nomades et guerriers; mais elle acquérait, par contre, des instincts plus doux et plus affectueux dans la société exclusive de ses enfants ou des jeunes animaux qu'elle s'apprenait à apprivoiser par une transformation de ses instincts chasseurs en instincts pasteurs, et sous l'impulsion du besoin qui lui faisait voir en eux, soit une ressource pour les jours de famine, soit une distraction dans les longs ennuis de sa solitude forcée et souvent périlleuse.

L'homme, d'un autre côté, débarrassé de toutes les occupations domestiques qui prenaient une part de son temps, quand il vivait seul ou que les deux sexes avaient une vie commune, dès lors constamment en chasse ou en guerre et arrivant bien vite, sous l'influence d'une habitude devenue passion exclusive, à dédaigner tout autre souci, devenait physiquement plus agile et plus fort et moralement de plus en plus féroce et courageux, orgueilleux et cruel, despote et querelleur, soit dans les rapports sociaux, soit dans les rapports de famille. Car chez lui l'atrophie d'un certain nombre d'instincts n'avait fait qu'ajouter une force nouvelle à ceux qu'il avait conservés et qui, par suite d'une sorte de loi de compensation dans ses énergies morales, devaient arriver bien vite à cet excès où ils commencent à outrepasser leur but et à devenir nuisibles.

Nous trouvons donc ici tous les éléments primitifs de cette tyrannie paternelle qui, bienfaisante relativement aux conditions de la vie humaine à l'époque où elle s'est développée, aux époques postérieures a retardé les progrès de l'humanité en soumettant d'une façon despotique et brutale les jeunes générations à la tradition des ancêtres, et en mettant ainsi obstacle aux progrès rapides qu'auraient amenés toutes les variations heureuses qui, dans la série des temps, ont pu se produire et se sont certainement produites.

Car l'autorité, si vite abusive, que le mâle prit sur la femelle, s'étendit sur ses enfants et, une fois établie sur l'enfant, tendit invinciblement, en vertu de la loi générale d'accumulation instinctive et passionnelle, à se perpétuer sur l'homme adulte. Or, l'autorité despotique du père établie sur le fils adulte, l'égalité entre mâle s'était détruite, comme elle l'avait été entre le mâle et la femelle. Il nous reste à voir comment et pourquoi cette inégalité tyrannique, cette subordination des membres du groupe familial à un chef a pu se perpétuer, à travers la série des temps, presque jusqu'à nos jours et chez les races les plus élevées, en dépit de ses abus évidents et de ses excès nuisibles.

La loi suprême pour une espèce, c'est de vivre, c'est-à-dire de se défendre et de l'emporter dans la lutte contre d'autres espèces. Or, par le fait du despotisme paternel, une fois établi et consacré par l'instinct d'obéissance, développé corélativement de génération en génération chez la femelle et son enfant, tout le petit groupe social formait un faisceau de forces reliées par un lien commun et sous une direction unique. C'était en réalité un seul individu plus puissant, parce qu'il était pourvu de plus de membres et d'organes qui lui permettaient une action plus efficace, soit pour la résistance, soit pour l'attaque.

Si l'autorité paternelle n'est pas arrivée aux mêmes excès, ou a perpétué moins longtemps ses abus chez les races où plusieurs familles vivaient reliées sous un lien commun, c'est tout simplement que, chez les races, l'autorité sociale commune, les chefs électifs ou héréditaires de la troupe ou de la tribu rendirent les mêmes services sociaux que les chefs de familles dans les races patriarcales, bien que leur autorité, dépassant également bientôt ses limites et son but, soit arrivée aussi promptement aux mêmes abus et aux mêmes excès.

Ces chefs, choisis d'abord par nécessité, puis instinctivement parmi les plus forts, les plus courageux ou les plus expérimentés, ne purent agir efficacement, c'est-à-dire relier toutes les forces individuelles en un faisceau puissant, qu'au moyen d'une discipline inflexible qui, de chaque unité sociale, ne faisait dans leurs mains, du moins en temps de guerre, qu'un instrument, un bras, une arme de plus à diriger contre l'ennemi commun. Tout eût été bien si, une fois la guerre terminée ou l'expédition, la chasse finie, le chef, abdiquant son autorité, qui n'était que périodiquement nécessaire, fût redevenu simple concitoyen de ses compagnons. Mais une fois un instinct développé, il ne meurt pas à l'instant ; une fois une habitude prise, elle a une irrésistible tendance à se perpétuer. L'habitude, l'instinct, c'est la force d'inertie de l'esprit, c'est la volonté qui tend à se perpétuer fatalement dans la direction initiale qui lui est donnée. C'est la force centrifuge de la conscience humaine; l'intelligence seule peut agir comme force centripète, pour faire équilibre à son effort perpétuel vers la tangente. Tout chef de guerre eut donc une irrésistible tendance à rester chef pendant la paix et à perpétuer entre ses mains, pendant sa vie, et entre les mains de ses descendants, après sa mort, ce pouvoir d'une utilité temporaire qu'il avait sans doute reçu temporairement à l'origine. Et de même, l'habitude de l'obéissance une fois prise ne pouvait aussitôt se perdre; l'instinct de respect, de vénération, d'adoration, de reconnaissance, de servilité, une fois développé, ne pouvait plus se rendormir. Les uns obéissaient parce qu'ils avaient obéi, comme les autres commandaient parce qu'ils avaient commandé et dominé.

D'ailleurs, ce n'était pas seulement en temps de guerre qu'une autorité commune était nécessaire à la perpétuation des groupes sociaux. Entre tous les membres de cette association d'individus, encore livrée aux instincts de la brute, aux passions tout animales et dont la guerre et la chasse développaient sans cesse la férocité et les habitudes querelleuses et farouches, des disputes surgissaient incessamment, qui eussent décimé bientôt le corps social, si quelque pouvoir supérieur ne leur eût imposé un frein salutaire ou n'eût réglé tout au moins les conditions du combat et les limites de la vengeance. Le magistrat, bien que d'institution beaucoup plus récente dans l'humanité, lui était donc aussi nécessaire que le général; ce qui n'empêcha pas cette immense réforme sociale, ce progrès, le plus important de tous dans l'évolution des sociétés, de dégénérer promptement en abus et en cause de décadence.

Dans une tribu longtemps décimée par ces vengeances

impatientes et sans mesure qui ont pour résultat le massacre d'une famille entière, chez des races féroces et irascibles, et qui se poursuivent parfois sans fin, de génération en génération, chez des peuples dont l'esprit de calcul et de prévoyance sait ajourner sa colère sans l'oublier, ce fut un progrès que l'établissement d'une magistrature, même arbitraire, et d'une autorité, même despotique et cruelle.

Mais si l'on ne part de ce fait primitif que l'homme ne fut d'abord qu'un animal dominé exclusivement par les passions, les instincts de la brute, qui, capricieusement indépendant ou aveuglément soumis, n'eut en lui aucune idée nette de l'équité, aucune sentiment d'une justice, même vague et indéterminé, et que ce sentiment, cette idée ne se développèrent que peu à peu dans la race, par suite des réactions successives de l'intelligence, poussée à la recherche du mieux par l'expérience d'un état antérieur toujours pire, il est impossible de se rendre raison de l'établissement des institutions politiques, ainsi que de la durée des excès et des abus auxquels, dès l'origine, elles donnèrent lieu et qui se sont perpétués, en grandissant et se fortifiant, jusqu'à nos jours [1].

Ces excès et ces abus de l'autorité ne furent donc acceptés et supportés que comme un remède fatal, comme un mieux relatif, préférable à la licence et à l'insociabilité des premiers anthropoïdes livrés à l'instinct animal.

[1] Comparez Rousseau. Disc. p. 108-110.

Et de nos jours encore, en dehors des quelques individus poussés par leurs intérêts, leurs cupidités, leurs ambitions égoïstes à soutenir le despotisme, il n'est accepté et supporté par les foules que par crainte d'un autre état que leur ignorance, leur passion ou même leur expérience personnelle, toujours incomplète, et leur intelligence, souvent très-bornée, leur font juger encore plus redoutable.

Mais aucune autorité sociale n'aurait pu parvenir à se fonder et, bien que sentie comme un besoin, n'aurait eu aucune occasion de passer à l'état de fait, si des inégalités naturelles, ou tout au moins des différences entre les membres d'une même association, n'avaient porté les uns à se soumettre au jugement ou à la volonté des autres. Si parmi les chevaux, soit l'âge, et l'expérience qui en résulte, soit la force ou le courage ne distinguait toujours un ou plusieurs étalons parmi la troupe de leurs congénères et ne les désignait à leur choix, l'instinct de se choisir un ou plusieurs chefs ne se serait jamais établi dans l'espèce. De même, si tous les représentants des premières variétés anthropoïdes avaient été absolument égaux et semblables, l'autorité paternelle seule, qui elle-même dérive de la différence d'âge et d'une inégalité fatale d'expérience, d'aptitude et de force, eut seule subsisté. Peut-être en fut-il longtemps ainsi chez les variétés où se développa l'instinct de famille avant l'instinct social. C'est donc seulement, lorsque, dans une association de familles ou une troupe d'individus, un ou plusieurs mâles se distinguèrent de leurs coassociés par quelques qualités spéciales, que l'idée de les choisir pour chefs dans la guerre, pour conducteurs dans les expéditions de chasse ou pour arbitres dans leurs différends put naître du besoin de paix dans un cas, du besoin d'unité de direction et d'action dans l'autre.

Mais, chez les espèces animales elles-mêmes, nous voyons exister ces différences individuelles qui peuvent donner lieu à la subordination de la plupart de leurs représentants à certains autres spécialement doués et s'établir, par suite, un instinct qui suscite de plus en plus l'apparition et aide au développement de ces différences naturelles et des inégalités sociales qui en résultent. Nous sommes donc également fondés à admettre que ces différences, ces inégalités, ces instincts ont préexisté à l'humanité dans les races animales qui lui ont donné naissance et que, conséquemment, l'égalité absolue, l'identité complète n'a jamais existé parmi les représentants de l'espèce humaine, née déjà sociale, c'est-à-dire prédisposée à sentir le besoin d'une autorité quelconque, à se subordonner à ceux d'entre ses représentants que distinguaient quelques qualités et aptitudes spéciales et à se contenter même, au besoin, de l'apparence de ces qualités, quand leur réalité faisait défaut. C'est-à-dire que, dès l'existence des attroupements humains primitifs, la ruse et l'hypocrisie donnèrent aussi fréquemment le pouvoir que la vertu et l'intelligence, que la force régna plus souvent que le droit et que le fait se fit accepter comme juste, aussi souvent que le juste arriva à l'état de fait. De là, cette vérité si puissamment formulée par Pascal : « N'ayant pu faire que ce qui était juste fût fort, on a fait que ce qui était fort fût juste. »

La stabilité si remarquable des institutions politiques du passé, surtout des plus anciennes, s'explique ainsi aisément par la loi de nécessité, qui, les rendant relativement utiles à l'origine, les fit naître et se développer corrélativement aux inégalités naturelles. Celles-ci qui, seules pouvaient les rendre possibles les fortifièrent, par la suite, en les appuyant sur les deux instincts, également corrélatifs, de domination et d'obéissance. Mais cette même loi de nécessité explique comment leurs transformations progressives, leurs révolutions, leurs retours périodiques, leurs brisements violents et leurs lentes ou partielles réformes résultèrent des réactions critiques de l'intelligence sur ces instincts, réactions qui eurent elles-mêmes pour condition de nouvelles inégalités individuelles.

Ainsi, qu'une race quelconque, en vertu de ses instincts acquis, ait supporté, pendant une période plus ou moins longue, un état social douloureux, une autorité oppressive, des inégalités sociales arrivées à l'injustice en arrivant à l'abus, à l'excès, il suffit que, dans cette race, la raison critique de quelques individus se développe pour que, leurs idées se communiquant à leurs congénères, une réaction de l'intelligence sur l'instinct s'opère sur tous ou sur la majorité la plus apte à recevoir cette impulsion intellectuelle et détermine plus ou moins promptement l'action commune à réaliser la pensée de quelques-uns, en opérant une réforme plus ou moins complète de la société.

Cette réforme, on le conçoit, sera généralement un progrès, puisqu'elle aura toujours pour but d'être le remède à un mal inutile, c'est-à-dire un mieux. Mais comme elle n'a été suscitée que par la réaction de l'intelligence encore faible, mal exercée, mal informée et dominée toujours par beaucoup d'instincts et d'erreurs, il n'en résultera peut-être qu'un autre mal équivalent ou pire que le premier. Cette recherche aveugle du mieux n'a pu s'arrêter dans ses errements périodiques et prendre une direction assurée vers le progrès, que lorsque l'esprit humain, en possession d'une longue expérience traditionnelle et d'une science déjà assez complète des lois du monde physique et moral, a cessé de marcher à l'aveugle dans la voie de ses transformations et à l'impulsion passionnelle a substitué des jugements basés sur l'observation, l'expérience des faits et la connaissance des vrais intérêts de l'espèce. Or, sommes-nous même encore aujourd'hui arrivés à ce terme? C'est ce qu'on peut contester. Mais nous avons du moins désormais l'espérance de nous en approcher de plus en plus.

On voit donc que la condition première de toute réforme intelligente de l'état social et des inégalités provenant du fait d'institutions politiques qui exagéraient, avec abus, le fait primitif et fatal des inégalités naturelles, était l'existence d'un langage permettant aux individus d'un même groupe ou de groupes voisins de communiquer entre eux. Jusque-là, si des changements ont eu lieu dans l'organisation des sociétés anthropoïdes primitives, ils n'avaient pu être que le résultat fatal de variations accidentelles de l'instinct, ou d'inégalités naturelles physiques et morales assez grandes pour que leur effet nécessaire ait été de faire pencher la résultante des forces individuelles, en lutte dans l'association, au profit de certains de ses membres et au détriment des autres.

Il faut bien admettre que, même lorsque l'intelligence, éveillée et pouvant déjà se communiquer par le langage, commença à réagir, par ses jugements critiques, sur les institutions sociales résultant de l'instinct, les variations survenues accidentellement dans cet instinct et celles qui eurent pour résultat de produire de grandes inégalités individuelles physiques ou morales, amenèrent souvent la réforme ou la transformation plus ou moins complète des institutions déjà établies et jusque-là supportées.

Seulement, si les changements sociaux, résultant d'une réaction de l'intelligence sur l'instinct, eurent, en général, pour effet un progrès vers la justice, le droit, l'équité, l'intérêt public, l'harmonie des éléments sociaux; d'autres fois, les changements survenus par suite des variations accidentelles de l'instinct et des inégalités individuelles naturelles et sociales qui en étaient la suite, vinrent troubler la marche de l'humanité vers le progrès en produisant des chavirements violents dans la résultante des forces sociales et des intérêts de leurs éléments composants, sans aucun profit pour l'intérêt général et le plus souvent à son détriment.

C'est ainsi que des tribus, jusque-là en progrès relatif sur d'autres races rivales, tombant tout à coup sous le despotisme d'un maître qui les a séduites par ses promesses, sont entraînées à la décadence par l'influence des lois qu'il leur impose, et bientôt disparaissent de la série des nations pour faire place à d'autres nations qui, moins bien douées à un moment donné, ont continué de se développer lentement au moyen d'une hiérarchie sociale plus savamment construite et d'institutions mieux en rapport avec leurs intérêts actuels et à venir. Un homme peut donc suffire pour perdre un peuple, pour décider du sort d'une race, pour faire pencher la balance entre deux variétés et décider laquelle, dans l'avenir, arrivera à la domination du monde. L'histoire de l'humanité, jusqu'à présent, n'a guère été que le récit douloureux de ces apparitions fatidiques, presque toujours néfastes, qui ont changé l'équilibre du monde en pesant sur un point ou l'autre de sa surface du poids de leur épée ou de leurs parjures.

La ruse a eu autant de part que la force dans les destinées flottantes de l'humanité et peut-être détruit un plus grand nombre de nations. Comme loi générale, enfin, l'intelligence en progrès, mise au service des passions et des cupidités individuelles, a peut-être autant nui à l'espèce humaine que ses réactions critiques, appliquées à la réforme judicieuse des institutions sociales, ne l'ont servi. On peut même dire que très-généralement, sinon sans exception, lorsque les progrès de l'intelligence individuelle ont contribué au progrès de l'espèce, c'est que, par la résultante des événements et des forces en lutte, l'intérêt et la passion des individus intelligents qui ont contribué à accomplir ces heureuses réformes, se sont trouvés d'accord avec l'intérêt et l'instinct publics. Or, c'est là une coïncidence accidentelle qui, bien qu'ayant pu et dû se produire fréquemment, doit livrer le sort de chaque association humaine à l'aveugle loi du hasard et à ses incalculables fatalités.

L'humanité aurait donc eu tout à gagner à ce qu'une intelligence impersonnelle, ou du moins placée au dehors d'elle et au-dessus de ses passions, prît en main la conduite de ses destinées, et, dès l'origine, lui donnât les lois, la douât des instincts qui devaient la conduire, par les voies les plus promptes et les plus directes, à un état social réalisant pour elle la plus grande somme de bonheur possible. Mais comme nous voyons, au contraire, que notre espèce a toujours erré à l'aveugle entre les routes diverses qui s'offraient à elle; qu'elle n'a jamais eu ni mœurs constantes, ni législation stable et constamment d'accord avec ses besoins; qu'enfin tout s'est passé, dans sa douloureuse histoire, comme si cette intelligence providentielle était absente ou l'abandonnait à elle-même, la seule conclusion logique que nous soyons en droit de tirer de ce fait énorme, qui domine toute notre information philosophique et s'impose forcément à toutes nos inductions, à toutes nos hypothèses, c'est que cette intelligence providentielle n'existe pas ou ne daigne pas s'occuper de nous.

La nécessité d'une autorité quelconque, paternelle ou sociale, militaire ou juridique, ne fut pas l'unique source des plus inexplicables et des plus dangereuses inégalités sociales. Il n'est pas une de nos passions humaines les plus légitimes, pas un de nos instincts les plus nécessaires, pas une de nos aptitudes les plus fécondes qui n'ait eu pour origine quelque inégalité naturelle et pour conséquence des inégalités sociales plus ou moins abusives.

Quiconque a étudié les mœurs des chiens sait que, lorsque l'un d'eux reçoit un repas surabondant, loin d'en abandonner les restes à ses compagnons, il va les cacher dans quelque coin ou fait un trou dans la terre pour les y enfouir. De même le sauvage, qui découvre un arbre chargé de fruits, s'en gorge d'abord, puis va chercher les siens pour en prendre leur part, et tous ensemble emportent le reste, s'ils le peuvent, ou même le détruisent, plutôt que de le laisser à d'autres familles rivales. C'est à la fois le premier germe de l'instinct de propriété et son premier abus, abus et instinct qui n'ont fait que s'accroître dans la suite des temps. Qui cependant aujourd'hui, en dépit même de ces excès, voudrait contester sérieusement que l'instinct de propriété n'ait été utile à l'homme; que ce ne fut pas un de ses premiers progrès, un des plus nécessaires, et une des sources les plus fécondes et les plus actives de tous ses progrès ultérieurs? Qui ne reconnaît avec évidence que l'humanité, complétement dépouillée de cet instinct, serait presque immédiatement anéantie comme forme supérieure de l'organisation terrestre, et que, si elle ne succombait totalement dans cette épreuve de sa vitalité, elle retomberait du moins à un état animal inférieur à celui de beaucoup d'espèces qui, mieux armées ou trouvant plus aisément à se nourrir, ont moins besoin de prévoyance?

Et cependant, une fois cet instinct apparu, il ne pouvait manquer, en s'accumulant, de se développer sous diverses formes et sous chacune de ces formes d'arriver à l'abus. La propriété entre les mains de chaque individu, c'est une force dont il se sert inévitablement, dans sa lutte contre tous les autres individus; par cela même il a intérêt, non-seulement à la multiplier, à l'accroître entre ses mains, mais à la diminuer entre les mains d'autrui. La propriété, c'est une extension de la personne humaine, une augmentation de sa force pour agir ou résister. L'homme en accumulant au delà de la mesure de ses besoins se grandit d'autant; mais il a intérêt à ce que son rival, son adversaire demeure moins fort, moins puissant que lui, c'est-à-dire moins riche, et l'envie, avec toutes ses colères, n'a pas d'autre source.

Le premier anthropoïde qui sut se façonner une arme, un outil, fut par cela même avantagé au détriment de ceux qui n'en possédaient pas de semblables. Non-seulement il défendit sa possession contre quiconque eût voulu la lui disputer, mais il eût intérêt à ce que ses rivaux n'en pussent posséder de semblables. De la propriété de l'arme et de l'outil, il devait donc arriver promptement à vouloir s'approprier l'art de le faire, de le produire. Cet art, s'il le communiqua à ses fils, fut gardé également par eux avec jalousie. Dans la même troupe ces instruments devinrent donc des causes d'inégalité, des signes de supériorité, d'abord individuelle, puis bien vite héréditaire. Lors même que l'invention en fut devenue publique et l'usage commun à plusieurs tribus, ils restèrent pour chaque individu, en vertu d'un usage déjà consacré par l'instinct, le signe d'une autorité, d'une dignité ou d'une profession sociale.

Il est même aisé d'expliquer par ce fait l'existence des castes professionnelles dont plusieurs nations anciennes ont offert des exemples. Chez l'homme primitif tout acte inaccoutumé de l'intelligence devait être considéré, par l'individu même qui en avait été l'agent, et, à plus forte raison, par ses coassociés, encore plus asservis que lui aux coutumes traditionnelles de leur race commune, comme une sorte de révélation, d'inspiration surnaturelle, utile ou dangereuse. C'était un événement dont la date restait et qui ne s'oubliait plus. Et, de même, quand cet acte intellectuel avait pour résultat une découverte, une invention utile, cette invention, cette découverte devait être considérée aisément, nous l'avons vu, comme une propriété indisputable et comme un signe de supériorité. Mais un art a de plus qu'une idée ce caractère spécial qu'il exige une participation physique, manuelle ou autre, c'est-à-dire que, si c'est l'intelligence qui invente, la main seule peut réaliser l'objet inventé. Or, une nouvelle série d'actes manuels devait être aussi difficile à l'homme primitif qu'une nouvelle combinaison d'idées. Si aujourd'hui tout métier, tout art exige un apprentissage, il faut se demander quel maître apprit son état au premier artisan en chaque métier. De même donc qu'aujourd'hui un Thalberg ou un Litz a dû s'exercer bien des années avant d'arriver à exécuter certaines phrases musicales composées et écrites par lui, de même le premier qui eut l'idée de tailler une branche en massue ou un silex en forme de hache, n'arriva qu'après bien des essais infructueux à réaliser sa conception, quelque informe encore qu'elle pût être. Quand il y parvint enfin, il fallut qu'il communiquât son art à d'autres, autrement il fût mort avec lui; il eut donc des élèves, des disciples, et ses élèves de choix, ses disciples nés furent tout d'abord ses enfants. Il devait d'ailleurs résulter de la loi d'hérédité des facultés que ses enfants devaient être plus aptes que d'autres à reproduire les actes intellectuels et physiques déjà accomplis par leur père et devenus habituels chez lui, peut-être avant l'âge où il les avait engendrés. En tous cas, participant de sa nature ethnique, ils devaient avoir en commun avec lui quelques-unes des aptitudes qui l'avaient rendu capable de devenir inventeur et artisan. Cette action héréditaire, accumulée ainsi pendant plusieurs générations, donna plus ou moins à tous les descendants de cette souche les mêmes aptitudes spéciales, de plus en plus accusées, et ceux qui se marièrent entre eux, selon l'usage ancien des castes fermées, fixèrent de plus en plus ces aptitudes dans leur postérité. Il se forma donc des races d'artisans, des variétés professionnelles. Le fait une fois reconnu, observé et son utilité sociale constatée, il n'est plus étonnant qu'il ait passé en loi et qu'en Egypte, par exemple, où un sacerdoce aussi savant que despote dominait la société et inspirait les rois et leurs lois, toute profession fut déclarée héréditaire et tout artisan dut se marier dans sa propre caste.

La seconde de ces dispositions, en effet, qui paraît si tyrannique, est en réalité intimement liée à la première; car si, à chaque génération, une race professionnelle s'était croisée avec les femmes sorties d'une autre, les aptitudes héréditaires, soit manuelles, soit intellectuelles, devenues les-unes et les autres instinctives, se seraient altérées et bientôt perdues, au lieu de s'accumuler sans cesse.

On conçoit que des procédés techniques aussi fixes dès leur origine et conservés, par la tradition héréditaire, comme un monopole de famille, ne purent faire que de lents progrès, si même ils en firent; parce que chaque art, aussitôt né de l'effort individuel d'une intelligence en progrès, tendit à devenir routine instinctive et immobile. Cependant, comme il ne résultait pas nécessairement de la fixation de cette routine dans une race spéciale, que cette race dût perdre toute faculté intellectuelle, il se peut, il est présumable que, dans la série des générations successives vouées ainsi à la même profession, il ait paru des êtres doués d'une activité intellectuelle particulière, qui, fatalement contraints à l'exercer dans les limites de la profession à laquelle l'hérédité et l'instinct les appelait, lui firent accomplir de nouveaux progrès et en hâtèrent ainsi les perfectionnements plus que ne l'aurait pu faire notre liberté actuelle du travail et la divergence un peu confuse de nos aptitudes instinctives.

On voit ainsi comment, toujours sous l'empire de cette même loi d'utilité et de nécessité sociale et spécifique, d'inégalités et de différences naturelles et individuelles, dut sortir la première division du travail; comment la division de plus en plus complète et exclusive du travail contribua à la spécialisation de plus en plus grande des aptitudes; et comment enfin cette spécialisation d'aptitudes eut pour conséquences des différences et des inégalités sociales de plus en plus profondes.

C'est-à-dire que, sans faire intervenir ni la conquête, ni l'immigration, ni le despotisme des sacerdoces religieux et l'influence de leurs dogmes, symboles ou mythologies, on arrive à rendre compte, au moins partiellement, de l'existence des castes sociales héréditaires et fermées et de l'interdiction du mélange du sang entre elles.

Nous avons déjà vu que l'agglomération en quelques lieux d'armes de pierres à tous les états successifs de perfection et des noyaux de silex dont elles ont été détachées, de même que des éclats informes que le travail en a séparés, porterait à supposer que nous retrouvons là les traces de campements où ces instruments étaient fabriqués en quantité si considérable qu'ils devaient nécessairement y être un objet de commerce et d'échange. Peut-être ces campements étaient ils ceux de familles, races ou castes spécialement appliquées à cette industrie.

De même, tout fait croire que les procédés primitifs de la métallurgie furent également conservés avec jalousie et exploités comme un monopole par des castes ou des races spéciales qui en conservèrent longtemps la tradition secrète. Peut-être cette race ou cette caste, avec ses forges, ses fourneaux, a-t-elle laissé la trace de son existence dans la tradition poétique de ces cyclopes, compagnons de Vulcain, qui forgeaient à la fois des armes pour Achille et des foudres pour Jupiter; c'est du moins ce que nous autorise à croire l'alliance presque inévitable de la tradition historique avec les symboles mythologiques que l'on constate dans tous les documents poétiques des peuples aryens.

Chez tous les peuples policés, presque sans exception, nous retrouvons l'institution des castes. Elles subsistent encore de nos jours dans l'Inde, en dépit des conquêtes successives qui ont tenté de les détruire; elles résistent à la colonisation anglaise, comme elles ont résisté à la domination musulmane et à la réaction égalitaire du bouddhisme. Elles existaient non-seulement chez les Aryas établis en vaiqueurs sur le Gange, mais chez les Aryas des bords de l'Indus, et étaient descendues avec eux du plateau de l'Iran. Seulement, elles comptaient alors un degré de moins, celui des soudras, que dut occuper le peuple conquis. Les premiers Aryens ne connaissaient que le brahme, le chatrya et le vaysia, le prêtre, le guerrier, et le pasteur, agriculteur et artisan. Il est aisé de voir même qu'à l'origine, il n'y eut que le brahme et le pasteur.

Mais il faut croire que cet état de simplicité primitive fut celui des premiers Aryens avant l'époque de leur séparation en deux peuples et deux religions; car, chez les Perses de Zoroastre, existaient les quatre castes qui continuaient à subsister encore au temps de Cyrus : les mages, les guerriers, les agriculteurs, les artisans. En Égypte, on comptait sept castes; mais les plus inférieures étaient, de plus, divisées en autant de corps de métiers qu'il y avait de professions spéciales. L'institution des castes existait chez les Phéniciens à l'origine; mais, de bonne heure, la prédominance de la vie urbaine, du commerce, de l'industrie, effaça leurs limites dans des institutions déjà très-démocratiques où l'influence appartint surtout à la richesse. Il en fut de même en Grèce, où les castes primitives laissèrent pourtant de longues traces dans l'organisation politique primitive par tribus, effacée par les lois de Solon, qui établit des castes toutes fiscales. Les institutions de Lycurgue sont les lois d'un peuple conquérant imposant sa domination à une population indigène d'ilotes, et la hiérarchie n'a plus que deux termes : les vainqueurs maîtres, les vaincus esclaves. Mais, chez les Étrusques, les castes paraissent avoir subsisté plus longtemps sous l'influence sacerdotale qui, partout, eut une tendance à les conserver, et à laquelle il faut peut-être partout attribuer leur institution. Ainsi, les trois castes principales des Aryens existaient chez les Gaulois, les Germains, les Scandinaves. Si l'on en croit le récit que Platon place dans la bouche de Critias, les Atlantes auraient été divisés en castes héréditaires, comme les Égyptiens; et Platon voit, dans cette organisation, l'idéal de sa république. Les castes ont existé au Mexique et au Pérou, et dans les mêmes conditions. Or, cette universalité d'une institution montre qu'elle a dû être un fait, un caractère ethnique, mais ne peut avoir été partout l'œuvre et le résultat de la conquête; et, si cette institution a pu être aussi universelle et aussi durable chez une race, elle doit avoir eu sa raison d'être, à l'origine, du moins, dans une loi d'utilité ou de nécessité.

Et en effet, chez l'homme primitif, la réaction individuelle de l'intelligence sur l'instinct héréditaire étant très-faible, c'est à l'instinct héréditaire qu'il dut demander des forces, des aptitudes, des facultés spéciales, qui rendirent chaque membre de la société spécialement propre à accomplir les diverses fonctions sociales. L'institution des castes était donc le corollaire de la division du travail qui, seule, pouvait permettre à l'homme de progresser rapidement en chacune des branches de son activité. De plus, ces castes ne pouvaient être égales; rendant des services, non-seulement différents, mais inégaux en valeur et en utilité, elles avaient droit à diverses conditions de vie en rapport avec leurs fonctions.

Au brahme, mage, druide, il fallait surtout la vie de loisir, qui seule permet la méditation, la réflexion, l'étude. L'intelligence humaine est capricieuse en ses crises d'atonie et d'activité. L'homme ne lui commande pas l'action, c'est elle qui commande l'action à l'homme. Chaque pensée, idée nouvelle, chaque réflexion, déduction ou induction dut paraître alors à l'homme, étonné du travail de son propre esprit, une inspiration d'un Dieu. Il fallait donc que le prêtre, initiateur du progrès intellectuel, pût attendre la crise révélatrice, la venue de l'esprit. Sans nul doute, la paresse, l'orgueil, l'esprit de domination y trouvèrent leur compte et ne manquèrent pas de pousser à l'abus des priviléges justement et utilement réclamés; mais sans le fondement vrai, réel, utile, équitable, sur lequel la caste sacerdotale établit ses priviléges de domination oisive, sans les services évidents qu'elle rendit, non-seulement elle n'aurait pu si longtemps se perpétuer abusivement, lorsqu'elle était devenue inutile et nuisible, mais elle n'aurait pu s'établir.

De même, ce fut un avantage pour une race, dans sa lutte contre d'autres races, que d'avoir une caste guerrière exclusivement exercée au maniement des armes et qui, par l'habitude héréditaire fixée dans l'instinct, ait acquis, pour les exercices militaires, des aptitudes morales spéciales, telles que le courage intrépide devant le péril, la forte discipline de la volonté, jointe à un tempérament adapté à la vie militaire, aux fatigues des longues marches, aux campements nocturnes, à la sobriété durant la lutte, suivie des orgies de la victoire.

La caste des agriculteurs et artisans, dominée mais protégée par les guerriers, instruite, dirigée, moralisée, disciplinée et aussi trompée par ses prêtres, dut travailler pour les uns et les autres, les nourrir de ses labeurs. Nul doute que, dès l'origine même, elle ne payât au-dessus de sa valeur cette instruction et cette protection ; mais il suffit que la race profitât, en résultante, de cette organisation sociale pour qu'elle chassât devant elle les autres races demeurées dans l'égalité et la confusion primitives et qui, moins fortes dans la guerre et moins habiles aux arts de la paix, durent reculer devant elle ou s'assujettir à elle.

C'est donc ici seulement que nous voyons intervenir la conquête dans la destinée des nations ployées à la discipline des castes. Déjà, du reste, sans la conquête, on pourrait difficilement rendre compte de ce que, chez toutes les antiques nations aryennes, la caste des artisans, séparée de la caste des agriculteurs, leur fût considérée comme inférieure. Ce fait, au contraire, s'explique tout naturellement, si les grandes nations conquérantes aryennes, divisées seulement en trois castes, les prêtres, les guerriers et les pasteurs, ont envahi d'autres nations plus douces, aussi intelligentes et déjà très-avancées dans les arts agricoles et industriels, mais dont l'organisation sociale, moins puissante, ne pouvait leur permettre de résister à la domination des hordes guerrières aryennes.

Supposons, par exemple, que les premiers Aryens, pasteurs et guerriers, aient été les constructeurs des monuments mégalithiques de l'âge de la pierre polie, et que, vers le même temps, quelque part autour du bassin méditerranéen, dans l'Atlantide ou au Mexique, existât la petite race pélasge qui peut-être inventa le bronze et chez laquelle l'art et l'industrie paraissent avoir pris de si rapides développements. Dès que ces deux races se rencontrèrent, la richesse des peuples du bronze tenta la cupidité des rudes guerriers aryens, encore armés d'outils de pierre : ceux-ci occupaient les forêts du Nord, ceux-là les riches plaines du Sud, et la barbarie puissante du Nord envahit la riche civilisation méridionale, comme on l'a vu tant d'autres fois dans l'histoire. L'Aryen vainqueur avait trop besoin du Pélasge vaincu pour l'exterminer ou le chasser : ses arts lui étaient utiles. Il le réduisit en servitude et, au-dessous de ses trois castes privilégiées, qui s'approprièrent le sol, le Pélasge, dépossédé, forma la caste des artisans, sans autre possesion que son travail, son génie industriel, commercial et maritime. Mais, dès lors, l'artisan, le soudra intelligent, réagira sur ses dominateurs, leur imposant en partie ses mœurs et ses coutumes; de sorte que ses croyances porteront le trouble et le schisme jusque dans la classe sacerdotale, et tandis que le brahme, l'Aryen pur, fuira, chassé dans l'Inde, où la race dravidienne vaincue deviendra la caste des parias, le mage, dans la Perse, adoptera d'autres symboles et d'autres rites, sous l'influence de la race dominée mais non absorbée. En Phénicie, en Syrie, en Égypte, ce sera le symbole pélasgique qui l'emportera; en Grèce, surtout en Italie, ce sera le panthéon des Pélasges qui donnera des dieux aux Hellènes. Le mélange, du reste, aboutira, chez chaque nation, à des combinaisons différentes, selon les circonstances locales ou l'influence des hommes chargés, par le hasard, de la conduite des événements locaux et des révolutions nationales.

En somme, ce sera toujours en vertu de la supériorité seule de sa caste guerrière que l'Aryen sera devenu dominateur de l'industrieux Pélasge; et si celui-ci eût adopté également le système des castes, peut-être, en vertu de sa supériorité de civilisation, eût-il, au contraire, vaincu et dominé l'Aryen. Il se peut même que, chez l'Étrusque ou le Pélasge chananéen, existât dès lors le sacerdoce et que ce soit ce sacerdoce qui ait conquis moralement le guerrier aryen, son vainqueur par la force et qui, plus tard et durant bien des siècles, l'ait dominé et gouverné, dirigeant à son profit ses conquêtes et ses victoires.

Un jour viendra peut-être où de nouveaux documents, de nouvelles découvertes historiques, archéologiques ou philologiques nous permettront de trancher ces problèmes encore obscurs de notre histoire primitive.

Pour le moment, il suffit à notre objet d'avoir montré comment l'institution des castes a pu surgir de l'évolution ethnique des races qui ont servi de souche à la nôtre, sans recourir nécessairement à la conquête pour expliquer ce phénomène politique si généralement mal compris et mal interprété. Il nous suffit d'avoir prouvé comment ce put être une loi, et une loi utile, que l'interdiction des mariages entre castes différentes : ces mariages devant avoir pour effet de ralentir la formation et la fixation d'aptitudes spéciales chez chacune de ces castes. Surtout, lorsque, par la conquête, les castes aryennes supérieures furent superposées à d'autres populations inférieures, telles que les races dravidiennes dans l'Inde ou les Éthiopiens en Égypte, ce fut une impérieuse nécessité de conservation ethnique qui défendit aux filles des brahmes, chatryas et même vaysias, d'épouser un soudra. Si le brahme, le chatrya ou le vaysia consentait à mêler son sang au sang indigène, l'enfant qui en résultait suivait invariablement la caste de la mère, afin qu'il lui fût impossible de porter plus tard dans les rangs des castes supérieures quelques gouttes du sang métis qui coulait dans ses veines. Et si notre race aryenne s'est constituée, si elle a pris une fixité et une force qui lui permettent impunément aujourd'hui le mélange avec d'autres races qu'elle finit rapidement par absorber, si surtout elle s'est montrée à travers toute l'histoire douée d'aptitudes spéciales qui ont fait d'elle la grande race initiatrice et civilisatrice par excellence, si elle seule paraît susceptible d'un progrès rapide et indéfini, c'est peut-être à l'institution des castes et à leurs lois sévères qu'elle le doit.

Mais aussi, une fois le régime des castes établi, constitué, fortifié par la coutume, il ne put tarder à devenir pour l'humanité entière un fléau qui la retarda dans ses développements. Non-seulement les castes aryennes conquérantes arrêtèrent le développement ethnique des races indigènes qu'elles dominèrent; mais bientôt l'immobilité routinière qui devait résulter d'une telle constitution arrêta le progrès des castes conquérantes elles-mêmes. De sorte qu'on ne vit plus évoluer et progresser que les groupes épars de la race aryenne que des circonstances inconnues, qui peuvent avoir été multiples, arrachèrent au système des castes immobiles. C'est ainsi que la civilisation passa bien vite aux Phéniciens, aux Grecs, aux Latins, chez lesquels l'influence sacerdotale et guerrière fut toujours limitées dans une juste mesure par un élément civil, agricole ou urbain, qui dota le monde de ces deux grandes choses qui se nomment la liberté et le droit.

Et lorsque le monde gréco-latin périt, ce fut sous l'influence d'un funeste retour à ce régime des castes, rapporté du nord et du fond de l'orient par des Aryens, restés barbares sous leurs druides et leurs guerriers. De sorte que, sur les ruines du vieil empire romain démocratique et juridique et de la Grèce libre et savante, s'établit au moyen âge la féodalité théocratique. L'Occident revenait ainsi aux vieilles castes sacerdotales et guerrières, dominatrices du sol au nom de Dieu et du glaive, et se croyant le droit de vivre dans le loisir et l'abondance du fruit des sueurs du vaysia, agriculteur des champs, et du soudra, artisan des villes, jusqu'à ce que celui-ci trouvât un asile dans la commune phénicienne et grecque et l'autre un défenseur dangereux dans le roi. Tous deux, peu à peu affranchis des entraves serviles, luttant péniblement pour la liberté et le droit, ne demandant d'abord qu'à être de moins en moins chargés, s'avancèrent pas à pas vers ce jour de délivrance où ils osèrent enfin réclamer l'égalité et proclamer les droits de l'homme. Si donc la Révolution française a réellement commencé une ère, si elle restera à jamais LA RÉVOLUTION entre toutes les révolutions réformatrices passées et futures, c'est que la nuit du 4 août, qui l'a commencée, a mis fin à ce vieux régime des castes privilégiées qui, après avoir créé en quelque sorte la race aryenne, l'avoir conservée pure, forte, inaltérée, progressive, à travers les premiers âges, et avoir été pour elle une condition d'existence, tant qu'elle resta comme noyée au milieu de races inférieures innombrables, était devenu pour elle un fléau, une cause d'arrêt et d'inévitable décadence.

Mais de l'abolition définitive, dans le droit moderne, des vieilles castes immobiles, fermées, héréditaires dans leurs priviléges, qui leur réservaient, avec la domination du sol, toutes les hautes magistratures de l'État, à l'égalité absolue, telle que la concevait Rousseau, et à l'équivalence des services sociaux, telle que la concevait Proudhon, il y a un abîme. Et cet abîme est ce qui sépare le droit fondé sur le progrès et l'utilité, de la décadence sociale qui résulterait d'une égalité dans la servitude, négation de la liberté.

Si les vieilles castes sont devenues, avec le temps, un danger social, une cause de rétrogradation et d'immobilité pour les races asservies sous leur domination héréditaire, c'est qu'elles répondent à un état social qui n'est plus, à des besoins, à des nécessités qui ont disparu; c'est qu'ayant eu pour but initial de développer certains instincts particuliers, certaines facultés supérieures, à une époque où l'intelligence individuelle était encore à peine capable de réagir contre la coutume héréditaire, ces instincts, développés en elles et par elles, sont devenus dangereux par leur accumulation même, et ces facultés, immobiles dans leur routine séculaire, ne peuvent plus que faire obstacle au développement de l'intelligence individuelle, arrivée à maturité.

Bien plus, on peut affirmer que les vieilles castes aryennes ont vécu deux mille ans de trop, qu'elles ont retardé d'autant le progrès humain. Si la Grèce, victorieuse avec Alexandre, eût pris, sous ses successeurs, la domination du monde et jeté ses colonies civilisatrices, libres du joug sacerdotal, dans tout l'Occident; si ces colonies, par leur puissance d'expansion, avaient, dès lors, envahi la Gaule, l'avaient arrachée au joug de ses druides et avaient formé, tout autour de Rome conquérante, aristocratique et sacerdotale, un cordon de nations assez fortes pour résister à ses envahissements, les destinées du monde eussent été changées. La domination romaine, au contraire, en affaiblissant et démoralisant les peuples dont elle suçait la séve par ses préteurs et ses proconsuls, a livré le monde gréco-latin, sans défense, à l'envahissement des hordes aryennes, encore barbares, qui l'ont ramené, vers un état social analogue à celui dans lequel l'Inde, la Perse, la Chine, et tout l'Orient s'est si longtemps immobilisé.

Si quelque chose a ralenti, diminué, modéré le résultat fatal de cette conquête du monde civilisé, libre, démocratique et progressif par le monde barbare de la servitude théocratique et immobile, c'est que le christianisme, né en Orient, mais heureusement éclos et développé en Grèce et à Rome, a eu pour interprète et gardien une caste sacerdotale élective et non héréditaire, qui, sans cesse recrutée au milieu des vaincus, retrempée, à chaque génération, au sein des masses populaires asservies, a participé à leurs instincts d'affranchissement, à leur mouvement progressif et s'est fait longtemps, pendant mille ans presque entiers, leur alliée contre la caste guerrière des conquérants.

Mais ce sacerdoce électif, échappant bientôt à ses origines populaires et démocratiques, pour arriver à se recruter lui-même, était condamné, par cette transformation de sa loi fondamentale, à verser dans l'ornière de l'immobilité théocratique et, conséquemment, à entrer en hostilité avec l'intelligence ethnique en progrès, en lui opposant une barrière infranchissable dans la norme immuable d'un dogme mesuré à l'intelligence des générations disparues.

C'est pourquoi, dès que la caste sacerdotale chrétienne s'arrêta dans sa dogmatique immobile, s'enferma elle-même dans la prison d'une révélation écrite et d'un rituel auquel elle se défendait de toucher, par une nécessité de conservation, elle dut devenir l'alliée de la féodalité guerrière et terrienne, contre les populations déjà soulevées contre l'une et à demi défiantes de l'autre, et, plus tard chercher l'appui des rois, restés seuls sur les ruines de la féodalité renversée par eux, en face de peuples qui voulaient être libres et qui réclamaient leur droit.

Mais ce droit, quel était-il? Était-ce l'égalité sauvage, l'égalité spécifique de l'animal, l'égalité dans la pauvreté et l'abaissement? Ou était-ce seulement l'égalité initiale de liberté, permettant à chacun de développer ses facultés, d'exercer son activité et ses aptitudes spéciales sous la loi d'une libre concurrence, donnant à chacun une part de droit proportionnelle à ses forces? La question ne saurait être un moment douteuse. La liberté réclamée par le tiers-état révolutionnaire, bourgeois comme peuple et peuple comme bourgeois, c'était la liberté du citoyen, libre agriculteur et libre industriel de la cité phénicienne, grecque ou romaine; c'était la liberté de devenir, chacun sous sa responsabilité, ce qu'il aurait la force d'être. Ce que demandait l'Américain, révolté contre sa métropole; le Français, soulevé contre ses rois, sa noblesse et son clergé; l'Allemand, blasé de ses empereurs électifs et de leurs grands électeurs laïques ou ecclésiastiques; l'Italien, fatigué des guerres de ses ducs, roitelets et principicules; l'Espagnol, rassasié de ses moines repus et de ses grands orgueilleux, ce n'était pas le niveau de Tarquin, rasant toute tête qui s'élevait; ce n'était pas de nouveaux obstacles et d'autres règles jalouses; ce n'était pas la tyrannie des petits, établie sur les ruines de la tyrannie des grands; ce n'était pas, enfin, un lit de Procuste pour y coucher toute l'humanité : c'était la liberté grande et large, la liberté, sans limites, avec ses luttes et ses périls; la liberté pour chacun d'être ce qu'il pourrait, de dire tout ce qu'il penserait, de faire tout ce que son génie lui inspirerait, tout ce que sa conscience lui commanderait, sans autre règle morale que cette conscience, sans autre frein civil que le respect du droit égal d'autrui.

Si quelque influence a fait dévier la révolution de ce but qu'elle avait pour tâche de poursuivre et peut-être l'a empêchée jusqu'ici de l'atteindre, c'est Rousseau, ses doctrines sur la nature de l'homme, sur son origine, sur son égalité morale et ses destinées; c'est son mépris de misanthrope pour la science, l'art, toutes les gloires humaines, tout ce qui grandit notre espèce, la pousse au progrès et la distingue exclusivement des autres formes animales.

Du reste, Rousseau obéissait lui-même en cela aux influences chrétiennes, aux vieux instincts de race prédominant chez lui, à son insu, sur son intelligence en travail, mais encore à demi émancipée. Si Rousseau avait été, comme ses émules les Encyclopédistes, nourri dès le jeune âge des lettres classiques, s'il eût rencontré Lucrèce et Lucain, Cicéron et Tacite, Montaigne et Descartes avant la Bible, s'il eût appartenu à cette bourgeoisie française, du dix-huitième siècle, éprise d'art, de science, de liberté et de progrès, au lieu de sortir du giron du calvinisme genevois, la direction de son esprit eût été tout autre. Mais pour Rousseau, chrétien encore sans le vouloir et sans le savoir, l'homme avait été créé par Dieu, parfait, libre, doué de toutes ses facultés initiales, complètes dans leur équilibre harmonieux, au milieu d'un monde ami où rien ne menaçait son existence. Pour Rousseau, nourri de la doctrine de Calvin, le luxe était un crime, la science une licence, l'art une idolâtrie; boire, manger, dormir sous un arbre devait suffire à la bête humaine, créée dans l'innocence de l'Eden terrestre, en attendant la vie éternelle et d'autres joies dans cet autre Éden céleste promis aux chrétiens qui sauraient renoncer à toutes les jouissances de la vie mondaine. Au fond, Rousseau, se créant un idéal du bonheur de la brute, méprisait ce qu'il ne pouvait avoir; sa nature atrabilaire et envieuse condamnait chez autrui les jouissances qui lui étaient refusées; misanthrope découragé, n'osant espérer l'avénement du peuple à la vie complète par la liberté, qui élève ce qui est fort, il voulait amener à descendre volontairement ceux qu'il voyait s'élever au-dessus des autres.

Conséquent du reste avec lui-même, niant la plus vraie grandeur de l'homme, la réalité de ses plus vives jouissances, de ses progrès et l'utilité du progrès lui-même, avec le christianisme, c'était en arrière qu'il voyait l'âge d'or, dont tout progrès nouveau ne pouvait que nous éloigner. Tout perfectionnement dans l'art, dans la science, dans l'industrie, toute source nouvelle de bien-être et de jouissances éloignant l'humanité de cet état idéal, était en réalité pour lui une variation rétrograde, un don fatal de l'intelligence fatalement en guerre avec l'instinct primitif, seul sage et parfait. Et comme tout pas nouveau de l'humanité dans cette voie tendait à accroître d'un degré la hiérarchie sociale, à diminuer l'égalité, et que, réciproquement, la complication croissante de la hiérarchie sociale poussait sans cesse à de nouveaux progrès, il fallait mettre un terme à cette évolution fatalement ascendante en rétablissant l'égalité, même aux dépens de la liberté.

Tout chrétien d'instinct, tout esprit chez lequel une science plus complète de la nature et des lois sociales n'aura pas détruit l'influence héréditaire accumulée par soixante générations d'ancêtres nourris de l'enseignement sacerdotal, sera plus ou moins conduit à accepter les doctrines de Rousseau. Proudhon lui-même, dans sa doctrine de l'équivalence, n'a fait que leur donner des formules plus rigoureuses. Comme Rousseau, chrétien par éducation et par nature, intelligence incomplétement révoltée contre ses instincts, il n'arrivait point aux formules du droit par induction, mais par déduction. L'égalité pour lui, c'était un dogme, le dogme révélé de l'identité initiale de tous les individus humains, tous descendants du même père et tous participant de sa nature spécifique à jamais invariable. Si la femme n'avait pas droit à cette égalité, à cette équivalence, c'est que, complément de l'homme, tiré de son flanc pour le servir, lui complaire, le procréer, sorte de matrice animée, de germe alternant destiné à le produire et n'ayant son but qu'en lui, elle était serve à jamais pour ce maître auquel un acte divin primitif l'avait donnée pour en user et abuser à volonté. Et telle était également la femme pour Rousseau, en dépit de quelques accès fugitifs de sentiment et de passion poétique où, s'oubliant lui-même, avec ses paradoxes et ses utopies, il montrait la serve éternelle, éternellement dominatrice, reprenant d'un regard, d'un mot, son empire sur son maître de par décret divin, toujours vaincu par décret de nature.

De par décret de nature, tout homme n'est donc point égal à un autre homme, pas plus que l'animal n'est égal à l'humanité, parce qu'il naît, vit, meurt, mange et dort comme elle. Chaque être, sur notre globe, a sa valeur propre, déterminée par l'étendue de ses facultés; et la loi de liberté absolue, peut seule donner la vraie mesure de cette valeur. L'égalité de liberté initiale, tel est le droit naturel, universel, souverain, celui auquel tout être qui se sent lésé par la loi civile peut recourir, celui qu'il peut toujours réclamer. Mais cette loi, dans son expression absolue, étant la loi de guerre universelle, de lutte incessante, l'homme social cherche à en atténuer la dureté, en prévenant ses conséquences extrêmes, en s'épargnant des luttes inutiles, en discutant ses droits, au lieu de combattre pour eux, et en cherchant à mesurer, avant la lutte, la part qui, après la lutte, pourrait revenir à chacun dans les jouissances de la vie.

De plus, il doit consulter, non pas seulement l'intérêt des représentants vivants de l'espèce, mais l'intérêt des générations à venir : c'est-à-dire que la loi doit assurer, avec la liberté et le progrès des générations présentes, la liberté et le progrès des générations à venir. La loi doit donc avoir pour but de réaliser la plus grande utilité totale pour l'espèce, c'est-à-dire de sauvegarder l'intérêt spécifique dans son entier.

Or, la science des lois et fatalités diverses, qui gouvernent les sociétés humaines, démontre que la moindre somme de jouissances pour chaque membre de la société est réalisée par la moindre inégalité; qu'au contraire, à mesure que s'élève la pyramide sociale, que se multiplient ses rangs hiérarchiques, la somme totale des jouissances à répartir entre chaque membre du corps social augmente progressivement; que la division du travail et les inégalités qu'elle engendre, avec moins de travail pour chacun, produit plus de jouissances pour tous; que la spécialité des fonctions fait qu'elles sont mieux remplies au profit de tous; que même l'inégalité des richesses, créant des loisirs employés diversement, tourne à l'avantage de tous et surtout des plus pauvres; qu'il n'est pas une passion, même folle, pas un caprice, même extravagant, qui ne soit un champ nouveau ouvert à l'activité humaine et sur lequel un certain nombre d'individus peuvent vivre, qui, sans cette ressource, n'auraient point eu de place au soleil; parce que la quantité de vie possible, sur un espace de sol donné, est déterminée par la quantité de capital accumulé dont la population qui l'occupe dispose et que, grâce seulement à l'échange multiplié des services, l'or dont le caprice d'un oisif rétribue le travail de celui qui le satisfait, peut payer le transport et le prix du blé apporté de l'autre extrémité du monde et que le sol surchargé d'une population surabondante, n'a pu fournir en quantité nécessaire. Supprimez le loisir, vous supprimez le caprice et celui qui le satisfait reste sans travail; supprimez l'inégalité de la richesse et, chacun n'ayant que le strict nécessaire de la vie, il y aura diminution dans les échanges, diminution d'activité, de travail, de production. Le capital, sans emploi, cessera de produire des fruits à celui qui le possède et qui, conséquemment, appauvri d'autant, ne pourra rétribuer autant le travail. De sorte qu'au lieu d'un sol encombré d'une population obligée de demander des aliments à toutes les parties du monde, le sol national lui-même demeurera en friche, faute des moyens nécessaires pour le cultiver; et si le pain, qui s'y produit, se vend bon marché, ce sera parce qu'une population pauvre et rare, sans sources d'activité, ne saurait le payer davantage.

La formule de la plus haute prospérité sociale est donc dans l'égalité de liberté initiale pour chaque membre du groupe national et dans le libre jeu des forces et initiatives individuelles. L'homme travaillant ensuite, dans la juste mesure laissée à son activité par le droit égal d'autrui, à élargir sa place au banquet de la vie, à monter un par un les divers échelons sociaux et à se fixer sur celui où ses aptitudes reçoivent la plus ample rétribution et produisent leur plus grande valeur utile, la plus grande somme possible de bien-être, de jouissances et de vie est réalisé pour chacun et la somme totale de vie et de jouissances disponibles pour l'espèce portée à son maximum.

Qu'une loi d'égalité inflexible renverse cet édifice laborieux d'activités complétives les unes des autres, que nul ne puisse dépasser le niveau de son voisin, agir à sa guise, travailler à ce qui lui plaît, débattre lui-même les conditions d'échange de ses services, et aussitôt, de décadence en décadence, l'humanité, en dépit de tant de progrès qui lui ont soumis les forces de la nature, retourne rapidement à son état primitif d'égalité dans la misère et de nouveau s'endort dans une immobilité spécifique tout animale.

Que chacun de nous y pense donc. Nos sociétés humaines traversent une époque de crise douloureuse dont elles ne sortiront pas sans convulsion; d'ici à peu de temps l'humanité aura besoin de toute sa sagesse pour lutter contre le déchaînement de forces aveugles, longtemps comprimées dans les ténèbres de l'ignorance systématique. Avant le moment de leur explosion, il serait utile que la lumière se fît sur bien des problèmes soulevés et trop hâtivement résolus par les passions, les intérêts, les cupidités en lutte plutôt que par les intelligences désintéressées. Au fond de nos populations européennes il y a un vieux levain d'instinct chrétien qui fermente. La Bible et l'Évangile surtout, répandus parmi nos foules par des propagandistes aveugles, au lieu d'être pour elles une parole consolatrice et divine, ont semé dans tous les esprits des germes d'erreurs qui porteront un jour des fruits inattendus pour ceux qui ont participé à ces étranges semailles. Il y a dans le *Discours sur la Montagne* de quoi renverser de fond en comble le monde social, et dans le dogme de l'égalité de nature de tous les membres du genre humain, fils du même père et tous spécifiquement identiques, il y a la négation de toutes les conditions vitales des sociétés civilisées.

C'est à la science de lutter courageusement contre ces fables mythologiques, inventées par les vieux sacerdoces en guise d'une science dont ils étaient encore incapables, mais qui, en vieillissant, en se transmettant de génération en génération, ont développé des conséquences que jamais leurs inventeurs n'ont pu prévoir et qui, devenues mères d'utopies dangereuses, peuvent secouer un jour prochain jusque dans ses fondements l'édifice si lentement construit de la société humaine. Il est donc temps d'attaquer ces erreurs dans leur source, de démontrer la fausseté des dogmes qui leur servent de principe, d'enseigner aux hommes ce qu'est l'homme, ce qu'il a été, d'où il vient, et par conséquent ce qu'il peut et doit devenir. Il est temps, s'il n'est tard, de bien démontrer à nos foules, encore chrétiennes par leurs instincts, mais dont l'intelligence est en quête de croyances vraies et de règles morales certaines, que la loi d'équité et le chemin du bonheur pour tous, c'est l'égalité de la liberté et le progrès par l'inégalité qui, de l'animal ayant fait naître l'homme, de l'homme peuvent dans l'avenir faire naître la race divine qui gouvernera la terre avec justice, dans la joie et dans la paix.

FIN.

TABLE DES CHAPITRES.

CHAPITRE II.

CHAPITRE III.

CHAPITRE IV.

CHAPITRE V.

CHAPITRE VI.

CHAPITRE VII.

CHAPITRE VIII.

CHAPITRE IX.

CHAPITRE X.

TROISIÈME PARTIE.

Origine et développements des sociétés humaines.

CHAPITRE I.

CHAPITRE II.

CHAPITRE III.

CHAPITRE IV.

CHAPITRE V.

CHAPITRE VI.

CHAPITRE VII.

CHAPITRE VIII.

CHAPITRE IX.

CHAPITRE X.

CHAPITRE XI.

CHAPITRE XII.

CHAPITRE XIII.

FIN DE LA TABLE.

Saint-Denis. — Typographie de A. Moulin.

www.ingramcontent.com/pod-product-compliance
Ingram Content Group UK Ltd.
Pitfield, Milton Keynes, MK11 3LW, UK
UKHW021838190726
13855UKWH00001B/45